Great Experiments in Physics

物理学をつくった重要な実験はいかに報告されたか

ガリレオからアインシュタインまで

清水忠雄［監訳］
大苗 敦
清水祐公子［訳］

朝倉書店

To M. C. S. and M. I. S.

January, 1962

Great Experiments in Physics
Firsthand Accounts from Galileo to Einstein
Edited by Morris Herbert Shamos

Translation from the English language edition:
Great Experiments in Physics, edited by Morris Herbert Shamos,
Published by Holt, Rinehart and Winston, New York, 1962.

訳者まえがき

この本の編著者（モリス・H・シャモス）は序言で，現在ある物理学の体系をただ知るだけではなく，それができあがってきた歴史を知ることは，研究を進めるうえでも，教育的見地からも大切なことと強調している．これがこの本を編纂した動機であろう．また彼の作文になる第1章の「現代科学の起源」のなかで，現代物理科学の形成に，実験のもつ役割がいかに重要であったかを，古今の識者の発言をも引用しながら繰り返し述べている．これがこの本のタイトルが“Great Experiments in Physics”となった所以であろう．それにしてもニュートン，アインシュタイン，マクスウェル，プランク，ボーア，などの原著作を「実験結果」の報告とするのには，いささか違和感がある．これらの場合には，シャモスは「実験」の語にコーテーション・マークを付けた「“実験”」をつかっている．彼らの論文は，今でいえば明らかに理論的著作ではあるが，あえて「“実験”」をつかうのは，理論といえども実験により実証されてこそのもの，実験結果との連携があってこそ作られた理論という思い込みがあるからであろう．

原著論文は，ガリレオの場合はイタリア語，ニュートンの場合はラテン語で書かれている．もちろんドイツ語，フランス語の場合もある．それらの場合，この本で読めるのは，英語に翻訳された文章で，したがって本当に原著者が書いた一字一句ではない．翻訳者にもよるであろうが，英訳は原著の雰囲気を残した，忠実なものと期待したい．原著から英訳までかなり時間がたっているが，さらにそれが英訳された時期が，古いものでは150年も前である．したがって文章もさることながら，単語の使い方も現代英語とはかなり異なっているように思われる．例えば英語辞書で単語の訳語が並んでいる場合に，後ろの方，何番目かにあたるいわば使用頻度のかなり低い用語の意味で使われているような場合がしばしばあった．

報告文の構成のうえで，例えば同じような内容の文章が，表現を変えて何回も繰り返されることがある．今からみればかなり当然と思われる著者の主張が，いろいろな弁解とともに繰り返される．このことがしばしば論文の文脈を難解にしている．しかし時代背景を考えれば，このことは致し方のないこととしなければならない．偉大な先人たちは，自己の考えを，長い伝統あるいは因習に反する形で表現しなければならなかったわけである．ただ実験の結果を淡々と記し，そこから結論をひきだせばよいというだけでは済まされない．今では当然なことを，言い出すのにも，かなりの勇気が必要だったのだろう．

数学が未発達の時代では，式を使えば簡単に表現できることが，式を使わないで主張されていることがある．これらはかなり冗長な感じをうける．そのうえ主張に対する猛然たる反論が予想される場合には，どうしても論調が鈍り，そのため文章が煩雑になっているところもある．しかしこれらすべて含めて物理学形成の歴史というべきであろう．

時代を追うにつれて，この事情はだんだんよくなっていく．たとえばニュートンの時代はガリレオの時代に比べれば，かなりすっきりしてくるが，それでもまだしばしばじれったい表現がある．

18 世紀後半から 19 世紀に入っても，実験のようすの記述にはまだまだ曖昧さがある（たとえばエルステッドの稿）．実験要素の配置・位置関係などの記述が，代名詞が何を指しているかなどが判然としないことが多い．またなぜそのような実験をするのか，その意図がかなり独善的なところがあったりして，理解が難しい．

この本の英語の表題が Firsthand Accounts となっている．直訳すれば「彼ら自身がかいた報文」ということであろう．また現在の論文なら paper, report と書かれるだろうが account にはやや私的，個人的なコミュニケーションの意味合いがある．昔は科学論文の形態がまだ整備されていなかった．今でも Letter to the editor という論文形式が残っている．学問のコミュニティがまだよく整っていなかった時期には，いわば“知人の集団”あてに意見を表明するような形式が，頻繁につかわれたのであろう．

本書の翻訳は分担をはじめには決めず，それぞれ興味があるところから作業を始めたが，大苗敦さんは，6 章（キャヴェンディッシュ），7 章（ヤング）の翻訳を終えられたところで急逝されてしまった．本作業にとっても優秀な担い手を失い大きな痛手であったが，その後どうにか作業を終えて，本書の完成を彼へ報告することができて幸せである．訳語や文体の統一を監訳者が行うことになっていたが，調整にあたり彼独特の文体はなるべく保存されるように留意した．12 章（ジュール），15 章（ベクレル），16 章（トムソン）の初訳は清水祐公子さんが担当した．

本書には 4 種類の注釈がある．1）原著報告書に原著者が付けた注釈，2）本書の編著者（シャモス）が，原著者の伝記に付けた注釈，3）編著者が原報告書のマージンに付けた注釈，4）訳者が翻訳にあたり付けた注釈である．混同が起こらないように，工夫したつもりである．

本翻訳書の出版にあたっては，企画・構成の段階から校正まで，朝倉書店編集部の方々に大変おせわになりました．ここに記して翻訳者一同を代表して感謝いたします．

2018 年 9 月

監訳者　清水忠雄

序

科学教育における最も新しい考え方の一つは，物理学の視点が，古典的なものから現代的なものへと，歴史的にいかにつくり上げられてきたかを，学生自身に探求させることである．しかし残念ながら，最近数十年の傾向はこれとはまったく逆の方向をたどってきた．物理教育の初期段階で普通とられる方法は，非常に専門化されてしまっていて，新しい発見を，古いものに置き換えるという単純な作業ではなく，すでにできあがった大きな知識の体系に，ただ付け加えるだけになっている．これでは科学のもつヒューマニックな要素を捨ててしまうことになる．ジェームス・コナント（James Conant）は，1946 年の彼の最初の Terry Lecture のなかで，最近数世紀の科学の著しい進歩を念頭におきながら，「科学とは知識の積み重ねである」と表現した．この同じ言葉が，現今の物理研究あるいは多くの科学教育の初期段階で行われている百科事典的な教育を特徴づけている．

振り返ってみると，物理学上の重要な発見の大部分は，その時代の混乱や頑迷さという陰りをもった背景のなかから，科学的真理を追求しようとする光をあてて，一歩踏み出そうとしたものである．我々のもつ重要な概念の多くは，経験に照らして“自明”である．しかしそれがゆえに，その概念の形成されるまでに物理学が歩んだ長い歴史があったことをかえって見失いがちである．すなわち我々が現在認めている概念は自然探求の限りない努力の成果であり，これら概念の起源は人類の知的発展の重要な要素を占めるものであることを見損なっている．したがって最近，科学の歴史についての関心が高まってきたことは，この意味で学術的にみても，教育的な見地からみても非常に心強い．

この本の目的は二つある．その一つは，Washington Square 大学で物理学を選択した教養課程の学生向けに，「重要な実験」というタイトルのもとに用意された教材である．このコースでは，最も効果的な実験について詳しく学ぶことで，物理学のさまざまな原理の展開をたどっていく．この本が副読本として，物理の修学過程で生じるさまざまなギャップを埋めてくれることも期待している．そのほかの科学の課程，科学史の課程の学生，あるいは専門外でも興味をもつ学生にとっても，これら重要な実験の原典を調べることは，価値あることだと思われる．

取りあげた実験は二つの基準で選んだ．その第一は現代物理学の展開に最も重要と広く認められているもの，その第二は物理学を学び始める学生にとって，自身が研究生活に入る際に役立つと考えられるものである．実際に取りあげた実験の大部分は，勉学の初期過程にふさわしいものである．第一のカテゴリーにのみ属する実験は，現代物理学を理解するうえで，必須のものであるので，そのうちのいくつかは，巻末の付録に記載した．

「実験」の記述については，単語の綴りを現代風に改めたほかは，原著またはその英訳のままである．原著の図面は可能な場合はそのまま残したが，よりわかりやすくするため修正または描きなおしたものもある．それぞれの章には，その「実験」を行った個人の伝記，その時代の政治的，文化的背景の概観を記述した．また読者が原典を読み，またその歴史的展望を得るのに役立つような注釈を原著報告文のマージンにつけた．

この本を出版するにあたり，私はつぎの方々に感謝したい．ことにミネソタ大学の J. W. Buchta 学部長にはすべての原稿を読み批判していただいた．ニューヨーク大学歴史学科の Henry H. B. Noss 教授には第 1 章について建設的なコメントをいただいた．私の物理学科の同僚たちからは原稿について親切なコメントや示唆をいただいた．Edgar N. Grisewood 教授には原稿の一部を授業で使い，学生たちの反応についていろいろ教えていただいた．Eleanor Karasak 嬢は，Grisewood 教授と私とともに，この授業と本の企画に参加してくれた．

この類の本を書くに際しては，多くの出版社の協力がなければ成功しない．原著のコピーや翻訳について許諾をあたえてくれた彼らに感謝する．出版されている文献にも負うところが多いが，これらは参照文献または章末の補遺文献としてあげてある．なかでも W. F. Magie の著作 “*A Source Book in Physics*” は私にインスピレーションと限りない知識とをあたえてくれた．原稿の製作にあたり Lillian Pollack 嬢にはタイプで，Freda Cahn 夫人には校正で，多くの援助をいただいた．最後に 2 人の若い大学院助手の Ernest Barreto, John F. Koch の両氏にはいくつかの翻訳文についてご助力をいただいた．

M. H. S.

ニューヨークにて，1959 年 4 月

目　　次

1 はじめに：近代科学の起源

科学という分野では，何か新しい現象が見つかると，それの確たる原因を明らかにすることが常に求められる．したがって現代科学の起源を考えるとき，それがいつに始まったといえるのか，またそれにまつわる重要な出来事がどういう時間経過で起こったのかを決めたいという強い動機が存在する．しかし実際には，そこに明瞭な出発点があったわけではない．我々は，人類の知的富の集積に役立った多くの事項のうちのいくつかを知ることができるのみである．科学の歴史といえども，その発展を考える際に，政治的あるいは文化的な文明の歴史と切り離すことはできない．芸術も科学も，その文化的な活動においては，同じ社会的，政治的環境のなかで育つ傾向がある．その時代の文化的な雰囲気を創り出す何か微妙な同じ力が，科学の発達をもまた駆動する．だからといって知的に活動的な時代が，常に大きな科学的進展をもたらすということでは必ずしもない．人が文化的な活動をしたいという衝動をもったときにだけ，人は科学の発展に貢献できたということにすぎない（実は常に建設的であったとはいえないが）．

合理的な思考と自然現象を理解するに至る有効な手段ということで特徴づけられる近代科学は，その起源を 17 世紀にもつ．さらにそのさきの起源をたどると，かなり曲がりくねってはいるが，おそらく古代ギリシア文明に至るであろう．科学という秩序立った構造と，人類が自己の環境を制御するために発展させた技術・経験とは区別することが大切である．後者は，実用科学あるいは応用科学とも呼ばれるが，その大半は試行錯誤の結果生み出されたものであり，これこそ文明のあけぼのの時期までさかのぼるのである．これらの発明・発見，たとえば冶金，陶芸，灌漑，機械などは，文明の発展には貢献したであろうけれど，その方法・手段や動機は，我々が自然に対する近代的な視点を確かめようとして行う計画的な実験法と混同してはならない．

人類が真実の探求に関わったのは，過去300年間にすぎないと結論づけてしまってはおそらく間違いとなるであろう．しかしそれ以前の文明は，物の性質についての知識にあまり興味も好奇心ももたなかった．本質的な違いは，そのような知識を探そうとする昔の方法は，物理世界の真実を明らかにするには適当ではなかったということである．

紀元前5世紀から4世紀にわたるギリシアの黄金時代に，自然哲学の体系がスタートし，それがその後数世紀の間，人類の科学的な思考を支配することになる．それは3代続く有名な師弟関係，ソクラテス，プラトン，アリストテレスで，この3人は人類の思考の歴史において，最も顕著な人物といってよいであろう．彼らは普遍的な，あるいは絶対的な真理の存在を信じ，適切な方法で追究すれば，人はいずれそれに到達するであろうと考えていた．彼らは功利主義的な方法ではなく，人類の好奇心を満足させるという方法で知を求めた．そして，真の知識は，感覚的に誘導される知識とは区別して，純粋に形式的な方法すなわち論理だけで得られるものと考えた．論理形式のいくつかは，ソクラテス以前の紀元前6～5世紀の頃に，哲学者たちがそれぞれの議論の自己無矛盾に関心を示しだした時期までさかのぼる．しかし演繹的論理を巧妙に操ったのはソクラテスやプラトンであり，三段論法として知られる論理手段を発見したのは，アリストテレスである．

ソクラテスの理由づけの論理は，知を尊ぶギリシア人にただちに受け入れられ，彼は演繹法の大家と目されたが，同時にまたその方法の弱点の犠牲者ともなった．演繹法は一般的な原理を使いながら，特定の問題の解決に至る過程である．これはあたえられた前提から，論理的な有効な結論をえがくのであるが，その前提は究極的な真実を表しているものと仮定する．たとえばxがyより大きく，yがzより大きければ，xはzより大きい．結論は前提からの必然的な結果であるけれど，結論が真実かどうかは，最初の前提が信頼できるものかどうかに依存してしまう．演繹法は必ずしも新しい知を生まない．それは基本的な主張の真実性をテストする方法にはなりえないのである．

三段論法は演繹法のなかで特別な形式をもっており，その構成は通常の論説のなかでも頻繁に使われる．まず真実と仮定される前提をおく．つぎに何か特殊な場合に使われる一般的な説をおく．そして最後に論理的な結論がくる．例として落体の加速に関してアリストテレス的な三段論法を適用してみよう．

旅行者は目的地に近づくと急ぎ足になる．

落体は旅行者に似ている．

したがって落体は地球に近づくにしたがって加速される．

この議論は2つの前提条件に明らかな欠陥がある．疑問があるのだが，たとえ第一の前提が有効であるとしても，類似性についての第二の前提は，正しいという根拠がない．それにもかかわらず，この2つの前提からくる結論は論理的であり，アリストテレスの後継者たちが，自然現象の説明に彼の演繹法をいかに多用したかを示している．不幸なことに間違った前提から正しい結論への理由づけは，ことに解説・説明の分野で，今日でも広く行われている．もちろん結論は観測に基づいているから正しい．そして前提は，正しい記述であるというより，むしろ結論に都合のよいようにデザインされている．

この例は演繹法の示すさまざまなスタイルのうちの1つである．この例はまた科学的な議論というよりは，論理学の議論であろう．この分析において，後者は正しい前提からの推論であるが，前者は“多分”とか“もっともらしい”とかの記述に基づいた結論である．形式的な論理法は，自己無撞着という観点から調べられるが，その手法はヘレニズムの時代の初め（アリストテレスを師としたアレクサンドロス大王の死，323 B. C.）からすでに高度に発達していた．この間にユークリッド（Euclid，323–285 B. C.）やアルキメデス（Archimedes，287?–212 B. C.）の見事な数学的証明がなされている．演繹的方法は数学の各分野で有効であるが，しかしそれだけでは自然を理解する手段にはならない．物理学，いやすべての自然科学の真髄は，自然を可能なかぎり簡単な言葉で説明することである．すなわち我々が観測するすべてから，基本的な原理や原因を導き出すことである．このことが科学を説明し，新しい科学的知識を発見することを意味している．現代の物理科学における解析を特徴づけるのは，このような思考とその表現の節約である．しかし我々はいかにして物事の由来を発見したらよいのであろうか？　演繹的な議論の際，最初の仮定の真実をどうやって設定すればよいのだろうか？　この点でアリストテレス的思考過程がうまくいかなくなり，我々は何か新しい方法を探さなければならなくなる．

アリストテレスは自然現象に強い興味をもち，実用的なことに高い配慮を示したという点で，プラトンやソクラテスとは違っている．彼は徹底した実験家とはとてもいえないにしても，実験することに反対したわけではなかった．彼は自然の歴史の記述にあたり，注意深く体系的な考察をしているので，しばしば古代科学の百科全書家と呼ばれるが，彼の主たる評価は，科学者である．それにもかかわらず物理学的世界の性質について，彼はかなりナイーブなむしろ間違った見解をもっていた．彼は生物学の発展に大きく貢献したが，これはむしろ物理学的な推論に劣っていたことが理由である．その後何世紀にもわたり，科学的思考に，彼が大きな影響をあたえてしまったことは残念なことである．彼の権威が，力学，原子学，天文学の発展を大きく遅らせてしまったとすることに，ほとんど疑問はない．2000年後になって，ギルバート，ガリレオ，ボイル，ニュートンら近代物理学の創立者たちは，科学のしっかりした基礎を築く前に，それまで流布されていた教義をまず否定しなければならなかった．

物理科学において，アリストテレスの誤った見解が生じるもっともらしい原因はいくつかあげられる．第一に彼は，帰納法を有効に活用することに失敗した．これは演繹法の逆で，特殊な事例から一般の原理に進む過程である．限りある回数の観測から，すべて似たような現象を包括する一般的原理に至る推論である．最初の真理を構築するのはこの方法であり，構築されたものから演繹法によって，個々の我々の経験を説明する．その結果からさきに帰納したこと，原理が正しかったかどうか判断される．アリストテレスは帰納法には通じていた．実際に，彼はこの原理を概説した最初の人であった．おそらく彼はこれを，知識を獲得していく手段としては信用していなかったか，科学的推論の場における役割の認識に失敗したのであろう．いずれにしても彼は，この高度に重要な推論形式を使用しなかった．その代わりに彼は演繹論における最初の仮定群を純粋に直感によって，あるいは（おもに人間の）目的にかなうという理由づけで一般化してしまう．これは目的論的な議論である．このことは，直感は帰納法の推論過程には現れないといっているのではない．帰納法の現代的な使い方と区別されるのは，アリストテレスが内省的に発見した直感ではなく，経験が生んだ直感ということである．

我々が共有するすべての物理学理論は経験したものを一般化したものである．ニュートンが「すべての物体は静止状態を保つか，あるいは直線上を一様に運動する……」といった場合，これは明らかにいくつかの限られた回数の観測結果から帰納し，これを宇宙全体に適用できるものとして一般化したものである．このような過程は有効なのであろうか？　それは本来的に絶対的な真理を導かない．その信頼性は引き続き行われる科学的な検証によって計られる．新しい観測が，帰納法によって導かれた仮説と一致するたびに，仮説は強くなり，かつ帰納法のもつ力はより一般的になっていくのである．

アリストテレスの物理的な議論はあまり数学的ではない．それは定量的というよりむしろ定性的である．そして現代物理学がもつ力に欠けている．彼の前提から導かれる結論を，批判的に検証する実験はあまり行われなかった．フィレンツェの著名な画家，レオナルド・ダ・ヴィンチ（Leonardo da Vinci, 1452-1519）は，中世の科学の壁を最初に打ち砕いた一人であるが，真の科学は観測によって始まるという持論をもっていた．そしてもし数学によって理論づけできるのなら，さらに確実性が強まるであろう．「しかし実験が生んだのではない“科学”は無益で間違いだらけのものである．実験はすべての確実なものの起源であり，またそれは1つの明瞭な実験だけで終わるものではない[*1]．」

たとえば物質の実態についてのアリストテレスの見解を考えよう．これはソクラテス以前のギリシアでも，さんざん考えられてきた課題である．物質は連続的なもので，いくらでも小さく分割できるものなのか？　あるいはもうそれ以上分割できない何か基本的な単位からできているのであろうか？　この問題は，好奇心の強い人々を長年にわたって悩ませ続けてきた．それがついに解決するのは，前世紀［訳注：この文は20世紀に書かれているので，19世紀］になってからである．原子論，すなわち自然とは空虚な空間に非常に多くの見えない粒子が存在しているとする考え方は，紀元前5世紀半ばレウキッポス（Leucippos）に始まり，それから約30年後デモクリトス（Democritus）によって発展させられた．彼がいうには「世の中には甘いもの，辛いもの，熱いもの，冷たいもの，そしていろいろな色がある．しかし実際は多くの原子と空間があるだけである」．これは確かに自然をあまりにも単純化しすぎている哲学的な考え方で，これを実験に供することは不可能である．しかし形のうえでは，どこか現代の原子論の考えに似通っている．

もう1つの極限は，自然は連続体と考える人たちで，紀元前5世紀のアテネの著名な教育家アナクサゴラス（Anaxagoras）や，しばらく後のアリストテレスらである．この学派の考えにしたがうと，すべての物質はヒュレー（*hyle*）と呼ばれる根源的なものからつくられていて，物質の違いはヒュレーにあたえられる基

---

*1）Sir William Dampier, “*A History of Science*”, 4th ed.（New York : Cambridge University Press, 1949）p. 105を見よ．この本はMacmillan Companyからも出版されている．

本的な4つの要素（element），火，土，空気，水，の量による．アリストテレスによれば，これらの要素は，世界の中心に土があり，その周りを順に水，空気，火が殻構造をつくって取り囲むように凝縮している（四元説）．この考えが自然な占有場所（natural places）の教義と結びつき，自然界ではすべてのものが，適切な場所（proper space）をもっていて，重いものは下に，軽いものは上にある．これがたとえば石の落下を説明し，また空気や火は上昇するという傾向を説明する．

アリストテレスの科学説を詳しく論じる余裕はここではない．彼の天文学説や運動に関する説は，彼の物質に関する説に劣らず曖昧である．アリストテレスにより実践される科学は現代物理学を学んだものからみれば，あざけりをうけることは免れないであろう．ただしギリシア人たちは，今では科学に本質的に重要と考えられる実験をする習慣をもっていなかったことは，心に留めておこう．アリストテレスの見方は，その合理的にみえる思考法と，結果が"常識"に合致するかのようにみえるということで，同時代の人々に強くうったえたのである．

ギリシア時代の物理学は，アリストテレスのものがそうであるように，すべてが価値のないものと考えてはいけない．逆に時には古代ギリシアを照らす輝きもあったのである．たとえばユークリッドやアルキメデスの数学における成果をあげることができる．後者は物理学の問題を現代と同じように解いた．彼は当時使えた数学的な手法をすべて取り入れ，彼の時代としては驚くほど程度の高い理論を示した．彼が扱った流体静力学の問題（アルキメデスの原理）は，科学革命以前の物理学では最も重要な成果である．紀元前の最後の世紀に活躍したアレクサンドリアの英雄は，応用科学の分野で，一連の実用的な発明をした．中世に比べれば，ギリシア時代はまことに素晴らしい時代であった．

中世の科学

さきに述べたように，ヘレニズム時代の古代ローマ人たちは技術的には大きな成功をおさめたが，その物理学の成果はとくに何もない．ローマは事実上，独立した科学というものをもたなかった．その代わりローマ人たちはギリシア文明の影響下で，甘んじてギリシア科学の指導にしたがう子弟として指針にしたがい，上水道，下水道，道路，港湾，公共の建物など大規模な建設を行った．彼らは科学に新しいものを付け加えるというより，実用的な問題により大きな関心を寄せていた．ローマの詩人ルクレティウス（Lucretius）によって書かれた『ものごとの性質について』“*De Rerum Natura*（英：Of the Nature of Things）”，（51 B. C.）[*2] は近代初期（16～17世紀）の科学者たちに甚大な影響をあたえた著作である．これは原子説的考え方を最も詩的に，そして雄弁に語り，流布したものである．これは科学的作品ではないけれど，何世紀も後の科学者たちが，アリストテレス的な4要素に基づく教義を打破する際に，大きな影響をあたえたのである．

ローマ帝国の時代[*3] とそれに続く中世では，物理科学は事実上沈黙していた．キリスト教時代の最初の数世紀の間は，ギリシア科学も視界から消えていた．それに代わって迷信や神秘思想がひろがった．真理かどうかの検証には，合理的な考え方は退いて，神聖的な発想に道を譲っていた．聖書の権威がすべての哲学に優先していた．人々が宗教に主たる関心を寄せるために，自然現象に関する興味は，倫理的，道徳的な課題に置き換わっていった．このような環境では知的活動は成長せず，その存在さえも難しかった．

キリスト教時代の初期の偽科学の重要な産物は，錬金術が行われたことである．これは卑金属を金や銀の貴金属に変換する技術などを含んでいる．4つの要素を基礎とするアリストテレス的な物質観では，含まれる要素の量を変えれば，物質は随意に変えることができるとされた．錬金術はアレキサンドリアに起源をもつが，中世初期にはアラビアのサラセン人の間でひろがり，12世紀に西ヨーロッパに伝わり，そして18世紀後半までひろまっていた．[*4] もちろん“賢者の石”[*5] は決して発見されなかったが，多くの新しい物質が発見され，また新しい化学的な手法も発展した．しかし技術は神秘的な儀式や正しくない慣行のため汚れていた．けれども錬金術はまったく見せかけのもので，これを行うものは皆ペテン師であると結論すべきではない．逆に錬金術は自然哲学の広い部分を占めるものであり，これにより多くの優れた学者が，物理学的世界のみならず人生そのものを理解しようと模索していたのである．彼らの手法は，近代科学の基準からみれば奇異なものであるが，しかし彼らは疑いもなく誠実であった．不幸なことに，“物質移

---

*2）　W. E. Leonard が翻訳した廉価版（New York : Dutton, 1957）が入手できる．

*3）　紀元5世紀の終わり頃まで．

*4）　優れた近代の科学者ニュートンもその生涯の大半を錬金術に携わっていたことは興味深い．

*5）　おそらくある物質を他の物質に変質させる器機であろう．

行”というような彼らの仕事の一面や，その技術に対する秘密主義が，かえっていかさまな人たちを招き入れることになり，錬金術を不評なものとしてしまったのである.

中世後半[*6)] の理性的思考を神学に調和させようとする努力は，スコラ哲学として知られている思考体系を導くことになる．これは人間を中心に置く権威主義哲学で，一義的には来世の魂の救済をいかに達成するかを発見することを目的としている．これが科学的思考にどう影響するか，そこに我々の大きな関心がある．スコラ哲学は何世紀も前にソクラテスやプラトンにより流布された弁明に身を任せていた．これはすでにみてきたように，物の究極や目的つまり絶対的な善を発見することからなっている．すべてのものは，何か人間の必要とするものに供されようとすると考えられた．宇宙自体が人間の利益のためにつくられたものとする．観測や物の究極の性質を導くという人間の感覚にはほとんど興味がもたれていなかった．アリストテレスの多くの著作が再発見され，ギリシア語からアラビア語に翻訳されて，それがビザンティン（東ローマ帝国）の学者らによって保存され，そしてラテン語に翻訳された．アリストテレスの哲学は教会の神父らの信仰に都合がよいもので，彼の仕事は，宗教上の教義を別にすれば，すべての事象に対して権威あるものとして確立された．その結果，彼の科学的教義に反するものは，教会の非難をうける危険にさらされたのである．このような環境のなかで，我々は強い印象をもって，後期ルネッサンス科学の驚くべき成功を目の当たりにするのである.

科学の革命

誤った科学的仮説は，そこから導かれる“事実”が真でないことを示すこと，すなわち科学的検証または実験によって，間違いだと証明される．こうして錬金術の明らかな失敗は四元説の失脚を導いた．運動に対するアリストテレスの見解は，実験の支持を得られず，ガリレオの批判が出る前にすでに崩壊していた．人類が活動するいくつかの分野では，真理かどうかの決定的な検証を実行することが可能である．これはまさに物理科学の特質なのである．14 世紀の初め，スコラ

---

*6)　12 および 13 世紀.

哲学は，大きな紛争課題となった．古典的な理論のなかでよみがえった興味，“神の啓示による真実”が知識をひらく唯一の鍵であるとすることへのつのる懐疑，そして自然現象や人間の活動に対する大きな関心，これらは人をほの暗い中世からルネッサンスの明るく知的な雰囲気のなかに連れ出す社会的，政治的，文化的な諸々の要因のうちのいくつかとなっている．これは急な転換でもなく，人の見方の変化の結果でもない．それは展望の変化であり，古典的伝統からの脱却であり，そして幸いなことに，物理学では，何が科学的に満足する説明をあたえられるかという課題への新しいアプローチである．何人かの人は，直感ではなく実験について深く学び始めた．彼らは何世紀も前にデモクリトスやそのほかの原子説派が主張した説明法に傾いていった．すなわち物の最終的な根源，またはスコラ派のいう“物（goods）”によって説明するのではなく，物の第一義的な原因によって説明しようとすることである．一般に人々は自然そのものの研究より書物に多くの関心を寄せてきたが，そのなかで独立心の強いわずかな人々が，あるかすかな徴候を感じていた．山のような批判を前にして，現存していた科学は次第に力を失い破滅しようとしていた．17 世紀の初めにフランシス・ベーコン（Francis Bacon[*7)]）は，指摘している．

> 自然のもつ微妙さは，人間の感覚や理解をはるかに超えている．したがって人類の思考，想像，そして生み出すものなどはあまり頼りにならない．しかしこのことに賛同し，これを指摘した人はいない．いま我々がもっている科学は，実用的な発見には役立たないし，したがって現在もつ論理法は，科学を生み出すのに役立たない．

この頃までに数学的抽象化と結びついた実験的な研究は，ルネッサンス後期にあたる全期間を通して，科学革命ともいわれる印象的な成果を生み出していった．これは 17 世紀近代物理学の始期といってもよい近代的な研究法という意味である．もちろんそれに先立って，16 世紀の初めにダ・ヴィンチにより示された力学原理の優れた把握や，コペルニクス（1473-1543）が死去する年に発表した太陽中心説など重要な展開があったわけであるが．しかしこれらの個々の業績は，正しい方向に向かう科学的思考法を発展させるのに大きく貢献したものの，物理学の

*7)　フランシス・ベーコン（1561-1626）は，英国ルネッサンス期のおそらく最も偉大な哲学者だがまた疑わしい政治家でもあった．この文は書物“*Novum Organum*”, Book I, p. x-xi から引用した．

構成という点については，あまり付け加えるものがなかった．それは 17 世紀になってガリレオが運動の物理学に対して決定的な概念を確立するまでまたなければならなかった．ガリレオの注目すべき成功はヨーロッパ中で，科学的活動を奮い起こし，“新しい科学”は，現在の高度に発展した状態に向かって逆らうものなく突き進んでいく原動力を得たのである．

17 世紀において，物理学の成長に点火した 2 つの重要な事実を指摘しておくべきであろう．それはいくつかの科学教育機関の設立と科学実験器機の開発とである．教会の支配が強く，研究の自由が大学の特質とはまだいえない環境のなかで，科学アカデミーは，今日我々が高等教育機関に期待するような研究の奨励と支援を提供していた．

1603 年フェデリコ・チェージ（Federico Cesi）公爵の支援でローマに設立されたリンチェイ・アカデミー（Accademia dei Lincei[*8)]）は，科学アカデミーとしての最初の機関と考えてよいであろう．1611 年ガリレオは 6 番目の会員に選出されたが，この協会は個々の会員の研究成果を議論すべく頻繁に会合をもっていた．1630 年に後援者を失ってこの協会は解散するが，チェージは組織づくりの動機だけでなく財政的な支援もあたえてきたのである．

20 年ほど後になって，2 人のメディチ家の兄弟，フェルディナンド 2 世大公とレオポルド大公により，フィレンツェに Accademia del Cimento[*9)] が設立された．そこにはヨーロッパ中から集められた最高の実験器具を備えた研究室がつくられた．このアカデミーでは，さきのリンチェイ・アカデミーや大多数の近代的なアカデミーと異なり，現在最も重要な課題を個人個人ではなく会員が協力して解決するように奨励した．この点では，主要な課題に対して科学者のグループが共同して作業する現代の科学協会に似通っている．このアカデミーは短い間しか続かず 1667 年に解散したが，それでもその間に，大気の圧力の測定，液体や固体の温度特性，音速の測定など物理学の重要な課題の遂行を支援した．最終年に会員たちは実験や発見の成果を共同で出版したが[*10)]，これはその科学的な性格や多様性がゆえに，同時代の思考法に多大な影響をあたえた．

---

*8)　Academy of the Lynx-eyed の意味．Lynx の語は，科学の鋭い眼を象徴している．

*9)　Academy of Experiment の意味．1657 年創立であるが，メンバーたちは 1651 年から非公式な会合を行っていた．

*10)　古書　“*Saggi di naturali esperienze fatte nell' Accademia del Cimento*”, Florence, 1667.

1645年頃からロンドンでは，何人かの人々が自然哲学について非公式に議論するための集会が週に1回程度開かれていた．これを核として王立協会[*11)]が設立されたが，それが公に承認されたのは1662年であった．この協会は，特定の課題や研究を，個人または研究者のグループを指名してあたえ，後日その成果を協会で報告させるという習慣を確立した．王立協会は，1665年から，会報 *Philosophical Transaction* 誌の出版を始めたが，これは協会で発表された論文のほか，独創的な研究の報告を掲載したもので，現在に至るまで継続している．

同じ頃，哲学と数学に興味をもつ人々がパリで非公式な集会を持っていた．王立協会と同じような経緯を経て，フランス科学アカデミーが設立された．1666年にルイ14世によって，正規のアカデミーとなり，メンバーには年金と財政的支援が与えられるという方式で，リンチェイ・アカデミーと同じように運営された．アカデミーは多種の課題の研究，なかでも天文学と物理学とを包含する数学と，化学・医学・解剖学などを包含する自然哲学の2分野の研究を支援した．1699年に協会は再編され，独創的な研究論文の正規なシリーズ *Mémoires* 誌の出版を始めた．革命後に旧フランスアカデミーは解散したが，それは1795年に L'Institut de France の基盤となるものとして再建された．

つぎつぎと登場する科学アカデミーによって，物理学の研究の進展は著しく速められた．可能な通信の手段には，まだまだ問題があったが，人々は他の研究者の仕事を知ることができるようになり，他の発見の上に立って仕事をすることも可能になってきた．物理科学の成長に最も大切なことである知識の交流は，科学雑誌の出版によって可能になった．

科学が次第に複雑化してくるにしたがって，17世紀の科学者たちは，実験を遂行していくために，より新しい機材を必要とするようになった．精密な器機なくして近代の物理学を受け入れるのは難しい．実際に近代科学の主たる特性は，いかなる科学器機を使用しているか，その測定結果が信頼できるかなどにかかっている．自然現象について信頼できる説明を得るために，都合よく条件を制御して実験できるようになった．17世紀の急速な発展は，6つの重要な器機が発明されたからである．それらは，顕微鏡，望遠鏡，温度計，気圧計，真空ポンプ，そして振り子時計である．これらの器機は現在の基準からみればまだ洗練されていな

---

*11)　Royal Society of London for the Promotion of Natural Knowledge として公認されている．

いところもあるが，17 世紀の物理学にいかに大きな影響をあたえたか想像に難くない．

これらが物理学の出発点であった．人類は自然に対していかに問えばよいかを学び，したがって自然は次第にその秘密を人の前に顕かにし始めた．実験はつぎの実験を呼び起こし，そのそれぞれが物理学的宇宙の性質についての知識を積み重ねていった．しかし事実の積み重ねのみでは科学を構成できない．そうしなければ単に意味のない細かなことの集合となりかねない観測されたデータを，互いに結びつけなければならない．こうして自然のもつ規則性が探求され，発見されたものは，広く統一的な原理として表現されることになる．物理学の本質は，これら基本的な考えと，観測事実をうまく整理するよう抽出された原理とを勝ちとることである．

ガリレオが力学の第一原理を発見してから 3 世紀の間に，深い理解と明解な説明とをあたえる多くの際立った実験が行われてきた．以下の章で，これらの偉大な実験とそれを遂行した優れた人々について調べてみよう．

補遺文献

Burns, E. M., *Western Civilization, Their History and Their Cultures* (New York: Norton, 1949).

Butterfield, H., *The Origins of Modern Science* (New York: Macmillan, 1952).

Clagett, M., *Greek Science in Antiquity* (New York: Abelard-Schuman, 1955).

Cohen, M. and I. E. Drabkin, *A Source Book in Greek Science* (New York: McGraw-Hill, 1948).

Dampier, W. C., *A History of Science*, 4th ed. (New York: Cambridge University, 1949).

Hall, A. R., *The Scientific Revolution* (Boston: Beacon, 1954).

Ornstein, M., *The Role of the Scientific Societies in the Seventeenth Century* (Chicago: University Press, 1928).

Sarton, G., *A History of Science* (Cambridge, Mass.: Harvard University, 1952).

Taylor, A. E., *Aristotle* (New York: Dover, 1955).

ガリレオ・ガリレイ
Galileo Galilei　1564-1642

2 加速度運動

Accelerated Mortion

ダンテやペトラルカの記憶に残る詩，マキャベリの風刺劇，ダ・ヴィンチ，ラファエロ，ミケランジェロの比類なき絵画などによって豊かな恵みをうけたイタリア・ルネッサンス［訳注：14～16世紀］は，近代的[*1)]な物理学が展開される舞台を設えた．すでに述べてきたように，17世紀より前には，近代的な意味での物理学的成果というものはほとんどなかったのである．

ガリレオは最初の近代的な物理学者である．約2000年前にアルキメデスが行った，自然を抽象化し，美化するめざましい仕事は，我々が今現在，親しんでいるものとは異なるレベルのものである．彼の実証の手法からいえば，彼は近代的科学者というべきではあるが，しかし彼の物理的洞察は，静止している物体について以上には進まなかった．物理学の発展には，運動を正しく理解することがカギとなる．ガリレオは，アルキメデスの仕事から多くのものを受け取ったことは疑いようもない[*2)]．彼はアルキメデスの仕事を貪欲に学び，そこから実験とその結果の数学的表現はどのように結合させるべきかという啓示をうけ，そしてその表現に成功したのである．

ガリレオ・ガリレイは1564年2月15日に，ピサに生まれた．シェイクスピアが誕生した年で，またミケランジェロが没した日である．彼の父Vincenzio Galilei自身が，学者として成功しており[*3)]，彼自身がいだいていた，学ぶことへの愛と古い権威にしたがうことへの嫌悪の感情を息子に教え込んだ．ガリレオの注目すべき生涯と，独立心がもたらす特徴的な考え方からみて，彼が父の知的な態度を

---

*1)　ここにいう近代とは17世紀にはじまるもので，最近の20世紀における発展のことをさしているわけではない．

*2)　アルキメデスの仕事は数学者タルタリア（1500-1557）によりすでにラテン語に翻訳されていた．

*3)　音楽理論の分野で，“*Dialogue on Ancient and Modern Music*”（1581）を出版している．

十分取り入れていたことは明らかである.

ほぼ1世紀前には，多才なレオナルド・ダ・ヴィンチがイタリアの風景を彩っていた．実際にダ・ヴィンチの物理学的問題に対する近代的な考察法は，後にガリレオが実験的に証明するよりはるかに早い時期に，慣性の原理を予言していた．これは力学的現象の科学のまさに基礎となるものである．ダ・ヴィンチがした科学的な仕事のうちのどれだけがガリレオに影響を及ぼしていたかを正確に評価することは難しい．この有名な画家は，自身のノートを決して出版しなかったからである．おそらく当時の政治的情勢下にあっては，それが賢いことであったのであろう．しかし彼の友人や賛美者たちがダ・ヴィンチの考えを保持してきたので，それが後にガリレオの注意を引くことになったのである[*4)].

ベネディクト派の僧院（the monastery of Santa Maria of Vallombrosa）で数年間，古典の教育を受けた後，ガリレオは17歳でピサの大学に入学した．父は医学を学ぶことを希望していたが，若いガリレオはアリストテレスとガレノス（Galen）の理屈ばかりの教科書にすぐに退屈し，代わりに数学と物理学を学ぶことに興味をもつようになった．権威主義的な知識の集積である書物にはほとんど敬意を払わず，やがて当時大勢を占めていたアリストテレス派の考え方を大胆に攻撃したことが教授たちの間でよく知られるようになった.

彼は学位をとることなく，しかし数学的な才能については高い評判をもちながら，そこを去ることになった．力ある友人たちのおかげで，25歳のときに，給与は低かったが大学の数学科の席を得ることができた．そこで3年間，彼は加速度運動の最初の研究を行った．斜面を転がる球の実験を行ったのはここである．彼の水時計では，自由落下する物体を計測することはとても無理であったので，観測できる程度に運動を十分遅くする方法をとったのである．この期間に彼は，加速度について，さらに慣性の概念について，はっきりとした理解に達した．実際，ガリレオが運動の物理学（動力学 dynamics）の枠組みを構築したのはピサにおいてであった．アリストテレス派のいう，物体は重さに比例する速さで落下するという教義を，ピサの斜塔から異なる2物体を落下させる実験で反証したとする言い伝えがある．そのように想像することは魅力的ではあるが，この話が実際に

---

*4)　彼のノートは1906年に最初に編集され，出版されている．最も新しい版はEdward MacCurdy（編）"*The Notebooks of Leonaldo da Vinci*"（New York : Braziller, 1954）である.

あったとする強い証拠はない．ガリレオはよく整理されたノートにこのことを記載していない．彼の学生の一人，ヴィヴィアーニ（Viviani）は，ほぼ60年後に，この出来事について簡単に触れている．実際には，そのような実験はオランダの物理学者シモン・ステヴィーン（Simon Stevin；ラテン名でStevinus，1548-1620）によって行われている．

ガリレオは好んで論争を行ったので，伝統的な学問に縛られた研究者たちの間では評判が悪かった．1592年にパドヴァ（Padova）大学の数学科の席を得て，ピサを去ることになったのは，互いの感情を解消することにも関係があったとすることは否定できない．パドヴァには18年間滞在したが，これは後で振り返ってみて，彼の生涯で最も幸せな期間であった．また最も生産的な時期でもあり，彼は運動学についての大きな仕事をした．しかしその結果は，かなり後まで出版されることはなかった．

ガリレオがある闘争的な諍いを初めて経験したのは，パドヴァにいた時期であった．このことは彼の性格にも合っていたので，その後も生涯を通じて，その様式を効果的に利用している．彼はsectorと呼ばれる計算器の改良型を発明し，これをヨーロッパ中に販売するために生産，イタリア人のユーザーのためにイタリア語で説明書を書いた．パドヴァで彼の学生だったバルダッサル・カプラ（Baldassar Capra）は，イタリア外の学者たちのためにラテン語で同じ説明書を書いたが，その内容の本質的なところはガリレオの文章の翻訳であったにもかかわらず，カプラ独自の著作であるとし，またガリレオが彼の発明を横取りしたと主張した．非常に怒ったガリレオは大学の事務局がする前に学生に圧力をかけ，この本の発行を停止させることに成功した．それにもかかわらず何冊かは没収を免れ出回ってしまった．対抗としてガリレオはこの事件に関するすべての事情を記述した書物を出版した[*5)]．

ガリレオの物理学に対する最大の貢献は力学においてではあるけれども，一般によく知られている彼の成功——そして不運——は天文学の分野においてである．1604年に現れた非常に明るい新星（スーパーノヴァ）をよく説明するコペルニクスの学説を彼は強く支持した．このことは，天の不変性を主張するアリストテレスの教義と衝突する．1609年にヨハネス・ケプラー（Johannes Kepler，1571-

*5) “*Defense Against the Calumnies and Impostures of Baldassar Capra*”（1607）．

1630）は天文学に関する有名な著作『新天文学』“*Astronomia Nova*”を出版したが，それによってガリレオはオランダで望遠鏡が発明されたことを知った．ケプラーの仕事は，ガリレオに直接影響することはほとんどなかったけれども[*6)]，望遠鏡については大変な刺激を受けて，天文学的な観測にただちに着手した．次の年にはもう『星からの知らせ』“*Sidereus Nuncius*”と題するパンフレットを出版している．これはより早くヨーロッパの学者たちに伝わるように，学者用語で書かれたが，そのことが，アリストレスの追従者との間に苦い確執をただちに生むこととなった．2年後に彼はイタリア語で書かれた静水力学の本『浮遊体の理論』“*Discourse on Floating Bodies*”を出版したが，それはアリストテレスの物理学的原理を強く攻撃していたので，事態はさらに悪化した．

しばらくしてガリレオは数学の主任およびトスカーナ大公爵哲学者[*7)]としてフィレンツェに戻った．さらにピサ大学の講義の義務のない数学主任にもなった．彼はパドヴァにテニュア（終身在職の権利）をもっていたし，またヴェネチア共和国[*8)]は彼にとって政治的環境はよかったのだが，彼は先祖の土地に帰ることを望んだのである．フィレンツェではガリレオはその反聖職者的見解のためにいろいろなタイプの理論家からの攻撃の標的となったが，彼は歩み寄ることなく論理を荒立てて決然とした態度で反論した．1616年に，とうとう彼は宗教裁判で彼の見解を説明するようにとローマに呼ばれ，その結果コペルニクス理論を教えず，持たず，そして擁護してはならないと警告を受けた．

すっかり幻滅を感じてフィレンツェに帰ったガリレオは，それからは，やや横柄ともいえる著作『プトレマイオス的（天動説）およびコペルニクス的（地動説）という2つの世界秩序に関しての対話』“*Dialogue concerning the two chief Systems of the World, the Ptolemaic and the Copernican*”を1630年に完成することに没頭した[*9)]．この本は1632年に出版されたが，その主張は薄いベールはかぶっているものの，天空に関するアリストテレス的解釈を攻撃し，コペルニクス

---

*6)　惑星の運動についてのケプラーの仕事が確かめられるのは，ニュートンの不変的重力理論の出現までまつことになる．

*7)　この称号はガリレオの特別な要望であたえられたものであるが，彼はそれをうまく活用した．

*8)　ヴェネチア人（The Venetians）という名称は，北部プロテスタントの人々がヴァチカンからの独立性の程度を保つ手段として使っていた．

*9)　1661年にT. Salusburyによって英訳されている．

理論を支持しているものであった．彼の著作は往々にして対話形式で書かれている．それは彼がプラトンの著作方法を敬愛していたことも１つの理由であるが，また当時の荒れた政治情勢が間接的な対話形式をとらせたともいえる．対話には３人の人物が登場する．そのうちの二人はコペルニクス理論を支持するガリレオを代弁するが，３人目のSimplicio[*10)]はアリストテレス的伝統を固持する滑稽な擁護者である．ガリレオは後に力学についての著作にも３人の同じキャラクターを登場させている．いうまでもないがこの本は，完全に公平には書かれていない．Simplicioはさまざまな議論において愚者のように扱われている．ガリレオは対話を俗人向けに書くのが習慣であった．イタリア語で書くほうが読みやすく，また修辞的にも美しかった．彼は対立する見解を厳しい皮肉と厳格な論理によって打ち砕いた．そのスタイルは，現在我々が慣れ親しんでいる科学論文の書式——議論は経験したこととそれからの推論にかぎる——と比較すると，とうの昔にすたれてしまった様式である．

公の検閲にはパスして出版されたものの，彼の『対話集』は検邪聖省の大きな怒りをまねいた．アリストテレス的見解の防御を無様なSimplicioの口を通して語らせて法王を侮辱し，かつコペルニクス理論を擁護しないという命令に背いたということで，彼は告発された．宗教裁判で裁かれ，意見を撤回させられ，無期限の拘留の刑を受けた．彼の『対話集』は他のコペルニクス派の著作とともに1822年まで禁書のリストに加えられてしまった．

数か月の拘留[*11)]の後にガリレオは許されて，フィレンツェに近いアルチェトリの山荘に帰ったが，しかし生涯を世間とは隔離されて住むということになってしまった．そこで彼は，彼の最後の偉大な仕事『新しい科学についての対話』“*Dialoghi delle Nuove Scienz*”に取り組んだ．原稿は1636年に完成したが，先に宗教裁判所はガリレオの著作を焼き捨てていたので，原稿は密かにオランダに運ばれ，1638年にエルゼビア書店（Elzevirs）によって出版された．その同じ年に有名な詩人ジョン・ミルトン（John Milton）がガリレオを訪ねたが，そこでは年老いた盲目のガリレオが，弟子のヴィヴィアーニとトリチェリ（Torricelli）とともにまだ仕事をしているのを見出した．ミルトンはこう書いている[*12)]．

---

*10）simpleton（まぬけ）の意味．

*11）彼はシエナの大主教とともに，軟禁ともいえる状態で暮らしていた．

*12）T. H. White（編）“*Areopagitica*”（London: R. Hunter, 1819），pp. 116f.

……有名なガリレオを訪ねて私がみたものは，すっかり年をとった宗教裁判所のとらわれ人がフランシスコ修道会やドミニコ会の考えることとは別な天文学を考えている姿だった．

ガリレオは1642年1月8日に没した．彼は物理科学を正しい軌道にのせ，人類の叡智の力を示す永遠の記念碑を打ち立てたのである．

『新しい科学についての対話』（一般には『2つの新しい科学についての論説』"*Discourses concerning Two New Science*" として知られている）はガリレオの最高の科学的成果である．天文学および一般に自由な考え方に対する貢献はもちろん重要なのであるが，純粋に物理学の立場から判断すると"論説"とはいえないものであった．論説を書く計画について友人に書いた手紙のなかで，彼は「これまで私が出版したもののなかのどれよりも優れている」，そしてまた「私がした研究のなかで最も重要だと考えられるものが含まれている」と述べている．そこでは彼は出発点として加速度の定義をし，推論を行う場として数学を用い，実験結果の理由づけとして運動物体の科学を構築した．彼は実験だけでは科学を構築できないこと，たとえば加速度の概念は実験室での経験だけからは理解できないことに気づいてはいたが，ここで強調すべきことは物理学の仮説を検証するために実験のもつ役割を利用したことである．彼の能力はすべてを包含する力学の第一原理（これは後にニュートンが完成する）にまでは至らなかったけれども，彼のたどった過程，すなわち科学の方法は十分に近代的なものであった．

ガリレオの本（『2つの新しい科学についての論説』）に含まれる2つの科学とは，「破壊に対する固体の抵抗」[*13)] と「運動（*movimenti locali*）」のことである．本は4つの部分または日付に分かれている．第3日に加速度運動，第4日に放射体が扱われている．以下に記載する落体の法則についての抜粋は，Crew と Salvio が翻訳した本[*14)] から採った．対話者は Salviati（ガリレオは彼に誰かわからない学者の書いた原稿を読ませるというかたちで，ガリレオ自身の見解を代弁させている）と Sagredo[*15)]（数学に長けた学者），そして Simplicio（アリストテレス的見解をもつ敵対者）である．

---

*13)　本質的には物質の強さと構造．

*14)　H. Crew and A. de Salvio（訳）"*Dialogues concerning Two New Sciences*"（New York : Macmillan, 1914）．ペーパーバック版が Dover 出版から購入できる．

*15)　ガリレオの親しい友人の名前．

✣ ✣ ✣

ガリレオの実験

位置の変化

私の目的は非常に古い課題に対して新しい科学的扱いを提示しようとするものである．自然界においておそらく，運動ほど古い課題はないであろう．これに関して自然哲学者が書いた著作は少なくない．そして私はこの運動についての実験で，これまで観測されたり提示されたりしなかった，しかし知る価値のあるいくつかの性質を発見した．たとえば，重い落体の自由な◆1運動は持続的に加速されるという，皮相的な観測は行われている．しかしこの加速がどの程度のものなのかについて，報告されたことはこれまでなかった．静止していた物体が落下し始めてから，同じ時間内にそれぞれどれだけ移動するかは，1に始まる奇数の数列（1, 3, 5, …）と同じ比になる◆2のだが，このことを指摘した人は，私の知るかぎりではまだ一人もいない．

投げられた物体あるいは弾丸の軌道は，何らかの曲線を描くことは観測されていたが，それがパラボラ［訳注：二次曲線．ふつう放物線と訳されるが，いま投げられた物体の軌道を議論しているので，それを放物線と訳してしまうのは，ここでは不適当に思える］であると指摘した人はなかった．この事実あるいは無価値でない少なからぬ事実を私は証明した．そして私が重要だと思うことは，私はまだその始点に立ったばかりであるが，私より鋭い視点をもった人々が，このやや縁遠い課題（remote corners）を調べる手段や方法が，この広大で重要な科学の分野に開かれているということである．

私の議論は3つの部分からなる．第一に，定常的で一様な運動を扱う．第二に自然に加速されている運動，第三に，激しい（violent）運

◆1 freeは，はじめは「自然な（natural）」と書かれていた．

◆2 落体の移動距離と時間の関係は$s=\frac{1}{2}at^2$であるので，時刻tと$(t+1)$の間に進む距離は$(t+1)^2-t^2=2t+1$に比例するので，$t=0, 1, 2, 3, \cdots$を代入すれば数列1, 3, 5, …が得られる．この定理は後に本文中で示される．

動[3]あるいは弾道を扱う.

◆3 自然な運動と区別される violent な運動とは，アリストテレスの言葉で，運動が“自然な場所”をとらないことである．そのような不自然な運動が起こるためには何か violent な作用が必要である.

一様な運動

定常的な一様な運動を扱うのに，まず以下の定義が必要である.

定　　義[4]

◆4 等速度運動の定義.

定常的な一様な運動として私が定義するものは，等しい時間間隔内の粒子の運動する距離がすべて等しいことである.

注　　意

定常的な運動とは同時間内に同距離を進む運動だとした古い定義に，“いかなる（any)”という語を付け加えなくてはならない．同時間内というだけでは，それをさらに細分化した同時間内に同距離を進むとは限らないからである[5].

◆5 これらのどの時間内に平均した速度でも，常に一定であること.

この定義からつぎの4つの補助定理が得られる.

補助定理 I　一様な運動では，より長い時間内に進んだ距離は，より短い時間内に進んだ距離より長い[6].

◆6 これらの定理は一見ナンセンスにみえるが，のちに速度の定義に進むことに注意.

補助定理 II　一様な運動では，長い距離進むのに必要な時間は，短い距離進むのに必要な時間より長い.

補助定理 III　同じ時間内に大きな速さで進む距離は，小さな速さで進む距離より長い.

補助定理 IV　同じ時間内に長い距離進むのに必要な速さは，短い距離を進むのに必要な速さより大きい.

〈このあと，速度の定義に関する定理が続くが省略する．現代的な記号を使えば，平均速度 $v=s/t$，瞬間速度 $v=ds/dt$ である.〉

Salviati：　以上の記述は，著者が一様な運動について記述したものである．我々は自然に加速されている運動に対する新しい際立った考察に進むことにしよう．これは重い落体にみられる運動である．タイトルと前書きを以下に示す.

自然に加速されている運動

一様な運動の性質は前章に記述した．加速された運動についてはこれから考える．

最初は，自然な現象に最もよく合う定義を発見するのが望ましい．たとえば，自然には起こりそうもないヘリックスやコンコイド◆7 などを想像して，それらの定義にしたがった曲線について，運動の性質を論じることも可能であろう．しかし我々は実際に，自然に起こる落体の運動を定義し，論じることに決めた．この加速度運動の定義には，観測される運動についての必要な事項がすべて含まれている◆8．そして数々の努力の結果，我々はこの試みに最終的に成功したと信じる．この確信に至ったのは，我々がひとつひとつ明らかにした運動の性質に，実験の結果が一致または厳密に対応するということをみたからである．そして最後に，通常に加速されている運動に対する我々の考察は，あたかも自然が手をとって導いてくれたものと思われる．すなわち自然界に起こるさまざまな現象は，いつでも一般的で，簡単で，平易であるのだという習わしにしたがうものである．

なぜなら泳いだり，飛んだりすることにおいて，魚や鳥が彼らの本能にしたがって成し遂げる以上に簡単で平易なものはありえないと私は信じるからである．

したがって，はじめ高いところに静止していた石が落下し始め，連続的に速度を増すようすを観測すれば，それは最も簡単で，しかも誰にでも明らかな様相になるはずだと信じないわけにはいかないであろう◆9．さてこの事態を注意深く考察するならば，速度の加算あるいは増加のようすは，その都度（測定するたびに）同じことを繰り返すということが，一番簡単であろう．時間と運動との詳しい関係を考えるとき，等速度運動が同じ時間内に同じ距離進むという関係で定義された（同じ時間内に同じ距離進む運動を，ユニフォームな運動と呼んだ）のと同様に，複雑さを避けて，同じ時間内で速度が同じだけ増加すると考える．すなわち一様にしかも連続的に加速される運動とは，同じ時間間隔で，速度が同じだけ増加するという描像を描くのがよいであろう◆10．物体が静止状態から落下を始めたとして，時間間隔の長さが

◆7 conchoids：らせんまたは貝殻状の軌道．

◆8 運動にあたえられる記述は実験に合わなければならないというのがガリレオの主張である．

◆9 これは大半の科学者たちがもつ信念，すなわち自然は本質的には単純で思考を節約するような方法で一番よく説明される，ということに基づく．

◆10 実験事実がないところで，一様な加速の概念を定義することに成功した．

いくらであろうともそれらすべてが互いに等しいかぎり，最初の2期間の間に獲得する速度の大きさは，最初の1期間に得る速度の2倍であり，3期間に得る速度は最初の1期間に得る速度の3倍であり，4期間に得る速度は4倍である．さらに明確にするために付け加えるなら，仮に物体が最初の期間で得た速さで一様な運動を続けるとしたら，その運動は2期間で得る速さに比べて1/2遅い速さの運動ということになる．

こういうわけであるから，速さの増加は，経過する時間の長さに比例するといっても，大きな間違いではないように思える．われわれが今議論している運動はつぎのように定義できよう．すなわち，静止状態から始まり，一様に加速される運動においては，等しい時間間隔内に，速さは等しく増加する．

Sagredo：　私はこの定義に，あるいは他の誰かがあたえた定義に対しても，理をもって反論をするわけではないけれど，すべての定義にはまだ任意性があるので，自然に出会う自由な落体の加速度運動が，かなり抽象的に上記のように定義されることに疑問をいだくとしても，責めを受けるということはないだろう．そして我々の著者は彼が記述した運動がまさに自由落下体の運動だと明らかに主張しているので，私が後になってこれらの説明や論証に真剣に向き合うことができるように，争点についての私の気持ちを明らかにしておきたいと思う◆11．

Salv：　あなたとSimplicioが，ここでこのような扱い方の難点を指摘していることは，もっともだと思う．この論文を最初にみたときは，私もそう思った．しかしそれは著者自身と議論するうちに，あるいは私自身のなかで事態がはっきりしたときに，取り除かれた．

Sagr：　重い物体が速度ゼロの静止状態から落下を始め，時間に比例して速さが増していく場合を考えよう．運動はたとえば脈◆12が8拍打つ間に，8単位の速さを得る．4拍目の最後には4単位の速さ，2拍目の終わりには2単位，そして1拍目の終わりには1単位の速さをもつ．ところで時間は限りなく分割できるから，少し前の速さがいまの速さより一定の比だけ小さいとすると，限りなく遅いすなわち静止の状態から出発して物体が動いているとは認められないような小さな速さが存在するということになる（これは遅さに限りがないともいえるだろう◆13．もし4拍目に得た速さが1時間に2マイル進む速さとする

◆11　ここでガリレオは，一般の人がこの概念を明確にとらえるのは難しいことを強調している．

◆12　振り子時計が発明される前には，短い時間は脈拍の数で測られるのが普通であった．

◆13　つまり速さは不連続に急に変わるのではなく，連続的にゆっくり変わる．

と，2拍目に得る速さは1時間に1マイル進む速さであり，このようにして始点に近づくにつれて速さはいくらでも小さくなり，その大きさは1マイル進むのに，1時間どころか，1日，いや1年，いや1000年必要になる．さらに長い時間かけても1スパン◆14も進めないということになる．こんな現象はイメージすることが難しい．われわれが感覚的に知っていることは，重い物体は瞬間的に大きな速さを獲得するということである．

Salv： このことは私もはじめ困難の1つとして感じたが，しかしそれはまもなく取り除かれた．それはあなたに困難をもたらしたまさにその実験によって取り除かれたのだ．実験についてあなたは，静止状態からスタートした重い物体は，すぐに大きな速さを獲得するという．これに対して私は，同じ実験について，落体はそれがどんなに重かろうと，最初は非常に遅くゆっくりとした運動だといいたい．重い物体をいま柔らかい物質の上に置いてみよう．そのままでは自身の重さ以外には，いかなる圧力もあたえていない．この物体を1ないし2キュービット◆15程度持ち上げてから，同じ物質の上に落とすと，この衝撃により，自身の重さ以上の新しいそして大きな圧力が物質にあたえられることは明らかである．この効果は物体が落下する間に得た速さと落体〈の重さ〉◆16とによってもたらされたものである．この効果は高さが増し，したがって速さが大きくなるほど大きくなる．この衝撃のようすと強さとから我々は，落体の速さを正確に見積もることができる．しかし紳士方よ，つぎのことは正しくないと私にいってもらいたい．すなわち4キュービットの高さからブロックを棒の上に落とし，その棒を地中に指の幅4つ分埋めたとして，2キュービットの高さから落とせば，棒の埋まり方は小さくなり，1キュービットの高さから落とせば埋まり方はさらに小さくなる．さらに指の幅1つの高さから落とすとするならば，埋まり方は棒の上にブロックを衝撃なしで，そっと置いた場合と変わらなくなる．実際まったく小さく，さらに葉1枚の厚みの高さなら，ほとんど何も観測できないだろう．衝撃の効果は物体の速さに依存するので，効果が検知できないときは，運動は非常にゆっくりで，速さは小さいと誰でもが思うであろう◆17．真実のもつ力をここで認識しよう．同じ実験が，はじめみたときはある1つのことをさし示しているようにみえて，しかしさらに詳しく調べ

◆14 スパンは腕の長さ．今の英語では fathom.

◆15 1キュービットは前腕の長さに相当する単位で，約18 cm.

◆16 〈 〉内の言葉は英訳者によって挿入された．

◆17 運動量やエネルギーの概念は当時まだ発見されていなかったことに注意しなければならない．しかしガリレオはこれらの直感的な概念はもっていた．

ると別のことをさし示しているということである．

しかし疑いもなく決定的と思われるこの実験に頼らないでも，推論だけでこの事実を構築することは難しくないように私には思える．重い石◆18を空中に支えて静止させ，この支えをはずして石を自由にさせるとしよう．石は空気より重いので，それは落下を始める．しかしそれは一様ではなく，はじめはゆっくりで，だんだん加速されていく．さて速さは増すこともでき，また限りなく減少させることもできるので，静止からスタートした落体がただちに10単位の速さを獲得すると信じる理由がどこにあろう．それが4単位，2単位，1単位，1/2単位，1/100単位あるいはもっと無限に小さな値でもよいはずだ◆19．まあ聞いてください．私はあなたが，静止状態から落下する石が同じようなシークエンスをたどって速さを獲得していくことを認めないとはどうしても思えないのだが．石を最初の高さまで放り上げたとき，何か力が働いて，速さが減少し失われる過程も同じである．それでもあなたがこれを認めないなら，上昇していく石が静止するまでにいかなる小さな速さをも経てその速さを減じていく過程をどう説明するのか，私にはわからない．

◆18　落下の際に，空気抵抗の影響を無視できる程度に重い．

◆19　ガリレオの時代には，運動の連続性については明らかでなかった．

Simplicio：　しかしもし減速の程度に限りがないなら，速さが完全に失われることはないはずだ［訳注：アキレスと亀のパラドックスが想起される］．したがって上昇する重い物体は静止することはなく，限りなく遅くはなりながらも，しかし運動を続けることになってしまう．これは観測事実に反する．

Salv：　Simplicioよ，それぞれの速さの段階で，ある時間その速さが保たれるのなら，そういうこともありうるかもしれない．しかし物体はある地点を瞬間的に過ぎるだけだ．そして時間間隔は無限の数の瞬間に分けられる．これらが減速されている速さの無限の段階に対応している．

上昇している重い物体は，いかなる速さの段階においても，一定の時間［訳注：有限な時間の長さ］同じ速さにとどまることはないことは次のことから明らかだ．いま，ある期間の長さを決めて，そのはじめと終わりで同じ速さで物体が運動していたとすると◆20，2番目の高さを1番目の高さと同じ速さで過ぎることとなり，したがって3番目の高さも同じ，そして永久に等速度運動を続けることになってしまう

◆20　自然な運動の連続性の証明．

だろう.

Sagr：　以上のことから，自然哲学者たちによって議論された問題の適切な解答が得られるように私には思える．すなわち重い物体の自然な運動に，何が加速度を引き起こしているのかということである．物体を上向きに放り上げる人によってあたえられた力は連続的に減少するようにみえる［訳注：今の考えからすれば，この“力”は連続的に作用しない．運動量と考えるのがよい］．この押し上げる力は逆向きの重力より大きい◆21［訳注：外力は投げ上げた瞬間だけ物体に働きその後はゼロである．自由に上昇する物体には重力のみが働いている］．この2つがつり合ったときに，物体の上昇は止まり，静止の状態を通過する．このときはじめに加えられた“勢い”（impetus，今でいえば運動量に対応する）は完全にはなくなってはおらず，重力を引いた余りの部分（これが物体を上昇させる）が失われただけである．外部からあたえられた勢いは減少を続けやがて重力が打ち勝つと落下を始める．しかしはじめは逆向きの勢い◆22のためにごくゆっくりである．この勢いの大半はまだ物体のなかに残っている．しかし減少を続け，やがて重力が勝ってきて，次第に加速されていく．

◆21　今ならこれらの事項はエネルギーを使って容易に説明できるだろう．

◆22　この場合逆向きの運動量は物体のもつ慣性になる．

Simp：　いっていることは賢く聞こえるが，まだまだ妙である．この議論が正しいとしても，それは外力の影響が活性なバイオレントな運動の後に，自然な運動が起こる場合を説明しているに過ぎない．そのような外力の部分がなく静止の状態からスタートする運動に対してはこの議論は説得力をもたない．

Sagr：　あなたは間違っていると思う．あなたのいう2つの場合を区別するのはおかしいし，またそんな区別はないだろう．物体は投擲者から大きな力でも，あるいは100キュービット，20キュービット，いや4，または1キュービットの高さまでしか上げられない小さな力でも受けられるとは考えられないか？

Simp：　もちろん考えられる．

Sagr：　それではその力は，物体をわずか指の幅ぐらい持ち上げられるだけ重力より大きい程度，あるいはそれよりさらに小さくなり，重力とちょうどつり合い，物体はまったく上昇せず止まっている程度でもありうるだろう．ある人が石をその手で支えているときに，彼は下向きに引く重力にちょうどつり合う上向きの力◆23を石にあたえて

◆23　逆向きの力．

いるほかに何かしているだろうか？　あなたが石を手の上で支えているかぎり，あなたはこの力を連続的にあたえていないのではないか？　それは石を支えている時間のあいだにおそらく消えてしまうのではないか？

石の落下を防ぐために支えるものは，手でも，テーブルでも，石を吊るしているひもでもかまわないのではないか？　確かに何であってもかわりはない．だから Simplicio よ，石が落下を始める前には，石を静止しておくに十分な重力に逆らう力を加え落下が起こらないようにしておくかぎり，その時間はどんなに長くても，短くても，また瞬間的であっても何も違いはないとあなたは結論すべきではないか．

Salv：　今は自然な加速度運動の原因を議論するのに適当な時期ではないように思える．多くの自然哲学者たちが，いろいろな意見を出している．あるものは中心［訳注：地球の中心か］に向かっての引力といい，あるものは物体の一部に働く反発力だといい，またあるものは落体の背景にある媒質の歪みが物体をある位置から他の位置に動かすといっている◆[24]．他の意見も含めてこれらすべての予想は検証しなくてはならないものではあるが，それはあまり価値があることだとは思われない．さて我々の著者が，いましようとしていることは（加速度の原因はなんであろうと），加速度運動の性質をただ明らかにしようということである．すなわち運動の速度がもつ運動量◆[25]は静止状態から出発してその進む時間に単純に比例して増加する．これは，物体は同じ時間間隔に対して，同じだけの速度の増加を獲得するといっても同じことである．そして自由に落下し加速され続ける物体の性質が明らかにされる（後に示すが）とすれば，それは運動の時間とともに速さが増加していくというものである．

Sagr：　これまでにみてきたこの時点で，基本的な考えは変えないが，もう少し明解に定義できるのではないか．［訳注：以下の 3 つの文章の記述は間違っている．注記◆ 26 を参照］すなわち一様に加速されている運動の速度は，走ってきた距離に比例して増加する．たとえば 4 キュービットの距離を落下した物体の速度は 2 キュービット落下した物体の速度の 2 倍であり，またこの値は 1 キュービット落下した物体の速度の 2 倍である◆[26]．これには疑問の余地がないので，6 キュービットの高さから落下した重い物体のもつ運動量は 3 キュービット落

◆[24]　アリストテレスによれば，バイオレントな運動は，物体の動きにより押しのけられた空気が後方から力をあたえる．すなわち媒質が運動を助ける．

◆[25]　運動量の厳密な定義はまだあたえられていない．しかしこの言葉は現在の定義と同じ意味，すなわち質量に速度を乗じたものとして話のなかに現れる．しかし往々にしてそれはエネルギーと混同されていた．

◆[26]　これは間違い．速さは距離の平方根に比例する（$v^2=2as$）．

下した物体の運動量の2倍であり，そしてその値は1キュービット落ちたときにもつ運動量の3倍である．

Salv： 間違いをした仲間がいたということは私にとってとても慰めになる．あなたの提言はたいへんもっともらしいので，これを我々の著者に告げたところ彼も了解した．彼自身しばらくの間同じ間違いをしていたのだが．それよりも私を最も驚かせたことは，2つの提言が本来もっともらしいので，誰でもが，間違っているどころかありえない言葉で説明する人に同意を強いてしまうということである．

Simp： 私もこの提言を受け入れたものの一人である．私は落体は落ちるにしたがって力を得て，2倍の高さから落ちればその運動量は2倍になると信じている．これらの提議はためらいも反論もなく認められるべきと思われる◆[27]．

◆[27] これは想像できる最も簡単な案である．

Salv： しかしまだ，運動が瞬間的に起こるとする彼らは間違っているし，それは不可能なことだ．それをはっきりさせる例がある．速度が走った距離に比例する，あるいは比例しなければならないというのなら，物体はどんな距離でも同じ時間で走らなければならないことになる．4フィートの距離と2倍の8フィートの距離を落下する場合を考える．後者の速さは（距離が2倍なのだから）前者の速さの2倍である．したがってこの2つの落下にかかる時間は同じになってしまう◆[28]．しかし同じ2つの物体が同じ時間で8フィートと4フィートを落下するということは，運動が瞬間的であるというときにかぎり可能なのであって，観測では4フィート落下する時間は8フィート落下する時間より短い．すなわち速度が距離に比例して大きくなるというのは正しくない．

◆[28] 次々と4フィートの区間を落下しても平均の速度は同じということになり，これは経験に反する．ここでいっている平均の速度と瞬間の速度とを混同している議論は，むしろガリレオの述べた考えかもしれない．

ほかの議論も違っていることを同じく明らかに示せる．同じ物体が落下してきて衝撃をあたえる場合，その衝撃の違いは，速度の違いによる．2倍の高さから落ちてきた物体が2倍の運動量をもってきたとすると，衝突する速度は2倍である必要がある．2倍の速度を得るためには，同じ時間内に2倍の距離だけ落下しなくてはならない◆[29]．しかし観測されるものは，高い場所から落ちる方が，長い時間がかかる．［訳注：このあたりの議論は，今からみると間違った前提（速度が距離に比例するという）で議論しているので，このままで正しいかどうかの判断は意味がない.］

◆[29] 2倍の高さから落下すると物体の運動量は2倍になる．

Sagr：　あなたはこの意味深い問題を多くの証拠をあげてやさしく提示した．これはたいへんな能力だが，もっと難しい扱いで示されたほうが，彼らはもっと高い評価をあたえたかもしれない．わたしの意見では，一般人は長く曖昧な議論の末得られる結果よりも，より容易に得られる結果を軽くみる傾向がある◆30．

◆30　多分そうなのであろう．しかし単純明快なことは，科学的な説明としては優れているのだが．

Salv：　一般に信じられていることの間違いを簡潔にまた明解に指摘した人たちが，感謝されるどころか，軽視されることは不当ではあるが，まだ我慢できる．しかし一方で，しばらくすればすぐにほかの誰かによって間違いだとわかるような結論を受け入れている者の仲間だと主張する連中をみるのは不愉快であるし，容認できない◆31．私はそのような感情をねたみの一種だとはいわないことにしよう．なぜならそれは間違いを発見した人への嫌悪と怒りに重なっていくからである．私はそれを，新しい真実を受け入れるよりも，古い誤謬を温存したいという強い願望なのだといいたい．この願望は時には彼らを，真実に対抗して，ただ無思慮な大衆によって支えられている評価を下げる目的のためだけに団結させてしまう．実際に私は，真実と思われているが，すぐに論破されるような多くの間違いをアカデミー会員から聞いている．そのうちのいくつかを心に留めている．

◆31　古い権威の追従者についてガリレオは頻繁に言及している．

Sagr：　あなたは彼らを容認すべきではないし，必要ならまた別のときに彼らについて話してほしい．しかし今は話を続けるときだ．これまでに我々は一様に加速された運動の定義を確立したと思える．それは次のように表現できる．

静止状態から出発して，等しい時間に等しい運動量◆32を獲得するとき，その運動は，“等しく”あるいは“一様に”加速されているといえる．

◆32　あるいは速度．この場合は今の用法でも，運動量は速度に直接比例している．

Salv：　この定義が成立するなら，次の仮定を置く．

まったく同じ物体が傾きの異なる板の上を滑るときに，その獲得する速度は板の高さが等しければすべて等しい．

傾いた板の高さとは板の上端から，板の下端を通る水平線まで垂直に下ろした線の長さの意味である．線分 AB を水平線とし，CA と CD を傾いた板とすると，この著者は，CB を板 CA，CD の高さと呼んでいる．同一の物体が CA，CD に沿って滑り落ち，終点 A，D に達したときの速さは，高さ CB が等しいので，等しいと彼は主張している．

そしてさらにその速さはＣからＢに落下したときに獲得する速さと等しいと理解しなければならない．

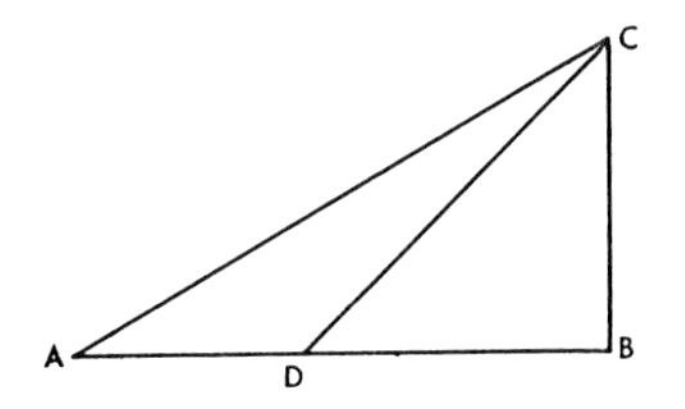

Sagr： あなたの仮説は私にはもっともに思えるし，これは疑問なく受け入れられるべきである◆33．ただしそこには外部からの抵抗がなく，板は硬く滑らかであり，落下する物体の形は完全な球であり，板も物体も表面が粗くないなどが仮定できるとしての話である．私の理性は，すべての抵抗する考えを排除して，CA，CD，CB の線に沿って落下する重い完全な球体は等しい運動量をもって終端 A，D，B に達するものと告げている．

◆33 おそらくガリレオと同時代の人々にはこの仮説は自明のことではなかったであろう．

Salv： あなたの言葉は，もっともらしい．しかし私は実験によって，しっかりした演示が難点をほとんどもたない確率を向上させることを望んでいる．

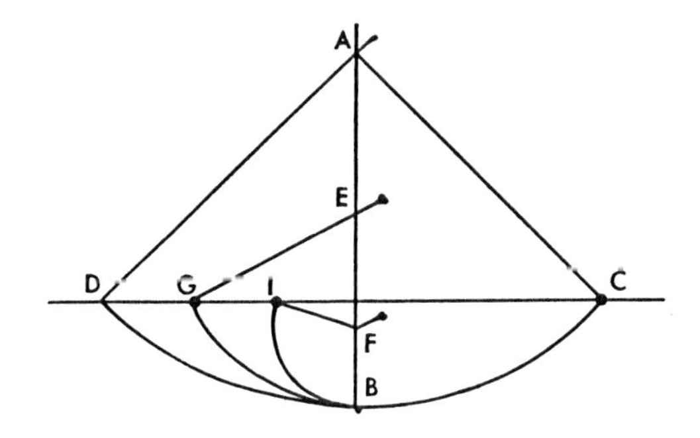

この紙面が垂直な壁を表すとしよう（上図参照）．この面に釘を打ち１～２オンスの鉛の玉を細い糸で垂直に吊るす．糸の長さ AB はたとえば４～６フィートとする．この壁に AB に直角に水平線 DC を引く．垂直な糸 AB は壁面から指の幅の２倍程度離れている．糸が AC とな

る位置まで持ち上げて玉を放す．玉はCBDの弧に沿って動くのが観測されるであろう．Bを通過し，弧BDに沿って水平線CDにほぼ達するであろう．しかし空気や糸で生じる抵抗のためにわずかにDには至らない．しかしこの事実から玉が弧CBを下りBに至るまでに得る運動量は，玉を同様な弧BDを通り同じ高さまで持ち上げるのに十分な大きさをもつと推論できる◆34．この実験を何回も繰り返した後，つぎに垂直線ABに近く，指の幅の4～5倍程度のEまたはFの位置に新しく釘を打つ．そうするとCBの弧に沿って落ちてきた玉がB点に達したとき，糸がEに触れるので，玉はEを中心とした弧BGの上を運動する［訳注：正確にいえば玉はB点を通らない］．さて前に弧BDを通り水平線CDまで玉を持ち上げることができたのと同じ量のB点でもつ運動量が何ができるかをみることができる．さて諸君よ，喜ばしいことに，玉は水平線上のG点までスウィングするのを観測できる．糸がもう少し下の点Fに当たったときにも同様なことが起こり，玉は弧BIを通り水平線CDまで上昇する．釘の位置が低すぎると，糸の余りの部分が短すぎるのでCDの高さまで達しない（これは釘の位置がABとCDの交点よりB点に近いとき起こる)．このとき糸は釘を飛び越えその周りに巻きつく◆35．

◆34　この演示（デモ）は力学的エネルギーの保存則を説明するために今でもよく使われる．玉を同じ高さまで持ち上げられるのは運動量ではなく力学的エネルギーである．

◆35　糸が短くなると，玉がぶつかりエネルギーを失うまでの速さは大きくなる．

この実験からみて，われわれの仮説が正しいことは疑う余地を残さない．2つの弧CBとDBは同じ形をし，同じような位置にあるので，C→BをO落下してBでもつ運動量は，D→Bを落下して得られる運動量と同じである［訳注：等しいのは力学的エネルギーで，運動量なら符号が違う］．そして弧CBを落下して得られた運動量は玉を弧BDに沿って持ち上げられたのだから，BDの落下で得た運動量は同じ弧に沿ってBからDに持ち上げることができる．弧BD，BG，BIに沿って持ち上げる運動量はすべて等しい．そしてそれはCBの落下で得られたものであることを実験は示している．したがってDB，GB，IBの落下で得られる運動量もすべて等しいことになる．

Sagr：　これらの議論は決定的であり，実験も仮説を成立させるように構成されているので，実際にデモのとおりと考えることができる．

Salv：　Sagredoよ，私はこのことであまり煩わされたくないと思う．私はこの原理を曲面の上ではなく，平面の上での運動に適用したい．曲面の上では加速度は平面の上で仮定したようすとはまったく違う変化をするであろうから.

この実験は，弧 CB を落下した玉には，弧 BD，BG，BI を通り同じ高さまで持ち上げる運動量があたえられることを示しているが，それぞれの弧の弦に等しい傾きをもつ平面を落下する完全に丸い玉についても同等であるといえるか，同じ手段で示すことはできない◆36．これらの平面は B 点で角度をもち，これが弦 CB を下ってきた玉が弦 BD，BG，BI を昇る障害になるからである.

これらの面に衝突する際に，玉は運動量の一部を失い，水平面 CD の高さまで昇ることはできなくなるであろう．実験を難しくさせるこの障害が取り除かれれば，落下で得た運動量は玉を同じ高さまで持ち上げられることは明らかであろう．そこでしばらくはこれを仮説としておこう．これが真に正しいかどうかは，仮説からの推論が実験に完全に対応し合致するかによって判断される◆37.

◆36 実際にはガリレオは，頭のなかでは，曲がった経路から平面上の経路に移ることに何らの困難も感じていなかった.

◆37 これは科学的手法の明確な表現である.

定理 I，命題 I

静止状態から出発し，一様に加速されながら運動する物体が，ある距離を走るためにかかる時間は，同じ物体が，加速直前の速さと最終速度との平均の速度で，同じ距離を走行する時間に等しい◆38, 39.

◆38 $\frac{1}{2}(v_1+v_2)$ で定義される平均の速さの概念が有用なのは，加速度が一様な場合だけである.

図において，物体が C を出発して一様に加速されながら走行する距離を CD，その間に経過する時間を AB で表そう．時間間隔 AB の間に得る最大の速度を B 点において AB に直角に引いた線分 EB で表そう．ここで直線 AE を引く．AB 上に等間隔の点をとり［訳注：この図の場合は 8 等分している］，それらから BE に平行に多くの線を引く．これらの AE との交点までの高さ［訳注：横の線の長さ．図では下側 3 本の線は AE まで達していない．また上側の 3 本は AE を越えている］は，速さが A から始まり，次第に増加していくようすを表す．F を EB の中点とし，FG は AB に平行に，かつ GA は EB に平行にな

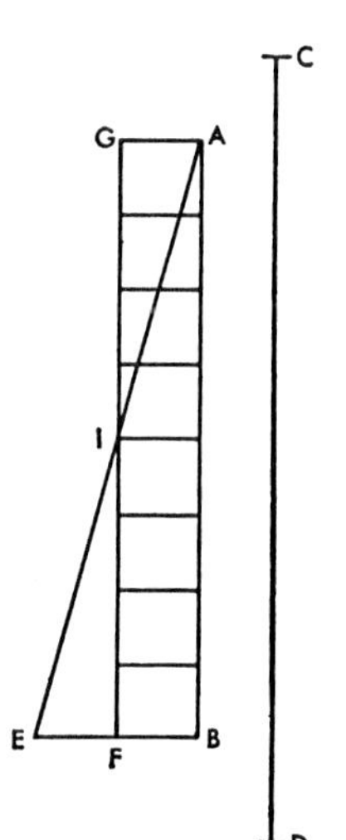

るように，FG，GAを引く．平行四辺形AGFBの面積は三角形AEBに等しくなる．なぜなら辺GFは辺AEを，点Iで2等分しているからである．AB上から引かれた三角形AEB内のすべての平行線をGFまで延長する．そうすると四辺形のなかに含まれるすべての平行線の長さの和は，三角形AEBに含まれるすべての平行線の長さの和に等しくなる．なぜなら三角形IEFに含まれるものは三角形GIAに含まれるものに等しく，また台形AIFBに含まれるものは両者に共通だからである［訳注：図形のなかに含まれている平行線の長さの和という表現は今なら面積（すなわち運動の距離）と書くであろう．平行線の数が無限に多ければ，その長さの和は結局，面積になるし，面積という語を使ってこれらの文章を表現すれば明快になる］．時間間隔ABのすべての瞬間が，線分AB上に対応点をもち，その点から引かれ，三角形AEBで遮断された平行線の長さが増加していく速度を表し，一方で四辺形のなかの平行線が，増加しない一定の速さを表す．そして運動する物体の運動量もまったく同じように，加速度運動では三角形AEB内の次第に伸びていく平行線，等速度運動の場合は，長方形GBの［訳注：四辺形GFBA内のことか］平行線によって表される◆39．運動量については，加速度運動の前半では，三角形AGIの平行線が示すように，この分だけ欠如しているが，これは後半に三角形IEFのなかの平行線で埋め合わされる［訳注：この陳述では運動量の和のような考えが現れるが，これは運動エネルギーとの混同であろう］．

2つの物体が，同じ時間内に同じ距離を走行すること，等速度運動の物体がもつ運動量は，静止状態から等しく加速される運動のもつ最終運動量の半分になることがこのようにして明らかになった．証明終わり．

◆39　このような幾何学的な証明は現代の代数方程式を使う方法に比べると，たいへんわずらわしいが，ガリレオの時代には，代数的な方法はまだ存在しなかった．［訳注：幾何学的な方法を用いるにしても，時間軸と速度軸とで囲まれる三角形または四角形の面積が走行距離を表すことを使えば，説明ははるかにわかりやすくなる．今なら式を使って，初速度，終速度をそれぞれv_1，v_2とすると，等加速度αの場合$v_2=v_1+\alpha t$，時間tの間に運動する距離は$s=v_1t+\frac{1}{2}\alpha t^2$．一方平均速度で運動する距離は，$s=\frac{1}{2}(v_1+v_2)t=\frac{1}{2}(v_1+v_1+\alpha t)=v_1t+\frac{1}{2}\alpha t^2$となり両者は等しくなる．「同じ時間$t$で移動する距離$s$は等しい」という表現のほうが我々には理解しやすいが，当時定理のような表現になったのは，この実験では距離は固定されていて，時間が測定量であったためであろう．］

定理II，命題II

静止状態から落下を始め一様に加速されている物体が運動する距離は，その距離を進むのに必要なそれぞれの時間の2乗に比例する．

時間の経過をAで始まる直線ABで表す．この上に任意の時間間隔ADおよびAEをとる．直線HIは静止点Hから始まり一様な加速度で落下する物体の進行距離を表す．HLは時間ADの間の落下距離，

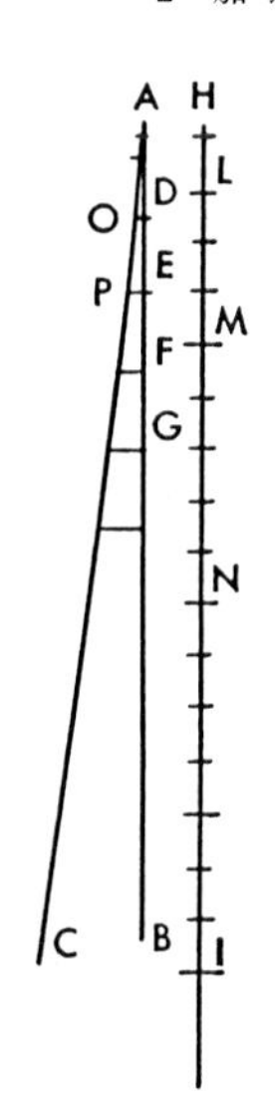

HMは時間AEの間の落下距離である．MHのLHに対する比は［訳注：ここだけHM，HLとは逆に書いていることに意味はなさそうである］，時間AEの時間ADに対する比の2乗になる．あるいは簡単に距離HMとHLの関係はAEとADの関係の2乗に対応する．

AEと適当な角度で直線ACを引く．点DとEから平行な線DO，EPを引く．DOは時間ADの期間での最大の速度，EPは時間AEの間に得る最大の速度である．さてつぎのことはすでに証明されている．すなわち静止状態から一様に加速されて，落下する距離は，その時間内で獲得する最大速度の半分の速度をもって等速度で運動する距離に正確に等しい．したがって距離HM，HLは，DO，EPで表される速度の半分でそれぞれAD，AEの時間だけ等速度運動をする距離になる．したがってHMとHLの比は，時間間隔AEとADの2乗の比になるという命題が証明される［訳注：簡単にいえば「速さが2倍になり，時間も2倍になるので，運動距離は4倍になる」ということであろう］．

最初に出版した本の第四の命題では，等速度運動をする2つの物体の進行距離の比は速度の比と時間の比との積に等しいといっている◆40．ここでは速度の比は時間間隔の比に等しい（AEのADに対する比は(1/2)EPの（1/2)DOに対する比，したがってEPのDOに対する比に等しい）．したがって進行距離の比は時間間隔の比の2乗に等しくなる．証明終わり．

◆40 現代の記号を使えば，

$$s_1 = v_1 t_1, \quad s_2 = v_2 t_2$$
$$\therefore s_1/s_2 = (v_1/v_2)(t_1/t_2)$$

明らかに進行距離の比は最終速度の比の2乗に等しく◆41，それらは線分EP，DOの比の2乗，したがってそれぞれAE，ADの比の2乗になっている．

◆41 静止状態からの落下なら，重力加速度をgとすると，$v^2=2gs$．したがって距離は最終速度の2乗に比例する．

系 I

運動の開始時点から，大きさは任意であるが，しかし等しい時間間隔AD，DE，EF，FGをとると（図4），それぞれの時間内の進行距離HL，LM，MN，NIの比は奇数1，3，5，7の比となる．この比は時間を表すそれぞれの線分の長さ［訳注：AD，AE，AF，AG．最初の線分の長さ AD ずつ増している］の 2 乗でできる数列の隣り合う 2 項の差がつくる数列（比）になっている．数学的には 1 から始まる自然数の 2 乗のつくる数列の隣り合う項の差の比である（◆2 も参照）．

等しい時間間隔の間に速度は自然数と同じ比で増していくので，それぞれの期間に進む距離の系列は，1 から始まる奇数と同じになるわけである．

Sagr：　しばらく議論を進めるのを待ってほしい．私はあなたにも私にもわかりやすい図形を使う説明の方法に気がついた．

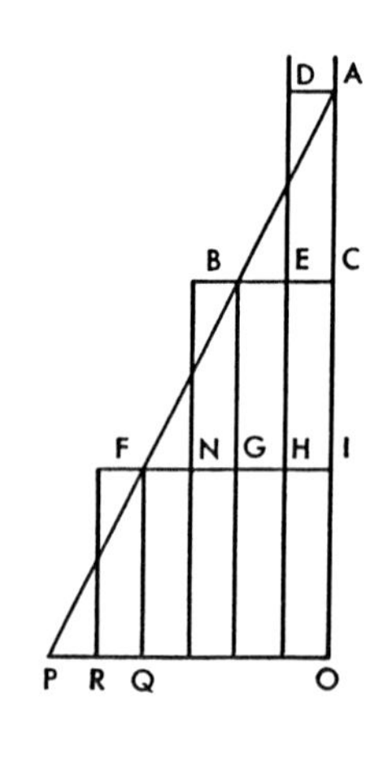

AI を出発点 A から測った経過時間としよう．A から適当な角度で直線 AF を引く．F と I とを結ぶ．時間 AI を C で 2 等分する．IF に平行に CB を引く．この CB はゼロから出発して一様に増加する速度の最大値であると考えられる．この速度が比例して増加するようすは，三角形 ABC において，辺 AC から出発して，辺 AB でさえぎられるまで，BC に平行に引かれた多くの線分の長さによって表される．あるいはまた同じことであるが，前に行った議論から疑いもなく，速度は時間に比例して増加するとして，落下体が経過する距離は，BC の半分 EC の速さで同じ時間内に等速度で進む距離に等しい．さらにいえば，加速されて落下している物体が C の瞬間に BC の速度をもち，そこからは加速されないで，つぎの期間 CI の間落下すると，その距離は期間 AC に一定速度 EC で通過する距離の 2 倍になる．しかし実際には加速されているので，速さ BC は三角形 BFG の平行な辺の分［訳注：長さ FG］だけ増えているはずである．そして三角形 BFG は三角形 ABC に等しい．加速度運動で進む距離は，速度 GI にこの区間で加速された最高の速度 FG の半分を付け加えた速度 IN の等速度で期間 CI を進行した距離に等しくなるであろう．そして IN は EC の 3 倍であるから，時間間隔 CI に進む距離は時間間隔 AC に進む距離の 3 倍になる．つぎの時間間隔 IO になると三角形は APO に拡大される．期間 AI で加速されて得た最大の速度 FI で，等速度で IO の間進む距

離は最初の期間ACに進む距離の4倍である．なぜなら速さIFは速さECの4倍だからである．拡大された三角形は三角形ABCと同じ三角形FPQを含んでいる．加速度が一定であるとすると，一様な速さFIに速さECに等しい増加分RQを付け加えなくてはならない．すなわち期間IOでの等速度運動の速さは期間ACの速さの5倍になる．したがってこの間に進む距離も期間ACに進む距離の5倍になる．簡単な計算から，静止状態から出発し時間に比例して一様に加速される運動体が，それぞれ同じ時間間隔に進む距離は，奇数1，3，5の比になる．あるいは進行距離は，2倍の時間で4倍，3倍の時間で9倍，そして一般に進行距離は時間の2乗に比例して増加することになるのは明らかである◆42．

Simp：　Sagredoの簡単で明解な説明はより私を喜ばせる◆43．前に著者がした説明は私にはあいまいに聞こえた．一様に加速される運動の定義を受け入れるなら，ここで記述されたとおりだと私は思う．しかしここでいう加速が自然な落体のものかどうかについては，私はまだ疑問に思う◆44．これは私だけではなく，私のように考える人たちは皆そうであろう．私の理解するところでは，この結論に達することを説明する実験は数多くあるが，今はそのうちの1つを紹介するよい機会であろう．

Salv：　あなたの科学者としての要請はもっともなことである．数学的表現が自然現象に適用される科学にあっては，これは慣習であり，適切なことである．このことは，天文学，力学，音楽，そしてそのほか適切な実験により確立された原理◆45が全理論構造の基礎となるような学問すべてでみられることである．この第一の，そして最も基礎的な疑問に対して我々が，長く議論をしても時間の無駄だとは思わないでほしい．この疑問は，数多くの議論に関わるものであるが，それは一方で，これまで閉ざされていた推理的展開の思考法に風穴を開けたこの本の著者が提示した数少ない結論に関わるものでもある．著者によって無視されてきたわけではない実験が進むにしたがって，しばしば私は彼の同調者として自然の落体はこれまで記述されてきたような加速度をもつものだと，つぎに述べるように信じようとした．

長さが12キュービット，幅が1キュービット，厚さが指3本程度の

◆42　前にも書いたとおり，この結論は，$s=(1/2)at^2$ からただちに導かれる．自由落下の場合は a は g に置き換える．

◆43　Simplicioもここで納得している．

◆44　重力による加速がこのように一様なものであるかどうかということ．この疑問に答えるには，実験にたよるほかはない．

◆45　いろいろな推論を引き出せるような前提のこと．

木でできた構造物あるいは角材を用意しよう．この端に沿って，指1本程度の幅の溝を彫る．この溝はまっすぐで，滑らかでよく磨かれている．そこに滑らかでやはりよく磨いた羊皮紙をはる．この溝に固く滑らかで真球に近いブロンズのボールを転がす．このボードを一端が他端より2キュービットほど高くなるよう斜めに据える．この溝にボールを転がすのだが，すぐ後に述べるように落下に要する時間を記録する．計測する時間の精度が1拍の1/10程度◆46になるまで，この実験を繰り返す．この操作を行い結果が信頼できるものと考えられたら，つぎにボールを溝の長さの1/4だけ転がし落下にかかる時間を測る．それは先の時間の1/2であることがわかる．さらに落下距離をいろいろ変えて，全長の1/2，2/3，3/4あるいは任意の分数の長さを落下する時間を比較する．これを100回以上繰り返したところ，落下距離は時間の2乗になることが見出された．このことはボールを転がすボードの傾きを変えても成立する．ボードの傾きをいろいろ変えても落下に要する時間は，著者が前に予言し証明した比を正確に実現していることが確かめられた．

◆46　正しく評価することは難しいがおそらく0.1秒の程度であろう．ガリレオの時代に使われた水時計の実験は，現代の標準に比べて極めて粗いもので，後で別の人間が再現することは難しかった．

時間の計測には水の入った大きな容器を高いところに置き，容器の底に細いパイプをつけ，水が細いジェットとなって流れ出るようにした．この水を全長あるいはその一部分の距離を落下する時間の間，小さなグラスに受け，その重さを精密な天秤で計量する◆47．水の重さの差あるいは比は，時間の差あるいは比をあたえる．この操作を何回も何回も繰り返しても結果に矛盾は見出されなかった．

◆47　パイプを開いたり閉じたりするための反応時間がどれだけかを別にすれば，水の容器が十分大きければ，この時間計測法はかなり精度が高いと思われる．容器が十分大きくないと水のジェットの速さが変わってしまう．

Simp：　私はこれらの実験に立ち会いたかった．しかしこの実験にあなたが払った注意深さと結果を関係づける正しさを感じるので，この結果が正しく有効であると認めたい．

〈以下傾いた板の上を落下するさまざまな場合についての記述があるが省略する．〉

補遺文献

Cohen, I. B., "Galileo" in *Lives in Science* by the Editors of Scientific American (New York: Simon and Schuster,

1957), pp. 3ff.

Cooper, L., *Aristotle, Galileo, and Tower of Pisa* (Ithaca, N. Y. : Cornell University Press, 1935).

Crew, H., "Portraits of Famous Physicists" *Scripta Mathematica*, Pictorial Mathematics, Portfolio No. 4, 1942.

Crowther, J. G., *Six Great Scientists* (London: Hamilton, 1955), pp. 49ff.

Drake, S., *Discoveries and Opinions of Galileo* (New York: Doubleday, 1957).

Galilei, Galileo, *Dialogue on the Two Chief World Systems*, trans. by S. Drake (Berkeley: University of California, 1953).

Hall, A. R., *The Scientific Revolution* (Boston: Beacon, 1954).

Knedler, J. W. (ed.), *Masterworks of Science* (New York: Doubleday, 1947). pp. 75ff.

Magie, W. F., *A Source Book in Physics* (New York: McGraw-Hill, 1935), pp. 1ff.

Santillana, G., de, *The Crime of Galileo* (Chicago: University of Chicago, 1955).

Taylor, F. S., *Galileo and the Freedom of Thought* (London: 1938).

Wolf, A., *A History of Science, Technology, and Philosophy in the 16th and 17th Centuries* (London: Allen and Unwin, 1935), pp. 25ff. and 82ff.

ロバート・ボイル
Robert Boyle　1627-1691

3

ボイルの法則：気体の圧力と体積の関係

Boyle's Law: Pressure–volume Relation in a Gus

17 世紀の初頭はガリレオによって，そしてその終末はニュートンによって輝いた．その間の期間は，主として流体に関する考察が進んだことで特徴づけられる．ガリレオの固体に関する力学に次いで，彼の弟子エヴァンジェリスタ・トリチェリ（Evangelista Torricelli，1608-1647）が液体の運動についての考察を加えた．さらに彼は空気が重さをもつこと，液体がつくる気圧計の指示値は，「自然は真空をきらう（*horror vacui*；アリストテレスの教え）」からではなく，大気の圧力によって支えられているのだろうと主張した．彼は早世してしまったので，この仮説を確立できなかったが，後になってブレーズ・パスカル（Blaise Pascal，1623-1662）がこれを実証した．こうして 17 世紀の半ば頃までに，気圧計の液体の高さが標高が高くなると減少するのは，大気の圧力によるものだということが知られるようになっていた．

このような基礎に立って，ロバート・ボイルは，大気の圧力およびその弾性の研究を始めた．1627 年 1 月 25 日ボイルはアイルランドのコーク（Cork）伯爵家の七男として生まれた．ボイルはしばしば“化学の父”と呼ばれるが，たいへんに富裕であって，その生涯を科学と宗教とにささげた．彼の仕事は，科学上の偉大な発見だとはいえず，また初期の段階から一段と飛躍をみせたとはいえないが，彼の貢献に対して，大きな信望が寄せられている．おそらく彼の立場だからこそ可能であった，彼の科学に対する広く一般的な支援がより評価されたのであろう．

8 歳でイートン（Eaton）・カレッジに入学したボイルは，秩序だった勉学と飽くことのない知識欲とにその才能を示した．12 歳までのイートンでの数年間，何人かの指導者に就いて学んだ．それからの 6 年間は大陸をめぐる大きな旅に出る．1641 年の冬からガリレオのなくなった 1642 年までフィレンツェに滞在し，そこでガリレオの仕事に初めて接した．1644 年に，17 歳の洗練された紳士として英国に戻り，科学の実践に精力的にとりくむようになる．まだ若いにもかかわらず，後にスチュアート家の復活によって王立協会（Royal Society）となる博物学校（Philosophical College）の指導者を務めた．

彼は最初，化学の分野に興味をもった．ガリレオと同じく，錬金術やスコラ派の四元説は排除した．彼自身は考えを大きく進展させたわけではないが，彼の基盤の上に立って現代の解析的化学の基礎が構築された．つまり彼は純粋科学としての化学を構築することに大きく貢献したのである．1661 年に化学研究のピークを迎え，対話形式で書かれた『疑い深い化学者―物理化学的な疑問とパラドックス』"*The Sceptical Chymist: or Chymico-Physical Doubts and Paradoxes*" という題の書物を出版した．そのなかで彼は，どんな物理的あるいは化学的手段をもってしても，さらに簡単なものへと壊すことができない純粋な物質として化学元素を定義している．この考えはデモクリトスの原子仮説に強く寄っているが，両者には若干の違いがあり，それは今日，我々がもつ物質の概念が根拠としているものである．彼は混合物と化合物を区別した．リンを用意して，いろいろな物質を解析する方法を発展させた．4 元説が優勢であった時代がわざわいして，ボイルの化学説は当時あまり流通しなかったが，ほぼ 1 世紀の後にラヴォアジェ（Antoine Lavoisier，1743-1794）がこれを復活させ，化学はその後めざましい成長を遂げることになる．

祖先の領地でしばらく過ごした後，ボイルはオックスフォードに落ち着き，そこに彼個人の研究所を設立し[*1)]，実験的な博物学に興味をもつ同好の人々と頻繁に会合を開いた．3 年後オットー・フォン・ゲーリケ（Otto von Guericke，1602-1686）らが真空ポンプを発明したことを知るや，それを 1 台製作し，空気の性質を調べる研究を開始した．そして空気に弾性的な性質と重さがあることを明らかにし，呼吸，燃焼，音の伝播における空気の役割を明らかにした．これら最初の結果は 1660 年にオックスフォードから『空気の弾性とその効果に物理的・機械的にアプローチする新しい実験』"*New Experiments Physico-Mechanical Touching the Spring of the Air and its Effects*" というタイトルで出版された．この第 2 版には，ボイルの法則として一般に知られている，空気の圧力と体積の反比例の関

---

*1)　このときの助手として，後に固体の弾性の研究で知られるロバート・フック（Robert Hooke，1635-1703）がいた．

係が記述されている．彼の測定の精度はまだまだであったけれども，これらは十分に納得できる概念としてただちに受け入れられた．この発見にボイル自身はあまり重要さをあたえていなかったが，5年後にエドム・マリオット（Edme Mariotte，1620?-1684）が同じ関係式を独立に発見している．

1668年ボイルはロンドンに帰った．彼自身がその創立時期のメンバーであった王立協会がいくつかの会合を開いたからであろう．彼はその発展に対して重要な役割を果たし，たとえば著名なニュートンなどのメンバーを前にして自身の仕事の結果を発表している．1680年に彼は総裁に選出された．しかしこの名誉を辞退するよう強いられているように感じ，誓約書に署名しようとはしなかった．それでも彼はこの協会の発展には，たいへん貢献した．

ボイルは若い時代に神学について高い学識を示していた．21歳までにすでに，倫理学の論文のほか，道徳的あるいは宗教的ないくつかのエッセイを著わしていた．いろいろな地域で聖書の普及を目的とした活動を支援し，またキリスト教信仰を不信心者から守るためのボイル・レクチャーを毎年行った．亡くなる1年前の1690年に，科学と宗教とが互いにいかに支え合っているかを示す“*The Christian Virtuoso*”を出版した．

1691年12月30日，彼の死が訪れるまで，彼は常にその時代の最も想像力に富んだ知性と接してきた．その感化力は英国における物理科学の発展に大きな影響をあたえた．科学的性向をもった人々との間に，彼らの学業の追究を激励する多量の文通が残されている．

以下の文はバルトン（R. Boulton）によって英語に翻訳された（ボイルはラテン語で執筆している）『ロバート・ボイル閣下［訳注：伯爵の二男以下の男子の敬称］の業績』“*The Works of the Honorable Robert Boyle*”（1699）という書物の第1巻，p. 404以下から抜粋した．綴りは現代風に直してあるが，内容は原典のとおりである．

✣　✣　✣

ボイルの実験

空気はその弾性と重さのゆえに，我々が考える以上の現象を示すことを明らかにするために，以下の実験を試みた◆1．

◆1　ボイルは弾性（elasticity）の意味で spring という語を使っている．

空気の圧縮の測定

ガラス管を曲げて，長い部分と短い部分とが，ほぼ平行になるようにした装置◆2 に水銀を入れる．それぞれの管に目盛りを書いた紙を貼る．1インチごとに目盛りがあり，各インチはさらに8等分される．長い方の管に水銀を入れると，29インチの長さの水銀柱により，短い方の管のなかの空気は，はじめの長さのほぼ半分に圧縮されるのがみられる．ただし短管の頂上は気密になるように封じられている．このことからつぎのことがいえる．弾性によって空気が圧縮されるとするならば，それは29インチの水銀柱と，その上に乗った大気の円筒状の柱◆3（の重さ）とに抗して起こったものである．大気に対して開いていた場合の圧縮の半分であったから，上に乗った大気の重さからくる圧縮は半分であったことになる◆4．

◆2　大文字のJのような形．図参照．

◆3　すなわち大気圧である．

◆4　圧力が2倍になったので体積が半分になったということである．

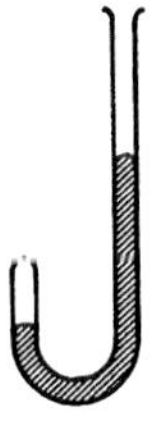

さらに精度を上げるため，図に示すようなガラス管を用意した．短い管には12インチの目盛りがある紙を貼る．1インチはさらに1/4に分割されている．長い管は数フィートの長さがあり，同じように1インチ，1/4インチの目盛りをもつ．管の底は木箱に接している．これは管が壊れて水銀が流れ出る事態への用心である．一人が管の頂上から水銀を注ぎ，他の一人は水銀が短い管をいくら上昇したか測る．同時にまた長い管の水銀の柱の高さを観測する．このような観察を数回行う◆5．その結果が表に示されている．

◆5　ボイルは管の内径は十分に一様だと仮定している．したがって水銀柱の高さは正確に体積に対応する．

この実験で，水銀を注ぐ人は，水銀柱の上昇を観察している他の人の指示を聞きながら，それを少しずつゆっくり行わなければならない◆7．この注意を払わないと，水銀の上昇が速すぎ，測定が完了する

◆7　将来の実験のための注意．水銀はゆっくり注がなければならない．

空気の圧縮を示す表

A	A	B	C	D	E
48	12	0		29 2/16	29 2/16
46	11 1/2	1 7/16		30 9/16	30 6/16
44	11	2 13/16		31 15/16	31 12/16
42	10 1/2	4 6/16		33 8/16	33 1/7
40	10	6 3/16		35 5/16	35
38	9 1/2	7 14/16		37	36 15/19
36	9	10 2/16		39 5/16	38 7/8
34	8 1/2	12 8/16		41 10/16	41 2/17
32	8	15 1/16		44 3/16	43 11/16
30	7 1/2	17 15/16		47 1/16	46 3/5
28	7	21 3/16		50 5/16	50
26	6 1/2	25 3/16		54 5/16	53 10/13
24	6	29 11/16	$29\frac{1}{8}$	58 13/16	58 2/8
23	5 3/4	32 3/16	(Bの値にこの値を足すと)	58 13/16	60 18/23
22	5 1/2	34 15/16		61 5/16	63 6/11
21	5 1/4	37 15/16		64 1/16	66 4/7
20	5	41 9/16		67 1/16	70
19	4 3/4	45		70 11/16	73 11/19
18	4 1/2	48 12/16		74 14/16	77 2/3
17	4 1/4	53 11/16		82 12/16	82 4/17
16	4	58 2/16		87 14/16	87 3/8
15	3 3/4	63 15/16		93 1/16	93 1/5
14	3 1/2	71 5/16		100 7/16	99 6/7
13	3 1/4	78 11/16		107 13/16	107 7/13
12	3	88 7/16		117 9/16	116 4/8

AA：　短い管のなかの空気柱の長さの目盛り．

B：　長い管のなかの水銀柱の高さ．これが空気を現在の長さまで圧縮している．

C：　空気の圧力とバランスしている水銀柱の高さ．

D：　B欄とC欄の数値の合計．管の内部の空気が支えている全圧力を表す．

E：　圧力は体積に反比例するという仮説にしたがえば，圧力はいくらになるかを示す値◆6．

◆6　Aの最初の欄は1/4インチの単位で測った空気柱の長さ．Aの次の欄はそれをインチで表したもの（4で割った数値）．E欄の数値はよく知られた PV=一定の式を仮定して計算．これとD欄の数値（実験値）がよく一致しているところをみると，たとえば温度などのほかの効果はこの測定では重要でないようにみえる．

前に，水銀の高さが目盛りの部分を通り過ぎてしまう．

水銀の量を増やしていき，空気の体積をはじめの体積の1/4にまで圧縮すると，冷えた状態では，さらにそれ以上に圧縮できそうにもなくなる．しかしロウソクの炎をそばに持っていったようすからみて，大量の熱が，それを膨張させるかもしれないと考えるに至った．しかし管が破裂する危険があるのでそれ以上のことはあえて行わなかった◆8.

実験から，空気は適宜に圧縮され，水銀柱の重さが大きい場合でも小さい場合でも，それらとバランスすることがわかった．管のなかの水銀の高さが100インチのときにも，チューブから追い出され圧縮された空気の弾性によってそれは支えられている．大気の柱の圧力に対しても，短い管のなかの空気の膨張により，長い管のなかで水銀は持ち上げられている．それは反対論者◆9がいっている*funiculus*などによるものではない．それは水銀柱を30インチ（76.2 cm）以上には持ち上げられない．

◆8　これからみると温度は一定に保たれていたようである．

◆9　アリストテレス教義の支持者であったフランシスコ・ライナス（Franciscus Linus, 1595–1675）は，トリチェリの真空は，*funiculus*と呼ばれる目に見えない膜があり，これが水銀柱を30インチ（76.2 cm）の高さまで引き上げているといっている．ここでいう反対者はライナスのことである．

空気の希薄化の考察

これまで述べてきたことに合わせて，空気が膨張し，あるいは希薄になったとき，その弾性がいかに弱くなるかを観測し，我々の空気の弾性についての学説をさらに説明しよう．

実験について記す．第一に，我々は一端を封じた，長さ約6フィート（72インチ，182.88 cm）のガラス管を用いた．

第二に，ガラスパイプの径は白鳥の羽の軸程度◆11（約6 mm）でインチとその1/8の目盛りを書いた紙が貼られている．パイプの両端を開放したまま，水銀の入ったほかのシリンダーにこれを沈めると，そのなかに水銀が進入していく．水銀面の上約1インチを残して，口を封じる．こうして約1インチの空気が管のなかに閉じ込められた．チューブを持ち上げていくと，空気層の長さは数インチに膨張する．ここでつぎのことに注意しよう．空気の膨張によって，細いチューブにどれだけの水銀が，他のチューブの水銀面から上昇していくかを何段階かにわたって調べる．過去に行われた方法で，水銀のチューブをひっくり返し，トリチェリの真空の実験を試み，その日の大気圧が，29 3/4インチであることを確かめた．その理由は，前記観測で，我々の仮説が導く数値との差が，おそらく1インチの長さに含まれた空気に対する新しい出入りの結果ではないかということを明らかにするためである．実際に観測が終了しチューブを外したとき，1/16インチだけ空気が増えていた．これは水銀の隙間に入っていた泡のためであろ

◆11　約1/4インチ（0.64 cm）．

空気の希薄化についての表

A	B	C	D	E
1	00 0/0		29 3/4	29 3/4
1 1/2	10 5/8		19 1/8	19 5/6
2	15 3/8		14 3/8	14 7/8
3	20 2/8		9 4/8	9 15/12
4	22 5/8		7 1/8	7 7/16
5	24 1/8		5 5/8	5 19/25
6	24 7/8		4 7/8	4 23/24
7	25 4/8		4 2/8	4 1/4
8	26 0/0	$29\frac{3}{4}$	3 6/8	3 23/32
9	26 3/8		3 3/8	3 11/36
10	26 8/8	（この値から B を引くと）	3 0/0	2 39/40
12	27 1/8		2 5/8	2 23/48
14	27 4/8		2 2/8	2 1/8
16	27 6/8		2 0/0	1 55/64
18	27 7/8		1 7/8	1 47/72
20	28 0/0		1 6/8	1 9/80
24	28 2/8		1 4/8	1 23/96
28	28 3/8		1 3/8	1 1/16
32	28 4/8		1 2/8	0 119/128

A：　一定の空気を含んだ管頭部の空間の目盛り
B：　水銀柱の高さ．この水銀柱の重さと管頭部の空気の示す弾性力との和が大気圧とバランスする．
C：　大気圧に相当する水銀柱の高さ．29 3/4 インチ．
D：　C から B を引いた値（閉じ込められた空気の圧力に相当◆[10]）
E：　我々の仮説にしたがって計算された空気の圧力

◆[10]　D 欄と E 欄の値が，ことに圧力の低いところで，よく一致していない．ボイルはその理由について，低圧になると，水銀のなかに吸蔵されていた空気が外に出てくるためであろうといっている．

◆[12]　閉じ込められている空気の体積が 2 倍になったときは，大気圧を支えるためにはさらに 15 インチの水銀が必要である．すなわち膨張した空気の圧力は約 1/2 になったことになる．

うと判断した．実験から 1 インチの空気がその体積を 2 倍にしたとき，大気圧とバランスするためには，シリンダーのなかの水銀は 15 インチとなり，さらなる膨張で空気の弾力が失われたときには，水銀は 28 インチ上昇することがわかった◆[12]．したがって地表の空気は，その上に 28 インチの水銀の重さがかかっているのと同じように圧縮されているに違いない．

補遺文献

Conant, J. B. (ed.), *Robert Boyles' Experiments in Pneumatics*, Harvard Case Histories in Experimental Science

(Cambridge: Harvard University, 1957), pp. 3ff.
Dampier, W. C., *A History of Science* (New York: Cambridge University, 1946).
Lenard, P., *Great Men of Science* (New York: British Book Centre, 1934), pp. 62ff.
Magie, W. F., *A Source Book in Physics* (New York: McGraw-Hill, 1935), pp. 84ff.
Wolf, A., *A History of Science, Technology, and Philosophy in the 16th and 17th Centuries* (London: Allen and Unwin, 1935), pp. 102ff. and 235ff.
Woodruff, L. L. (ed.), *The Development of the Sciences* (New Haven, Conn. : Yale University, 1923).

4

運動の法則

The Laws of Motion

アイザック・ニュートン
Isaac Newton　1642-1727

物理学という科学の本質的な強さは，その概念構造の深さつまり物理学的世界に対して人類がもつあらゆる知識がほんのわずかな原理によって説明できることにある．科学の歴史においてこの“統合”を行った最初の，そして最も優れた人物はアイザック・ニュートンである．彼は普遍的重力の法則を発見し，ガリレオが下地をつくった力学の原理を形式的に整えることを完成した．物理学の他の分野にも大きな貢献をし，17 世紀末にかけて頂点に達する哲学の知的改革（啓蒙運動）を引き起こすことに刺激をあたえた．彼の仕事はいろいろな点で，科学に対する近代的なアプローチではあるが，一方で錬金術の実践でもあるといえる．この矛盾ともいえるパラドックスによって，ニュートンの時代にあっても，いかに科学的な無理解が横行していたかを想像することができるであろう．物理学は 17 世紀後半になってもまだよちよち歩きの小児であったのである．

ニュートンは 1642 年 12 月 25 日，イングランド・リンカーン州の Woolsthorpe に生まれた．これはガリレオが亡くなった年である．少年時代には特筆する事件はなかったが，その頃はチャールズ 1 世の行きすぎによる内戦の影に覆われていた時代である．12 歳で，家から数マイル離れた Grantham のキングス・スクールに送られるまでは，村の学校で過ごした．彼は早熟の子ではなかったが，努力家で，成績は最終的にはトップランクに達した．そのわけは話によると，クラスでトップの少年にあこがれたからだという．学校には 4 年間在学したが，2 度目の未亡人となった母親の農場の経営を助けるため退学させられた．しかし彼は農業にまったく興味を示さず，この事業には成功しなかった．そして学校に戻り，大学へ入学するための準備を始めた．

ニュートンは 1661 年ケンブリッジのトリニティ・カレッジに入学した．チャールズ 2 世の復位の後の年である．学生たちが騒がしく，落ち着かない雰囲気であったというレポートから判断すると，復位の影響が大学にはまだ残っていたのであろう．ニュートンはかなり内向的で，楽しい行事に参加することもなかったので，仲間の学生たちからは距離を置かれ，むしろ一人勉学に励むという風であった．カレッジでのはじめの期間では特に際立つこともなかったが，やがて優れた数学者でもあるギリシア語学者で，1663年にギリシア語の教授から数学のルーカス教授職（Lucacian chair of mathematics）に転籍したアイザック・バロー（Isaac Barrow，1630-1677）の指導を受けることになった．その頃にニュートンは，自身の際立った才能に気づくことになるが，それはすぐに周囲の人々にも知られるようになった．1665年に学士号をとった数か月後，腺ペストの流行のため，大学は閉鎖されてしまう．ニュートンはWoolsthorpeの家に帰り，そこで自然の成りたちについてゆっくり黙想する，いわば強制された“無為”の時間を過ごすことになった．ほとんど家に滞在していたこの2年の間に，彼は最も偉大な発見をするのである．

ケンブリッジを離れる少し前に，彼は白色光の性質についての実験を始めていた[*1)]．ガラスプリズムの助けを借りて，白色光は多くの色が混ざったものであることを示していた．彼のこの研究は，明らかに光学，ことに望遠鏡に使われるレンズに対する興味から進められたものである．当時のレンズはもちろん色消しにはなっていなかったため，結像されたものには色収差のため色のついた縞模様が現れていた．彼は屈折型望遠鏡では，色収差から逃れられないという誤った結論を下し[*2)]，反射型望遠鏡を最初に製作した．ところで彼が1672年に王立協会の役員に選ばれたのは，まさにこの業績によってである．色に関する理論を完成し，二項定理を発見し，fluxions［訳注：“*Method of Fluxions*”は微分演算のことを記述したニュートンの著書］の直接的な方法（微分演算），同じく逆の方法（積分演算）を発見したのは，すべてケンブリッジを留守にしていた数か月の間のことであった．光に関する実験は，彼が1672年に*Philosophical Transactions*に発表した最初の科学論文の課題である．

彼の最初の偉大な“一般化の思考法”によって，普遍的な引力の存在に気づいたのも，この時代である．彼自身の言葉によれば，

---

*1) 太陽光を使った．

*2) 彼のこの結論は単レンズに対しては正しい．しかしレンズを組み合わせれば，色収差は無視できるほど小さくすることができる．

……そしてその同じ年に私は，引力は月の軌道にも及び，……月をその軌道上に保持しているのは，地球表面からの重力であるという，まずはきれいな一致を発見し……これは1665年，1666年の記念すべき2年で，これらの日々は，私の発明に対する最も重要な年で，それからは，私の心はいつも数学や哲学に傾いていった．……*3)

リンゴの落ちるのを見て，万有引力の発見が導かれたという話は，真実かもしれないが明らかに誇張されている．おそらくそれは彼の推論のチェーンにつながっているのであろうが，引力の最終的な法則にたどりつく彼の一連の思考には，その他の多くのことが必要であった．彼の最も勇敢なステップは，地球がリンゴを引っ張るのと同じ力が，月をその軌道に保持すると結論づけたことであった．すなわち，物体が地球に向かって落ちるのと同じ運動の法則が，惑星にも当てはまるということである．ケプラーの実験的な第三法則は，惑星の太陽の周りの運動を支配する力の法則から導くことができる．彼はそれがよく知られた逆2乗の引力の法則であることを発見した．当時王立協会の実験部門の長であったロバート・フック（Robert Hooke，1635–1703）もおそらく独自に同じ法則に到達していたようである．これにつきプライオリティについての論争が始まったが，ニュートンは，いつもそうであったようにこれからも身を引いていた．彼は自己の主張を推し進める人ではなかったし，彼の先達のガリレオには似ず，公の論戦を好まなかった．ニュートンの支持者たちとライプニッツ（Gottfried Wilhelm von Leibnitz，1646–1716）との間で，算法の発見についても論争があったが，これはおそらく両者が独立に発見したものであろう［訳注：前記“*Method of Fluxions*”は1671年には完成していたといわれるが，出版されたのは両者ともこの世を去った1736年であった］．物理学の黎明期にはプライオリティの問題は大いに人々を苦しめた．今でも同じであるが，人々は発見のプライオリティを確立することに悩まされる．当時は情報の伝達がはるかに遅かったので，独立な発見でも同時と考えられる可能性が高かったのである．実際にニュートンの主な発見はすべて，プライオリティの論争にさらされたのである．

1667年にニュートンはケンブリッジに帰り，その年にトリニティ・カレッジの

*3)　この文章は“*Catalogue of Portsmouth Papers*”（Cambridge: University Press, 1888），p. xviii より引用．ニュートンが「まずはきれいな一致 pretty nearly」と表現した理由は，彼の計算に，地球の大きさについて正確でない値を使ったからである．

役員に選ばれた．次の年に彼はM.A.の学位［訳注：Master of Artsか］を取得し，1669年には，バロー博士の後を継いでルーカス教授職についた．その後彼は多くの時間を，錬金術をも含む化学実験に割いていたが，1684年にハレー（Edmund Halley，1656–1742）に説得されて，力学理論の研究に専念するようになった．その結果1687年にハレーが費用を負担して，彼の最高の仕事，『プリンキピア』を出版することになったのである*4)．

同じ年にニュートンは初めて“政治”と遭遇する．ジェームズ2世は，学位の授与を，王室の権力を使って命令により行おうとしたが，彼はこれに抗議する大学の代表団の一員に加えられたのである．ジェームズ王はカトリックであることを公言しており，英国に設立された宗教を信仰することを決めていたが，このことが心配されたのである．大学は，王が学位を授与する権限を取得するということよりは，学位の栄誉を受けたものはカトリックの修道士にならなければならないということに反対したのであろう．まもなく1688–1689年の革命でジェームズ王は退位し，議会は英国の王位をウィリアムとメアリーにあたえた．1689年にニュートンは，議会の大学協議会のメンバーに選ばれ，英国の歴史のなかでもかなり微妙な時期に政治に関わることになった．すなわち人々の権利を守り，その権限が君主政体に優越することを主張するいくつかの包括的な法律を議会が通過させていた時期である．その後は，彼は多かれ少なかれ公的な生活を送ることになる．1695年彼は造幣局の管理人（warden）に任命される．内戦の後，ひどく品質が落ちた銀貨を完全に改鋳する責任を負った．1699年にこの仕事を終えたが，同時に造幣局の長官に任じられ，1727年に彼が没するまでこの任に留まった*5)．彼は多くの賞や栄誉を受けている．1703年にはロバート・フックの死によって王立協会の総裁となった．そして生涯にわたり毎年この地位に再選された．その同じ年に彼は『光学』“*Opticks*”を出版した．これは古典物理学的に光学を科学する最初の本である．科学に携わる長老的政治家として，1705年にアン女王からナイトの爵位を授けられる．彼は，この栄誉をうける最初の科学者であった．彼はそれ以降の年には，科学に関してはあまり仕事をせず，錬金術，宗教的行事，聖書の解釈などにほとんどの時間を費やした*6)．彼の前にもまた後にも人々が望ん

---

*4)　“*Philosophiae Naturalis Principia Mathematica*”.

*5)　彼の晩年にあってこの職はかなり閑職であった．

*6)　彼は神学的な著作“*Observations on the Prophecies of Daniel*”や“*Church History*”を書いている．

だのと同じこと，すなわち卑金属を金に変える方法や不老不死の霊薬を探し求めた．これらの課題に対する彼の取り組み方は，錬金術師的なものではなく科学的手法であったが，彼の錬金術や一般の科学に対する考え方は，明らかに彼の神学的な興味の影響をうけていたことは疑いない．彼は化学に関する論文を出版していないが，そのノートは同時代の人に比べてはるかによく化学を把握していたことを示している．物理学に対する洞察には遠く及ばないとしても．物理学の世界で彼が示した明瞭で的確な見解と，化学における彼の仕事とを，どう調和させたらよいかは難しいことである．ただ人々が物質を原子論的に理解するのは，彼から1世紀も後のことだったということは，心に留めておかなければならない．「私が他の人よりも遠くを見ることができた理由は，私は巨人の肩の上に乗っていたからである」というニュートン自身の言葉からみて，彼は多くの仕事を完成した自分の幸運を認めていたと思われる．

『プリンキピア』は最も偉大な科学書といわれている．ガリレオが一般教養人向けを意図したのに対して，『プリンキピア』は他の物理学者を対象にしてラテン語で書かれている．その文体は冷静で，形式的で，どこかよそよそしい権威者ぶった人格を想像させる．この点は，ガリレオの華々しい論争的な文体よりは，むしろ現代の科学論文のスタイルに似ている．ニュートンとガリレオは，誰でもが想像できるように，個人的な性格も科学についての見解もかなり違っている．ガリレオはかなり外交的・社交的であったが，ニュートンは社会や仲間関係にはほとんどかまわなかった．ガリレオは先駆者としてスコラ哲学的な古典的権威の顔をもつ空虚なものから彼の科学をつくりあげなくてはならなかった．ニュートンの仕事は彼の時代の知的な雰囲気をただ保てばよかった．ニュートンは多くの時間を錬金術的なもの，神秘的なものの研究に割いたが，ガリレオは前の時代のダ・ヴィンチと同じように錬金術を排し，神学については，後に彼の科学と鋭く対立するまでは，取り合わなかった．ガリレオにとっては自然の研究は大きな喜びをもたらす源であったが，ニュートンにとっては，自然のなりゆきを見事に把握するという満足感の源であった．

『プリンキピア』は3冊の冊子と序文とから構成されている．序文と第1巻には有名な“運動の法則”が書かれている．それは種々の力のもとで物体が抵抗を受けずにする運動を扱い，すべての力学的原理の出発点となっている．第2巻は抵抗を示す媒質すなわち液体中の運動を扱っているが，ニュートンは完全には成功していない．第3巻では普遍的な重力とそれの天体への適用を議論している．

以下に記述する抜粋文は，第一に彼の仕事の基礎となるさまざまな定義とそれに続く運動の法則について，第二，第三は『プリンキピア』の第3巻から抜き出した自然哲学における推論の規則と「仮説を組み立てない*7)」という彼の有名な言葉が記載されている一般的な評注の一部からなる．

ラテン語からの翻訳は Andrew Motte によるもので，1848年発行の最初のアメリカ版からとった．

✣ ✣ ✣

ニュートンの“実験”

定 義 I

物質の量とは物質の計量（尺度）となるもので，密度と体積の結合した（かけ合わされた）ものである◆1．

したがって，2倍の密度と2倍の容積をもつ空気は物質の量として4倍であり，3倍の容積では量は6倍となる．雪や細かい塵や粉についても，圧縮されていても液化されていても，またいかなる異なる状態に凝縮されていてもすべての物体について同じように考えられるべきである．私はここでは媒質については考慮していない．それが物体の隙間を自由に満たしているかぎりでは．今後私が物体あるいはマス（mass，質量）という名で呼ぶものはこの量のことである．同じ量が物体の重さとしても知られている．私は後に述べる振り子の精密な実験から，この量は重さに比例することを見出しているからである．

◆1 物質の量としての質量は，ここでは体積と密度の積として定義されていて，密度についての定義はない．ニュートンは質量ではなく密度をより基礎的な単位と考えたようである．後に彼は“等しい密度”を慣性によって定義している．質量を慣性と等しいとするのは近代的な見方である．物体の質量を慣性の性質とは無関係に単に物体における物質の量とするのは間違いだったのであろう．

*7) *Hypotheses non fingo.* 彼が意味したことは，「観測により導かれたものでなければ，仮説は科学の世界では居所がない」．

定　義　II

運動の量◆2は運動の計量となるもので，速度と物質の量とを結合させたものである．

◆2　運動の量とは運動量 mv（質量と速度の積）を意味する．

全体の**運動**［訳注：motion と書いてあるが，運動の量を省略してこういっているので，ここでは**太字**で書く］は，各部分の**運動**の和である．したがって同じ速度で物体の量が2倍になれば，**運動**は2倍になる．速度も2倍になれば**運動**は4倍になる．

定　義　III

***vis insita*［訳注：固有の力，*vis* は力の意］あるいは物質本来の力とは，静止していようが，直線上を一様に運動していようが，その状態を保つためにすべての物体がその内部にもつ抵抗力である．**

この力はその所有者である物体［訳注：body，その質量のことであろう］に比例して生じるものである◆3．それは我々の理解の仕方によれば，マス（質量）の不活動性ということである．物体（body）は，物（matter）の不活動性がゆえに，静止または運動の状態から容易に脱することはない．この点で，この *vis insita* は，重要な名称，*vis inertiae*［訳注：慣性力］，すなわち不活動の力，と呼ばれるのが適当かもしれない．この力は外からの力が物体に働き，その状態を変えようとしたときにのみ現れるのである．この力は抵抗力（resistance）とも，あるいは撃力（impulse）とも考えられよう．印加された力に耐えて，現在の状態を保とうとするかぎり，それは抵抗力というべきであろう．運動している物体が他からの外力にしたがわずに，むしろ他を変えようとする場合は撃力というのがよいかもしれない．一般に物体が静止している場合には抵抗力といい，運動している場合には撃力ということにする．しかし運動状態であるか静止状態であるかは，相対的にしか区別されないものであって，静止しているという場合であっても，必ずしも物体が完全に静止しているということとはかぎらない◆4．

◆3　慣性の定義．

◆4　たとえば地球の表面で静止している物体といえども，宇宙空間に対しては動いているというようなもの．ニュートンは，相対的な運動について明確な概念をもっていた．

定 義 IV

印加された力（外力）とは，物体が静止していようが，直線上を一様に運動していようが，その状態を変化させようとする作用である．

この力はその作用が終われば，もはや物体には残らないような作用のことである．なぜなら物体は獲得した新しい状態を，慣性だけによって維持しようとするからである．外力は衝撃とか，圧力とか，求心力とか，いま考えている物体とは別なところに起源をもつものである．

定 義 V

求心力とは，物体を中心点に向かって引っ張る力である◆5．

物体を地球の中心に向かわせる重力や，鉄を磁石に引きつける力はこの種のものである．そしてこの力は，惑星を，それがなければたどるであろう直線運動から永久に引き出し，曲線軌道をたどらせるものである．糸につながれて回っている石は，回している手から離れようとし，それが糸を引きのばす．さらに回る速さが大きくなると力がより大きくなり，ついに石は飛び去る．糸が石を手の方向に引き戻し，軌道上にとどめようとする力，すなわち石がしようとする運動に逆向きの力を，手が軌道の中心にあることから，求心力と呼ぼう◆6．

同じことがすべての軌道上を回転する物体についていえる．すべての物体は軌道の中心から離れようとする．したがってもし軌道上に引きとめようとする力，私が前に求心力と呼んだ対抗力がなければ，物体は直線（right line◆7）上の一様な運動で飛び去ってしまうであろう．その物体は，もし重力のために地球の方向にそれることがなければ，また空気の抵抗がなければ，直線上を一様に運動するであろう．直線運動からはずれるのは重力のためである．相対的に重力が小さいか，飛び出す速度が大きいときは，直線運動からのはずれも小さく，物体はより遠くに飛ぶであろう．山の頂上から弾薬の力によってある速度で水平方向に撃ち出された鉛の玉は，曲線を描き 2 マイルほど先で地面に落ちる．空気の抵抗がないとすると，2 倍または 10 倍の速度で打ち出されれば，2 倍または 10 倍遠くに飛ぶであろう．そしてさらに速度を上げていくと，面白いことに飛ぶ距離はさらに増し，飛跡の

◆5 ニュートンはすべての遠隔作用（離れた距離から作用する力）をこの定義に含ませようとしたようである．彼はこの時点ではまだ，地球上の重力と，惑星をその軌道上に保つ力とを等しいとはおいていないことに注意しよう．彼は（のちに）後者も重力であろうと示唆してはいるが．

◆6 ニュートンは外向きに動かそうとする性質を遠心力だとする，陥りやすい過ちをおかさなかった．

◆7 right line は straight line のこと．

曲率は減少し，玉は10°，30°，90°の距離［訳注：それぞれ偏角に相当する距離か？　たとえば90°で地球1/4周の距離］まで，いやさらに地球を1周するまで，地上には落ちず，宇宙空間に飛び出し永久に飛び続けることになる◆8．あるいはこの標的の軌道は，重力の作用のもとで地球を周回するものになる．月もまた，もしそれが付与されているならば重力によって，あるいは何か他の力によって，慣性ではまっすぐに飛ぶはずの軌道から地球の方向に軌道を曲げられて，現在のように地球を周回する軌道上にあるのであろう．そのような力がなければ現在の軌道にとどまっていられない．もしこの力が小さすぎると，月を直線軌道からはずせないだろうし，大きすぎると月の軌道から外れて地球に引きこんでしまう．力はちょうどよい大きさである必要がある．あたえられた速度で軌道上に留めるには，力はどのくらいの大きさならばよいかは，数学的に求められる．また逆にあたえられた場所からあたえられた速度で打ち出された物体が，自然な直線軌道からはずれて，どんな曲線軌道をとるかを決定することもできる．

◆8 地球または太陽の衛星になる．

〈以下求心力についてのいくつかの定義が記述されているが，ここでは省略する．〉

注　　釈

ここまでに私は，あまり聞きなれないいくつかの言葉の定義を行って，以下の議論が理解できるように，それらの意味を説明してきた．時間，空間，場所，運動などよく知られている量については定義していない．私がみるところでは，一般大衆はこれらの量を，深く考察することなく，ただ感覚的にとらえているようだ．したがってそこには，何らかの誤解が生じる．これを避けるためには，これらの量をそれぞれ，絶対的か相対的か，真のものか見かけのものか，数学的なものか通俗的なものかというように区別して考えることがよいであろう．

I. 絶対的で，真で，数学的な時間（time）とは，その本来の性質として，外からのいかなる影響にもかかわらず，均一に流れていくものである．これはまた持続間隔（duration）とも呼ぶ．相対的な，あるいは視太陽時や通俗的な時間とは，正確か不均一かにかかわらず何かの運動によって測られる感覚的，外面的な時間間隔で，たとえば1時間，1日，1月，1年というように使われる．

［訳注：以下の空間に関する記述は現代物理学の考え方に反しているのでややわかりにくい．絶対空間を絶対静止座標，相対空間を地球に固定した座標というイメージで読むと，言わんとしていることがわかるかと思う．］

II. 絶対的な空間◆9とは，その本来の性質として，外界のいかんにかかわらず，不変，不動なものである．相対的な空間とは可動なもので，絶対的な空間の大きさの尺度ともなるものである．それは物体の存在する位置により決まり，地球を基準としたその位置の空中における体積の大きさで，通常は動かないものと見なされる．絶対的および相対的な空間は形や大きさは同じであるが，数値的には常に同じ値にとどまるとはかぎらない．なぜなら，たとえばもし地球が動くと，地球を基準とした相対的なその空間はいつでも同じであるが，あるときは，（その空間がそのなかで動いている）絶対空間のある一部であり，またあるときは絶対空間の別の一部となる．つまりいつも移り変わっていくものである．

III. 場所（place）とは，空間（space）の一部である．それが絶対的なものであろうと相対的なものであろうと，物体がその空間を占める．私がいう空間の一部とは，位置（situation）とか物体の外表面のことではない．同じ固体の占める場所の大きさは常に等しいが，その表面（superfices◆10）は，それらの異なった形（figures）のゆえにいつでも等しいわけではない．位置（positions）は量ではない．位置は場所そのものではなく，場所の所有する属性（properties）である．全系（the whole）の運動は各部分の運動の和である．全系がその場所から移動するということは，各部分がそれらの場所から移動するということである．したがって全系の場所は，各部分の場所の総和であり，その意味でそれは全物体のなかの内部的なものである［訳注：現代物理学では，ここでいう空間の一部としての場所を，運動を記述する物理量としないので，この辺りの記述はややわかりにくい．これは物体が質量ではなく密度と容積の積で定義されていることに関係しているのであろう］．

◆9 後に述べるように，見かけ上の，あるいは相対的な直線運動から，絶対的な運動を区別することは難しいと，ニュートン自身が指摘している．ということで絶対的空間や絶対的運動などは，あまり意味をもたない．現代の相対性理論では，空間・時間は相対的なもので，絶対空間とか絶対時間の存在を否定している．ニュートンの力学は慣性系（すなわち加速されていない空間）で記述されているので，系の運動が方程式に何ら影響をあたえないというかぎりにおいては，絶対的な空間とか絶対的な時間についての問いは，単にアカデミックなものである．ずっと後の時代に電磁力学に関係して相対的あるいは絶対的な運動の問題は重要な課題となる．

◆10 superfices は surfaces．ここでは2つの固体が，同じ体積をもつが，表面積は異なることをいっているのだろう．

IV.　絶対的な運動（absolute motion）とは，物体がある絶対的な場所（absolute place，すなわち絶対的な空間の一部）から，別の絶対的な場所に移動することである．相対的な運動とは，相対的な場所（relative place）から，別の相対的な場所に移動することである◆11．したがって航行する船の上では，相対的な場所とは，物体が占める船の一部あるいは物体が満たす空洞で，それは船とともに運動する．相対的な静止とは船の一部または空洞の同じ部分を物体が継続的に占めていることである．しかし真のあるいは絶対的な静止とは，物体が不動の空間（そこでは船も空洞も船に属するあらゆるものが動いている）の同じ場所に継続的に留まることである．したがって地球が真に静止しているなら，船の上で相対的に静止している物体は，船が地球に対してもっているのと同じ速度で，真に絶対的に運動していることになる．しかしもし地球も運動しているなら，船の上で静止している物体の真の絶対的な運動は，不動の空間での地球の真の運動と，船の地球に対する相対的な運動とから構成される．さらに物体が船に対して相対的な運動をしている場合は，物体の真の運動は，地球の不動空間に対する真の運動◆12と，船が地球に対してする相対的運動と物体が船に対してする相対的な運動とから構成される．そしてこれら２つの相対的運動は，物体の地球に対する相対的な運動を構成している．船がいま存在する地球の一部が10010の速度で東に向かって真の運動をし，船が地球に対して疾風を受けて10の全速力で西に運動し，船の上で船員が東に１の速度で歩いているとしよう．船員は不動の空間に対して東に10001の速度で運動していることになり，地球に対しては西に９の速度で運動していることになる．

◆11　このように相対的運動は，把握しやすいが，絶対的な運動の概念はつかみにくい．

◆12　地球の真の，または絶対的な運動は，空間の固定点を基準にして決められるであろう．いわゆる固定されている星も実際は運動しているのであるが，十分遠方にあるので，相対的に固定されているようにみえる．

〈さらに相対的な量と絶対的な量とを区別する議論が続くが，ここでは省略する．〉

特定の物体の真の運動を見つけ，見かけの運動と区別することは非常に難しい課題である．なぜならその運動が行われている不動の空間は，我々の感覚のもとには決して現れないからである．しかしまったく絶望的というわけではない．あるいは真の運動とは異なる見かけの運動のようすから，あるいは真の運動の原因でもあり，結果でもある力のようすから，いくつかの議論を導くことが可能だからである．たとえば2つの球体［訳注：天体をイメージする］が，あたえられた距離だけ離れて，ひもでつながれていて，重心の周りを回転している場合を考えよう．ひもの張力を観察すれば，2つの天体は回転の軸から遠ざかろうとしていることが発見できるであろう◆13．またそれから回転運動に伴う物理量を計算することができるであろう．そこで回転運動を速めるか遅くするかの任意の等しい力を天体のお互いの面に加える．ひもの張力が増すか減るかによって，我々は運動の激しさの増加か減少を推測することができる．天体の運動が最も激しくなるためにはどの面に力を加えるべきかを知ることができるであろう．すなわち回転運動において隠された面を発見できるのである．しかし反対に，回転運動を進めるとは逆であるとわかっている面についても，運動の種類［訳注：絶対か見かけか］を知ることができるかもしれない．このようにして我々は，いま観測している天体と比較または基準とする外的な存在が何もない大きな空間にあっても回転運動の物理量とその種類とを知ることができるかもしれない．さてしかし，我々が不動の星として知っているように，空間のなかの十分遠方に物体があって，それは常にあたえられた場所に固定されていたとしても，天体がこれら物体の間を相対的に平行移動する場合，この運動をしているのが天体なのか物体なのかを決めることはできない．しかしもしひもを観測して，その張力が天体の運動に必要なものとわかれば，運動しているのは天体であって，物体は静止していると結論できる．そして最終的には天体が物体の間を平行移動している運動が，どちらの種類のものか決めることができるに違いない．しかし我々はいかにして運動の原因や結果や見かけ上の違いから，真の運動というものを抜き出すことができるのか，あるいは逆に真のあるいは見かけの運動をみて，その運動の原因や結果を知ることができようか，これらのことはいずれ次の出版物で説明されるであろう．これが私が組み立てた議論の結論である．

◆13 ここに述べられている実験は直線運動か回転運動かを区別する基本的な特徴を記述している．地球あるいは他のいかなる系をも基準としない絶対的な回転運動のアイデアは意味がある．それにもかかわらず，それぞれの天体の絶対的な運動は決められない．実験は互いに他を基準とした相対的な運動をあたえているだけである．

公理，または運動の法則[14]

◆14　ここではよく知られた運動の法則が述べられるが，これらの議論は古典力学の出発点である．慣性に関するはじめの2つの法則はガリレオが観測した事実の一般化である．第一法則は一般に慣性の法則と呼ばれているが，明らかに第二法則の特殊な例である．

法　則　I

いかなる物体もその状態を変化させようとする力が加えられない限り，その静止または直線運動の状態を維持する．

どんな投射物も，空気抵抗により減速されないかぎり，重力により下向きに引かれるほかはその運動を持続する．コマは，その各部分は結合して直線運動からはずれているが，空気による減速がなければ，回転は止まらない．惑星や彗星のような抵抗が少ない大きな物体は，移動運動にしても回転運動にしても，はるかに長い時間その運動状態を保持する．

法　則　II

◆15　運動の変化ということで，ニュートンは運動量の変化率を考えていた．質量一定の場合は $F=ma$ であるから，第二法則は力を質量にあたえられた加速度から定義することを可能にする．

運動の変化は[15]，加えられた力の大きさに比例し，その力の方向に起こる．

どんな力が運動を引き起こす場合でも，それらが同時に加えられた場合でも順次に加えられた場合でも，2つの力は2つの運動を，3つの力は3つの運動を，引き起こす．第一の力でその方向に運動している場合，第二の力が同じ方向か逆の方向かによって，運動は付加されたり，引き去られたりする．あるいは2つの力が斜め方向だとすると，運動は斜め方向に合成されて新しい運動がつくられる．

法　則　III[16]

◆16　この第三法則は，ニュートンが創始したもので3つの法則のなかで唯一物理的な考えである．第二法則では質量の概念が慣性に関係して記述された．質量は慣性または重力と関連づけてしか定義できない．つまり力の概念なくしては定義

すべての作用に対して，同じ大きさの反作用がある．あるいは2つの物体が作用し合っているときは，それぞれに同じ大きさの逆向きの作用が働いている．

他の物を引くか押すかすると，同じだけ他から引かれたり押されたりする．石を指で押すと指はまた石から押し返される．もし馬がロープで石を引くと，馬は（もしそういってよければ）同じ力で石の方に

引き戻される．ピンと張ったロープについては，それを伸ばそうとする同じ力で，石を馬の方に引くのと同じだけ馬を石の方向に引き，一方が他方に対して進むのを妨げる．物体が他の物体に衝突して，その運動を変化させると（相互にあたえる圧力は等しいという法則によって）同じ力で自己の運動も反対向きに変化させられるであろう．これらの作用による両者の変化は，それらの（もし他に障害となるようなものがなければ）速度においてではなく，両物体の運動［訳注：運動量］において等しい．なぜなら運動が等しく変化しているので，逆向きに変化する速度は，物体［訳注：物体の質量］に逆比例するからである．この法則は次の“系”で証明されるように引力に対しても成立する．

できないことを意味している．ニュートンは質量について物体のなかにある物質の量といっているが，物質の定義がないので，これは正確な定義ではない．はじめの2つの法則は力の定義とみるのがよいかもしれない．第一法則は平衡状態にある物体の運動を記述し，第二法則は物体に加えられた力がつり合わないときに引き起こされる運動についての記述である．

系 I

1つの物体に加えられた2つの力は平行四辺形の対角線として合成される．この場合2つの辺は2つの力を表す◆17．

◆17 運動の法則の応用として，力のベクトル和を正当づけている．

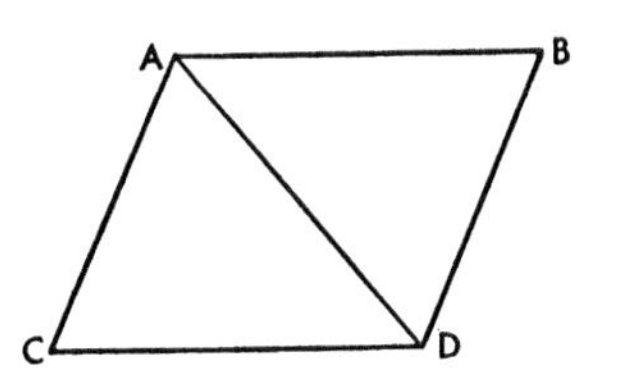

物体に力Mが，ある時刻にA点で加えられ，一様な運動で，それがAからBに運ばれ，また力Nが同じ点で加えられ，それがAからCに運ばれるとする．2つの力が同時に加わると物体は平行四辺形ABCDの対角線上をAからDに運ばれるであろう．力Nは線分ACの方向に働き，これは線分BDと平行である．第二法則によりこの力は，線分BDの方向に物体を運ぼうとする力Mによってつくられた速度を変化させない．したがって物体は力Nの存在いかんにかかわらず，同じ時刻に線分BD上のどこかに到着する．同じ議論が成立し物体は同じ時刻に線分CD上のどこかに到達する．したがって物体は2つの線分の交点Dに見出されることになる．それは第一法則によってAからDに動いたことになるであろう．

〈以下，力の合成についての議論と，それ自身が運動している系の上で

の相対的な運動についての議論がなされるが，ここでは省略する.〉

注　　釈

これまで私は数学者たちにより受け入れられ，また多くの実験によって，確認されたいくつかの法則を示してきた．ガリレオが発見した物体の落下（距離）は時間の２乗で変化し，放射体はパラボラの曲線を描くということは，最初の２つの法則と，それの系とにより，空気抵抗によりわずかに減速されることを除けばよく経験に合致することがわかった．物体が落下している間は，重力により，等しい時間間隔に等しい力が物体に加わり，等しい速度を付け加える．そして全時間の間に加えられたすべての力の結果，全速度は時間に比例する．通過距離は速度と時間の積であるから，時間の２乗に比例することになる◆18．また物体が上方に投げ上げられたときは，加わる一様な重力は時間に比例して速度を減じ，速度がなくなったとき物体は最高点に到達する．高さは速度と時間の積であるので速度の２乗に比例する◆19．任意の方向に投げ出された物体の運動は重力による運動と合成される．

◆18　$s=(1/2)gt^2$

◆19　$v^2=2gs$

投げ出された力だけなら物体の軌跡はＡからＢへの直線を描くであろう．また重力だけの落下なら高度はACの直線を描くであろう．平行四辺形をつくると物体はその時間の間にＤに達する．物体が描く曲線AEDはパラボラになるであろう．直線ABはＡにおけるこの曲線の接線である．縦軸BDは線分ABの２乗になる◆20．振り子の振動時間に関する議論も，同じ法則とその系にしたがう．これは日常的に振り子時計の実験でよく確かめられている．現代の偉大な幾何学者であるクリストファー・レン卿（Sir Christopher Wren）◆21，ウォーリス（Wallis）博士，ホイヘンス（Huygens）氏も第三法則に関連して，硬い物体の衝突と反射についてのいくつかの法則を決定し，この発明を王立協会にも通知したが，これらの法則の互いの完全な一致を見た．ウォーリスの出版がやや早かった．次いでレン卿そしてホイヘンスと続いた．しかしレン卿は王立協会で発表する前に，振り子

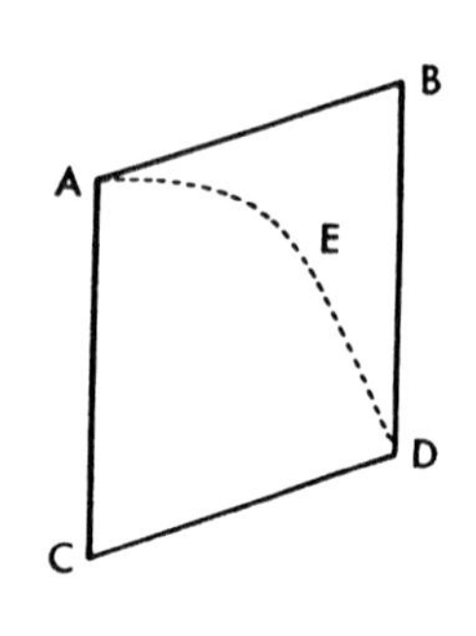

◆20　水平運動は一様でABは時間に比例する．BDは時間の２乗に比例する．したがってBDはABの２乗に比例する．

◆21　レンは建築家としても著名で，公共の建物についての公式な報告書を書いている．なかでもロンドンにある旧セント・ポール寺院やウエストミンスター寺院のデザインと建築を批判し，それらは鉄骨構造にすべきと強調している．この間にセントポール寺院は建て直された．

の実験でこの事実を確かめていた．またそのすぐ後で，マリオット(Mariotte)◆22 氏はまさに同じ課題をよく説明できる理論を論文のなかで考察した．しかし実験結果を理論と正確に合致するためには，衝突する物体の弾性力ばかりでなく，空気の抵抗も正しく取り入れるべきである．

◆22 マリオットはボイルの法則を独立に発見した．

自然哲学における理由づけの規則

規 則 I

自然に起こる現象を十分に正しく説明する原因があれば，それ以上の原因を我々は認めるべきではない◆23．

◆23 科学的説明の節約とでもいうべきもの．

これについて哲学者たちは述べている．自然は不必要なことはしない．ましてそれがよりいっそう役立つものでなければなおのこと無駄である．自然は簡単なことを歓迎し，度の過ぎた誇示を好んで用いることはない．

規 則 II

したがって自然に起こる同種の現象は，できうるかぎり同じ原因に帰するべきである◆24．

◆24 明らかにニュートンはこれらの規則を採用して，普遍的な重力（万有引力）の法則にたどりついた．

呼吸についてはそれが人間の行うものであれ，動物が行うものであれ．落下する石については，それがヨーロッパで起こっても，アメリカで起こっても．光についてはそれが調理場で発生しても太陽で発生しても，光の反射についてはそれが地球上で起こっても，惑星上で起こっても［訳注：それぞれが同じ原因によって起こる現象であるということであろう］．

規 則 III

物体の本質とは，それが緊張の状態にあるか緩んだ状態にあるかにかかわらず（硬く締まった状態にあるか，膨らんだ状態にあるかにかかわらず），実験が示す範囲でではあるが，すべての物体に帰属すべきものとして，すべての物体に普遍的な性質として認められるものであるべきである．

物体の本質は，実験のみによって我々が認識できるものであるから，実験に合致するすべてのものは普遍的であるとすべきである．しかし消えようとしないものを完全に除去はできない．確かに我々は自分自身の発明の夢や無駄なつくりごとのために，実験で起こった事実を捨て去ってはならない．単純でそれ自体よく調和しているとする自然への推測から，我々は逃げてはならない．物体が広がりをもつこと，それがすべての物体に当てはまるということは，我々の感覚以外で知るすべはない．知覚できるすべてに対して広がりを把握できるので，直接知覚することのない他のすべてのものに対しても，このことは普遍的であると見なす．物体のほとんどは硬いということを我々は経験によって知っている．物体全体の硬さは，それの各部分の硬さからきているという事実から，我々の知覚できる物体の部分のみでなく，すべてのものの部分が，不可分の粒子の硬さをもっているということを，我々は正しく認識できる◆25．すべての物体は不可入の性質をもっている．これは理屈からではなく感覚から推測したものである．我々が扱う物体は不可入であることから，この性質はすべての物体に普遍的な性質と考えられる．すべての物体は可動である．そして一方で，運動状態あるいは静止状態を変えないという耐性（これを慣性と呼ぶ）をもっている．これは我々がみたり，観測したりしたようすから推論したものである．物体全体としての広がり，硬さ，不可入性，可動性，そして慣性は，物体の各部分の広がり，硬さ，不可入性，可動性，そして慣性が原因となっているものである．このことからすべての物体の最小の部分粒子は広がりをもち，硬く，不可入的で，可動で，慣性をもつと結論できる．これがすべての哲学の基盤となる．さらに物体が分割されて，しかもつながっている粒子は，おそらくさらに分割されるだろうということは，観測の問題であって，分割されずに残っている粒子のなかに，数学が表現しているようにさらに，より小さな部分を我々は識別できる．しかしそのように識別された部分が，自然の力で実際に分割されるのかどうかを，我々は確かめることができない．ここで我々は１つの実験的証拠をもつ．すなわち硬い物体の破壊の過程において，まだ分割されていない粒子はさらなる分割を免れえない．

◆25　物質の構造についての現代物理学の見方は，物質がたとえば固体から液体へ状態を変化させてもその部分（分子）は変化せず，部分の間に働く力が変化すると考える．

このルールにより，すでに分割されている粒子も，まだされていない粒子も永遠に分割され続けるであろう◆26.

◆26 ニュートンは1つでも例外があると仮説は成立しないと指摘している.

最後に，実験あるいは天体観測から，地球の周辺にある物体はすべて，各自がもつ物質の量に比例した引力で地球に向かって引かれ，同じように月もまたその物質量に応じて地球に引かれ，逆に地球上の海は月に引かれ，すべての惑星は互いに引き合い，彗星は太陽に引かれるようにみえることから，このルールの結論として，すべての物体は相互間の引力の原理にしたがうということを，我々は認めざるをえないであろう◆27. これらの観測事実は，物体の不可入性よりはさらに一般的な，すべての物体の間の引力の存在を結論づけている．宇宙における天体については，実験はできないし，また観測方法もままならない．私は，天体には引力が本質的であると断言するのではなく，ただそれらに付与された固有の力（*vis insita*）とは慣性力（*vis inertiae*）を意味するというだけである．これは変えることができない事実である．引力は地球から遠ざかっていくと消えてしまう.

◆27 普遍的な引力が一般的に存在することの導入.

規 則 IV

実証的哲学にあっては，より正確な，あるいは真実に近いと思われる現象から一般的に導かれる提言に注目するべきである．たとえそれに反する実証に基づかない反論があっても，何か別の現象が発見されて，前の提言がより正しいとされるか，排除されるかまでは◆28.

◆28 これは想像による推論よりも，観測からの結論をより考慮すべきということである.

この規則はさらに，「提言を導くに至る議論は仮説によって妨げられることはない」と続く.

これまで我々は天体や海の現象を引力という力（power）を使って説明してきた．しかしこの力（power）の起源については，まだ論じていない◆29. この起源となるものは太陽に対しても惑星に対しても，その中心部分まで消えることなく，貫いていくようなものであることは確かである．一般の力学的力は物体の表面に働くが，ここでいう力は，固体のもつ物理量に比例して，その深部まで効果を及ぼす．その大きさは距離の2乗に逆比例して減少する◆30. 太陽への引力は，太陽を構成する多くの粒子への引力の合成からできあがっている．そしてこの力は，たとえば土星がその軌道の遠日点に静止しているならそこ

◆29 万有引力の法則については，『プリンキピア』の最後の部分で述べられる.

◆30 この力について現代では，質量と距離の2乗の逆数に比例するとする．距離は引力の中心間のもので，その中心は必ずしも幾何学的形状の中心とは一致しない.

◆31　遠日点とは軌道上で，太陽から最も遠くなる点.

◆32　現代的な見解では，仮説にはこのような制限は設けない．実際ニュートン自身も推測や憶測を頻繁に用いてきた．おそらく彼は推測と実験とが対立した場合は，実験が優位になることをいいたかったのであろう.

◆33　ここでニュートンは離れた距離から作用する力（遠隔作用）について推論している.

までの距離の2乗の逆数に正確に比例して減少する◆31．最も遠い彗星でもそれらの遠日点が静止しているなら同じことがいえる．しかし私はこれまでのところ，この引力の原因が何であるかを発見できないでいる．しかし私はここで仮説を組み上げることはしない．現象に基づかないものは仮説であるし，仮説は形而上学的なものでも，物理的なものでも，またオカルト的なものでも，力学的なものでも，実証的哲学にあってはその居場所はないからである◆32．この哲学にあっては，命題は現象から一般的な議論を経て導かれる．このようにして物体の不可入性についても可動性についても，他に及ぼす撃力についても，運動や重力に関する法則についても，発見されてきた．いま我々にとっては，引力は確かに存在していて，これまで説明してきたような法則にしたがい，宇宙で起こるすべての運動も地球上の海に起こる運動も確かにそれによるものだといえれば，十分である.

ここで我々は，すべての物体のなかに存在し満たしている何か不思議なもの，スピリット，について言及しておこう◆33．このスピリットの力や作用によって，物体の各粒子は引き合い，近い距離で接していれば凝集する．帯電している物体ならば，より離れた距離でも隣り合った者同士で，引き合ったり反発し合ったりする．光は放射され，反射され，屈折され，そして時には物体を温める．動物の感覚は励起され，その各部分は意志の命ずるところにしたがって運動する．すなわちこのスピリットが振動すると，それは外部器官から脳へ神経の糸に沿って伝搬し，また脳から筋肉へと伝わる．しかしこれらの事実は数語で説明することができない．また電気的あるいは弾性的なスピリットが働くような法則を正確に決めるために必要十分な実験が我々にあたえられているともいえない.

補遺文献

Andrade, E. N. da C., *Sir Isaac Newton* (New York: Chanticleer Press, 1950).

Cohen, I. B., "Isaac Newton" in *Lives in Science* by the Editors of Scientific American (New York: Simon and Schuster, 1957), pp. 21ff.

Cohen, I. B. (ed.), *Isaac Newton's Papers and Letters on Natural Philosophy* (Cambridge, Mass. : Harvard University Press, 1958).

Crew, H., "Portraits of Famous Physicists" *Scripta Mathematica*, Pictorial Mathematics, Portfolio No. 4, 1942.

Crowther, J. G., *Six Great Scientists* (New York: Hamilton, 1955), pp. 89ff.

Knedler, J. W. (ed.), *Masterworks of Science* (New York: Doubleday, 1947), pp. 172ff.

Magie, W. F., *A Source Book in Physics* (New York: McGraw-Hill, 1935), pp. 30ff.

More, L. T., *Isaac Newton, a Biography* (New York: Scribner's, 1934).

Newton, I., *Mathematical Principle of Natural Philosophy and His System of the World*, trans. by A, Motte, ed. by F. Cajorie (Berkeley: University of California, 1947).

The Royal Society, *Newton Tercentenary Celebrations* (Cambridge, Eng. : Cambridge University, 1947).

Wolf, A., *A History of Science, Technology, and Philosophy in the 16th and 17th Centuries* (London: Allen and Unwin, 1935), pp. 145ff.

5

シャルル・ド・クーロン

Charles de Coulomb　1736-1806

電気および磁気の力

The Laws of Electric and Magnetic Force

さまざまな電気的な現象あるいは磁気的な現象が存在することは，久しく前から認められてきたが，16 世紀末にウィリアム・ギルバート（William Gilbert, 1540-1603）が初めてこれらの現象を科学の一分野として取り入れ，そして 18 世紀末になって初めてこの分野での大きな進歩が認められたのである．

エリザベス 1 世の宮廷学者であり物理学者の団体の会長であったギルバートは，その生涯の大半を磁気の研究に捧げた．1600 年に彼はその偉大な著作『磁気』"*De Magnete*" を出版した[*1)]．これはそれまでに知られていた電気・磁気に関する事項および彼自身が行った多くの実験の結果を集めた，17 年にわたる研究の成果をまとめたものである．彼は磁石の間の引力や，またある種の物体は摩擦により電気的効果を現すことなどを調べていた[*2)]．彼の観察は実験的な自然科学を先導することになる意味で重要ではあるが，多分に定性的なもので，現象の本質を解明するには至らなかった．彼の記述はその大部分がアリストテレス学派の思考の枠組みの域を出ていなかった．それにもかかわらず，彼の仕事はその完全さ，あるいは古典的伝統から逸脱していたという点で時代を画するものであった．彼の著書は英国で出版された最初の重要な科学書である．

17 世紀の間は地上で観測される磁気の現象に注意が向けられていて，電気的な現象にはほとんど目が向けられなかった．Accademia del Cimento[*3)] ではいろいろな物質を摩擦することで電気の実験をしていたが，オットー・フォン・ゲーリ

---

*1)　『磁石，磁性体，地球という巨大な磁石に関する新しい生理学』"*On the Magnet, Magnetic Bodies Also, and on the Great Magnet the Earth, a New Physiology*"（S. P. Thompson 訳，Chiswick Press, 1900），また D. J. Price 編の英語版，"*Basic Books*"（1958）を見よ．

*2)　electricity という語はギリシア語の「琥珀」という語から彼が名づけたものである．

*3)　Academy of Experiment.

ケ（Otto von Guericke，1602-1686）は摩擦電気を起こす器械[*4] をつくり，ニュートンは磁石（磁界）の力は距離の3乗に反比例することをすでに考察していた[*5]．しかしこれらの研究を除けば，17世紀の科学者たちは，電気以外の分野，たとえば力学とか光学とかの他の物理学に心を奪われていたのではなかろうか．18世紀になるとまったく反対のことが起こる．ギルバートやゲーリケの摩擦電気についての初期の実験が，これらの現象を秩序立てて研究しようという道を開いた．そうはいっても観察はまだ定性的で，新しい摩擦の器械の開発や興味本位の雑多な実験に限られていた．アメリカの有名な政治家であるベンジャミン・フランクリン（Benjamin Franklin，1706-1790）は科学の素養があったわけではないが，観測された電気現象の説明に，一流体説[*6] という注目すべき提案をしている．この時期には電気現象を表示する技術は急速に発展したが，これはこの分野の発展全般について大きく貢献したことは間違いない．しかしながら帯電した物体間に働く力についての定量的な検討にはまだ欠けていた．18世紀末クーロンが登場したのはまさにこの時期であった．

シャルル・オーギュスタン・ド・クーロン（Charles Augustin de Coulomb）は，1736年6月14日，フランス南部 Angoulem の上流階級の家庭に生まれた．彼が育ったのはヴォルテール（Voltaire，1694-1778）の自由思想とジャン・ジャック・ルソー（Jean Jacques Rousseau，1712-1778）の民主主義的な理想の影響をフランス人の誰もが感じていた，政治的には不安定な時代であった．クーロンは主としてパリの軍隊で数学と科学を学んだ．彼はその才能に見合った軍所属の技術者として経歴をスタートし，数年間はマルティニーク島（Martinique）の将校として要塞の建設を指導した．

おそらく彼の科学に関する興味はこの仕事を通して培われたものであろう．1776年にフランスに帰った後はパリに落ち着き，全時間を科学に注ぐようになる．それから1789年の革命の年までの13年間は科学的成果の最も実り多い時期であった．彼の最初の関心事は，科学アカデミーが船の最も優れた羅針盤の製作にあたえる賞であった．『単純な器械の理論』“*Théorie des Machines Simples*[*7]” と題す

*4)　硫黄の球の上に手を置き，球を回転させて，電荷を発生させるもの．

*5)　『プリンキピア』第3巻．これは磁石の大きさに比べて十分大きい距離のとき正しい．

*6)　現在の我々の知識では，電子が流れをつくるという一流体説がとられている．しかし実際には正および負の2種類の電荷があり，導体のなかでは負の電荷だけが流れるのである．

る回顧録によれば，1784年頃にクーロンはトーションバランス（ねじれ秤）を発見し，このテーマに対する賞とアカデミー会員の両方を獲得したことになっている．英国のジョン・ミッチェル師（Rev. John Michell）もおそらくクーロンより先にトーションバランスを発明していたが，ヘンリー・キャヴェンディッシュ（Henry Cavendish，1731-1810）が地球の密度の測定にこの器械を使用したときに，2つの発明は独立に彼のもとに届いていた．

クーロンはこのトーションバランスを精力的に研究し，詳しい報告を1784年の初めにロイヤル科学アカデミーの彙報（*Mémoires*誌）に発表している．バスティーユ襲撃のあった1789年頃，クーロンはパリを離れ，Blois近くのやや辺鄙な小さな所領で過ごすのがよいだろうと考えた．彼は軍やアカデミーのすべての公職を辞し，半ば引退の恰好でその地に赴いた．しかし研究は続け，1799年にナポレオンが執政政府を樹立したとき，クーロンはパリに復帰し，その後，世を去るまでパリを離れることはなかった．

クーロンの業績は，電気力・磁気力を法則化したことに止まらず，電磁気学に大きく貢献している．たとえば電荷などが導体表面にどのように分布するかを示し，それが逆2乗法則にしたがう反発力の結果であることを明らかにしている[*8)]．彼によって静電気学は大きく進展した．そしてこれがこの物理学の一分野の第一期の終了点でもあった．

以下の文章はクーロンによる電気力・磁気力の測定を記述したものであるが，彼が1785年にフランス科学アカデミーの紀要に発表した論文のp. 569～578までを抜粋したものである．

⁜　⁜　⁜

---

*7)　"*The Theory of Simple Machine*".

*8)　このことにつき彼はキャヴェンディッシュのことを気遣っている．残念なことにキャヴェンディッシュは彼の結論を発表しそこなった．それはずっと後になってから未発表の論文のなかから発見された．

クーロンの実験

同種の電荷をもつ物体の間に働く反発力の法則の実験的決定

1784年にアカデミーに提出した回顧録（受賞論文）のなかで，私は金属細線のねじれについての法則を実験的に決定したことを書いている．力はねじれの角と細線直径の4乗に比例し，細線の長さに逆比例する．その比例係数は金属の種類によるが，実験的に決めることができる．

この論文のなかで私はまたつぎのように言及した．このねじれ力を使えば，どんなに弱い力——たとえば1000分の1グレインの力——でも正確に測定できる．その最初の応用として，流体のなかを動く物体の表面に働く摩擦力を求めることを試みた．

本日アカデミーに提出する論文は，同じ原理を使った電気天秤についてで，これは帯電している電荷がいかに小さくても，その物体の状態および電気的な力を非常に正確に測定できることを示している．

天秤の組み立て

経験によれば電気的な実験をするためには，最初にこの種の秤をつくったときにしてしまったいくつかの間違いを修正しなければならない．しかし精度や確度はつくり方によるのだということを承知のうえで，この最初のタイプの秤についてまず記述しようと思う．秤の全体図を図1◆[1]に示す．

直径12インチ，高さ12インチのガラス円筒の上部を，直径13インチのガラス円板で蓋をする．円板には直径約20ライン◆[2]の孔が2つあけてある．そのうちの1つは中心fにあり，その上に高さ24インチのガラス円筒が置かれている．この円筒は，近頃電気器機によく使われる接着剤で固定されている．この円筒の頭部hに，図2に示すねじれマイクロメーターが置かれている．このマイクロメーターの頭部No.1にはノブb_0，印i_0，吊り糸の留め金qがついており，これらが部

◆[1] 図1～図5はp. 70にまとめて示す．

◆[2] 1ライン（line）はおそらく1/12インチ．

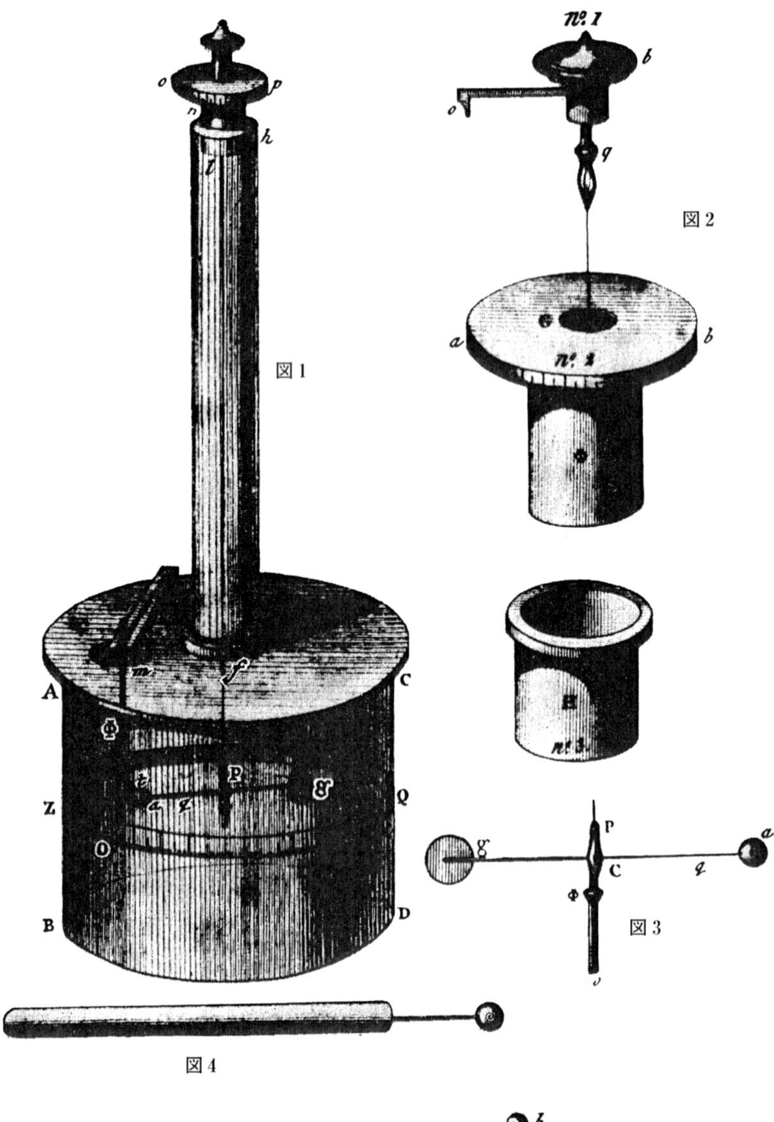

図1

図2

図3

図4

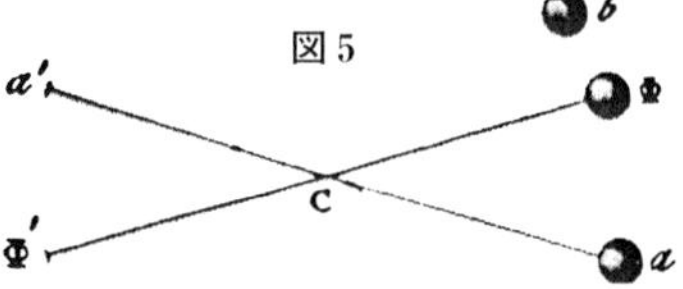

図5

品 No.2 の孔 G にすっぽり入るようになっている．No.2 の円周上には 360° の目盛りがつけられている．銅のチューブ Φ は，ガラス円筒 fh（図 1）の頭部に取り付けるアタッチメント No.3 の孔 H にはめ込まれる．

留め金 q（図 2，部品 No.1）は鉛筆のホルダーのような形をしていて，リング q を回して留め穴を細くすることができる．ここに銀の細線の一端を取り付ける．他端は図 3 の P 点に，ロッド P_0 の上にあるクランプで固定する．このロッドは銅または鉄でできていて，その径は 1 ライン程度である．ロッドの上端 P は割れているが，リング Φ を滑らせてこれを締めるようになっている．このロッドは C のところで膨らんでおり，そこに横から針 ag を通す．この針は滑るようになっている．ロッドの全重量は銀の細線が切れないように抑えられている．針 ag は図 1 でみられるように，ガラス容器の中心で，中ほどの高さのところで水平に支持されている．針はスペイン蝋を塗った絹糸か麦わらを材料としている．長さは 18 ラインで両端はセラック（動物性の樹脂）の筒になっている．針の一端には径が 2 ～ 3 ラインのピッチ（動植物の髄）でできた小球がつけられ，他端 g にはテレピン油［訳注：松脂からつくる樹脂］に浸した紙片がつけられている◆3．この紙片はボールのカウンターバランス［訳注：他端の重さをつり合わせるためにつける］であると同時に，振動を速く減衰させる働きをする．

◆3 テレピン油の目的はわからない．紙を固くするためか．

前に述べたガラスの蓋 AC に開けた 2 番目の孔 m には，短いロッド $m\Phi b$ を通す．このロッドの下の部分 Φb は，セラックでできており，もう 1 つのピッチのボールで閉じられている．ガラス容器の中ほどの高さ（針のある高さ）ZQ の位置には，紙に書いた 360° の目盛りが，貼り付けられている．

装置を始動する前に，孔 m の位置を容器上の目盛り ZOQ の最初の目盛りに合わせておく．マイクロメーターの印 i_0 を，マイクロメーターの目盛り 0 に合わせる．次にマイクロメーターをガラス筒 fh に取り付けるわけであるが，吊り糸とボール a の中心をみながら針 ag が目盛り ZOQ の最初の目盛りに合うように，つまりボール a の中心と目盛り 0 が一直線上になるようにする．ボール b を，孔 m から，ロッド $m\Phi b$ により吊り下げ，ボール a に接触するようにする．これでボール b の中心と吊り糸と ZOQ の 0 点が一直線上に並ぶことになる．これでねじれ秤の準備ができたので，帯電した物体の間に働く，斥力の法則を決定することにしよう．

静電気現象の基本法則

同種の電荷に帯電した2つの小球の間に働く斥力は小球の中心の間の距離の2乗に反比例する◆4．

◆4　これは同種電荷の間のクーロンの法則である．

実　　験

スペイン蝋のロッドの先に埋め込まれた絶縁されたピン（図4）の頭の小さな導体球を帯電させる◆5．このピンを小孔 m より容器内に挿入し，小球 a に接触している小球 b に接触させる．ピンを離すと2つの小球は同種の電荷に帯電し，離れていく◆6．両者の距離は，小球 a と吊り糸が一直線に見える ZOQ の目盛りから測定できる．ここでマイクロメーターのつまみを pno の方向に回す．吊り糸 lP がねじれ，小球 a を b の方向にもどそうとするねじれの角に比例した力が生じる．この力と2つの小球の間の距離を比較することで，斥力の法則を決めることができる．さてここで簡単に再現できる試行を示し，斥力の法則を明らかにしよう．

◆5　おそらく他の帯電した物体にピンの頭を一度接触させるのであろう．

◆6　もし小球のサイズが同じなら電荷の量も同じになる．

試行 1　帯電させたピンの頭部を接触させて，2つの球を帯電させる．マイクロメーターの指示値を0にする．ニードルに取り付けられた球 a は球 b から36°離れる．

試行 2　マイクロメーターのつまみOにより126°回転させ，吊り糸をねじる．このとき帯電した2つの球は18°離れて静止する◆7．

試行 3　吊り糸を，567°ねじっておくと，帯電した2つの球は8.5°離れて静止する．

◆7　すなわち2つの荷電球の間の斥力につり合うようにねじる．

この実験の説明と結論

球が帯電しておらず，かつ吊り糸のねじれのトルクが無視できる状態では，ニードルに支えられた球 a は，球 b から2つの球の径の合計の大きさの半分以上離れることはない．長さ28インチの銀の吊り糸 lP の重さは1/16グレインより重くないことに注意しよう◆8．吊り糸

◆8　437.5グレイン=1オンス［訳注：1オンス=約28 g，1グレイン=約64 mg］．

から4インチ離れている球 a に加えるべきねじれの力は，アカデミーから1784年に出版した論文の金属糸のねじれの法則から計算できる．すなわち吊り糸を360°ねじるには，4インチのてこ aP の先に1/340グレインの力を必要とする．さきの論文にも書いたように，ねじれの力は，ねじれの角度に比例するので，2つの球の間のわずかな斥力でも，それにつり合うねじれの大きさはかなり大きくなってしまう．

上記試行1では，マイクロメーターの0目盛りのところで，2球は36°で静止した．このときの斥力は36°＝1/3400グレインである．試行2では糸はあらかじめ126°ねじれているので，2球が18°で静止したことは18°の距離では144°（＝126°＋18°＝36°×4）のねじれの力がつり合うことになる．これから距離が半分になると（36°→18°）力は4倍になったことになる［( ) 内の数値は訳注］．

試行3では，吊り糸を567°ねじっておくと，2球は8½°で静止したのだから，ねじれの力は576°［訳注：正しくは575.5°］で，試行2に比べて，距離が半分になり［訳注：18°→8.9°］，力は4倍になった［訳注：144°→576°］ことがわかる［訳注：2球の距離を角度，したがって円弧で表現しているが，弦の長さとの違いは，36°で10%，18°で5.2%，8.5°で2.5%程度になる．これは試行3の数値がぴったり合わない原因にきいているかもしれない］．

〈この後しばらく，技術的問題，結果の説明などの文章が続くがここでは省略する．この後，異種電荷の引力を扱った第二の論文の記述がはじまる．〉

1784年6月にアカデミーに提出した電気天秤についての論文では，同種の電荷に帯電した2球の間の斥力を直接的な，しかも簡単な方法で，正確に測定する手法を示した．いろいろな距離で実験を行い，この力は正確に2球間の距離の2乗に逆比例することが，この天秤を使って証明できた．

異種の電荷の間に働く引力についても，同じ方法で決定できると期待していたが，実は斥力の場合にはなかった技術的な難しさが存在することがわかった．この困難は2つの球が接近しているときに起こる．すでにはっきりしているように，引力の大きさも距離の2乗に逆比例するので，2球が接近したときの引力は，ねじれの角に比例するねじれの力よりはるかに速く大きくなってしまう◆9．いろいろな距離で実験したいと思うなら，ニードルが回転して，2球が接触して放電してしまわないように，2球の間に絶縁物を設置する必要がある．しかし天秤は1/1000グレイン程度の弱い力を測る必要があるので，ニードルと絶縁物が衝突すると，測定結果に影響が及ぶし，また電荷が一部失われることになる．

◆9　これは後に示すように2球間の距離がある臨界値より小さい場合である．

図5と私がこれからする計算は，実験の難しさを示すと同時に，またこれを克服する方法を示すであろう．

図5で aca' を吊り糸がねじれる前の自然な位置としよう．a は絶縁物でできたニードルに取り付けられたピッチの球，b は天秤の孔から吊り下げられた球である．2つの球は，いわゆる正の電荷と，負の電荷に帯電しているものとしよう◆10．両者は互いに引き合うであろう．ニードルについた球 a は球 b に近づき，$\phi c\phi'$ の位置にくる．この点でのねじれの角，すなわちねじれの力は，2球の間に働く引力に等しいこと，そして斥力の場合と同じようにこの力は距離の2乗に反比例するということを示そう．$ab=a$，$a\phi=x$，そして2球の電荷の積を D とおく．弧の長さ a と x は十分小さく，そのまま2点間の距離を表すとしよう（もしこの近似が成り立たないのなら適当な補正を加えればよい）．以上の仮定のもとで，2球間の引力とねじれによる斥力の釣り合いは

◆10　ベンジャミン・フランクリンはこの時点までに，彼の電気一流体説に基づいて，電荷の二極性を示していた．

$$nx=\frac{D}{(a-x)^2}\quad \text{あるいは}\quad D=nx(a-x)^2$$

と書くことができる◆11．ここでo点 $x=a$ では $D=0$，そして a と b の間にDを最大にする点 ϕ が存在することがいえる．この点を計算◆12すると $x=\dfrac{a}{3}$ が得られる．これを D の式に代入すると $D={}^{4}\!/_{27}\,na^2$ が，つり合いが得られる D の最大値になる．もし D が，この値 ${}^{4}\!/_{27}\,na^2$ より大きいと，a と b の間に ϕ が存在せず，ニードルがつり合いの位置に静止できず，2球は接触してしまう．しかし D が ${}^{4}\!/_{27}\,na^2$ よりわずかに小さい場合にも，吊り糸の弾性により，これが振動し，$x=\dfrac{a}{3}$ を過ぎると，ねじれ力より引力の方が速く増加するため，ϕ は D が $nx(a-x)^2$ より大きくなる x に到達してしまい◆13，結局2球は接触するまで近づき

◆11　n はねじれ力をあたえる比例係数，すなわち球を単位長さ動かすのに必要な力と考えられる．

◆12　$\dfrac{dD}{dx}=0$ を解く．

◆13　すなわち a が位置 ϕ に到達する．

合うことに注意しなければならない.

このガイドラインにしたがって，私は，いくつかの異なる距離で，引力とねじれ力がつり合う点を見出した．これらの結果を比較して，異なる電荷を帯びた2球の間に働く引力は，斥力の場合と同じように，2球の中心の間の距離の2乗に反比例すると結論する.

[訳注：引力の実験の場合は具体的に平衡点を示していないし，実験の難しさや，条件の解析だけで，いかにも歯切れが悪い．平衡点を複数見つけたのかどうか，疑わしい．この実験の難しさは，距離をあたえる変数と力をあたえる変数とが，ともに回転角であるために，値を独立に変えられないところにある．そのため平衡点はいくつかの角度に限定されてしまう．ねじれ力のゼロ点の位置をずらすなどすれば，実験の自由度を上げられたかもしれない，図1～5参照．クーロンの実験に関する評価については，『歴史をかえた物理実験』（霜田光一，丸善出版，1996），『"測る"を究めろ！—物理学実験攻略法—』（久我隆弘，丸善出版，2012）なども参照するとよい.]

〈このあと大きなもの，小さなものの間に働く引力についての他の実験についての記述があるが，ここでは省略する.〉

帯電体と同じように，有限な距離に置かれた磁気を帯びた物体の間にも引力あるいは斥力が働く．磁気流体は，たとえそれがその本性（nature）ではないにしても，付随された性質（properties）として，電気流体と似たものであろう．この類似性から2つの流体は同じ法則にしたがうと仮定できるだろう．自然が我々に示している，引力や斥力を示す他のすべての現象，たとえば弾性力とか化学的親和力では，距離が小さなときにのみ働くようにみえるので，電気力とか磁気力とは別の法則にしたがうようである．事実として，引力や斥力を理論にしたがって計算してみると，分子間の引力や斥力は，距離の3乗（あるいはより小さなべき乗）に反比例することがわかる◆14．たとえば物体は有限な距離で他の物体に作用をあたえられる．もし分子間の作用が距離の3乗あるいはさらに高次のべきに反比例するなら◆15，これら物体は一般にみられるように作用し合わず，無限小の距離でのみ作用し合うようになるだろう.

この研究では，磁気流体に働く力の法則を実験的に決めるために，2

◆14 ドルトン（Dalton）の仕事はこれより20年ほど後に現れるので，クーロンはその時代に分子，物質について明確な概念をもちえなかった．しかし分子について何らかの視点をもっていたことは明らかである.

◆15 さらにショートレンジの力.

つの方法を行った．第一の方法では磁気的メリディアン［訳注：子午線方向の自然な平衡位置］に吊るした磁針に他の磁針を適当に近づける．いろいろな距離で観察し計算して，1つの磁気流体に働く他の磁気流体の力を決定する．第二の方法では，前に述べた電気天秤と多かれ少なかれ似た構造をもつ磁気的天秤を用いる．我々の観測結果を報告するために，磁針についてすでに知られている性質をここで述べておくことが必要であり，また役立つであろう．

エピヌス（Aepinus）氏は電磁気に関する優れた理論の応用として，二重接触法（double touch method）◆16について記し，実践しているが，この方法により，よくきたえられたスチールのニードル（針）を磁化する．このニードルはほぼ中央が磁気の中心となり両端に極をもつ（磁針）．

◆16　2つの磁石をニードルの中心から外側に向けて引き離す．

2本のニードルがあると，同種の極は反発し合い，異種の極は引き合う．この引力は2本のニードルの端の距離が近づくと大きくなる．

ニードルがその中心の周りに自由に回転できるように吊るすと，それは常に磁気の子午線といわれる位置に静止する．この磁気の子午線は地球の子午線に対してある角度だけ傾いているが，後者は一種の周期運動として，毎日またおそらく1年を通じて，時々刻々変化する◆17．地球上の任意の点でニードルがどれほど長く静止していられるかは，まだよく知られていないが，もしニードルを振動させると，磁気子午線の両側に等しい角まで回転するが，もとの位置にもどろうとする力をうける．この力はニードルの形や重さ，そして振動の周期から容易に決定できる（“*Savant Étrangers*”の7巻，‘Mémoirs de l'Académie’を参照）．

◆17　地磁気の偏角は1日で平衡点の両側に4～5分変動する．

実験の記述

ダイス◆18を使い，二重接触法で両端を磁化した，長さ25インチ，径1.5ライン［訳注：1ライン＝1/12インチ］の良質のスチールワイヤーを入手した．その磁気中心はほぼ中央にある．また磁針（磁化ニードル）を，まゆから引いた3インチの長さの絹糸で吊るした．この磁針が静止したところで，磁気子午線を中心から2フィートの長さまで線引きした．さらにこの磁気子午線に直角な線を何本か引く．その線に

◆18　望みの径のワイヤーを引く装置．

沿ってワイヤーを置き，前後に動かし，磁針が子午線方向に向くようにした．後者の線はもちろん磁針をそばに持ってくる前に引いたものである．

吊るされた磁針に近づけたり遠ざけたりしながら，磁化したワイヤーを動かし，磁針が最初の平衡位置にもどったときに，ワイヤーの頭部が子午線からどのくらい離れているかを観測する．

実　験　1

試行 1　ワイヤーを磁針の端から 1 インチのところに置く．
端は子午線から +10 ラインはずれた◆[19]．

試行 2　ワイヤーを磁針の端から 2 インチのところに置く．
端は子午線から +9 ラインはずれた．

試行 3　ワイヤーを磁針の端から 4 インチのところに置く．
端は子午線から +8 ラインはずれた．

試行 4　ワイヤーを磁針の端から 8 インチのところに置く．
端は子午線から −4 ラインはずれた．

試行 5　ワイヤーを磁針の端から 16 インチのところに置く．
端は子午線から −42 ラインはずれた．

◆[19]　ワイヤーは磁針の近い方の頭部から 1 インチ離れた，子午線に直角な線上に置かれる．この直角な線上でワイヤーを前後に動かし，磁針が子午線の位置にもどったときの，ワイヤーの頭部の位置を測ると，それは子午線から 10 ライン離れていた．

実　験　2

長さ 2 インチの磁針をその中心を支持して水平に吊るす．磁針は地球の磁力をうけているほかは自由である．これを振動させると 60 秒間に 34 回振動した［訳注：これを 34 cpm と略記することがある］．ここで前記実験に使用した 25 インチの磁化したワイヤーを今度は垂直に置く．すなわちワイヤーの南極を下にして，その先端が吊るされた磁針の頭部から 2 インチ離れた子午線上にくるようにする◆[20]．垂直なワイヤーの南極は，磁針の北極を引きつけ両極の距離は 2 インチに保ったまま，磁針の北極を垂直方向に沈ませる．ここで振動させてその振動数を測る．次の各試行において，ワイヤーの下端（最底部）は，はじめに磁針があった水平面上か，またはそれより下にあることになる．

◆[20]　これはマグネトメーターと同じ構造である．

試行 1　ワイヤーの下端が磁針のある面上にある場合：60 秒間に 120 振動．

試行 2　ワイヤーの下端を 6 ライン下げた場合：60 秒間に 122 振動．

試行 3　ワイヤーの下端を 1 インチ下げた場合：60 秒間に 122 振動.

試行 4　ワイヤーの下端を 2 インチ下げた場合：60 秒間に 115 振動.

試行 5　ワイヤーの下端を 3 インチ下げた場合：60 秒間に 112 振動.

試行 6　ワイヤーの下端を 4 インチ下げた場合：60 秒間に 98 振動.

試行 7　ワイヤーの下端を 8 インチ下げた場合：60 秒間に 39 振動.

実　験　3

長さ 4 インチの磁針を前と同じ位置に吊るす．前の実験と同様に，ワイヤーを磁針の頭部から 3 インチの距離に垂直に置く．磁針が自由で地球の磁力だけをうけているときは，60 秒間に 53 回振動する．

試行 1　ワイヤーの下端が磁針のある面上にある場合：60 秒間に 152 振動.

試行 2　ワイヤーの下端を 1 インチ下げた場合：60 秒間に 152 振動.

試行 3　ワイヤーの下端を 2 インチ下げた場合：60 秒間に 148 振動.

試行 4　ワイヤーの下端を 4 インチ下げた場合：60 秒間に 120 振動.

試行 5　ワイヤーの下端を 8 インチ下げた場合：60 秒間に 58 振動.

3 つの実験の説明と結論

前記 3 つの実験において，ワイヤーの半分の部分に働く力の作用中心は多かれ少なかれワイヤーの先端部分にある．ワイヤーの長さは 25 インチであるが，磁気流体は端から 2 ～ 3 インチの部分に集中して存在するものと仮定しても間違いないであろう．

実際に第一の実験では，スチールワイヤーは，その子午線の位置に吊るされている磁針と直角に，水平方向に置かれているが，磁針には 2 種類の力が働いている．それは磁針を子午線の位置に保つ力と磁化されたワイヤーの各点から磁針に働く力である．しかし磁針は，実験中終始磁気子午線の平衡位置に静止していたので，25 インチのワイヤーから磁針に働くすべての力は，それら自体でつり合っていたことになる．第一の実験の試行 1，2，3 で，距離が 1，2，4 インチの場合，磁針の端から 8 ないし 10 ラインの部分に働いている力は，磁針の残り全体とつり合っている．つまり磁針の半分の長さに存在する磁気流体は磁針の先端から，10 ラインの部分に集中していると仮定してよかろ

う.

第二，第三の実験でも同じ結論が得られる．これらの実験では，磁化されたワイヤーは磁針の磁気子午面のなかに，垂直に置かれているので，ワイヤーの頭部は磁針に対して斜めの位置にあり，また遠い距離から作用することになる．振動に影響を及ぼしてもわずかである．2つの実験をみても，大きな振動数が得られるのは，磁針のある面より1インチ以内にワイヤーの先端があるときである．実験1でみたように，ワイヤーの下半分からくる平均の力は，端から8ないし10ラインの部分に集まっている．このことから二重接触法で磁化した，25インチの長さのワイヤーにおいては，磁気流体は両端から10ライン程度のところに集中していると結論する◆[21]．この結論は，引力または斥力と距離との間の関係を見つける際に重要である．

磁気流体は，流体の密度に比例し，2体の間の距離の2乗に逆比例する引力または斥力を及ぼす．

この記述の前半の部分に対しては，証明はいらないだろう◆[22]．したがって我々はつぎの記述に進もう．

これまでみてきたように25インチのワイヤーのなかの磁気流体は端から2～3インチの部分に集まり，磁針の各半分に働く力の中心は両端から10ラインの付近にあることがわかった．したがってワイヤーから数インチ離れた位置に，端から2～3ラインの部分に磁気流体が集中している小さな磁針をセットすれば，ワイヤーが磁針に，磁針がワイヤーに及ぼす相互作用を計算できる．ここで磁気流体は，ワイヤーでは両端から10ライン，1インチの長さの磁針では両端から1～2ラインの点に集積しているものとする．そこで次のような実験が考えられる．

◆[21] 磁石の極はその最先端ではなく，端から少し離れた位置にある．

◆[22] これは正しいにしても，このことにクーロンが証明をあたえていないのは驚きである．

実 験 4

長さ1インチ，重さ70グレイン，二重接触法で磁化したスチールワイヤー［訳注：これが以下では磁針と呼ばれる］を，まゆから引いた単一ファイバーの長さ3ラインの絹糸で吊るす．それが磁気子午線に沿って静止したら，長さ25インチのワイヤーを子午面のなかのいろいろな位置で垂直に立てる．その際ワイヤーの下端は磁針のある面より，常に10ライン下にあるように保つ．両者の間の距離をいろいろ変えながら磁針を振動させ，決められた時間内の振動の数を数える．結果は以下のとおりである．

試行 1　磁針が地球の作用のみのもとで，自由に振動した場合，60 秒間に 15 振動．

試行 2　ワイヤーが磁針の中央から 4 インチの場所にある場合，60 秒間に 41 振動．

試行 3　ワイヤーが磁針の中央から 8 インチの場所にある場合，60 秒間に 24 振動．

試行 4　ワイヤーが磁針の中央から 16 インチの場所にある場合，60 秒間に 17 振動．

この実験の説明と結論

自由に吊るされた振り子が決まった方向に作用している力のもとで振動している場合は，力は，決められた数の振動を行うのに必要な時間の 2 乗に反比例する．あるいはこのことを別の表現でいえば，力は決められた時間内の振動数の 2 乗に比例する◆23．

前の実験では磁針は 2 つの異なる力のもとで，振動した．1 つは地球からの力，1 つはワイヤー上のすべての点から磁針の各点に働く力である．今度の実験では力はすべて，磁気子午面内にある．そして磁針が水平面上に吊るされていれば，力の水平方向成分だけが振動に関与する．

前に行った 3 つの実験の結果から，磁気流体は磁化したワイヤーの両端，端からおそらく 10 ラインのところに集中していることがわかったので，また吊られている磁針の長さは 1 インチなので，磁針の北極は，ワイヤー下端から 3.5 インチ［訳注：ワイヤーの下端は磁針の中心から 4 インチの距離にある］の距離で引力を，南極は 4.5 インチの距離で斥力を受ける．したがってワイヤーの下端が，磁針の 2 つの極に及ぼす力は，平均すれば 4 インチの距離から働くとしても，大きな間違いは生じないであろう［訳注：力が距離の 2 乗に反比例すること，力には符号があることからすれば，この議論はかなり大雑把である］．よって，磁気流体の作用が，距離の 2 乗に反比例するとすれば，ワイ

◆23　単振り子の周期 T は，$T=2\pi\sqrt{m/k}$ であたえられる．ここで m は質量，k は力の定数である．回転運動の場合には，$T=2\pi\sqrt{I/c_0}$ となる．ここで I は慣性能率，c_0 は単位の回転をあたえるのに必要なトルクである．
［訳注：周期 T の逆数（振動数）を f と書くと，式はそれぞれ
$k=4\pi^2 mf^2$，$c_0=4\pi^2 If^2$
となる．いずれにしても力は，振動数の 2 乗に比例する．後の議論では式の詳細には立ち入らず，この比例関係のみを使っている．］

ヤーの下端の極が磁針に及ぼす作用は $\frac{1}{4^2}, \frac{1}{8^2}, \frac{1}{16^2}$ の比［訳注：試行 2，3，4 に対して］，あるいは $1, \frac{1}{4}, \frac{1}{16}$ の比になるはずである◆24.

さて磁針の振動を引き起こす，水平分力は一定の時間内の振動数の 2 乗に比例する．試行 1 で地磁気のみによる自由振動は 60 秒で 15 振動であったから，地磁気力の成分は 15^2 と表される．試行 2 では，ワイヤーと地磁気の力が合わさり 60 秒で 41 振動を起こしたので磁化したワイヤー単独での作用は 41^2-15^2 に比例する．したがってワイヤーから磁針に対する作用は

	距離	磁化したワイヤーの磁気作用の力
試行 2	4 インチ	$41^2-15^2=1456$
試行 3	8 インチ	$24^2-15^2=\ \ 351$
試行 4	16 インチ	$17^2-15^2=\ \ \ \ 64$

となる．これをみると，試行 2 と 3 では距離の比 1：2 に対して力の比は，その逆 2 乗の比にかなり近い．しかし試行 4 の力はやや小さすぎる．これはワイヤーの下端から磁針の中心までの距離は 16 インチだが，ワイヤーの上端からの距離も $\sqrt{16^2+23^2}$ となるので［訳注：垂直に置かれたワイヤーの長さは 23 インチ］これは無視できない．下端からの力が $\frac{1}{16}$ とするならば，上端からの力は $\frac{16}{(16^2+23^2)^{3/2}}$ となる◆25. したがって磁針への水平分力において，ワイヤー下端からの作用と上端からの作用の比は 100：19 となる．しかも上端からの力は逆符号であるから，それは下端からの力を $\frac{19}{100}$ だけ減じる効果を及ぼす．したがって下端からのみの力を x とすると

$$\left(x-\frac{19}{100}x\right)=64$$

が観測された見かけの力となる．これから $x=79$ が求まる．この結果で上記の表を書きなおすと

試行 2　距離 4 インチに対して力は　1456

試行 3　距離 8 インチに対して力は　331

◆24　$\frac{1}{4^2}$ を基準に，これに対する比として．

◆25　この式は，距離の 2 乗に反比例する項 $\frac{1}{16^2+23^2}$ に，水平分力にするための余弦関数 $\frac{16}{(16^2+23^2)^{1/2}}$ を乗じたものである．

試行4　距離16インチに対して力は　　79

となり，力の比は16，4，1の比に近くなり，力は距離の2乗に反比例することになる◆[26].

◆[26]　これ以上よい一致は，時間測定を1秒以下の精度にしなければ得られないだろう．

次に磁針の長さを2インチ，あるいは3インチにして，このような実験を何回も繰り返したが，上記のような必要な補正をすれば，磁気流体の作用は，反発力にせよ引力にせよ，常に距離の逆2乗に比例することを発見した．

〈以下実験技術の詳細，個々の観測の説明についての記述があるが，ここでは省略する．〉

補遺文献

Conant, J. C. (ed.), *The Development of the Concept of Electric Charge*, Harvard Case Histories in Experimental Science (Cambridge: Harvard University, 1957), pp. 543ff.

Dampier, W. C., *A History of Science* (New York: Cambridge University, 1946), p. 206.

Lenard, P., *Great Men of Science* (New York: British Book Centre, 1934), pp. 149ff.

レーナルトの同世代（19世紀末の10年から20世紀初頭）の人物に対する扱いは，その時代の科学史をかなりゆがめるもので，注意する必要がある．たとえばベクレル，レントゲン，J. J. トムソンについては，彼らの活躍した分野の記述があるにもかかわらず，人物については何も記述していない．これらの排除はおそらく彼個人の誤った判断に基づく意図的なものであろう．レーナルトは第一次世界大戦を生き延びた科学者を彼の著書から抹殺している．

Magie, W. F., *A Source Book in Physics* (New York: McGraw-Hill, 1935), pp. 97ff.

Wolf, A., *A History of Science, Technology, and Philosophy in the 18th Century*, 2nd ed. (London: Allen and Unwin, 1952), pp. 245ff, and 268ff.

6

ヘンリー・キャヴェンディッシュ
Henry Cavendish　1731-1810

重力の法則

The Law of Gravitation

ニュートンの万有引力の法則の出版からその実験的な証明までの間に1世紀以上の時が流れた．物理学者たちが彼の仮説に深刻な疑義を抱いていたわけではない．むしろ，天文学的な観測データとの一致は，その有効性に少しの疑問もさしはさむ余地がなかった．しかしながら，物理学における諸々の新しい概念と同様に，直接的な実験結果が必要であった．それは実験室のなかで行う，2つの質量の間に働く引力の測定である．実験はニュートンの時代の後に，初めて行われるようになったわけだが，それは驚くにあたらない．技術的な困難さは半端なものではないのだ．実験室で扱うような適当な2つの質量の間に働く力は，とてつもなく小さく，その測定には高度の実験技術が要求されるのだ．この実験が重要である理由がもう1つある．質量がわかっている[*1)] 2つの物体の間の力が測定されると，地球の質量，したがって地球の密度がそのような観測結果から直接導き出せるのだ．

重力の測定の最初の成功者とされるこの人物は，他の分野，とくに化学や電気の分野においても多くの先駆的な仕事をした．電気分野でなされた研究を彼はほとんど出版していない．その時代の最も裕福な人物として，彼は全生涯を科学に捧げ，ほとんど隠遁生活のような一生を送った．

ヘンリー・キャヴェンディッシュは1731年10月10日，彼の母親が療養のため移り住んでいた，おそらくニースにおいて，チャールズ・キャヴェンディッシュ卿（Lord Charles Cavendish）の第一子として誕生した．彼の幼少期の教育の詳細については不明だが，個人教師により教育を受けていたものと思われる．11歳のとき，Hackney神学校の院長，ニューカム（Newcombe）博士の生徒となり，

---

*1)　重さを測ることで決める．

1749年には，ケンブリッジのPeterhouse Collegeに入学した．後に有名になるのだが，ケンブリッジは当時は科学研究の中心地というわけではなかった．英国では科学はほとんどの場合，個人によってあるいは王立協会によって，私的に支えられていた．ケンブリッジやオックスフォードといった大きな大学は，リベラル教育をほどこすことで有名であり，伝統的な学識を伴う研究はあまりされてこなかった．19世紀の中盤まで，これらの大学は英国における科学研究の中心地ではなかった．したがって18世紀の科学が多くの場合，アカデミック畑以外の者，正式で十分な教育を受けていない者によって執り行われていたとしても，驚くにあたらない．

キャヴェンディッシュは学位論文を完成させることなく3年後に，ケンブリッジを後にし，ロンドンに居を定めた．ほとんど隠遁生活といえる生き方で，その活動の詳細は明るみに出ていないため，何が彼を科学に向かわせたかを知ることは難しい．いずれにしても，彼は数学や実験科学になみなみならぬ興味を示すようになったようだ．彼の初期の研究は化学や熱現象だった．しばらくの間，彼は自分の研究を発表していなかったが，ついに1766年に王立協会へFactitious Airs（人工空気）[*2]についての論文を提出する．その後，多くの化学研究の論文が続き，ついに彼は1681年［訳注：原文ママ．1781年か？］に，水素（うすい硫酸に金属を溶かして得たもの）と酸素を燃やすことで水ができることを発見した．さらに彼は，得られた水の重さは失われた気体の重さと等しいことを示した．このような進展はあったものの，燃焼過程の理解はなかなか難しかった．というのは当時，フロギストン[*3]理論が広く支持されており，キャヴェンディッシュ自身でさえも，水素のことをフロギストンや不燃気体と呼び，酸素を脱フロギストン気体と考えていた．彼はまた，燃焼容器のなかでできてきた硝酸の発見者としても有名である．

水の合成に関する研究により，彼は発見の優先権争いに巻き込まれてしまった．キャヴェンディッシュは1783年まで，「気体に関する実験」（Experiments on Air）を発表しなかった．そうこうしているうちに，ジョゼフ・プリーストリー

---

*2)　彼のいう気体とは化学的な化合物であることは明らかである．これら気体はアルカリ性の物質の酸の溶液から抽出される．

*3)　空気は気体要素にすぎないという説に基づいている．フロギストン（phlogiston）は燃焼の際に分離され出てくる．

(Joseph Priestley, 1733-1804) が1781年に似たような実験結果を得ていたが, 引っこみ思案な性格から科学者仲間とのやりとりがあまりなかったキャヴェンディッシュはそのことを知らなかった. ジェームス・ワット (James Watt, 1736-1819) は, プリーストリーの実験のことは知らなかったと主張し, 1783年に水は脱フロギストン気体と不燃気体から合成されると提案した. しばらくして, その問題について公開討論会が開催された. その結果, キャヴェンディッシュとワットは, ほぼ同時期に同じような研究を行い, 似かよった結論に至った, ということになった. もしもキャヴェンディッシュがもう少し社交的な人物だったら, おそらくこのような論争は起こらなかったであろう.

水の合成の研究に先立ち, キャヴェンディッシュは数年にわたり電気現象の研究を行っていたが, これについては, 1772年と1776年に, わずか2編の論文しか書いていない. ずっと時代がくだり, マクスウェル (Maxwell) がキャヴェンディッシュの未発表の論文を編集し1冊[*4] にまとめたときに, 彼の成果の最も重要な部分は掲載されておらず, また後にマイケル・ファラデー (Michael Faraday, 1791-1867) や他の者たちにより発見される現象の多くを彼はすでに予想していたことが明らかになった[*5]. キャヴェンディッシュはこれらの系統的な研究を, ほとんど彼自身の好奇心を満たすために行っていて, 得られた結果を公表しようという意思はまったくなかったことは明らかなようだ.

地球の密度決定のための測定に関して, どうしてキャヴェンディッシュがその問題に興味をもつようになったかは何にも記されていない. ただ1つある手がかりは, この実験で使用される, ねじれ秤 (トーションバランス) に幾ばくかの興味をもって, ジョン・ミッチェル師 (Reverend John Michell) とその問題について議論したことぐらいである. 彼は, 恐ろしく精密な一連の測定を行い, 今日受け入れられている値と1%も違わない結果を得ていた.

1810年になくなるまで, キャヴェンディッシュはいろいろな分野の研究を続けた. 彼のあとには, 生前彼が集めてきたかなりの財産と, 彼の多岐にわたる興味と能力とを証明する原稿の大きな山が残された. 彼の業績は正しく評価され, 19

---

*4) J. C. Maxwell "*The Electrical Researches of the Hon. Henry Cavendish*" (Cambridge: Cambridge University, 1879).

*5) 電気力の逆2乗法則は, 電荷が物体の表面のみに分布するという事実から導かれることに彼は気づいていた. この原理は後にクーロンにより発見される.

世紀末にケンブリッジ大学は，新しい研究所に彼にちなみ Cavendish Laboratory の名前を冠した．

つづく文章は，*Philosophical Transactions*，vol. 17（1789），p. 469 からの抜き書きで，彼が地球の密度を測定したようすを記載したものである．

✣ ✣ ✣

キャヴェンディッシュの実験

◆1　The Royal Society（ロンドン王立協会）.

何年も前，当協会◆1の故ジョン・ミッチェル師は，小さい量の物質間に働く引力を感度良く測定することにより，地球の密度を決定する方法を考案していた．しかし，彼自身は他の仕事に従事していたため，その装置を完成させることなく程なくしてなくなってしまったので，それを使っての実験は行われていない．彼の死後，その装置は，ケンブリッジのジャクソン教授職のフランシス・ジョン・ハイド・ウォラストン師（Rev. Francis John Hyde Wollaston）に引き継がれたが，その装置を使って，彼が思い描くような実験を行う都合がつかなかったため，親切にも私にそれを譲渡された．

◆2　この腕はトラス構造になっている.

その装置は大変簡単なもので，まず 6 フィートの木の腕◆2が軽量だが強靭であるようつくられている．この腕は，40 インチの長さの細いワイヤーで水平になるよう吊るされており，その末端にはそれぞれ直径 2 インチの鉛の玉が吊り下げられている．これらすべてが，風をよけるための小さい木のケースに収められている．

この腕を中心のまわりに回転させるためには，腕を吊るしているワイヤーをねじらせる力の他は必要ないので，もしこのワイヤーが十分に細ければ，直径数インチの鉛の玉の引力のような極めてわずかな力も，この腕を感度よく引きつけるのに十分なことは明らかだ．ミッチェル氏は直径 8 インチのおもりを 2 つ使おうと考えていた．このおもりの 1 つは，ケースの片方の側に，ケースを隔ててなかにある玉の 1 つに無理のない程度にできるだけ近づけるように，もう 1 つのおもりは，やはりケースを隔ててもう一方の玉のそばに配置した．これら2つのおもりは木の腕を同じ方向にねじれさせる．おもりによって腕がどれだけずらされたかを確かめられたら，今度はおもりをケースの反対側において，腕が反対側にねじられるようにして，そこでまた腕のねじれた位置を決定する．2つの腕の位置の差の半分が，おもりによってどれだけ腕が回されたかを示すことになる．

この実験から地球の密度を求めるためには，腕をある決まった位置までねじるためにどれだけの力が必要かを決めなければならない◆3．これをミッチェル氏は，腕を少し振動させ，その振動周期を測り，そこから容易に計算して求めた*．

◆3 ねじれ秤装置のねじれ率が必要である．

ミッチェル氏は鉛のおもりを載せる2つの木のスタンドを用意し，それがケースにほとんど触れそうになるまで，注意深く前に押して近づけようとした．彼は，その作業を手でしようとしていたようである．

この玉がおもりにより引かれる力は極めて弱く，その玉の重さの高々 1/50,000,000◆4 の程度なので，非常にわずかな擾乱力でもこの実験を失敗させるには十分であることは，極めてわかりやすい．そして，以下の実験からわかるように，防ぐのが極めて難しいこの擾乱力は，暑い寒いの温度変化から生じることが明らかとなった．もし，このケースの片側が反対側に比べて暖かいと，それに触れる空気は軽くなり上昇し，一方反対側では下降し，わずかな風をもたらすので，腕を有意に動かしてしまうのだ†．

◆4 ここで科学的な記号が使われていないことに注意．ずっと後になるまでそのような記号が一般的に使用されることはなかった．

私はこの誤差の原因から装置を守る必要があると確信したので，実験装置をある部屋のなかに置こうと決心した．部屋は測定中ずっと閉

---

* クーロン氏は，小さな引力を測るため（編著注：電気力と磁気力の法則を求めるための実験において），この種の工夫をいろいろな場合について行っている．しかしミッチェル氏は，クーロン氏の実験が出版されるより前に，このような実験の目的と方法とを私に話している．

† カッシーニ氏は，天文台の観測室で，方位計（これはわずかな位置の変化を検出するため，絹の糸で針を吊るしたもの）が入った箱のそばに，観測のため人が立つと針が敏感に動いてしまうことを発見した．私は，これは疑いもなく空気の流れが原因であると考える．彼の方位計が入った箱の壁は金属でできていて，しかも数インチの深さがある．金属は木よりはるかによく熱を伝える．これが空気の流れを助長させるのだろう．この流れの影響を避けるためには，箱は針が上下の板に触れないかぎり，必要以上に深くすることはやめるべきである．

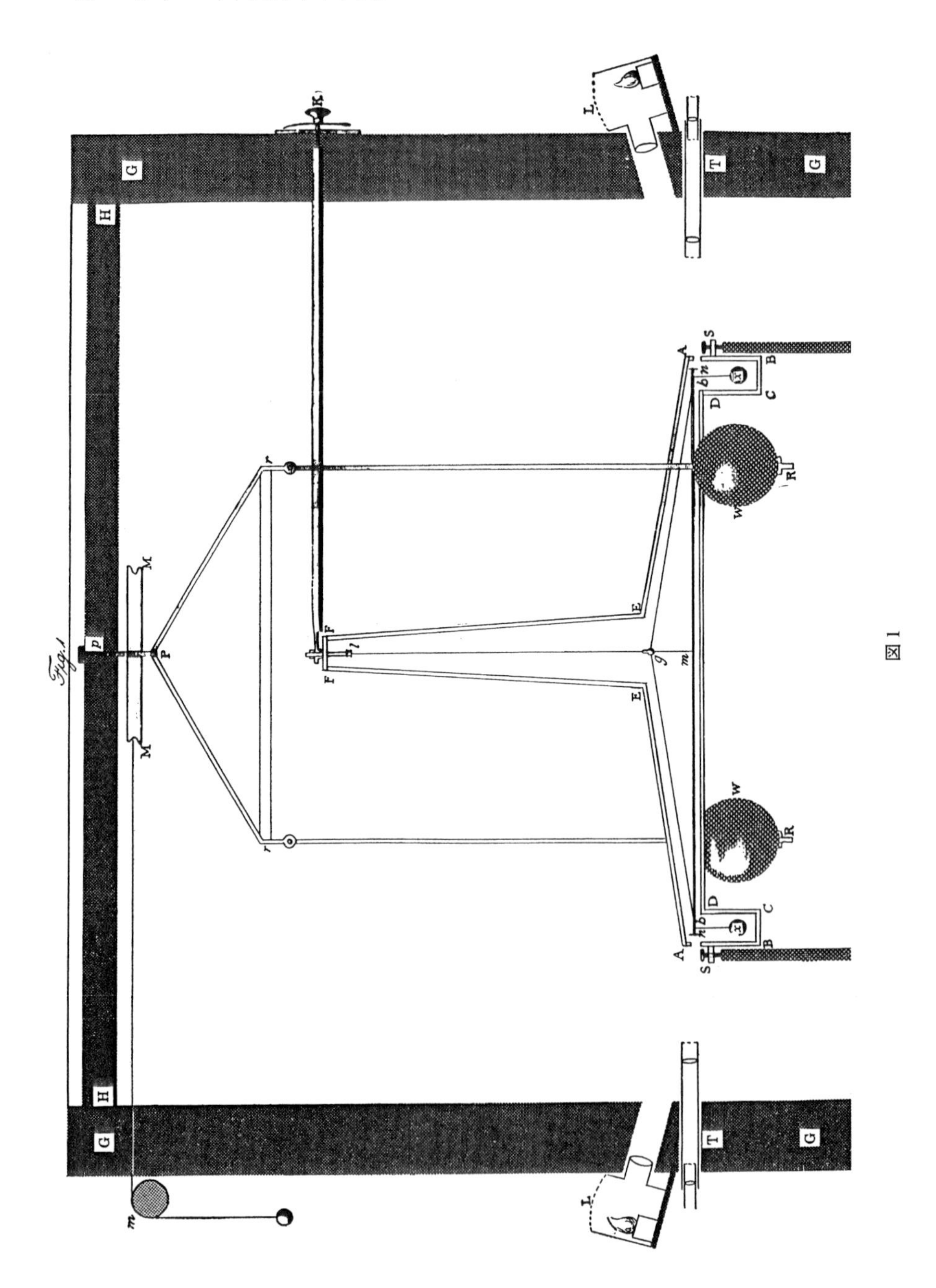

図1

ざされている．外部から腕の運動が観測できるよう望遠鏡を設置し，その部屋に入らなくても，鉛のおもりを外から動かせるよう工夫をして吊るすことにした．この観測方法の変更は，ミッチェル氏の装置のつくりかえが必要なことを意味したし，もとの装置のいくつかの部分は私の考えではあまり都合よくなかったので，結局装置の大部分を新しくつくりかえることにした．

図1は装置を垂直縦方向に切断する面でみせたもので，装置はその部屋のなかに置かれている．ABCDDCBAEFFE はケースである．*x* と *x* は2つの玉で，ワイヤー *bx* で腕 *gbmb* から吊るされ，その腕自身は細いワイヤー *gl* で吊るされている．この腕はディール（deal）◆5 の細い棒 *bmb* でできており，銀のワイヤー *bgb* で補強されていて，玉を支えるのに十分な強度をもちつつ，しかもたいへん軽くできている*．

◆5　deal は，もみ（fir）または松（pine）のこと．

ケースは水平に保たれるよう4つのネジで支えられ，ネジは地面にしっかり固定された支柱に載っている．2つのネジはこの図で，S と S で示したが，他の2つは図が複雑になるのでここには示していない．GG と GG は，この部屋の端の壁である．W と W は鉛のおもりで，銅の棒 R*r*P*r*R と木の板 *rr* により，センターピン P*p* から吊られている．このセンターピンは，梁 HH に開けられた穴を通り，この実験装置の中心の上で垂直に置かれ，その中で回転し，板 *p* により落下しないように支えられている．MM はプーリーで，このピンに固定されている．そして M*m* はこのプーリーに巻きついたひもであり，端の壁を通り抜けている．これにより観測者はプーリーを回転させて，2つのおもりの位置をある状態から他の状態へ変えることができる．

図2はこの装置の平面図である．AAAA はケース，SSSS はケースを支えている4つのネジ，*bb* はアームと玉である．W と W はおもり，MM はそれらおもりを動かすプーリーである．もしおもりがこの位置なら，両方のおもりは協力してアームを *b*W の方向に引っ張ろうとす

---

*　ミッチェル氏のロッドは，すべて木でつくられていて，我々のものよりそれほど重くないにもかかわらず，はるかに強くまた堅くできている．しかし私に届けられた際に，それは反り返っていたので，今度の場合のものを新たに作ることにした．その理由は，それが簡単につくれ，また空気の抵抗を受けにくくするためである．またそれがおもりにどのくらい強くひきつけられるかを計算することが，この場合は，より容易にできるであろう．

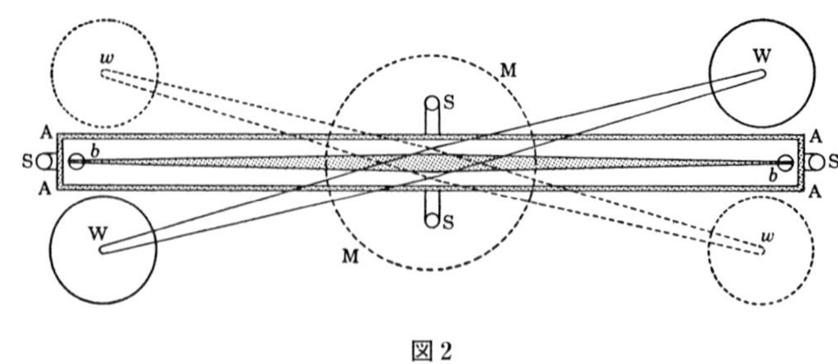

図 2

る．しかし，それらが，点線で示されている w と w の位置に動かされたら，今度は両方のおもりは反対の方向，すなわち bw の方向へ引っ張ることになる．これらのおもりは装置にぶつからないように，小さな木切れで，ケースから 1/5 インチまで近づくと止められるようになっている．この木切れは壁に固定されており，おもりが木切れにかなりの力でぶつかっても，装置を有意に振動させることがないことを確認している．

アームの位置を測定するために，象牙製の薄片が，ケースのなかで，できるだけアームの近くに，しかしアームに触らないように設置されている．この薄片は 1 インチを 20 等分するよう分割されている．一方アームの両端には，象牙の小さい薄片が取り付けられ，それらはバーニアの役割をするため，区間がさらに 5 等分されている．これにより，アームの位置は，1/100 インチまで容易に，場合によってはさらに精密に評価できる．これらの目盛りは，短い望遠鏡 T と T（図 1）により，ケースの端に開けられたスリット（ガラスの窓）を通して観測される．ガラスは凸レンズになっていて，ランプ L と L◆6 が目盛りを照明している．他の光は一切この部屋に入らないようになっている．

◆6　ランプは油を燃焼させたものである．図をみると，ランプ室の上部は換気されている．

象牙の薄片の目盛りは，図 2 の Ww の方向につけられている．おもりが，点線で示される w と w の位置に置かれたとき，アームが横に引っ張られ，象牙の薄片の目盛りが大きい指示値を示すようになっている．そこでこの状態をおもりの正の位置と呼ぶことにする．

図 1 の FK は木の棒であり，無限ネジにより，ワイヤー gl が結ばれている支持棒を回転させる，これにより観測者は，アームがケースの真ん中にくるまで，ケース側面に触れないように回転させることができる．このワイヤー gl は，その最上部で支持棒に結び付けられてお

り，最下部でアームの中心の位置にネジ締めできるクリップで止められている．

これら2つの図では，それぞれの部分は，互いにほぼ正しい縮尺，1/13で描かれている．

実験の説明に進む前に，観測の方法について少し述べておこう．まず，この装置のアームを静止させ，その位置を観測する．その後，おもりを移動させると，アームは横にずれるだけでなく振動し始め，その振動はなかなか止まらない．そこで，アームがどれほど横に引かれて動いたのか決めるために，振動の振幅の最大の点の位置を観測する必要が出てくる．こうすることで，振動が収まった後に静止する位置，(「静止位置」と今後呼ぼう）を決定することができる◆7．そのために，この振動について，引き続く3回の振幅の最大点の位置を観測し，まず，最初と3回目の同じ方向の平均をとる．そして，この値と2回目の値との平均が「静止位置」であると仮定する．このようにする理由は，この振動はだんだんと減衰していくので，単に引き続く2つの端点の位置を平均したのでは，正しく「静止位置」が求められないことは明らかだからである．

◆7 たとえば，化学天秤で静止点を探すのに振動法が使われるのと同じ方法である．

多くの振幅最大点のデータを観測し，上記3点のセットをたくさんつくり，それらの平均をとれば，静止点の位置はさらに正確になると考えられるかもしれない．しかし，擾乱力を排除しようと努力をしているにもかかわらず，アームは1時間のあいだもきっちりと静止していないのが観測されるのである◆8．このような事情により，おもりを動かしてからすぐに測定される3つの最大点の観測から静止位置を求めることが最もよいことになる．

◆8 ここで述べられていることは，状態を乱す力は，明らかにアームの運動にも影響をあたえているということである．

次になすべきことはアームの振動の時間を決定することである．私は以下のような方法を編み出した◆9．まず，振動の2つの端点を観測する．また，この端点の間の2つの決まった目盛りを通り過ぎる時刻を計測する．同時に注意深く，これら2つの目盛りは，静止位置の両側に位置するように，そしてあまりそこから遠くならないように推定されなければならない．そして，振動の中心位置を計算し，比例関係を使い，腕がこの中間点を通り過ぎる時刻を割り出すことができる．その後，何回かの振動の後，ふたたびこの操作を繰り返し，腕が中間点を通り過ぎる両方の時刻の差を求め，それを振動の回数で割る．こ

◆9 時間測定の装置は，当時でもかなり高度な技術が開発されていた．振り子時計のみならずレバーエスケープ機構をもった時計も普通に用いられていた［訳注：レバーエスケープ（逃し止め）機構とは腕時計のなかなどでゼンマイのエネルギーを一度に失わないように工夫された歯車系のもつ機構］．

振動の端点	中間点	時刻			静止点	振動中心を通る時刻		
27.2		h.	′	″		h.	′	″
	25	10	23	4	—	10	23	23
	24			57				
22.1	—	—	—		24.6			
27	—	—	—		24.7			
22.6	—	—	—		24.75			
26.8	—	—	—		24.8			
23	—	—	—		24.85			
26.6	—	—	—		24.9			
	25	11	5	22	—	11	5	22
	24		6	48				
23.4								

表中の h，′，″はそれぞれ時，分，秒を表す．

れにより，1 回の振動にかかる時間が求められる．つづく例をみれば，ここで述べたことがより明確になる．

表の最初の列は，振動の端点の位置である．2 番目は 2 つの中間点の目盛りで，3 番目は，腕がその目盛りを横切った時刻となる．4 番目は静止位置で，以下のように求める．最初と 3 番目の端点の平均は 27.1 である．これと 2 番目の端点の位置の平均は 24.6 で，これが，この 3 つの端点から求められる静止位置となる．同じようなやり方で，2 番目，3 番目，4 番目の端点から，24.7 という静止位置が求まる．以下同様である．表の 5 番目の列は，腕が振動の中心を通るときの時刻であり，以下のように求める．27.2 と 22.1 の平均は 24.65 でこれが最初の振動の中心位置．腕は，目盛り 25 を 10h23′4″ に，目盛り 24 を 10h23′57″ に，それぞれ通っているので，比例関係から，腕は目盛り 24.65 を 10h23′23″ に通ったことになる．同様のやり方で，腕は 7 回目の振動の中心位置を 11h5′22″ に通ったことになる．よって，6 回の振動が，41′59″ でなされたことになる，すなわち，1 回の振動の時間は，7′0″ ということである◆[10]．

◆[10]　7 分という長周期に注意．腕の慣性モーメントが大きいことの表れである．

この方法の正当性を判断するために，この振動が，空気の抵抗や，振動の静止位置の変動により，どのように影響されるかを考えてみる必要がある．

〈これらの原因による誤差の考察は割愛した．キャヴェンディッシュは，

これらは無視できる程度に小さいと結論している.〉

実験の説明

私の最初の実験では,腕を吊るしているワイヤーは,白銅製で39 1/4 インチの長さ,1 フットあたりの重さが 2 4/10 グレインであった.この硬さで,腕の 1 回の振動の時間が約 15 分になった.実際これでは硬さが足りず,おもりの引力により玉が大きく横に引っ張られ,ケースの壁に触れてしまうことが,すぐにわかった.しかしながら,私は,取り換える前のこのワイヤーで,いくつかの実験をすることにした.

この試験では,鉛のおもりを吊り下げているロッドは鉄であった.腕に磁気的なもの(磁性体)がないように十分注意していたので,このロッドが磁性体かどうかでは重大な差異はないと思われる.しかし,念には念を入れて,鉛のおもりをはずして,ロッドだけで何か変化が起こるかを調べてみた.計算してみると,これらのロッドの質量による引力は,おもりの引力に比べ,おおよそ 17：2500 程度であることがわかった◆[11].すなわち,先ほどの実験でおもりが腕を 15 目盛り横にずらすことがわかっているので,ロッドの引力だけでは 1/10 目盛り動き,そして,ロッドが最初の接近位置からもう一方の位置に動いたときは,1/5 目盛り動くことになる.

◆[11] 逆 2 乗法則により,単純に質量の比.

この実験の結果,ロッドがはじめの接近位置からもう一方へと移動させられた後,最初の 15 分間は,腕に非常に小さな動きがあったが,重力の作用により発生したもの以上のことはほとんど起こらないことがわかった.しかし,この運動はその後増加し,15 分か 30 分経つと,1/2 か,1 1/2 目盛り,同じ方向に動くことが観測された.これは,重力の作用と考えないといけない.鉄(のロッド)を最初の場所にもどすと,腕は逆方向に動き,正方向に動いたときと同じようなようすの動きであった.

これらの実験から,この腕の動きは,とくに明確な理由もなく時々引き起こされるようであった.しかしながら,3 回の実験においていずれもこのロッドを使い,腕の動き方はいつも同じような種類で,異なるのは量的なもの,すなわち 1/2 から 1 1/2 目盛りにわたる大きさの差であった．これがロッドによって引き起こされたと考えざるを得ないとすれば，何か理由があるようだ．

この効果は何か磁気的なものに違いないと思われたので，そのような理由は想定していなかったのだが，鉄のロッドを銅に取り換えて，前と同じような実験をしてみた．結果は，それでもなお同じような効果がみられ，しかもさらに不規則になっていた．そこで，私は何か偶然的な理由によるものであると考え，鉛のおもりを吊るして，実験を進めることにした．

鉄のロッドをある近接位置から反対の位置に動かしたときに生じるこの効果は，だいたい，目盛り1つ分以下である．一方，おもりを中間点から近接位置に移動させたときに生じる効果はおよそ15目盛りである．そこで，もしこの鉄のロッドを使い続けたとしても，結果に対する誤差は全体で1/30を超えることはなかろう，ということができる．

この実験では，おもりの引力は腕を11.5から25.8目盛りに引きつける．そこで，もし何も工夫を施さなければ，そこで腕が獲得した運動量により，40目盛り付近まで動いてしまうだろう，それでは，玉がケースに当たってしまうことになる．これを避けるために，腕が15目盛り付近にきたときにおもりを中間点位置に移動し，そこに保持することにして，腕がほぼその振動の端にきたときにおもりを正の位置に移動させる．それによって振動は大きく減衰され，玉はケースの横壁に触れることはなくなる．このような理由で，振動の最初の端点の測定はできない．おもりが中間点位置にもどったときも，同様な方法を使った．そして引き続きつぎの2つの実験においても使用した．

おもりを中間点位置から正の位置に動かしたとき，腕の振動は小さかったので◆12，この振動の時間を観測することは，あまり意味がないように思われた．おもりをもとの中間点位置にもどしたとき，腕が毎回の振動で中間点を通り過ぎる時間を測定し，毎回の振動ごとのその時間がどれくらい互いに一致するかを調べた．つぎに述べる実験の多くの場合，最初と最後の振動で中間点を通り過ぎる時間のみを測定することでよいものとした．

◆12　用いられた方法は，振動を減衰させる効果があるからである．

〈これに続くあと2つの実験は，実質的に同じ結果をあたえるので，ここではそのデータを割愛する．〉

実験 I（8 月 5 日） おもりは中間の位置

端点	中間点	時刻			静止点	振動中点の時刻			差	
		h.	′	″		h.	′	″	′	″
	11.4	9	42	0						
	11.5		55	0						
	11.5	10	5	0	11.5					
10 時 5 分におもりを正の位置に動かす										
23.4										
27.6	—	—	—		25.82					
24.7	—	—	—		26.07					
27.3	—	—	—		26.1					
25.1	—	—	—							
11 時 6 分におもりを中間点にもどす										
5.										
	11	0	0	48	—	0	1	13		
	12		1	30						
18.2	—	—	—		12	—	—		14	56
	12		16	29	—		16	9		
	11		17	20						
6.6	—	—	—		11.92	—	—		14	36
	11		30	24	—		30	45		
	12		31	11						
16.3	—	—	—		11.72	—	—		15	13
	12		45	58	—		45	58		
	11		47	4						
7.7										

中間点から正の位置に動かしたときの動き ＝ 14.32
正の位置から中間点に動かしたときの動き ＝ 14.1
振動の時間 ＝ 14′ 55″

これらの実験により，おもりが玉に作用する引力は感度良く測定できることが明らかになり，またその大小極端な値のばらつきは互いに 1/10 程度内に収まることから，引力の大きさを定量的に決定するに十分であることがわかった．しかし以下に示すように，理由が定かでない事情もある．それは，おもりの移動の後，30 分ないしは 1 時間程度の間，引力の効果が増加するようにみえるということである．というのは，3 回の実験すべてにおいて，おもりを正の位置にもってくると，ある時間のあいだ，腕の平均の位置が徐々に増加し，また逆におもりを正の位置から中間点位置にもどした後に，徐々に減少するからである．

考えられる第一の理由としては，腕を吊っているワイヤーか，あるいは何か他の結び付けているものの弾力の不足である．長い時間，圧力がかかり続けると，最初のときから比べて，決まった圧力に対して大きなねじれを示すかもしれないのだ．

これを確かめるために，目盛りを移動した．もしケースの壁に妨げられなければ，腕は50目盛りあたりで止まることから，普通35目盛りまでしか動けないということは，本来のワイヤーの剛性から想定される位置より15目盛り手前のところに設定されていることになる．この位置で，2～3時間放置すると，腕が自然な位置で自由になるように目盛りはもとにもどるようになる．

以下のことが観測されるに違いない．ワイヤーが，弾性が許す範囲を少し超えてねじられるとき◆13，歪みや永久変形は瞬時に現れるのではなく，徐々に出てくるようだ．そしてそのワイヤーが力から自由な位置に置かれると，獲得した歪みを，徐々に失っていくものらしい．したがってこの実験で，ワイヤーが2～3時間ねじられたままの状態に置かれ，徐々にこの圧力に屈して，歪みが起こってしまっていると，ワイヤーが自由な状態に戻されたとき，だんだんと回復してくるので，その静止位置は徐々に後方にずれていくことになるはずである．しかし実験は2回繰り返されたが，そのような効果は認められなかった．

◆13　弾性限界を超えているということ．

〈より硬い系（周期が約7分になる）で得られた結果の議論を割愛する．同様の長期ドリフトが観測された．〉

次の実験は，この効果が磁気的なものによるかどうかを確かめるものである．腕が格納されているケースは，たまたまであるが，地磁気の東，西の方向にほぼ平行に置かれていた．よって，もし玉やおもりに何か磁気的なものがあれば，玉もおもりも，地球磁気のために磁化されることになる◆14．ある程度長いあいだおもりの位置が保たれると，それが正の位置にあっても，負の位置にあっても，同じ方向に磁化されるから，おもりは玉に引力を及ぼす．しかし，反対側の位置におもりが動くと，北を向いていた極は，今度は南を向く．そして近づいてくるおもりを反発する．しかし，ある玉を南へ反発する力は，腕にと

◆14　磁気誘導による．

って，もう一方を北へ反発するように働くので，結局腕の位置には影響をあたえないことになる．しかし，少し時間が経つと，おもりの磁化の向きが反転するので，玉を引きつけるようになる．このようにして，まさに観測されていたのと同様の効果がつくりだされる．

このことが実際に起こっているか試してみるため，おもりを支えている銅のロッドの上側からおもりを取りはずし，下側のつなぎ部分のみそのままにした．それから私はおもりを正の位置に固定し，このつなぎ目部分で，垂直方向を軸として回転できるようにした．部屋のドアを開けなくても，これらの垂直軸におもりを半回転できるような治具も準備した．

このような状態で1日装置を放置した後，次の朝に腕を観測すると静止していたので，これらの軸の周りにおもりを半回転させた．しかし，腕に何も動きはなかった．おもりをこの位置に約1時間置いておいた後，おもりをまたもとの位置にもどしたが，腕に何の影響も起きなかった．この実験は，もう2日間繰り返されたが，結果は同じであった．

これにより，問題の効果はおもりの磁気的な性質によって引き起こされたのではないことが確かだと思う．というのは，もしそうだとすると，おもりを半回転させたところで，すぐさま磁気的引力は斥力に変わるので，必ず腕の運動を生じさせるはずだからである．

これについてのさらなる根拠を得るため，鉛のおもりを2つの10インチの磁石に置き換えてみた◆15．それらを回転させる治具も前と同じく残されていて，磁石を水平に，小球の方へ向くように設置し，これらの磁石の北極が北を向くようにした．しかし，磁石を半回転させても，腕の位置に何らの変化ももたらされなかった．これは，前の実験の結論の検証だけでなく，鉄のロッドによる実験のときの現象も磁気的な性質によるものでないと示しているようである．

◆15 下記に示す一連の試験は，キャヴェンディッシュがたいへん注意深く徹底的な実験家であったことを強く印象づける．

もう一つ，考えておいた方がよさそうなこととして，おもりとケースの温度の差からくる効果があるかどうか，ということがある．もしおもりがケースよりずっと温まっていれば，すぐそばのケースの横壁を温め，空気の流れを生じさせ，小球がおもりに近づくようにするだろう．おもりとケースの熱の差が，何か顕著な効果を起こすほど十分大きくなるとは考えにくいが，また，今までの実験において，おもりがケースよりいつも温かくなることなど起こりそうもないのだが，このことについて調べておこうと思った．そしてこの目的のために，最後の実験のときの治具を片づけて，以前の実験のときのように銅のロッドでおもりを支え，おもりを中間の位置に配置した．それぞれの下にランプを置き，ケースの外側のできるかぎり近くに温度計の玉を置いた．そのそばに，正の位置のときのおもりが近づくようになっており，そのようにして，望遠鏡により目盛りを読みとることができた．このようにしてから，ドアを閉め，しばらくの後，おもりを正の位置に動かした．最初，腕はいつもと同じように横に動いた．しかし，半時間ほど経つとその効果はたいへん大きくなり，腕は，いつもなら3目盛りしか動かないところ，14目盛りも横に動いた，そして，そのとき温度計は1 1/2度近く，61度から62 1/2度へ上昇した◆16．ドアを開けてみると，指で触ったときひんやりすることはない程度にしか温まっていなかった．

◆16　この温度値から判断して，温度計の目盛りは華氏（Fahrenheit scales）である．

温度の違いからくる影響がたいそう大きかったので，1つのおもりに約3.4インチの深さの小さな穴をあけて，小型の温度計の玉を差し込み，穴のところをセメントでふさいだ．もう1つの小さな温度計の玉はケースのそばに設置された．おもりが寄ってきたときに問題が生じない程度まで近づけて置かれた．温度計はこのように置かれたので，おもりが負の位置にあるとき，凹面鏡に反射された光によって，両方の温度計とも一方の望遠鏡で観測することができた．

これら3つの実験では，おもりの効果は，1時間ほどの間に，2/10から5/10目盛り分の増加を引き起こすように思われた．また，温度計は，おもりの温度が3/10～5/10度だけケースの近くの空気よりも高いことを示した．最後の2回の実験では，一晩中ランプを部屋のなかに入れて，空気をおもりよりも温めようとしたが，うまくいかず，この2回の実験では，前よりも，おもりの温度（熱）は，空気より上がってしまった．

10月17日，おもりを中間の位置に置き，それを温めるために，その下にランプをともした．ドアを閉め，ランプは燃え尽きるようにした．つぎの朝，おもりを負の位置にして温度を測ると，おもりは，ケースそばの空気よりも7 1/2度温められていた．そのままの位置で1時間待つと，おもりは1 1/2度冷えて，空気より6度だけ高くなった．

実験 VI (9 月 6 日) おもりは中間の位置

端点	中間点	時刻		静止点	温度 空気	おもり
		h	′			
	18.9	9	43	—	55.5	
	18.85	10	3	18.85		
おもりを負の位置に移す						
13.1	—	10	12	—	55.5	55.8
18.4	—		18	15.82		
13.4	—		25			
missed						
13.6	—		39	—	55.5	55.8
17.6	—		46	15.65		
13.8	—		53	15.65		
17.4	—	11	0	15.65		
14.0	—		7	15.65		
17.2	—		14	—	55.5	
おもりを正の位置に移す						
25.8	—		23			
17.5	—		30	21.55		
25.4	—		37	21.6		
18.1	—		44	21.65		
25.0	—		51			
missed						
24.7	—	0	5			
19.	—		12	21.77		
24.4	—		19			

おもりを中間点から負の位置へ動かしたときの腕の動き = 3.03

負から正 = 5.9

その後，おもりを正の位置に動かす．どちらの位置ででも，その位置に 1 時間おもりが維持されたあと，腕は最初の位置のときより 4 目盛り余分に引っ張られた．

1798 年 5 月 22 日．この実験を同じように繰り返した．ただし今回はランプが短時間だけ燃えるようにつくられており，おもりが動かされる前に 2 時間しか時間が経過しないようになった．今回，おもりは，かろうじてケースより 2 度だけ温度が高かった．おもりがその位置に置かれてから 1 時間維持された後，腕は最初のときよりおよそ 2 目盛り横へ引かれた．

5月23日，この実験を同じように行った．ただし，今回はおもりを上に置いた氷により冷やした．氷は錫の皿に載せられていたが，おもりを動かす際，意図せず地面に落ちてしまった．負の位置におもりを動かし，おもりが空気より8度冷たいことを確認した．腕への影響は，前のように増加するというよりそのままで，少なくなっているようにみえた．おもりの移動後1時間のち，腕は2 1/2目盛りだけ，最初より少なく引かれていた．

これにより，以下のことが十分検証された，すなわち，おもりとケースの間の温度差による問題の効果は，上述のように存在した．6，8，9番目の実験により，おもりがケース内の空気よりそれほど温かくない場合，この効果は増加するが目立つほどではない．一方で，おもりがケースよりずっと熱い場合，この効果は大きく増加し，逆にずっと冷たい場合は，大きく減少した．

注意すべきは，この装置では玉を収めた箱がかなり深く，玉が箱の底近くに吊るされているため，空気の流れの影響を強く受けてしまうということである．この問題点は，将来の実験では改めるつもりである．

〈さらにいくつかの測定の結果と，補正をどのようにしたかを含めた地球の密度の計算の仕方の議論を割愛する．〉

結論　次の表は，この実験の結果を示している◆17．

この表から明らかなことは，各実験結果は互いによく合っているが，腕の定量的な動き方や振動の時間について，単なる観測誤差では説明できない程度の差が存在するということである．腕の動きの差異については，温度の違いからくるものとして説明できそうである．しかし，このことが振動の周期の差を説明できるか疑わしい．空気の流れが規則正しく，玉の振動のどの部分においても同じような速さであるなら，このようなことは起こりえないと思われる．しかしこの空気の流れは，ずっと不規則であると考えられれば，その差異は十分に起こりうると考えられる．

最初に使用したワイヤーで行われた実験の平均値では，地球の密度は水密度の5.48倍であるということになる◆18．後ほど使用したワイヤーでの平均値もこれと同じである．さらに23個の観測データのばらつ

◆17　この表はすべての結果をまとめている．2番目と3番目の欄は，それぞれおもりと腕の動き方を表している．4番目は，引力の変化にともなう腕の動き（キャヴェンディッシュはこれが唯一重要な補正であると結論している）である．続く2つの欄は，測定された周期と補正された周期，同じ理由により腕の動きによる補正が必要である．最後の欄は，これらのデータから計算された密度の値である．

◆18　この結果を同様の技術を使用したボーイズ（C. V. Boys）らの結果（*Phil. Trans.*, 1895），5.5270と比較せよ．一致は1%以内の精度である．

結論．この表には多数回の実験の結果が示されている．

実験番号	おもりの動き	腕の動き	補正された値	周期	補正された周期	密度
1	m to +	14.32	13.42	′ ″	—	5.5
	+ to m	14.1	13.17	14 55	—	5.61
2	m to +	15.87	14.69	—	—	4.88
	+ to m	15.45	14.14	14 42	—	5.07
3	+ to m	15.22	13.56	14 39	—	5.26
	m to +	14.5	13.56	14 54	—	5.55
4	m to +	3.1	2.95		6.54	5.36
	+ to −	6.18	—	7 1	—	5.29
	− to +	5.92	—	7 3	—	5.58
5	+ to −	5.9	—	7 5	—	5.65
	− to +	5.98	—	7 5	—	5.57
6	m to −	3.03	2.9	—	—	5.53
	− to +	5.9	5.71		—	5.62
7	m to −	3.15	3.03	7.4	6.57	5.29
	− to +	6.1	5.9	by mean		5.44
8	m to −	3.13	3.00		—	5.34
	− to +	5.72	5.54	—	—	5.79
9	+ to −	6.32	—	6 58	—	5.1
10	+ to −	6.15	—	6 59	—	5.27
11	+ to −	6.07	—	7 1	—	5.39
12	− to +	6.09	—	7 3	—	5.42
13	− to +	6.12	—	7 6	—	5.47
	+ to −	5.97	—	7 7	—	5.63
14	− to +	6.27	—	7 6	—	5.34
	+ to −	6.13	—	7 6	—	5.46
15	− to +	6.34	—	7 7	—	5.3
16	− to +	6.1	—	7 16	—	5.75
17	− to +	5.78	—	7 2	—	5.68
	+ to −	5.64	—	7 3	—	5.85

きの最大値は 0.75 でしかない．平均からのずれは 0.38 で，この値は 5.48 全体の 1/14 でしかない．したがって，この実験により，密度はたいへん正確に求められたようだ．実際には，つぎのような異論もあるであろう．これらの結果は空気の流れやその他のいくつかの理由により影響を受けたようにみえる．それらの法則について我々はよく知らないし，この理由により，いつも同じように，同じ方向に測定値がずらされ，得られた結果に大きな誤差となっているかもしれない．しかしこれらの実験は，いろいろな天気のときに行われ，気温やおもりの温度が，いろいろな違う条件で行われた．腕の静止位置についても，

ケースの壁からさまざまな距離で行われている．この原因による平均値の誤差として，極端な値を示しているデータと同じほどになるように，諸効果がいつも一様に，同じように働くとは考えにくい．したがって地球の密度が，5.48 から，それの 1/14 もずれていることは考えにくい．

他にも，異論があるかもしれない．すなわち，このような小さな距離での重力法則が，大きな距離についても正確に成り立つかどうかはわからない，というものである．しかしながら，物体間に粘着と呼ばれるような引力が働くごく近距離になる前に，このような法則の異常が引き起こされるとは考えにくい．このような引力効果により結果が変わるかみるために，9，10，11，15 番目の実験を行った．玉はできるかぎり壁の近くにセットされた．しかし，このようにしても，他の場所に玉が置かれた場合との差は見出されなかった．

マスケリンが行った，シェハリオン山の引力を使った実験によると◆[19]，地球の密度は水の 4.5 倍であったということだ．これは，このたび行われた上記の実験結果から，私が予想する以上にずれている．しかしまだ測定できていない擾乱が，私の測定結果にどの程度影響をあたえているかを注意深く検証するまでは，どちらの結果がより信用できるかの議論をすることは差し控えよう．

◆[19] この丘のそばで吊り下げられたおもりの傾きを測ることで行われた．この観測から地球の密度を決定するには，この山の質量を精密に知る必要がある．

〈マホガニーケースが玉にあたえる影響（無視できるとわかるが）を計算した付録の部分をここでは割愛する．〉

補遺文献

Dampier, W. C., *A History of Science* (New York: Cambridge University, 1946).

Lenard, P., *Great Men of Science* (New York: British Book Centre, Macmillan, 1934), pp. 145ff.

Magie, W. F., *A Source Book in Physics* (New York: McGraw-Hill, 1935), pp. 105ff.

Wolf, A., *A History of Science, Technology, and Philosophy in the 18th Century*, 2nd ed. (London: Allen and Unwin, 1952), pp. 112f. and 242ff.

7

トーマス・ヤング
Thomas Young　1773-1829

光の干渉

The Interference of Light

17 世紀，18 世紀の科学者にとって，「光の本性は何か」という問題は，最も興味をそそる課題に数えられたに違いない．現在においても，それは，自然が提起する最も大きな謎の 1 つとして残されている．過去数世紀にわたる，波動か粒子かの論争は，現在は波動-粒子の二重性という理解にとって代わられている．しかしこの 2 つの正反対の見方を調和させることは，いろいろな意味でさらに問題を複雑にする．現在我々はほとんどの光の現象を説明することができるが，それは完成された理論を得たということではなく，我々の現在の見方の限界をよりよく理解したということにすぎない．光の本性を問う課題は，250 年前のニュートンの時代と同じように今日でも重要である．

18 世紀の物理学者のほとんどは，光は微粒子のようなものという考え，つまり光の粒子説を受け入れていた．ニュートンは波動説がもつある困難に気がついていた．とくに，回折現象が，他の波動現象である音や水波ではよく見かけられるのに，光については容易には観測されなかったからである．光の伝搬に伴うその周期性を完全に否定したわけではなかったが，彼は光の粒子説を支持し，彼の偉大な名声により，それは広く受け入れられていた．18 世紀を通じて，この考え（粒子仮説）が実質的に支配していた．それでも，ニュートンが粒子説を提案していたのとほぼ同時期に，彼と同世代の何人かは，有名なところで，ロバート・フック（Robert Hooke，1635-1703）やクリスチャン・ホイヘンス（Christian Huygence，1629-1695）は，波動説を唱えていた．フックは薄膜に見える色を説明するため，ホイヘンスは，ちょうどその頃レーマー（Ole Rømer，1644-1710）により決定された有限な光の速さを説明するために．その少し前，フランチェスコ・グリマルディ（Francisco Grimaldi，1618-1663）は，光が小さい穴を通過するとき回折を示す実験結果をもとに，光が波の性質をもっていることを示唆した．

しかしながら，この実験証拠は定性的なもので，ニュートンの粒子説の間違いを本質的に実証するものではなかった．その結果として，1 世紀後に波動仮説を支持する実験結果が現れるまで，ニュートンの仮説は横にどかされることはなかった．光の粒子説に疑義を投げかけた最初の実験は，1803 年のヤングの光の干渉の実験である．ヤングは並外れた人物であった．開業医で，同時に有能な物理学者で，また著名なエジプト学者としても知られていた．どの分野に特別強い興味があるというようすもなかった．

トーマス・ヤングは，1773 年 6 月 13 日，英国ミルバートンの“裕福な環境”に生を受けた．ちょうど知的革命と呼ばれた時代が終わろうとしていた頃である．彼の成長期はロマン主義の時代で，同世代には，詩人のワーズワースやシェリー，作曲家のベートーベンやシューベルト，哲学者なら，ヘーゲルやショーペンハウエルら，そして彼の同業者としては，フレネル，アボガドロ，エルステッド，そしてファラデーらがいた．多くの有名な科学者が平穏無事な子供時代を過ごしたのとは違い，ヤングは，2 歳から本を読むようになり，祖父が持ち出す古典をすらすら読んで感心させるような，早熟で元気のよい男の子であった．6 歳でラテン語を学び始めた．最初は家庭教師について教わり，後には私立学校に通った．16 歳になる頃には，ラテン語・ギリシア語を完璧にマスターしたほか，現代語や古典語など 8 つの言語を習得していた．古典の研究においてたいそう熟達していたために，18 歳ですでに完成した学者として，ロンドンの多くの人から認められていた．

1792 年，19 歳の時，彼は医学で身を立てることを決心した．次の年に彼は，王立協会で視力の調整機能が目の筋肉の構造によるとする論文を発表した．これにより 1 年後に協会のメンバーに選出される．エディンバラとゲッティンゲンでの医学の研究を仕上げた後，彼は開業のためロンドンに戻ったが，しかし同時にケンブリッジのエマニュエル・カレッジで学究的研究も続けた．彼の叔父が亡くなり，働かないで暮らせる財産が残され，望みどおりに研究を続ける自由があたえられた．1798 年に行われた，音と光に関する研究は，明らかに数年後の干渉の理論の最初の一歩であった．彼の科学と文学への貢献は莫大なものだったので，本来の仕事をないがしろにしているのでは，という批判をかわすため，仕事のいくつかは匿名で発表された．

1801 年，ヤングは王立研究所の自然哲学の教授に選任された．そこで彼は一般市民に対して一連の講義をする機会をあたえられる．明らかに彼の一連の講義は，一般の素人相手のものというより，専門家向けの内容であったため，この手の聴衆には不向きであった．1802 年，彼は王立協会の外務担当職員に選任され，終身その職に就いていた．王立研究所での仕事は，彼の医者としての職歴と相反するものと感じて，彼は 1803 年にそこの教授職を辞した．同じ年，彼は，医学士の学位をケンブリッジから，そして 5 年後には医学博士の学位をあたえられた．

ちょうどこの頃，ヤングは時間を見つけて光の実験的研究を行った．彼は，1800 年に「音と光の実験」を *Philosophical Transactions* に発表し，光の干渉の理論の詳細を「ベイカー講義」において，「光と色の理論」として発表した（*Phil. Trans.*, 1801 年）*1)．また，別の「ベイカー講義」の機会には（*Phil. Trans.*, 1803 年 11 月），「物理光学に関する実験と計算」という題目で，ヤングは自らの干渉現象の観測結果を取りまとめ，いくつかの新しい現象を追加した．彼の仕事の重要性は，同時代の仲間には十分わかってもらえず，結果として，干渉の原理は，フレネルによって再発見されるまでの 14 年間，なんとなくあいまいなものとされていた．ヤングはこの他にも，とくに複屈折と分散の分野について，物理光学に関して重要な貢献をしている．しかし，彼の物理的な洞察は，光学の分野にとどまらなかった．彼は，エネルギーを質量×速度の 2 乗と考えた最初の人物であり，力と距離の積と定義した仕事の概念を拡張し，エネルギーに比例するとした．また彼は，材料の弾性特性（ヤング率）を決定する絶対的な方法を導入し，当時知られていた潮汐現象の最も包括的な理論を構築した．

考古学や哲学への彼の貢献も，医学の研究と同様にたいへん興味深いものである．彼はどのようなものであれ学問的活動をしているときが最も幸せで，それがもたらす課題に喜びを感じていた．1814 年に現役を引退した後は，科学的な興味に没頭して，1829 年に亡くなるまで，生産的な仕事を続けていた．王立協会での同僚である，ハンフリー・デイヴィー卿（Sir Humphry Davy, 1778-1829）は彼についてつぎのように述べている．「……もし彼がどれか 1 つの知的分野に専心していれば，彼は間違いなくその分野の第一人者となっていただろう．彼は数学者としても，哲学者としても，古代文字学者としても優れていた．彼が知らないこ

*1) ヤングは彼の仕事の大部分を『自然哲学と数学の講義録』"*Course of Lectures on Natural Philosophy and the Mechanical Arts*" という著書に発表している．

とをあげつらうことが難しいほど，彼はなんでも知っていた．」[*2)]

つぎに示す，光の干渉に関する彼の文章は，彼のベイカー講義，*Phil. Trans.*, vol. 94（1804）および彼の連続講義からの抜粋である．H. クリュー氏編集の『光の波動理論』（New York: American Book, 1900）にも採録されている．

✣　✣　✣

ヤングの実験

光の干渉の一般法則の実験的検証

ベイカー講義（1803年11月24日）より

影に伴う色のついたフリンジ（縞模様）の実験を行う際，光線の2つの部分からくる光が干渉するという一般法則の極めて簡単で説得力のある実験的証拠を発見しました．これは，私が長年検証しようと努力してきたことです．私にとって，この極めて決定的と思われる事実を王立協会の皆さまの前で手短に披瀝することは価値あることと思われます．私がぜひともここで提議したいのは，件の色のフリンジは光線の2つの部分による干渉により生み出されるという，ただその一点なのです．これは，多くの偏見により否定されるものではなく，この後すぐにお話しする実験により証明される主張であり，太陽が照っているところなら，誰もがすぐに用意できる道具だけで，たいそう簡単に繰り返すことができるものなのであります．

実験1　雨戸に小さな孔をあけ，これを少し厚手の紙で覆う．厚手の紙には細い針で孔をあけておく．後でたいへん便利なので，手鏡を雨

*2)　彼の弟ジョン・デイヴィーによる『ハンフリー・デイヴィー卿の生涯』"*Life of Sir Humphry Davy*"（London, 1839）による．おかしなことだが，ヤングの数学的記述は，彼の仕事のなかでは，最もあいまいである．

戸の外（without）◆[1]に置いて，反射された太陽光がほぼ水平になるように，そして反対側の壁に当たるように，拡がっていく光のコーン（錐）がテーブルの上をまっすぐに進んでいくようにしておく．このテーブルにはいくつかの紙のスクリーンが用意されている．幅30分の1インチ（約1 mm）程度の細い紙切れを太陽の光線のなかに置き，壁またはその前のいろいろな距離に用意されたスクリーンにどのような影ができるか観察する．この影の両側に現れる色とりどりのフリンジの他に，影本体も同じように，小さめの平行なフリンジに分かれており，影の現れる距離に応じて本数が変わっていくことが観測される．しかし影の中心はいつも明るい．まさにこのフリンジは，細い紙切れの両側を通り，そして影のなかへと回折してきたそれぞれの光が合わさって影響し合っている現象である．この細い紙切れから数インチ離れたところに，小さなスクリーンを入れて，その端で影のどちらかの端をさえぎるようにすると，壁の影のなかに観測されていたすべてのフリンジは瞬時に消え去ってしまう．反対側を通る光については光路がそのままになっているにもかかわらず，そしてこの光については細い紙切れの反対側の端の近傍が引き起こすことができるどんな変更にも耐えられるに違いないと思われるにもかかわらず，フリンジは消えてしまうのである．遮蔽用のスクリーンを細い紙切れからより遠くに置くときは，平行に現れる線（フリンジ）が消えるようにするために，より深くスクリーンを挿入しなければならない．なぜなら物体の端から回折してくる光がフリンジへ向かうとき，影のなかにより深く入ってくるためである．フリンジを生じさせるためには，紙切れの両端から回折してくる2つの光の一方だけでは，強さが十分でないとは思われない．実際に，光の強度を10分の1，または20分の1に減らしても，両方の光が通るようにしておけば，この平行線（フリンジ）は現れるのである．

◆[1] ここでは without は outside of の意味．

実験 2　独創的で正確なグリマルディ◆[2]により記述されている際だったフリンジは，いま上に述べた実験の洗練された変形であり，またそれに基づいた計算の興味深い例をあたえている．四角い角をもつ遮蔽物◆[3]によって影ができるとき，通常観察される影のなかにできるフリンジの他に，隅の角度の2等分線から始まり，2回，3回と色が交代す

◆[2] 『光，色，虹についての物理数学』“*Physico-Mathesis de lumine, coloribus, et iride*”(Bologna, 1665)．

◆[3] これは，物体の角の部分で回折する光の話である．

る曲線群が観測される．それらは，角度の2等分線の両側に生じ，その線に向かって凸の形で，隅から離れるにしたがって2等分線に漸近するようにみえる．これらのフリンジは，四角い遮蔽物の2辺から影の方向へ向かって曲げられる2つの光の協力現象である．なぜならば，もし観測スクリーンをその遮蔽物から数インチのところに置いて，影の片方の辺からだけの光を受けるようにすると，そのフリンジはすべて消えてしまう．逆に，スクリーンの隅を影の隅と向かい合わせるようにして，影の末端からの光がかろうじて受けられるようにすると，このフリンジは消えずに残るのである．

いろいろな実験から導かれる測定結果の比較

ここでもし，さまざま異なる条件でフリンジの幅を調べることにすると，光線のそれぞれの部分が通る光路の長さの差を計算することができ，その差がこれらのフリンジを生じさせていることが明らかになる．その長さが等しいときは，光はいつも明るいままであることがわかる．しかしまた，この最も明るい光や，ある決まった色の光が，一旦消えて，最初に，2番目に，3番目にふたたび現れるとき，光の2つの部分からの光路長の差は，等差数列をなす．この種の実験を行うとき，このような状況は，ほぼいつも同じように起こると期待できる．この観点に沿って，ニュートン◆4の行ったいくつかの実験と私自身が行ったいくつかの実験から導き出される結果を比較しようと思う．

◆4　ニュートンは，以下に示すように光の粒子説を支持していたことに注意．

ニュートンの『光学』の第3巻にある8番目と9番目の観測において，いくつかの実験は，3番目の観測とも関連があるのだが，我々にこの計算に必要なデータを提供してくれる．2つのナイフを非常に尖った角度で交わらせて，小さい穴を通ってきた太陽光線のなかに置く．それぞれのナイフの影を区切る最初の2本の暗線が交わる点(concourse)◆5を，いろいろな距離で観測した．6つの観測結果を表1の上から3行に示した．暗い線はナイフの端で曲がってきた光とナイフの間をまっすぐに通ってきた光の間の最初の干渉により生じていると仮定すると，この2つの光路の差を計算することにより明るい光が最初に消失するまでの間隔と解釈できる．これらは，表の4行目にある．表2は，髪の毛の影についてのニュートンの観測結果から計算さ

◆5　concourse：いくつかの線が出会う点．

表 1 観測 9（ニュートン）

開口（穴）から 2 つのナイフまでの距離	……					101.
2 つのナイフから紙までの距離	$1\frac{1}{2}$,	$3\frac{1}{3}$,	$8\frac{3}{5}$,	32,	96,	131.
交点と反対側での 2 つのナイフの端の距離	.012,	.020,	.034,	.057,	.081,	.087.
光が暗くなる場所の間隔	.0000122,	.0000155,	.0000182,	.0000167,	0000166,	.0000166.

注）表中のすべての距離はインチ単位である．

表 2 観測 3（ニュートン）

髪の毛の幅 ……		$\frac{1}{280}$.
開口（穴）から紙までの距離 ……		144.
開口（穴）からものさしまでの距離 ……	150,	252.
（影の幅）……	$\frac{1}{54}$,	$\frac{1}{9}$.
2 番目の明るい線の組の間隔幅 ……	$\frac{2}{47}$,	$\frac{4}{17}$.
光が暗くなる場所の間隔，または光路程の差の半分 ……	.0000151,	.0000173.
3 番目の明るい線の組の間隔幅 ……	$\frac{4}{73}$,	$\frac{3}{10}$.
光が暗くなる場所の間隔，光路程の差の $\frac{1}{4}$ ……	.0000130,	.0000143.

表 3 実験 3（ヤング）

物体の幅 ……	.434.
開口（穴）から物体までの距離 ……	125.
開口（穴）から壁までの距離 ……	250.
暗い線の 2 番目の組の距離 ……	1.167.
光が暗くなる場所の間隔，光路程の差の $\frac{1}{3}$ ……	.0000149.

表 4 実験 4（ヤング）

針金（ワイヤー）の幅 ……				.083.
開口（穴）からワイヤーまでの距離 ……				32.
開口（穴）から壁までの距離 ……				250.
（影の幅，3 回の測定）……	.815,	.826,	or .827；平均,	.823.
暗い線の最初のペアまでの距離 ……	1.165,	1.170,	or 1.160；平均,	1.165.
光が暗くなる場所の間隔 ……				.0000194.
暗い線の 2 番目のペアまでの距離 ……	1.402,	1.395,	or 1.400；平均,	1.399.
光が暗くなる場所の間隔 ……				.0000137.
暗い線の 3 番目のペアまでの距離 ……	1.594,	1.580,	or 1.585；平均,	1.586.
光が暗くなる場所の間隔 ……				.0000128.

れた結果を示している．表3は，同じような実験で，私自身が行ったものについての結果である．2番目の明るい線は2倍の間隔に対応し，2番目の暗い線は3倍の間隔に，さらに引き続く各線は，同じように対応すると考えられる．これらの表の長さの単位はインチである．

［以下の記述は言葉も表現も非常にわかりにくいので，［ ］内に訳者が補った．］

表1の6つのうちの5つ［2番目から6番目までの測定］で，影の位置［ナイフからスクリーンまでの距離］は約3インチから11フィート［131インチ］に変化している．そこでフリンジの広がり［幅］は1：7の割合で増加している［0.012から0.087へ，ただしこのときは5つでなく6つの測定を使っている］．しかし暗くなる間隔をつくりだす［暗線の間隔に対応する］光路の差は，高々1/11程度しか変化していない［後の5測定の光路差の平均は167×10^{-7}，なかでも3番目の測定が大きくずれているが，それでもそのずれは14.8×10^{-7}で，この値は上記平均値の1/11］．そして5つの観測のうちの［後の］3つは，それらの平均値と一致しているか，あるいは違っても［平均値の］1/160しかずれていない．このことより，光線が暗くなるところの間隔［引き続く暗線をつくる光路長の差］は，正確に，あるいはかなり一定で，これは定数になると結論づけることが許される［この値167×10^{-7} inches$=4.21\times10^{-7}$ mは光の波長に相当するわけだが，ここでは白色光を使っているので正確な値は期待できない］．

［いまひとつこの実験がイメージできない，おそらく通常の単スリットのフラウンホーファーのことをいっているらしい．］

しかし他のすべての実験と比較することにより，次のようにも推測できる．反射の傾斜［回折光の進む角度か？］がとても大きいときには，何かが起こって，上のように計算される間隔が幾分大きくなることになるのではないか．表3の11行目の値［どの数値をさすか該当するものがない？］は，先ほどの5つの値の平均値から1/6も大きくなっているのがわかる．一方，ニュートン氏の2つの実験の平均値と比べて，私の実験が出した値の1つは，1/4も小さいのである．このような状況を考えると，この段階では，何か決定的なことを結論することはできない．しかし，このように値が変化するのは，光に関わる何かが変化し，それが回折の本来の性質か，あるいは何か知られていない性質のためかわからないが，光の進行が直線からずれて影の大きさを大きくしている，などと推測できる◆6．もしワイヤーの影とそれに一番近いフリンジが，影の方向に向かう光が曲がらずにまっすぐ進むべきとするように，引き合うべきだとするのであれば，このずれに対して補正をほどこさなければならない．しかしこの補正のための光線の進む正しい経路を指摘することは難しい．

◆6 おそらくこれはヤングが，何か幾何学的なファクターをよく認識していなかったためであろう．
[訳注：ここのくだりの文章は意味が不分明である．ヤングも物理をよく把握しないで，こういうこともあるかといっているようだ．白色光を使っていないし，実験の不備や精度の問題もありうると思われるが，ヤングは実験に自信があり，合致しないのには何か物理的な理由があるはずとしているようだ．]

以上に述べた，よくわからないずれの影響が顕著でない観測については，明るい光が暗くなる間隔について，3つの実験の平均値は0.0000127となる．そして，もしこの影響を完全にまぬかれる場合には，この値は，さらに小さくなるといえるだろう．さてニュートンの薄い板についての実験から得られる，似たような間隔についてみてみると，それは，0.0000112となる．これは，前者よりも1/8ほど小さい．このような事実から，これら2種類の現象は，同じ原因によると結論づけられるほど十分に一致している．薄板を用いた光の色の実験で，さまざまな色がそれぞれ消えたり現れたりする場合，光線の2つの部分から出る光路差が等差数列をなすことが，簡単に示される．これらの現象はただ類似しているということではなく，両者とも光の回折という現象で，同じ法則で一般的に説明できるということである．

〈干渉により生じる色や虹の説明への応用の議論を割愛する．〉

光の本性に関する論争

グリマルディが行った，影のなかにみられる際だったフリンジの実験と，他のいくつかの同様に重要な観測は，ニュートンには気づかれないまま放置されてきた．ニュートンの光の理論◆7，あるいは光学者たちのまだそれほど広まってはいない仮説の信奉者たちは，彼らの教義に基づいて，これらの実験の説明を試みてみるがよかろう．しかしもしそれに失敗したならば，これらおよびその他数千の同じような性質の事象について精密に適用されている理論構成に対して，間違った論争をしかけることは慎むべきである．

◆7 ニュートンの仮説は，ヤングが研究しているこの時代には広く受け入れられていた．

ここまで述べてきた実験や計算から，以下のことを推論することが許されよう．すなわち，一様な光は，その進む方向に対して一定の間隔で，互いに消し去ったり，破壊したりできるような，何か反対の量を持ち合わせており，たまたまそれらが1つに合わさると，光が消えてしまう，ということである．さらに，これらの量は交互に，つぎつぎと続く同心円の表面（superficies）[◆8]を（貫いて）進行する．そしてその距離は同じ媒質を通る同じ光についてはいつでも同じになる．測定結果の一致をみても，現象の類似性をみても，これらの間隔（半波長に相当）は，薄い板により色がつく現象に関するものと同じであると結論できるであろう．しかしニュートンの実験が示すように，間隔は密度の濃い媒質であるほど，より小さくなる[◆9]．そしてその数［訳注：波の山の数に相当］は，決まった光については決まった量になるに違いないから，光は密度の濃い媒質中では，希薄な媒質のなかよりもゆっくり動くことが当然結論づけられる．これを認めるならば，屈折という現象が，濃度の濃い媒質へ向かう引力的な力の効果の結果[◆10]ではないといえるであろう．光が粒子の飛翔物であるとする仮説の擁護者たちは，上に述べた推論の鎖のどこの部分が最も弱いかを指摘するべきである．今まで私はこの論文のなかで，どのような仮定もいっさい述べてきていないのだ．我々は，音は同心球の表面状に拡散していくことを知っているし，音楽の音は，互いに消し合うことができる反対の量[◆11]をもち，音程ごとに異なるある一定の間隔が引き続くものであることを知っている．したがって，音と光の性質の間には非常に強い類似点があると結論づけることは十分認められることである．

これらの研究を通じて私は，密度の高い物体の近傍に（光を）曲げるような媒質が存在するといういかなる理由も発見していない．以前にはそのような考え方に傾きかけていたこともあった．星の光行差[◆12]の原因を考察する際に，光を伝えるエーテルが，森の木々を渡っていく風のように，すべての物体のなかに，ほとんど抵抗なくしみわたるさまを信じたくなることはあった[◆13]．

回折や干渉の効果の観測は，実用的な目的に利用される場合，顕微鏡下の微小な物体の見え方について結論を下す際に我々を慎重にさせる．小さな穴を通した細い光線のなかに置かれた，不透明な細い繊維の影では，その幅の真ん中のあたりは両側の部分より何かしら暗さが減じられている．同様の効果は網膜上のイメージに関しても，程度の差はあれ起こりえて，透明とは何もないことだという感覚を我々にあ

◆8 superficies：表面（surface）のこと．

◆9 すなわち物質の密度が濃いほど波長が短くなること．

◆10 これはニュートンの光の粒子説に基づく屈折の説明である．

◆11 互いに反対の量とは，ここでは凝集することと希薄になること（粗密波）．

◆12 星からの光の明らかな角度偏差は，回折のためではなく，地球の運動のためである．

◆13 光が波動現象であるとすれば，エーテルは光を伝える媒質として必要であると信じられていた．後に，アインシュタインの理論により，エーテルの存在は棄却された．

たえる．物質を実際にほんの少し光が通過した場合にも，それが回折光との干渉で打ち消されてしまい◆14，その結果，部分的に不透明な像となり，全体的に一様な半透明像とはならないのである．このようにそれぞれ半透明や不透明な微粒子のつくる中心の暗いスポットや，より暗い円形状の部分に囲まれた明るいスポットの像は，結果として実際には存在しない複雑な構造として，我々に認識されてしまう．この誤謬を検出するためには，2，3 本の細い繊維を交差させ，互いに連結した多くの小球をみてみることだ．または，顕微鏡の拡大倍率を変化させることができれば，間違い探しのための，より効果ある手段が得られるであろう．倍率を変化させてみても，その見え方が同じようで，ようすも同じ程度なら，調べようとしている物質の本来の性質を正しく見ていると考えてよいだろう．Hewson 氏が 1773 年，*Phil. Trans.*, vol. LXIII で描写している血液小体の絵が，この種のにせものを見たものかどうか問うのは自然なことである．私が今までに行った，1 インチ 50 倍のレンズを使った小体の観測の範囲では，Hewson 氏が記述したものとほとんど同じものが得られた．

◆14 両者の間に光路差があるためである．

〈物体の色と紫外光（リッターの暗光線）についての所見を割愛する．〉

〈以下の引用はヤングの一連の講義のうちの講義 39 からのものである．〉

光の本質というものは，生命にかかわることや技術の具体的な話に関する物質的に重要な課題ではない．しかし，他の数多くの分野，とくに感覚の性質や宇宙全体としての成り立ちについて，我々の知見を広めるうえでは，極めて興味深い話である．色々な状況において，色がつくことを研究することは，色の現象の性質や原因の理論と極めて密接に関連している．これら多くの現象は，我々が光の起源や性質を一般的にとらえる知見を形づくるのに大きく貢献してくれることに気がつくであろう．

どちらの側◆15 に立つにしろ以下の論点は納得してもらえるだろう．光は輝く物質から発せられるとても小さな粒子で構成されていて，実際に光が照射されると，光の共通の属性としての速さで動き続けるものであり，または，音の場合と似たような何かしらの波動の励起があり，それは極めて軽く，宇宙にゆきわたっている弾性媒質を伝わるものである．しかし，すべての時代の自然哲学者たちの見解は，これら

◆15 波動説—粒子説の論争．

◆16　ニュートンの考え方は，ある部分波動描像を含んでいるが，光の二重性を強調する現代の光の理論に照らして興味深い．

◆17　R. G. Boscovich. 18世紀のイエズス会士で，粒子説を提唱した．

の意見の一方の，または別の一方に対する好みで，ずっと2つに分裂したままであった．最初の仮説を心に抱く人々にとっては，ニュートンが唱えるように◆16，光の粒子の発散に伴いその光路に沿ったエーテル媒質の波動が生じるものと信じるような，またボスコヴィッチ◆17が唱えるように，小さな光の粒子そのものが，発せられる瞬間に何かしらの回転的，振動的な運動を受け取り，その粒子が進んでいる間，それが保持されるという仮説を想定したくなるような，いくつかの状況が存在している．これらの追加的な仮定は，何か特別な現象を説明するために必要と考えられたのかもしれないが，一般的に理解され，認められたものではない．これらの現象を説明するように何か他の方法を用いて理論に適応させようとする試みもされてきていない．

〈2つの反対の視点を，いろいろな場合に適用した場合の分析の詳細について割愛する．〉

もしある色の光が，決まった幅［訳注：breadth，空間的な繰り返しの幅か？］の，あるいは決まった周波数の波動でできていたとすると，これらの波動は，我々がこれまで調べてきた水の波や音のパルスが示した効果と同じような効果を起こしうるはずである．互いに近接した中心から広がる2つの波は，ある場所ではお互いの効果が壊されてしまい，ある場所では2倍になることを示すことができる．2つの音の唸り現象も同じような干渉によって説明できる．光の色について交互に現れる強め合いと弱め合いにもこの同じ原理を適応しよう（図1）．

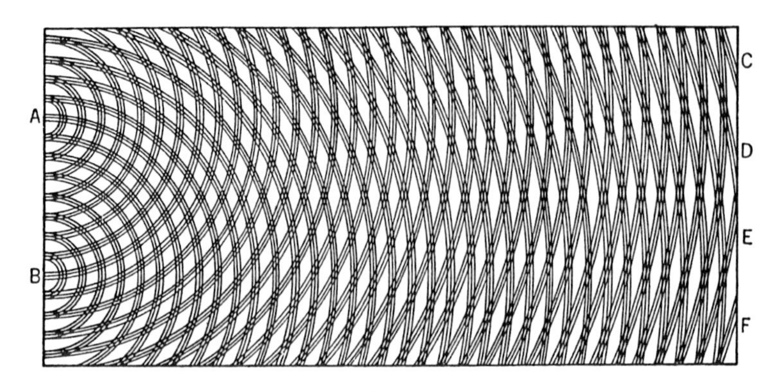

図1

光の２つの部分の効果がこのように合成されるためには，２つの部分が同じ波源から送られて，違う光路を通り，同じ場所に到着するようにしなくてはならない．この光路の偏差もあまり大きくならないようにする◆[18]．それぞれの光の部分の一方が，または両方が，回折，反射，屈折，またはこの組み合わせにより，この偏差が生じる．最も簡単な場合としては，一様な光線が，発散の中心となる２つの小さな孔かスリットの空いたスクリーンに照射されたときで，そこから光がすべての方向に回折するときである◆[19]．この場合，２つの新たに生じた光線を，それをさえぎるように置かれた紙の表面で受けると，光はほぼ同じ幅の暗い線によって分割される．この間隔は，光を受ける表面が，小さな孔から遠くなるほど広くなる．これはちょうど，どの距離においても，中心の孔に対してほぼ同じ角度で向かい合うような具合にである．またこの間隔は，もし２つの小さい孔の間隔を近づけると同じ比率で広がるのである．２つの部分の中心はいつでも明るい，また両側の明るい帯は，片方の孔からくる光の行程がもう一方の孔からくる光の行程よりも，仮定された波動の幅（間隔）の１倍，２倍，３倍……と長くなるようなときに生じている◆[20]．一方，間で起こる暗い線は，両者の距離の差が，仮定された波動の幅の半分，１と1/2，２と1/2，（半奇数）となるときに現れる◆[21]．

いろいろな実験の比較から，深い赤色の光を成す波の幅は，空気中において，１インチの1/36000［訳注：7.056×10^{-7} m＝7056 Å］である．そして，深い紫色の光の場合は，1/60000［訳注：4.233×10^{-7} m＝4233 Å］，全体の強度のスペクトルの真ん中あたりでの値は，1/45000と考えられる◆[22]．知られた光の速さから計算すると，500の100万倍のさらに100万倍の波が１秒間に目に入ってくることになる．白色光か色が混ざった光の２つの部分が合わさったところには，遠いところで観測すると，この間隔に対応して明るい，また暗い縞が何回か現れる．これをさらに詳しく調べてみると，異なる幅の数え切れないほどの明確な縞模様が一緒に混合されて，美しい色彩の多様性が生みだされ，だんだんと互いに入り乱れていくのがわかる．真ん中の白色部分は，まず黄色っぽい色になり，黄褐色になり，さらに，深紅色に，紫に，そして青になっていく．それらは遠くから見てみると，暗い帯となる．この後，緑色が現れ，さらに現れる暗い部分はやや深紅

◆[18]（この最後の条件は）光はコヒーレント（可干渉性をもつ）でないといけないということである．多分ヤングはこのことを実験から会得したのであろう．

◆[19] ヤングの二重スリットの実験．

◆[20] すなわち波長の整数倍ということ．

◆[21] 半波長の奇数倍．

◆[22] 実際の可視光の範囲はこれらの限界を少し上回るだけである．ヤングの観測は恐ろしく精確である．

の色合いとなっている．その後の光は，みな何かしら緑色で，暗い部分は紫色とやや赤っぽい色である◆23．これらのようすのなかで，赤い光は支配的であり，赤色と濃い紫色（purple，赤に近い）の縞は，それぞれの色が別々にうけられたように，フリンジのなかでほとんど同じ場所に現れる．

◆23　色がつくということは，異なる波長がそれぞれ干渉の条件を満たすからである．

この理論の結果と実験を比較すると，両者の一般的な一致が成立する．しかしながら，ある観測については，回折現象と密接な関係があると思われる，未知の理由によるわずかな補正が必要なことも示されている．ほぼまっすぐ進む光の部分が分かれてつくる縞やフリンジは，より多く曲げられた光がつくる外側の縞よりも，少し広めの幅になる◆24．

◆24　フレネルによる説明（p. 132）を見よ．

平行なスリットの幅を大きくし，影をつくるような物体を挿入する．両端の外から広がってくる光により前と同じようなフリンジがつくられる．しかしそれらは，影の範囲以外では簡単には見えない．他の部分は強い光で照らされているからである．もしこのように回折された光が目に見えるようにすると，影のなかでもその周辺でも，縞は依然として現れている．小さい繊維がつくる色はこのように形成されるのだろう．したがって，羊の毛の房のように同じ繊維を集めて目の前に置いて，我々が発光体を見ると，それぞれの繊維による縞が組み合わさることで，円環状のフリンジあるいはコロナに変換されるようになる．このことは多分，太陽や月のまわりに時たま見える色のついたフリンジやコロナの原因であろう．それらは互いに，そして発光体からもほとんど同じ間隔で，2つ3つ一緒に現れる．内側のものは縞のようで，少し薄まった感じである．互いに2，3度の距離［訳注：distance of 2 or 3 degrees，角度に相当する距離か？］をおいて，コロナの列が現れるためには，空気のなかに，直径が1/2000インチを超えない程度の同じ大きさの水蒸気の粒◆25が含まれていることが必要である．

◆25　または，非常に小さい氷の結晶．

一方で，平行なスリットを隔てているスクリーンの部分を取り除くと［孔を1つにすること？］，それらの外側の縁（へり）は，それぞれの側の影のなかにやはり回折光の効果を示す．この実験は，ニュートンにより行われた，ほとんど接触しそうに置いた2つのナイフの刃を通った光についての実験と同じようなかたちになっている．そのような実験では，よく研磨された刃の遠い側の部分から反射された光の影響が現れ，そしてその光の幅が開口の幅や，繊維の影の幅より大きいと，必然的にフリンジをつくる光に関与してくる．

互いに非常に近接して置かれた２つのナイフの刃は，どのような物質にせよ，よく磨かれた表面の細い溝がつくる対立して置かれた２つの縁のようなものである．非常に小さい筋，どんな物質にせよ磨かれた表面の切れ目という反対の極限を表していて，いろいろな角度に傾けてみれば，ナイフの影に現れるものと非常によく似た一連の色が観測される．しかしながらこの場合，入射前の光の２つの部分の光路を考える必要がある．これらの光路程の全体の差が，いつもの色の見え方を規定している．表面が正常の反射をしていてそのような状況のとき，明るい点の像が見えているときは通常の反射の場合であって，この光路程に差はないので，光は完全に白色のままである．しかし他の場合には，傾きの角度により，さまざまな色が現れる．これらの色は，荒く研磨された金属の表面を太陽光のもとに置くと，不規則なかたちで現れる．しかしもし何本もの細線が同じ強さで互いに平行に描かれていると，このような効果が相乗的に重なって，さまざまな色がより明瞭に目立つようになる◆[26]．

小さい穴を通ってきた光線のなかに置かれた平行な縁をもたない物体が影をつくるときがある．光の２つの部分は物体の２つの縁で互いに直角に回折するとき，しばしば影のなかに曲がったフリンジの短い列が対角線状に生じる．これは，最初グリマルディにより観測されたものであるが，２つの光の部分が影のなかに互いに直交して侵入するときの干渉現象として，一般的な理論で完全に説明できる．

この種の現象で最も明白なことは，小さい穴を通った光のビームのなかにつくられる影の外側に見られるフリンジである．白色光のなかに，３つ，時として４つのフリンジが見える◆[27]．しかし単色の光の場合には，この数は多くなる．影から遠くなるほど幅は狭くなる．これの原因は，直接の光と，この現象を生じさせる物体の縁の部分から曲げられてくる光との干渉であることを簡単に示すことができる．入射光の傾きは，その縁が狭い場合でも，フリンジがはっきり見えるほど豊かな反射を引き起こすものである．反射によるたくさんの目に見える効果を示す．すなわち，反射する光の量が多いほど，フリンジはよ

◆[26] これは回折格子の原理である．多くのスリットからの効果の重ね合わせである．

◆[27] これらの鮮明さは隣り合う色の重なりにより損なわれる．

り明瞭に示される．この理論によれば，影から最初の暗いフリンジまでの距離は，4 番目の暗いフリンジまでの距離の半分のはずである．これは異なる光路の長さの差はこれらの距離の 2 乗になるからである．実験はこの計算を正確に確認した．ただし他の場合にも必要なわずかな補正をした．最初のフリンジまでの距離はいつも少しだけ大きい◆[28]．また影自体の広がりも，上記のフリンジ間隔に現れる差と同程度に，いつもやや大きい．この状況の理由は端の部分でそれぞれの光線の強度が分けられるごとにだんだんと減っていってしまうためと思われる．ちょうど水の波でみられる現象と極めてよく似ている．同様の理由が，最初のフリンジの位置についての一般的な補正や変化を生じさせている．しかしそれらのすべてを十分に説明しているとは言いがたい．

◆[28] 影から測られたフリンジの距離と比べて，スクリーンがスリットから十分に離れた距離にある場合，このフリンジの間隔は一定のはずである．そうでない場合は，幾何学的な補正が必要である．

光の互いの干渉の効果を示すためのさらに一般的で，簡便な方法は，透明な材料の薄い板における色の発生である．この場合の干渉する光は，板の上面と下面で多重に部分反射することで発生する．または，その板に光を透過させてみる場合は，屈折してくる光と，2 回反射してくる光が干渉する．干渉のようすについては，後者の場合が，前者の場合に比べて鮮明ではない．後者の場合は干渉する光は，全体の光ビームのうちごくわずかな部分だけだが，前者の場合は，干渉する 2 つの光ビームはほぼ同じ強度になり，他の強度が大きな光からは分離されて出てくるからである．どちらの場合も，板をだんだんと薄くしていき，極端に薄い刃のようにすると，その光の順序は，すでに述べた縞模様や光の環（コロナ）の場合と正確に同じである．またこのような実験ではよくあることだが，板の表面が平面でなく凹面になっている場合には，その縞の間隔が変化するだけである．とくに鉄などの金属の表面を熱して得られる酸化物の目盛りによって，反射光として一連の光を得ることができる．この目盛りは最初信じられないほど細く，光の反射を妨げることはないのだが，すぐに，鈍い黄色，そして赤，つぎに深紅と青となり，そうなってからは，ふつうの酸化物のように不透明になりそのような効果を起こさなくなる．通常，反射光に生じる一連の色は少し異なった順序をとる．酸化物の目盛りは空気より密度が高く，鉄は酸化物よりも密度が低い．しかし，板の上下の物質は，ともに板より密度が低いか，ともに密度が高いかであり，異なる種類の表面での反射は異なる性質をもち，波動のようすは変更を受けるであろう．そして，極限まで薄くした板は白いというよりも黒くなり，光の一部は他の部分と強め合うというよりも打ち消し合うように働く◆29．そこで，石鹸水の薄い膜をワイングラスの上に張り，垂直に置くと，一番上の部分は非常に膜が薄くなり，ほとんど黒く見える．一方，下の方は，いろいろな色の帯で水平方向に区切られる．また2枚のガラスの1枚が少し凸のとき，力を入れてそれらを押しつけると，2枚のガラスの間の空気の層は色のついた円環を示す◆30．中心の黒いスポットから始まり，円環の間隔はだんだん狭くなるが，これは，1枚のガラスがもつ曲率のために空気の層の厚みがだんだん増していくからである．黒のつぎには，ほとんど見えないほどわずかではあるが紫が続く．そのつぎにオレンジがかった黄色，そして深紅色と青となる．もし，水や他の液体をガラスの間の空気の代わりに満たせば，この間隙が空気層のときよりずっと小さくなった場合の円環が現れる．それは，液体の屈折率が空気よりも大きいからである．このような状況は，ホイヘンスの仮説により，光がいろいろな媒質中を動くときに，それに応じた速度をとることから必然的に生じている．以下のことは，この理論にとって同様に必然であり，他のすべての理論とは矛盾する．すなわち厚い板に光が斜めに入射する場合は，薄い板に光が垂直に入射する場合と同等である．光の異なる部分の光路の差は観測した現象で正確な対応を示す．

〈この後，小さい物体や虹の色についての簡単な議論があるが割愛した．〉

◆29 屈折率の大きな物質から反射されるときは位相が反転するから．

◆30 ニュートンリングである．

光の干渉の一般法則が，十分な正確さで，極めて多様で，状況の異なる場合にも適応可能であるということが，十分満足のいくかたちで有効性が確立されたと推論される．この法則がまず示唆するところの理論の，完全な確認または明確な拒絶は，時間と経験のみが行うものと期待できるであろう．もしこの法則が打ち負かされたなら，我々の自然理解はふたたび以前の限界の範囲に閉じ込められるだろう．もしこの法則が完全に確認されたなら，自然の操作に関する我々の見識は豊かに大きく広がることであろう．なぜなら，光の伝搬が影響を及ぼす媒質についての知見から得られる手段は，非常に強力で一般的だからである．

補遺文献

Crew, H. (ed.), *The Wave Theory of Light* (New York: American Book, 1900).

Dampier, W. C., *A History of Science* (New York: Cambridge University, 1946), pp. 219ff.

Lenard, P., *Great Men of Science* (New York: British Book Centre, 1934), pp. 196ff.

Mach, E., *The Principles of Physical Optics*, trans. by J. S. Anderson and A. F. A. Young (New York: Dover, 1953).

Magie, W. F., *A Source Book in Physics*. (New York: McGraw-Hill, 1935), pp. 308ff.

Newton, I., *Opticks* (New York: Dover, 1952).

Wood, A., and Oldham, F., *Thomas Young* (New York: Cambridge University, 1954).

8

光 の 回 折

The Diffraction of Light

オーギュスタン・フレネル
Augustin Fresnel　1788-1827

1803年にトーマス・ヤングが光の干渉現象を発表したとき，研究者たちはあまり興味を示さなかった．そのような状態は10年後にフレネルが，光の波動性について，ニュートン理論を信奉するものでさえ受け入れざるを得ない決定的な証拠を提示するまで続いた．彼の仕事は二重の意味で重要であることを決して見落としてはならない．彼は波動説を最初に唱えたわけではない．他の研究者，なかでもホイヘンスやヤングは彼に先行している．しかし適切に問題を解決し，明解で決定的な結論をもたらしたフレネルは，光の波動説の創始者であるとして一般に認められている．同時に彼はニュートン物理学にしたがった純力学的な考え方を打ち破ったのである．媒質に関係なく光が伝搬するという考えを受け入れることは，その当時難しかったことはよく理解できる（今日でさえ多くの人がその方がより考えやすいとは思っていない）．ニュートンによって権威づけられたという理由ばかりでなく，当時の哲学的な展望にもよく合っていたという理由で，微粒子説（光の）は支持を受けていた．同じ理由で，波動説がいったんは受け入れられても，力学的な体裁を保つために，“エーテル”の概念が持ち込まれた．このような保守的な精神を前にして，フレネルの理論が広く支持されるようになったとしても，それはよほど画期的なものであったに違いないとみてとれる．フレネルの説明でこの問題は終結したわけではない．それがもつギャップは後にジョージ・ストークス（George Stokes，1819-1903），クラーク・マクスウェル（Clerk Maxwell，1831-1879），H. A. ローレンツ（H. A. Lorentz，1858-1923）らによって埋められることになる．しかしフレネルはそのうちの大部分の仕事を成し遂げ，さらに正しい考え方の方向づけをしたのである．

オーギュスタン・ジャン・フレネル（Augustin Jean Fresnel）はフランス，ノルマンディ地方のブロイ（Broglie）で1788年5月10日に生まれた．フランス革命が勃発する前年である．彼の父は建築家で，フレネルの技術者としての生涯は父の影響が決めたのかもしれない．彼はまずカーン（Caen）で教育を受けたが，16歳でパリのエコール・ポリテクニークに入学するまでは，これといって印象に残るようなことはなかった．そこでは彼はことに数学において著しい進歩をみせ，有名な数学者アドリアン・マリー・ルジャンドル（Adrien Marie Legendre, 1752-1833）の目にとまった．2年後国立土木学校（École des Ponts et Chausées）に入学を許され，技術者として1809年に卒業した．しばらくして政府の文民技術者となったが，一時期を除けば彼は生涯この職に留まることになる．フランス国内数か所の高速道路建設の技術者を務めたあと，スペイン-イタリア間の主要高速道路にあるDrome局に移った．これはナポレオンがエルバ島から1815年春に戻り，百日天下が始まった時期である．彼はブルボン家への忠誠を誓い，ナポレオンのパリ入城を阻止する軍隊に入ろうとした．その結果彼は職を失い，光学の研究からしばらくの期間遠ざかることになった．

1814年頃彼は，光学収差に関する未刊行の論文を書いているが，その頃にこの研究をスタートさせたらしい．すぐに彼は回折の仕事に転じたが，そのはじめの頃にはヤングの発見については何も知らなかった．簡単な装置を使って，不透明体の影にできる縞模様を測定し，その結果を1815年末～1816年初めにかけて，パリ科学アカデミーで報告した．そこでは彼は，ヤングが初期の実験で遭遇した批判に劣らない強い反論を受けた．ラプラス，ビオ，ポアソンらの著名な科学者たちが強く批判した*1)．フレネルの理論についてのポアソンの反論は，もしその説が正しいとすれば，丸い物体の影の中央は明るくなるはずだが，もちろんこれは事実に反する，というものであった．フレネルは彼の理論からそれが導かれることに同意し，この効果を実験で証明することに努力した．当時フレネルは回折の完全な理解に到達していなかった．彼はホイヘンスの仕事には通じており，またヤングの実験についても学んでいたが，干渉を起こすのは波面上の点ではなく有限の大きさの面積*2)であるという考えをまだ把握していなかった．そのため彼

---

*1)　ピエール・ラプラス（Pierre Laplace, 1749-1827）は，液体中の分子力の仕事と数学に長けた人物として知られている．ジャン・ビオ（Jean Biot, 1774-1862）は光学および電磁気学の研究で活躍した．シメオン・ポアソン（Siméon Poisson, 1781-1840）は，力学および熱学の分野で数学の物理学への応用の仕事をした数学者として知られている．

*2)　いわゆるフレネルゾーンのこと．

は，ヤングと同じように，障害物の縁で方向を変えられた，光源からの直接の光線の干渉によりフリンジができるものと考えていた．1816年半ばになって，フレネルは波動光学の仮説によって回折現象を正しく説明することができた．

1815年，ナポレオンの2度目の退位に際して，フレネルは政府の職に復帰した．次の年に友人でかつ共同研究者であるフランソワ・アラゴー（François Arago, 1786-1853）に影響されてパリでの官職を得，11年後に没するまでその地位に留まった．その間2年ほどOureq Canal［訳注：パリ近郊100 kmあまりの水路］の仕事に携わり，その後は灯台の委員会で働いた．晩年にはエコール・ポリテクニークの試験官の地位を確保した．この間も彼は光学の研究を続けていた．1818年にフランス・アカデミーが提案した回折現象に関するコンクールに応じたフレネルの論文は，最初の賞（Crown Memoirとして知られる）に輝いた．かつては彼の批判者であったラプラス，ビオ，ポアソンらも審査員として一致してこの決定に賛同した．1823年にパリ科学アカデミーの会員に選ばれたが，その年に最初のフレネルレンズがフランスの灯台に搭載された．1827年39歳での早すぎる死をとげる数日前に，物理光学分野の彼の発見に対して王立協会のランフォード・メダル（Rumford Medal）が彼に贈られた．この発見には有名な複屈折の研究およびアラゴーと行った光の横波の性質を明らかにする偏光の干渉実験が含まれている．

彼が生涯を通じて興味をもったものは光学の実験であった．トーマス・ヤングへの手紙のなかで，彼は「……アラゴー，ラプラス，ビオから受けたすべての賛辞に勝るものは，理論的な真実，すなわち計算を実験によって実証しえたときの喜びです」と述べている．

以下の抜粋文は1826年に刊行された“*Mémoires de L'Academie Royale des Sciences de L'Institut de France*”第5巻に掲載された彼の受賞講演から採った．英訳はH.クリューの編集による“*The Wave Theory of Light*”（New York: American Book Co., 1900）に掲載されている．

✣ ✣ ✣

フレネルの実験

〈論文の最初に光の粒子説と波動説とを比較した一般論が述べられているが，ここでは省略する.〉

グリマルディ（Grimaldi）は光線が互いに重なり合うときに生じる効果を観測した最初の人である．最近になって，優れた科学者であるトーマス・ヤング博士は，不透明な物体の両側の縁で屈曲［訳注：inflect の訳，現在の用語“屈折” refraction とは意味合いが異なるように思える］した2つの光線が重なり合うことで，内部フリンジ［訳注：interior fringe，影の内部にできる縞模様・干渉縞，後出 exterior fringe 参照］が生じることを，簡単なそして優れた実験で示した◆1．彼は2本の光線の一方をさえぎった場合をスクリーン上で見せてこれを証明した．この場合，スクリーンの形，質量，あるいは性質がなんであろうと，また光線を光路上のどこでさえぎっても，フリンジは完全に消滅した．

◆1 ヤングの二重スリットの実験.

厚紙または金属板の上に，接近した2本のスリットを刻み，点光源の前に置くと，スクリーン上には，明るくくっきりとしたフリンジが生じる．不透明体と眼の間に拡大レンズを置き，影を観察すると，2つのスリットが同時に照明されているかぎり，影のなかには多くの色のついた鋭い線がみられる．そしてこれらは一方のスリットからの光線をさえぎるとただちに消えてしまうことが観測される．

同じ光源から出射し，2つの金属の鏡で正反射された2本のペンシル光を小さい角度で重ね合わせた場合も同じようなフリンジが生じる．この場合それらの色は，より鮮明で，より明るい◆2．これらのバンドを観測するためには，2つの鏡は，その接する線に沿って一方の面が他方の面からずれないように注意深く設置しなければならない．これは2つの光線が，ともに明るく光る観測面*までにたどる行程の差が非常に小さくなるようにするために必要である．ちなみに次のことを注意しておこう．この実験は干渉の理論だけで説明できる．実験はデ

◆2 フレネルの2枚鏡の実験．2枚の鏡はわずかな角度をもたせて接するように置く.

リケートな操作を必要とする．偶然に上手くいくのでなければほとんど不可能といってよいくらいの持続した努力を必要とする．

もし鏡の1つを起こす（傾ける）か，あるいは反射する前ででも後ででも光線をさえぎると，前に述べたことと同じようにフリンジは消える．これはフリンジが鏡の縁の作用でつくられるのではなく，2つのペンシル光線が重なったことによってつくられることの証拠である．フリンジは光点の2つの像が合わさる線に常に直角である．これはその線が縁に対していくら傾いていても，少なくとも正反射された2つのペンシル光に共通の面積内にあるかぎり成立する†．

非常に細い物体の影の内部にフリンジがみえること，また2枚の鏡を使ってもフリンジが得られることから，フリンジの生成は2本の光線の間の相互作用によるということが明らかであるので，点光源により照射されている物体の影の外部にできるフリンジ（exterior fringe）についても同様な説明が可能であると思われる◆3．最初に私は，この外部フリンジは直接到来する光線と不透明体の縁で屈曲した光線との間の干渉によって説明され，一方で内部フリンジは，［訳注：光源の？］面あるいはそれに非常に近接した2点を発した光が不透明体の2つの縁で屈曲されてから，重なり合う効果として説明されると考えた．これはヤング氏の考えであり，また私の最初の考えでもあった◆4．しかしこの現象をよく調べてみると，この考えは間違いであると確信するようになった．

◆3 外部フリンジとは影のすぐ外側につくられるフリンジである．

◆4 1816年半ばまでは，フレネルもこの考えをもち続ける．

〈このあと，ヤングの理論を使った議論が書かれているが，ここでは省略する.〉

* 白色光あるいは可能なかぎり均一な組成の光の場合，観測できるフリンジの数には限りがある．なぜなら光はその強さを減じない範囲で，できるだけ簡単な組成であるときでさえも，不均一な成分をもっているからである．そしてつくられる明暗のバンドは，同じサイズをもっていないので，次数が増加するとそれに比例して互いに侵食し合い，最終的にはこわれてしまう．これは光路差がある程度大きくなると，フリンジがみえなくなる原因である．

† フリンジが外に広がっている場合，この外の部分は，1つの鏡で正反射された光線と他の鏡の縁の近くで屈曲した異なる方向をもつ光線との重なりの結果である．この現象を注意深く観察すると，フリンジの形や位置は干渉の理論でよく説明できることがわかる．

この回想録のはじめに，光の粒子説では，光源からの直接光あるいは不透明なスクリーンの縁で反射または屈折した光線に対して干渉の原理を適用しても，回折現象を説明することはできないことを示した．私は，ホイヘンスの原理と干渉の原理に基づき，波動の一般的理論を使って，その他の余分な仮説を用いることなしに，この現象に満足すべき説明をあたえられることを示す．これら2つの原理は基本的な仮説から導かれるものである．

光は音波と同じように◆5 エーテルの振動であると仮定すれば，回折を起こす物体からかなり離れた地点で，光が変容［訳注：inflect．この場合は「屈折」では不適切と思われる］することを説明できる．たとえば弾性流体の一部が圧縮されるとそれは全方向に広がろうとする◆6．つまり波の上で粒子（流体の）が法線方向に動くと，波の球面上の各点は圧縮か膨張の力をうける．しかし横方向の力はつり合っている．もしそこに挿入された不透明または透明のスクリーン［訳注：ここでは衝立または障害物］で波面の一部がさえぎられると，横方向の均衡が破られて，波の各点から新しい方向へ光が送り出されることになる．

◆5　後にフレネルとアラゴーは，光は横振動であることを示している［訳注：音波は縦振動（振動方向と伝搬方向が一致）である］．

◆6　このような流体のなかでは，どんな圧縮も膨張も媒質のなかを伝搬する．

スクリーンで波がさえぎられたときに波面がどう変化するかを力学的に解析することは極端に難しい作業である．我々は回折の原理をこのような方法で導くこと，あるいはスクリーンのすぐそばで何が起こるかを論じることはやめることにする．そこでは間違いなく非常に複雑な現象が起こっているであろうし，スクリーンの縁の形がフリンジの位置や強度にかなりの影響をあたえていることは間違いないからである．その代わりに我々は，光がスクリーンから波長の何倍も何十倍も遠ざかった地点での波面上で，いろいろな点における光の強度を計算することを提案する．我々が調べる場所は，光の波長に比べてスクリーンから十分に遠く離れた点である◆7．

◆7　この条件は実際上常に成立している．

我々は弾性流体のなかの振動の問題を数学者が扱うように，すなわち単一の擾乱を考えるようには取りあげない．自然界では単一の擾乱というような現象は起こらない．擾乱は振り子や発音体にみられるように，群をなしてやってくる◆8．光の粒子の振動も同じように起こると仮定しよう．すなわちそれは一粒一粒が次々と続いて，あるいは一連一連が続いてやってくるのである．この仮説は単なる類推からでは

◆8　そのような周期現象を扱うために，最近フーリエの調和解析法が開発された．

なく，物体中の各粒子を平衡に保つ力の性質の帰結なのである．光の粒子1個が長い一連の繰り返し振動をいかに保つかを理解するには，それの密度が，振動する流体の密度よりはるかに大きいことを予想しなければならない◆9．そして実際このことは惑星空間を満たしている流体のなかで，惑星の運動が一様であることからすでに結論づけられているのである．これまでの数多くの成功例に刺激されて，光の性質についても始めて，驚くような見方がもたらされるのだということは，あり得ないことではない．

◆9 すなわちこの流体での減衰効果は小さい．ここではエーテルの物理学的な性質を特定しようと試みていることは明らかである．

波面のつくる系は広がっていると考えられるけれども，それは限られていることは明らかである．そして干渉のことを考えると，それが重なり合う部分で波面の端がどこであるかは断言できない．したがって，たとえば光路の長さが半波長違った，波長と強さがそれぞれ同じ2つの波が，エーテルのなかで出会い打ち消し合うように干渉する．そして端の半波長分だけが干渉を免れる．

それにもかかわらず，全システムを通じて，波のいろいろな系が同じ変化をすると我々は仮定する．この仮定からくる誤差はわからないほど小さい．さらに我々の干渉の議論では，一連の光波はエーテルの一般的な振動であり，その端は定義されていないものと仮定する．

〈このような仮定は数学的な取り扱いを簡単にする．これに関する記述は以下省略する．フレネルは2つまたはそれ以上の波連の重ね合わせの効果をどう計算するかを示している．〉

任意の数の光の波連の重ね合わせを定義すれば，干渉の公式とホイヘンスの原理だけを使って，回折現象のすべてを説明でき，また計算することさえ可能であることを示したい．基礎的な仮定から厳密に導かれると私が考えるこの原理は，次のように表現できる◆10．**波面上の任意の点の現在の振動は，その前の瞬間に，同じ波に属する他の任意の点*で，互いに独立に振動する個々の素運動から今の場所に送られてきた今の時点での振動の和と考える．**このことは小運動の和に関する原理から導かれるものである．その原理とは，弾性流体のなかのある点で，何らかの擾乱によって引き起こされる振動は，他の任意の場所の異なる擾乱によって引き起こされた，任意の数の，任意の性質の，任意の位相（epoch）の振動が，その点に到達したものの和であると

◆10 ホイヘンスの原理と呼ぶ．

するものである◆[11]．この一般的な原理は，個々のすべての場合に当てはまらなければならない．私はこれら無限の数のすべての擾乱は，すべて同じ性質のもので，1平面上，または1球面上で連続して同時に起こっているものと考える．この擾乱の性質についてもう1つの仮説をたてよう．すなわち各粒子にあたえられる速度は，すべて球面に直交していて◆[12]，圧縮の大きさに比例し，後ろ向きの成分はもっていないとする[†]［訳注：前後対称ではなく，後方に現象が伝わらないとすることが，フレネルの回折の説明に重要である．ここではなぜかは説明されていない］．その結果，局所的な擾乱から生じる一次波を形成することができる．すなわち波面上の任意の点における振動は，少し前の時間に，同じ波の別の点で独立に起こされ，その点に到達した，すべての二次的な変位の和である．

◆[11] これは力学の当然の帰結である．

◆[12] 音波の場合がそうである．原著者脚注[†]を見よ．

理論的あるいは種々の考察から，もし一次波の強度が一様であるならば，そしてその波の一部がさえぎられたり，隣の部分に対して遅れたりさえしなければ，この一様性は光路に沿ってずっと保たれる．それは前に述べた二次変位はすべての点で同一だからである．しかし波の一部が不透明体などによって遮られると，各点の強度は，影の端からの距離にしたがって変化する．この変化は幾何学的な影の端の近くでとくに顕著である．

図において，C は光源，AG はスクリーン◆[13]，AME は今 A 点に到達した波面であるが，その一部を不透明物体で遮られている．この波面を無限個の弧，Am'，$m'm$，mM，Mn，nn'，$n'n''$，…で分割しよう．

◆[13] AG は波の光路のなかに挿入された不透明物体である［訳注：スクリーンという語は以下の文でも頻繁に使われるが，投影面をさすのではなく，遮蔽物，目隠しの意味である］．

---

* 私はここでは流体における最もありふれた振動，すなわち無限に続く波のみを論じている．2つの波が半波長だけずれているときに，互いに打ち消し合うということは，この場合のことである．干渉の式は単一の波には適用できないし，またそのような波は自然界には起こらない（編著注：衝撃波や電気的衝撃のような単一の擾乱も自然界には起こるが，それは一般には適当な周波数や位相をもった多くの連続波の重ね合わせとして扱われる）．

† 粒子に課せられる速度の方向が波面に直角でない光波も存在することは可能である．この回想録を書くにあたって，偏光波の干渉を研究していて，私は光の振動は光線の方向に直交している，あるいは波面の向きに平行であると確信するようになった．この回想録に書かれている議論や計算は，この新しい仮説に矛盾することはない．それはこの仮説は，振動の実際の方向には関わりなく，フリンジをつくる波が伴う振動はすべて同じ方向を向いているとだけ仮定すれば成立するからである．

時間が経った後の波面BPD上の任意の点Pにおける強度を決めるためには，元の波面の各点から独立に発生し，Pに至る二次波の重ね合わせを知る必要がある．

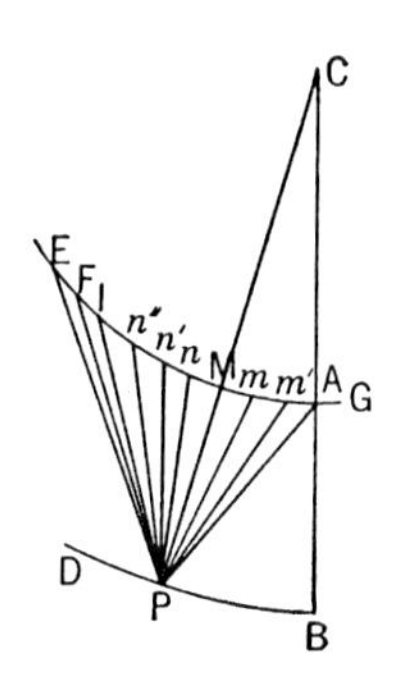

一次波の任意の場所に伝わってくる衝撃（impulse）は，法線の方向を向いているから，エーテル内に引き起こす運動もまたこの方向が，他の方向に比べて強いはずである．したがってそこから出る光線も，もし単独に働くなら，この方向からそれるにしたがって弱くなるに違いない．

各擾乱（disturbance）中心の周囲で，強度が変化するようすの法則を調べることは疑いもなく難しい問題である．しかし幸いなことに我々はそれを知る必要がない．これら光線がつくりだす効果は，その方向が法線方向から傾いてくると，互いに打ち消し合うように働くことが容易に導かれるからである．したがって，光線が，任意の点Pで受け取る光の量にあたえる効果は，同じ強さであると見なしうる*．

さて，EP, FP, IPの光線を考えよう．これらは［訳注：波面の法線の方向から］かなり傾いている．これらはP点で交わるが，Pの波面EAからの距離は，光の波長の大きな倍数になるとする．2つの弧EFとFIは，EPとFPの距離の差，およびFPとIPの距離の差が，それぞれ波長の半分となるように設定されている．この2つの光線はとも

* 擾乱中心が圧縮されると，広がろうとする力が，粒子をすべての方向に飛び散らせようとする．もし後方への運動がないとするならば（編著注：後方への波は，相互干渉で打ち消される），その理由は単純に，前方への初速度が後方へ広がろうとする速度を破壊するからである．しかしこのことから，擾乱は初速度の方向にのみ伝わると結論することはできない．なぜなら直角方向に広がろうとする力はその効果を失うことなく最初の衝撃と結合するからである．このようにして形成される波の強度は，場所によって著しく異なることは明らかである．それは最初の衝撃のためばかりではなく，衝撃中心の周りで起こる圧縮の現象は，すべて同じ法則にしたがうわけではないためである．しかし合成された波の強度変化は，連続の法則にしたがうはずで，それは一次波に直交する方向からどんな小さな角度でも消えてしまうと考えられるからである．粒子のもつ初速度は，それがどんな方向でも，法線方向とつくる角度の余弦に比例する．この成分は角度自体が小さいかぎり，角度によってほとんど変化しないからである（編著注：余弦関数の値は，小さい角度では，ほぼ1であまり変化しない）．

に大きく傾いており，また半波長は光線の長さに比べてはるかに小さいので，2つの弧はほとんど同一と見なせる．すなわちＰ点に向かう2つの光線は，ほぼ平行である．そして2つの弧からＰ点に至る光線の長さは，半波長だけ異なるので，これらは互いに打ち消し合うことになる．

一次波面のいろいろな場所からＰ点に至る光線のすべては同じ強度をもつとしてよいだろう．この仮定が成り立たないような光線の組み合わせは，受光点で大きな効果をあたえないであろう◆14．すべての素波の合成を計算する際，簡単のために，振動はすべて同じ方向に起こっているとしよう．これら光線同士が互いにつくる角度は小さいからである．したがってこの課題はすでに我々が解決した問題，「強度と相対的な位置関係があたえられた，同じ長さの平行な任意の数の光線の合成を求める問題」に帰着する．強度はここでは，輝いている弧の長さに比例し，波連の相対的な位置関係は進行する光路の差であたえられる．

◆14　干渉に関するかぎりでは，波面上のごく接近した2点を発した光だけを考える必要があるということである．

今までわれわれは，Ａにあるスクリーンの端に直角な面内にある波の部分だけを考えてきたというのが適当であろう．これからは波の全体を，図の面に直角な等間隔の子午線で切断した無限に細いスピンドル（spindle：紡錘体）に分割して考えよう◆15．そうすればこれまで波の一部についてしてきた議論を，同じように使うことができ，互いに傾いた光線は互いに打ち消し合うことを示すことができる．

◆15　三次元の場合を考えるにあたって，フレネルは簡単のための，紙面に直角な円筒型の波面を仮定している［訳注：したがってそれは地球表面を子午線で分割したような紡錘形ではなく，長方形の断面をもつ］．

今考えている場合では，光波は片側だけがさえぎられているから，これらスピンドルはスクリーン端に平行な方向に無限に延びている．したがってＰ点に向かって送られた微小振動の強度の和は，それぞれのスピンドルに対して全部等しいといえるであろう．なぜなら，少なくともＰ点に送られて何らかの効果を発生する一次的な光線の範囲に関するかぎり，同じ強度のスピンドルから発せられる光の行程差は非常に小さいと見なせるからである◆16．それぞれの重なり効果の要素［訳注：elementary resultant，光線が重なったときの効果を resultant といっているが，限定された部分からやってくる光線の重なり効果を elementary resultant といっているようである］は，Ｐ点に一番近いスピンドル上の点，すなわちスピンドルが紙面をカットしている点を発する光線に比べて，同じだけ位相が異なっている．これら重なりの

◆16　前に述べたのと同じ理由で，光線は波面上のごく接近した領域から発せられたとする．

要素の間の（位相の）間隔は，すべて紙面内にある光線 AP, m'P, mP, ……の光路の差に等しくなるであろう．そしてその強度は弧の長さ，Am', $m'm$, mM, ……に比例するであろう．すべての重なり効果の和を求めるためには，我々がすでに行った，スクリーン端に直角な面内からくる波の効果について行ったものと同様な計算をしなければならない*.

光の重ね合わせの解析的な式を導く前に，ホイヘンスの原理を使って簡単な幾何学的な考察から導かれる干渉について図解することを考えよう．

AG は不透明体で，距離 AB だけ隔たったところの影のなかでフリンジがみられるほど十分に細いものであるとする．C は光源，BD はフリンジを観察するためのルーペの焦点面あるいはフリンジが投影される白い厚紙とする．

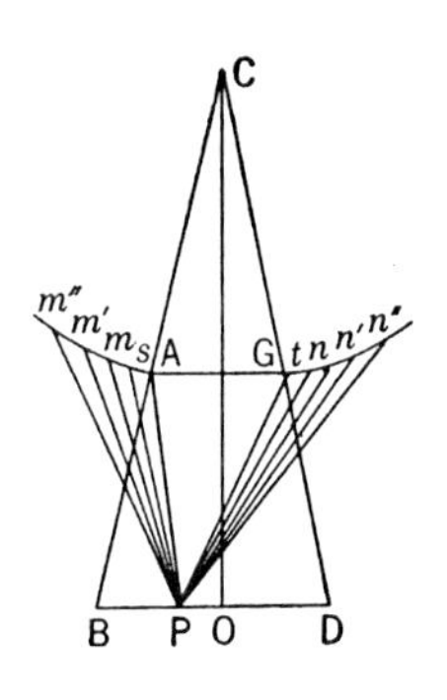

一次の波を Am, mm', $m'm''$, ……および Gn, nn', $n'n''$, ……の小さな弧に分割するが，影のなかの P 点から，弧の隣接した 2 点［訳注：two consecutive points of division といっているが，弧の分割に関することなので，隣接した 2 つの弧ではないか］に至る光路の差が半波長になるようにする．これら弧のなかの各点から P 点に送られるすべての二次波は，すぐ隣の弧の対応点から送られる二次波と完全に干渉する．したがってこれらの弧（の長さ）が等しければ，P 点に送られる光線は互いに打ち消し合うであろう．ただし一番端の弧 mA だけは例外である．mA からの光の半分は打ち消されずに残ってしまう．なぜなら mm' から送られる光の半分は次の弧 $m''m'$ の半分と打ち消し合っているからである．P で出会う光線が

* スクリーンの端が直線であるかぎり，明暗の縞の位置とその相対的な強さは，スクリーン端に直角な平面内の波の部分から計算できる．しかしスクリーン端が曲がっていたり，あるいは互いに傾いた端が合わさっている場合には，互いに直交する 2 つの方向からの効果，あるいは考えている点の周りからの効果を足し合わせる必要がある．たとえば，スクリーンでつくられる影の中心とか円形開口が投影された影のなかでの光の強さを計算するのは簡単である．

垂線（P における BD の垂線）からみてかなり傾いている場合には，それら光線を発している弧（の長さ，あるいは強さに関して）は，実際上は同等なものと見なしてよいだろう．したがって合成された波の位相は，（唯一何らかの効果を残す弧）mA の中点からの光線と同位相である．それは不透明体の端の A からの光と位相が 1/4 波長ずれている．同じことが Gn への入射波についてもいえるので，結局 P 点での 2 つの光振動の干渉は，弧 Am と Gn の中点に起源をもつ光線，sP, tP 光線の光路の差で決まることになる．これは不透明体の縁（にごく接近した）の場所から発せられる 2 つの光線 AP と GP の差で決まるといっても同じことになる．これからつぎのことがいえる．すなわち幾何学的にできる影の端のいずれからも離れている点（P 点）でフリンジを考える場合には，干渉をおこす屈曲光線は不透明体の縁にごく近い場所から発しているという仮定が，よい近似で成立する．しかし P 点が B 点に近づくにつれて，弧 Am（の長さ）は弧 mm' に比べて，また弧 mm' は弧 $m' m''$ に比べて，……それぞれ大きくなる．そして弧 Am のなかでも，A 点にごく近い（発光の）線素は，m に近い場所の（P までの同じ光路長をもつ）線素よりはるかに大きな効果をもつ．したがって“実効的な光線” sP は*，光線 mP と AP の平均の位置にあるのではなく，その光路長は AP のそれにずっと近くなる．不透明体の反対の縁では事情が少し違ってくる．光線 GP と実効光線 tP の光路長の差は，P が D から遠ざかるにしたがって，1/4 波長に近づき，実効光線 sP と tP の光路差は AP と GP の光路差よりずっと早く変化し，その結果 B 点付近のフリンジの影の中心からの位置は，最初の仮説から計算される値よりやや遠くになる◆17．

◆17 これをヤングの結果と比較してみよ．彼はそれを説明できなかった．

細い物体がつくるフリンジを考察してきたので，次に小さな開口がつくるフリンジを考えよう．

AG は光が通過できる細孔である．はじめに，細孔は十分に狭く，一次の暗帯（複数）が，スクリーンの幾何学的な影のなかで，しかも縁 B および D からかなり離れた位置にできる場合を考えよう．P をこ

* 私は一次波と，結果をあたえる波（resultant wave）の違いに対してこの名称をあたえた．明帯，暗帯の位置はこれら実効光だけがつくるとした場合と同じになる．

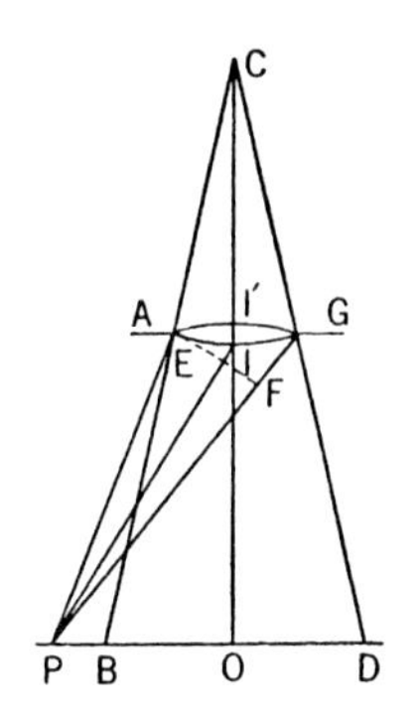

れら２つの暗帯のなかの最も暗い点としよう．これはすなわち２つの最も端の光線 AP と GP の光路差が１波長だけ［訳注：すぐ後に説明されるように 1/2 波長ではない］ずれている場合である．さてここで光路長が両者の光路長の平均値になるような新しい光線 PI を考える．PI は弧 AIG に対してかなり傾いているので，I 点は弧のほぼ中点になるであろう．そこで弧をそのなかの線素の数が等しくなるように２つに分解する．これらから P 点に送られる（光の）振動は完全に逆位相なので，両者は互いに打ち消し合わなければならない．

同じ理由でその他の暗帯についても，その最も暗い点は細孔の縁からくる２つの光線の光路差が半波長の偶数倍になる場合である．そして明帯のなかの最も明るい点は，光路差が半波長の奇数倍になる場合に対応する．すなわちこれら明暗帯の位置は，（光源からの）光線だけがフリンジをつくるとする干渉の理論が導く結果とは完全に逆である．ただし中点だけは例外で，そこはどちらの理論でも明点になる．弧 AG 上のすべての点からくる擾乱が重なり合ってフリンジをつくるという干渉現象はこうして実験的に証明された．そして同時に，フリンジが開口の縁で反射または屈折された光だけでつくられるという理論を否定していることになる．私は，まさにこの現象から前の理論が不十分だと気づかされ，そしていまここで説明した干渉の理論とホイヘンスの理論を組み合わせた基礎理論を導くことになったのである．

いまここで考察した場合は，開口が十分小さいため，一次の暗帯が幾何学的影の端からある程度離れている．理論からでも実験からでも，２つの最暗点間の距離は，連続した２つの暗帯の中点の間の距離の，正確におおよそ（almost exactly）２倍であると結論できる．この事実は，開口がさらに小さくなるにつれて，あるいは光源から，またはフリンジ観察用ルーペの焦点から開口がさらに離れるにつれて，より正しくなる．そしてこれらの距離が十分大きくなると，どんな大きさの開口に対しても同じ結果が得られるのである．

しかし上記の距離があまり大きくなく，または開口が大きすぎ，フリンジをつくる光線が波面 AG から大きく傾いてくると，弧上で波をつくりだすと考えられる要素が互いに等しいとは考えられなくなり，注目しているバンドに対して，その次のバンドは有意に大きくなる．このような場合でも，入射波から送り出される二次波の重ね合わせを計算すれば，強度が最大または最小になる位置を正確に求めることができる．

〈以下フレネルはいろいろなケースを詳しく議論しているが，ここでは省略する．〉

補遺文献

Crew, H. (ed.), *The Wave Theory of Light* (New York: American Book, 1900), pp. 79ff.

Crew, H., "Portraits of Famous Physicists" *Scripta Mathematica*, Pictorial Mathematics, Portfolio No. 4, 1942.

Dampier, W. C., *A History of Science* (New York: Cambridge University, 1946).

Lenard, P., *Great Men of Science* (New York: British Book Centre, 1934), pp. 204ff.

Magie, W. F., *A Source Book in Physics* (New York: McGraw-Hill, 1935), pp. 318ff.

9 電磁気

Electromagnetism

ハンス・クリスチャン・エルステッド
Hans Christian Ørsted　1777-1851

18 世紀の終わり頃までに，電気および磁気現象について非常に多くの実験的な知識が集積されてきた．クーロンは力の逆 2 乗法則を発見していたし，ベンジャミン・フランクリン（Benjamin Franklin，1706-1790）の電気に関する実験も広く知られていた．ルイジ・ガルバーニ（Luigi Galvani，1737-1798）の発見した動物由来の電気（animal electricity）が，金属が接触したときに生じる電気[*1)] と類似であるとする説明は間違っていたが，世紀が変わる頃にアレッサンドロ・ボルタ（Alessandro Volta，1745-1827）は，ガルバーニの結果を正しく説明し，かつボルタ電池あるいは電堆を発明した．当時は欠けていたが，電気と磁気の間を結びつける関係は重要であった．その一方で，遠い距離はなれて力が伝わるという両者に共通の問題がなおざりにされていた．電磁現象すべての基礎となる，電気と磁気の間の非常に重要なつながりは，デンマークの物理学者ハンス・クリスチャン・エルステッドにより 1820 年に発見された．

エルステッドは 1777 年 8 月 11 日にデンマークのルドケービング（Rudkøbing）の町に薬剤師の子息として生まれた．フランスでは革命間際であり，アメリカでは独立戦争によりすでに勝ち取った人間の自由の権利を検証している時代であった．産業革命は 10 年あるいは 20 年前に始まっており，実用的な発明が定常的に流れ出て，あふれていた．それは新しい生活スタイル，新しい社会的・政治的考え，新しい哲学，芸術や文学の新しい考え方などが広まる変革の時代であった．一言でいえば，保守主義と理想主義とで特徴づけられる 19 世紀ロマン主義のさきがけで，科学や論理学への 18 世紀的な依存に対する明らかな反発であった．この新しい時代が物理学の発展にどう影響したかは，にわかには決められない．物理

---

*1)　接触電位差．

学を生涯続けようとする者たちの生活に何らかの影響をあたえたに違いない．しかし幸いなことに物理世界の問題を解決する方法には，ほとんど影響しなかったことは明らかである．

通常の初等教育をうけた後，13歳でエルステッドは父に弟子入りする．この時代に彼の科学への関心は大きくなり，そして生涯この道を進もうと決心した．1794年に彼はコペンハーゲン大学に入学を許され，次の年に哲学の試験に合格，1797年には薬学の試験に合格した．2年後，彼は形而上学の論文でPh.D.の学位を取得した．その時期のエルステッドは，自然科学者ではなくむしろ哲学者と思われていたが，しばらくして彼は実験物理学に身を転じた．

彼の最初の論文[*2)]は，電気的力と化学的な力の同等性についてのものであり，これは後にイェンス・ヤコブ・ベルセリウス（Jöns Jakob Berzelius, 1779-1848）が発展させ，体系化した電気化学の基礎をあたえるものである．19世紀に入ってから20年ほどの間は，エルステッドは，水の圧縮性とか電流を使った鉱脈の爆破とか，いろいろな問題を研究していた．しかし電気と磁気の間の関係が問題であることが明らかになると，1820年にその解答が得られるまで，それが彼の関心を占めることになった．その時期彼は1806年以来着任しているコペンハーゲン大学の教授であった．彼の最初の発見は授業の最中であったといわれる．彼の著作物からは，エルステッドが実際に授業中にこの現象を発見したのか，または授業で最初に演じてみせたのかはっきりしない．レーナルト[*3)]が指摘するように，最初の発見が仮に授業中であったにしても，彼はボルタ電堆と磁針とをテーブル上に置き，何かを探していたのであろうから，この発見は，まったく偶然のものとはいえない．電流によって磁場が生じるというこの発見は，エルステッド自身により1820年7月21日付の私製のパンフレット[*4)]で科学者および科学界にアナウンスされた．

彼の科学者としての名声はたちどころに上がった．彼は王立協会，フランス協会を含む多くの団体の会員から賞賛をうけた．その後の旅行中にデイヴィーやファラデーなど同時代の多くの人々に会った．ファラデーがエルステッドとの会見の際，彼の電気誘導の実験から大きな示唆をうけたことは疑いない．アンドレ・

---

*2)　'Recherches sur l'identité des forces électriques et chimiques.'

*3)　P. Lenard, "*Great Men of Science*" (New York: British Book Center, 1934), p. 214.

*4)　"*Experimenta circa effectrum conflictus electrici in actum magneticum.*"

マリー・アンペール（André Marie Ampère, 1775-1836）はエルステッドの発見を知るや，2つの電流の間に働く力，電流の周りの磁場の大きさに関する重要な発見に至る研究にとりかかった.

エルステッドは自然科学振興のための学会を設立，また1829年にはコペンハーゲン工科大学を設立し，1851年（大博覧会の年）3月9日になくなるまで学長を務めた．学会の設立の趣旨は，科学が一般大衆にもっと早く利用されるようにすることで，エルステッドはこのことを非常に大切なことと考え，多くの時間をこれに割いた.

以下の抜粋文はJ. E. Kempe師による原著パンフレットからの翻訳である．これは*Journal of the Society of Telegraph Engineers*, vol. 5（1876）に発表された. C. L. Madsenによるエルステッドの回想も含まれている.

✣ ✣ ✣

エルステッドの実験

私がこれから説明しようとしている課題についての最初の実験は，電気，動電気［訳注：ガルバニズムの訳，電流が関係した電磁現象のこと］，磁気について昨冬私が行った講義◆1に基づいている．この実験の結果，磁針はガルバニックな装置◆2の影響で，回路が閉じているときには動き，開いているときは動かないことがわかった．これは数年前に，世に知られた何人かの物理学者が試みて成功しなかったことである．しかしそのとき，実験に使った装置にはいろいろな欠陥があって，この重要な課題に対して十分明瞭な現象を示したとはいえなかった．そこで私の友人，王室裁判官のエスマッハ（Esmarch）に加わってもらい，連続して接続した大きな電池を使い実験を繰り返した．著名人，デンマーク騎士団の騎士で議会の議長でもあるウリューゲル（Wleugel）も，協力者あるいは目撃者として実験に参加した．その他

◆1 1829～1830年の冬の学期にコペンハーゲン大学で行われた.

◆2 電池のこと．後に詳しく説明される.

にもこの実験の立会人として，国王から最も栄誉ある勲章を授かった，そして自然科学についての洞察が深いことで知られてきたハウフ(Hauch)，自然史の教授で最も先鋭なラインハルト（Reinhardt)，医学の教授で実験に最も長けたヤコブセン（Jacobsen)，そして哲学の教授で最も経験豊かなツァイス（Zeise）などの人たちも加わった．実はこの課題に関する実験は，私自身ですでに何回もしてきたのであるが，これら最も優れた知識人の前で，私にあたえられた現象を明らかにすべく実験をふたたび行ったのである．

私の実験を説明していくにあたり，ことの理を発見するのには役立つが，さらに進んだ解明には役立たない事項はすべて省略することにしよう．ことの理を明瞭に表現しているもののみを認めることとしよう．

ガルバニックな装置（電池）は，銅でできた20個の方形の容器からできている．容器の長さと高さは4インチ（10.16 cm)，厚さは2 ½ インチ（6.35 cm）ほどである◆3．それぞれの容器には2枚の銅板が格納されており，それらは次の容器の水中にある亜鉛の板を支える銅の棒につながっている．容器中の水は，重量比でそれぞれ1/60の硫酸と硝酸を含んでいる．溶液に浸されている板は，周長約10インチの四角形である．金属のワイヤーを赤熱できるなら，もう少し小さな装置を使ってもよいだろう．

電池の反対の極の間を金属のワイヤーで結ぶ．これを結合導体または結合ワイヤーと呼ぶことにしよう．この導体内，あるいはその周囲の空間に起こる現象を電気コンフリクト［訳注：electric conflict，磁場のことと考えられる．◆19参照］と呼ぶことにしよう．

このワイヤーの直線部分は，適宜に吊るされた磁針［訳注：磁針は南北方向に向いている］の真上に平行にかつ水平になるように張られる．必要ならワイヤーの一部は実験に適した位置になるように曲げられる．このように調整しておけば，電池の負極からただちに電気を受け取るワイヤーの部分の下で［訳注：導線を電池の負極につなぐということであろうが，ワイヤーの北端をつなぐか，南端をつなぐかで，電流の向きは逆になる］磁針は動かされ西の方向に傾く◆4［訳注：「磁針の傾き」では正確な表現になっていない．磁針の北極が西に振れるということであろう．「電池から直接電気を受けるワイヤーの部分」と

◆3　Cu-Znの電池20個が直列につながっており，これで約15～20ボルトの起電力が得られる．

◆4　もし電流の方向が南から北であるなら，磁針の北極は西に振れる．もし電流が北から南に向かうなら，磁針の南極はやはり同じ方向に振れる．

は，磁針の電池に近い部分を指示しようとする語と考えると，ワイヤーの北端が電池につながっているときは（このとき電流の向きは南から北）磁針の北極部分，逆の場合は磁針の南極部分を指示していると思われる］.

磁針とワイヤーの距離が3/4インチを超えなければ，磁針の傾きは約45°である．距離が増すと，それにしたがって傾きの角は減少する．しかしこの傾きの大きさは，電池の効率◆5にも依存する．

ワイヤーは磁針と平行のまま，西または東に位置を変えられる◆6．その場合振れの大きさを除けば，同じ効果がみられた．したがってこの効果は決して単なる引力（磁極とワイヤーの間の）によるものではない．なぜなら磁針の1つの極がワイヤーの東側にある場合にワイヤーに近づこうとするとき，その同じ極が西側に置かれた場合には遠ざかろうとするからである．磁針の傾きが引力または反発力によるものとしているときの話である．

結線導体は数種類の金属ワイヤーまたは帯状のひもでつくることができる．金属の種類は効果の大きさは変えるが質は変えない◆7．プラチナ，金，銀，銅，鉄のワイヤー，鉛，錫の帯，そして水銀の塊を使っても成功した．導線の間に水を割り込ませても，その長さが数インチ以下ならば，効果がまったく現れないわけではなかった◆8．

導線（を流れる電流）が磁針に及ぼす効果は，ガラス，金属，木，樹脂，陶器，石を通り抜ける．ガラス，金属◆9，木の板をそれぞれ間に挿入しても効果は損なわれなかった．またガラス，金属，木の板を同時に挿入しても効果は消えなかった．実際に効果が弱くなったようにもみえなかった．琥珀の円板，斑岩◆10の板，さらには陶器に入れた水を挿入しても結果は変わらなかった．静電気や動電気の場合にこれら全部の物質を通り抜ける効果はこれまでに観測されていないことはいうまでもない◆11．したがってこの電気コンフリクトの場で現れたこの効果は電気力とは異なる可能性がある．

結線ワイヤーを磁針の下の水平面上に張る場合と，上の水平面上に張る場合とでは，磁針の方向が逆になる他は同じ現象がみられる◆12．電池の負極からただちに電気を受け取るワイヤーの部分の真下の磁極は東に傾くであろう．

これらのことをもっと簡単に理解するためにつぎの法則を思い出そ

◆5　ここの表現はかなり定性的である．効果の大きさはワイヤーを流れる電流の大きさにもよるわけで，おそらくエルステッドは，効率という言葉で，電流を意味したのであろう．

◆6　これはワイヤーは磁針の真上にある必要はないということである．

◆7　金属が変わると電気抵抗が変わり，電流が変わるから．

◆8　ミネラルを含む水はかなりよい導体である．

◆9　鉄の板は磁場を遮蔽するであろうが．

◆10　斑岩は火成岩の1種．

◆11　地磁気がこれらの物質を通り抜けることは知られていた．

◆12　ワイヤーの上側の磁場は下側の磁場と逆向きである．

う．すなわち磁極の上に負の電気が流入すると磁極は西方向に，下に流入すると東方向に磁極は回転する◆13．

水平面内で結線ワイヤーを，磁気子午線方向から少しずつ傾けていくと，磁針の位置までは，磁針の傾きが増し，それを過ぎると磁針の傾きは減少する．

結線ワイヤーが置かれた水平面上で磁針がつり合いがとれるように動く場合，両者が平行なとき磁針は西方向にも東方向にも傾かず，負の電荷がワイヤーに流入する部分に近い極はそれが西側にあるときは沈み，東側にあるときは持ち上がる◆14．

結線ワイヤーが子午線を含む面に垂直に置かれた場合には，磁針がワイヤーの上にあっても下にあっても，磁針は止まったままである．ただしワイヤーが極に非常に近い場合は，ワイヤーの西側が電流（電子の流れ）の入口の場合，極は持ち上がり，ワイヤーへの電流の入口が東側の場合には下に沈む◆15．

ワイヤーが磁針の極に直角に置かれ◆16，ワイヤーの上端に電池の負極からの電流が流入する場合には，その極は東方向に動く．しかしワイヤーが磁極と磁針の中心との間の点に対して置かれた場合には磁針は西方向に動く◆17．ワイヤーの上端が電池の正極につながっている場合は，現象はすべて逆になる．

結線を折り曲げて，2本の枝線（脚）が平行になるようにする．それは置かれた条件により磁極を反発したり引きつけたりする．結線を磁針のどちらの極にも反対の位置に置く．すなわち平行線の脚がつくる面が磁気子午線に直角になるようにし，東側の脚を電池の負極に，西側の脚を正極につなぐ．近い方の極は，結線のある面の位置によって，東側あるいは西側方向に反発される．東側の脚を正極に，西側の脚を負極につなぐと，一番近い極には，引力が働く．結線が置かれている面を磁針の中点と極の間の点に直角に置くと同じ現象が逆向きに起こる．

磁針と同じ形の銅の針を吊るした場合には，導線に流れる電流の効果で針は動かない．ガラスまたはいわゆるガムラックでできた針の場合も，同じ実験で動かない◆18．

これらすべての事象から，これら現象の説明として次のような考えを導きだすことができる．

◆13　負の電気とは電子の流れの意味で，これは通常の電流と逆向きである．現代の右手の法則にしたがって試してみよ．親指は通常の電流の方向として，他の指は磁場方向に回転する．

◆14　見かけ上磁針は，傾きあるいは沈みの効果を打ち消すようにつり合う．水平面内のワイヤーによる磁場の効果は磁針を垂直面内で回転させる．

◆15　電流による磁場が，地磁気の方向と逆で，しかも地磁気より強い場合には，磁針は反転する．

◆16　ワイヤーは磁気子午線面内で垂直で，磁針のどちらの極からも離れている．

◆17　これらの効果はすべて右手の法則［右ねじの法則？］を使って理解できる．

◆18　これらはすべて磁性のない物質である．

電気コンフリクト[◆19]は物質内の磁気粒子にのみ作用する．またそれは，すべての非磁性物体のなかを透過してしまう．しかし磁性体またはそのなかの磁気粒子はコンフリクトの通過に対して抵抗を示し，また反発する力によって自身が動かされるようだ．

◆19 電気コンフリクトと呼んでいるものは，ここに至って，現在の用語では，磁場のことであることがわかる．

電気コンフリクトは導線のなかに閉じこもっていない．すでに述べたように，それが周囲の空間に，同時に広くひろがることはこれまでの観察の結果から明らかである．

同様に観測された事実から，このコンフリクトは，渦巻き状（ただしスパイラルではなく同心円状）の回転（gyration）をしている[◆20]．もしそうでなければ導線の同じ部分が磁極の下にあるかまたは上にあるかによって，東方向に振れさせるか，西方向に振れさせるかが，逆に作用するようなことはあり得ないからである．また反対の部分が互いに反対の方向に運動するのは回転のもつ特徴である．さらに導線の長さ方向に進行する運動と回転が組み合わされて運動が渦巻き状になるのだということは，私が間違えていなければ，これまで観測された現象の説明には役立たない．

◆20 磁場の力線は導線を軸としてそのまわりに同心円状になる．このことからエルステッドは旋回（回転，gyration）という印象をうけたのであろう．しかし場はスパイラル（一続きの）にはならない．

北磁極に働くすべての効果は，負に電気化［訳注：electrify の訳，電気活性にする，電流を流すなどのことか？］された力あるいは物質が右方向の渦巻きに沿って進み，これが北磁極を動かすが，南磁極には作用しないとすると容易に理解できる[◆21]．南磁極に働く効果も同様に説明でき，負に電気化された力または物質が北磁極には働かず南磁極だけに働き逆の運動を生じさせる．これが自然の法則に一致するかどうか判断するには，長い説明をするより，実験を繰り返した方がよい．実験結果を容易に判断するためには，ワイヤーの上に電気力の進む方向をペンキか切り込みでしるしをつけておくとよい．

◆21 同じ磁場が両方の極に，しかし逆方向に働く．

ここで7年前に出版した私の本のなかで述べたことを付け加えておきたい．電気コンフリクトのなかには熱と光とが存在する[◆22]．その後の観測から，これらの現象にも回転による運動が含まれていて，これは光の極性［訳注：偏光？］と呼ばれる現象をよく説明する．

◆22 エルステッドは熱と光の間の類似性を正しく指摘している．しかし後になって，これらを電磁場と結びつけるのはファラデーとマクスウェルの仕事である．

補遺文献

Dampier, W. C., *A History of Science* (New York: Cambridge University, 1946), pp. 217.

Lenard, P., *Great Men of Science* (New York: Biritish Book Centre, 1934), pp. 213ff.

Magie, W. F., *A Source Book in Physics* (New York: McGraw-Hill, 1935), pp. 436ff.

Woodruff, L. L. (ed.), *The Devolopment of The Sciences* (New Haven, Conn. : Yale University, 1923).

10

マイケル・ファラデー
Michael Faraday　1791-1867

電磁誘導および電気分解の法則

Electromagnetic Induction and Laws of Electrolysis

19 世紀の初めまでに，物理学，なかでも力学の分野はめざましい進展をみせた．このような科学の急速な進歩に職業として関わっていくためには，数学の強固なバックグラウンドをもっている必要がある．その時代で，いや物理学の歴史を通じてどの時代でもといってもいいが，最も多作な実験物理学者は，彼の初期の課程をのぞけば，高度の学校教育を受けていなかった［訳注：彼とは数行後にでてくるファラデーをさしている］．彼は他の点でも古い慣習に立ち向かった．彼の多くの先輩たちに比べると，彼の最も大きな貢献はむしろ人生の晩期で成し遂げられた．ここに述べた 2 つのことは互いに関係し合っているのであろうが，おそらくつぎの第三の特徴で結びつくのであろう．ファラデーは，成人になってからの人生を完全に科学のためにささげたのであるが，この唯一の目的を妨げるものは何一つ許さなかった．

マイケル・ファラデーは，家族の生活を支えるのがやっとといってもよいような鍛冶屋の息子として，1791 年 9 月 22 日に，ロンドン近郊のニューウィントン・バッツ（Newington Butts）で生まれた．当時は産業革命がまさにフルスウィングしているときで，フランス革命もさらに荒々しい変革を遂げていた時期である．19 世紀後半に産業が急速に発展したのは，ファラデーの電気に関する発明に大きく依存している．彼が受けた正式な教育は 5 歳から 13 歳の間までである．彼自身の言葉によれば，これは「普通の昼間学校で行われる読み・書き・算数のごく初歩」であった．13 歳で製本屋の使い走りになり，つぎの年から通常 7 年の徒弟奉公をすることになった．彼は本に強い興味を覚え，手当たり次第に，主として科学書を読みあさることで，自分自身を教育していった．そこから刺激を受けて，彼はハンフリー・デイヴィー卿（Sir Humphry Davy，1778-1829）が行っていた，化学についての講義に何回か出席した．彼は科学の道に進もうと決心した．

1812年に奉公があけるとただちに，その講義でとったノートを自分の能力を示す証拠として，デイヴィー卿に職を求めた．デイヴィーはそのとき王立協会の総裁であったが，ファラデーを，週25シリングの給与と協会の屋根裏に住居をあたえる助手として雇用した．ファラデーの言葉から判断すると，とくに報酬はないが，必要なものを賄うには十分であったようで，彼は幸福だったと思われる．そして科学で仕事をすることへ熱中していった．

デイヴィーと一緒に行った初期の研究は，多分に化学分野のものが多かった．1816年の彼の最初の論文は，トスカーナ地方で採れる腐食性の石灰の分析に関わるものであった．続く4年の間に，彼は論文や短い報告を出版したが，その頂点は1820年に炭素の2つの塩化物を発見したことであった．彼は勤勉に科学およびその教授法について修練を積み，その両方に長けた人となった．1827年から王立協会で講義をするようになり，それは30年以上も続くことになるが，素晴らしい講師として一般にも知られるようになった．ファラデーは科学の基礎，ことに数学の素養に欠けるところがあったため，簡単な説明法を模索したがゆえに，一般大衆に対してもよい講義ができたとよくいわれる．しかしそれほど単純な話ではない．彼の学問的な経歴不足は，問題解決の方法に何らかの影響をあたえたことは疑いないにしても，研究および教育の面で彼の勝ち取った成功は，決してこれに影響されなかった．

1820年のエルステッドによる電流の磁気作用の発見と，そのすぐ後のアンペールによる電流間相互作用の発見があって，ファラデーは電磁気現象に興味を抱くようになった．彼は電気モーターの原理に至るいくつかの実験に成功している．彼は磁石と，電流が流れている導体を適当に配置すると，導体または磁石のいずれかが連続的に自由に回転し続けることを発見している．しかしこの結果の発表については，デイヴィーとの間に不幸な誤解があって，そのアイデアはウィリアム・ウォラストン（William Wollaston，1766–1828）とデイヴィー自身の同じ分野の仕事から奪ったものだと告発されることになる．デイヴィーの反対があったにもかかわらず，ファラデーは1824年王立協会のフェロー（特別会員）に選出された．つぎの年に今度はデイヴィーの推薦で，王立研究所の長に指名された．この新しい地位で彼は協会活動の再編に努力した．彼は後にDiscourses（講話会）と呼ばれるようになる一連の夕方の会合を始めたが，これは現在に至るまで続いている．1826～1827年にかけて若者向けのクリスマス・レクチャー・コースを開始するが，これは多くの人々を引きつけ続けた.

電気現象についての経験をしばらく積んだ後，ファラデーはまた化学の研究にもどった．これもまたデイヴィーとの論争を招くのであるが，塩素を液化した．また今日ベンゼンとして知られる化合物を発見した．ファラデーの知名度は上がり，政府関係のいくつもの役職に就くよう要請された．王立陸軍士官学校の講師，海軍の科学諮問委員会の委員，トリニティ・ハウスの科学アドバイザーなどを歴任している．時折彼は，電気の誘導を発見すべく電気の実験に戻ったが，1831 年まではこの効果を発見できなかった．彼はコイルに鉄芯を使うことで，その結合を強め 40 歳でようやく電磁誘導の発見に至り，その後数年にわたり重要な貢献を続けた．ファラデーの前にも後にも，物理学に大きく貢献した人々のなかでは珍しく，彼は比較的晩年に基礎的な発見をしたことになる．

2 年後彼は，異なる原因から出現する電気現象，たとえばボルタ電池，摩擦効果，電磁誘導などがすべて同一のものであることを示した．ファラデーはまた電気化学に転じ，デイヴィーやベルセリウスらの仕事を発展させ，電気分解の法則についての有名な定式化とともに，今でも使われているその用語を決めた．彼の豊かな精神は，ある問題からつぎの問題へと軽快に飛び移ることを可能にした．1834 年ファラデーは誘導の研究にもどり，ジョセフ・ヘンリー（Joseph Henry, 1797–1878）とは独立に自己誘導を発見し，また静電誘導を発見した．彼は力線という概念を使い，電磁現象が距離を隔てて作用し合うことを説明しようと試みた．これは遠隔作用を説明するための仮想的な線なのであるが，現象を説明するのに非常に役立ち，そこでは「媒質」の役割が強調され，そして最終的には場の概念に至るものである．

彼は健康を害し，何年か活動を停止したが，1844 年に気体の液化の研究で研究生活に復帰した．つぎの年，磁場の光に対する効果を研究していたが，光線の偏光面が磁場によって回転すること（ファラデー効果）と，反磁性とを発見している．その後も重要な発見が絶え間なく流れ出てくる．彼に降りかかる数々の名誉も彼の驚くべきペースを乱すことはなかった．彼の研究の妨げになるようなものは，すべて排除された．王立協会の総裁の地位を 2 度にわたって拒否した．1861 年，70 歳のときに王立研究所の役職を辞したが，その後も 1 年間研究を続けた．彼の最後の研究は，磁場中で光線が分裂する現象を探すことであった．これには成功しなかったが，後にピーター・ゼーマン（Pieter Zeeman, 1865–1943）によってこの効果が発見された．ファラデーは普通の人の数人分の仕事をして，1867年にその生涯を閉じた．

彼の電気現象に関する発明は王立協会で発表され，後に『電気の実験的研究』と題した書籍のかたち，および科学誌 *Philosophical Transactions* にて出版された．彼には，その著作を通じて一貫してパラグラフに番号をつけ，またこの番号で参照するという習慣があった．

以下に抜粋する文章のうち，最初の部分（パラグラフ番号 120 まで）は 1831 年 11 月 24 日に王立学会で発表され，後に *Philosophical Transactions*（1832），p. 125 に掲載されたものである．第二の部分は静電誘導に関するもので，フィリップス（R. Phillips）あての手紙の形式をとっている．これは後に *Philosophical Magazine*（1843），22，p. 200 に掲載された．最後の部分は *Philosophical Transactions*（1834），p. 77 に掲載されたものである．これらいずれの論文も，ファラデーの "*Experimental Researches in Electricity*"（London: R. and J. E. Taylor, 1839 ～ 1855）の 1 巻および 2 巻に収録されている．

✣　✣　✣

ファラデーの実験

(◆1)

1.　周囲に自身とは反対の電気的な状態をつくりだす電荷 (electricity of tension)◆2 がもつパワーは，一般的な言葉を使って「誘導（induction）」と表現されてきた［訳注：ここでパワーとは，現在ワット［W］で定義されるパワーではなく，現象を引き起こす原因の意味で使われているようである．以下一般的な意味の "ちから"（力，影響力）と訳す］．この言葉（induction）はすでに科学用語として受け入れられているが，電流がその近傍の物質に特定の状態を誘起する力に対しても同じように使うことは適切であろう．この論文で私がこの言葉を使うときはこの意味である［訳注：今の用語でいうならば，

◆1　*Philosophical Transactions*（1832），p. 125.

◆2　ここで使われているように，electricity of tension とは静的な電荷のことである．

static な静電誘導として使われてきた言葉を dynamic な電磁誘導の意味にも使うということであろう].

2. 電流が誘導するいくつかの効果，たとえば磁化の現象はすでに認識され，文献にも記述されている．銅の円板を平らな渦巻き状の（電流の）近傍に近づけるアンペールの実験，アラゴー（Arago）が電磁石を使って繰り返し行った優れた実験，その他にも 2 ～ 3 の例がある．しかしこれらだけが電流による誘導がつくりだすすべての効果であるとはいえそうもない．ことに鉄を使うとこれらほとんどすべてが消えてしまう◆3．静電荷により誘導されて確かな現象を示す数限りなく多くの物体は，また運動する電荷による誘導の作用をも受けるであろう．

◆3　鉄は回路間の磁気的相互作用を強めるために使われる．

3. アンペールの美しい理論◆4 を受け入れるにせよ，それを疑う気持ちをもつにせよ，いかなる電流も，電流に直角方向に磁気作用の強さを伴っているとすることは，驚くべきことである◆5．その作用範囲の球のなかに良伝導体を置いたとき，そのなかにどんな電流も誘起されない．あるいは力のうえで，そんな電流に等価な何らかの効果は起こらない．

◆4　磁場とそれを生じさせる電流との関係．

◆5　磁力線は電流のまわりに同心円状になる．

4. この結果，通常の磁気現象から電気現象を得たいという考えは，私をしばしば刺激し，電流の誘導効果を実験的に調べようと思わせた．最近私は，肯定的な結論に到達した．これは私の希望を遂げさせただけでなく，アラゴーの磁気現象を完全に説明するカギをあたえるように思えた．それればかりでなく電流のもつ最も重要な効果に大きな影響をあたえる新しい発見も得られた．

5. これらの結果を，ただ得られたままのかたちではなく，全体として最も集約された見方をあたえるようなかたちで，ここに記述しようと思う．

電流の起こす誘導現象

6. 長さが約 26 フィート，直径が 1/20 インチのワイヤーを木でできた円筒の上にヘリックス状に巻きつけた．隣り合う渦巻き線◆6 との間には薄い麻糸を入れ，互いに接触させないようにした．ヘリックスの上にはキャラコ布をかぶせ，その上に同じように 2 番目の線を巻

◆6　隣り合う巻き線．

いていく．このようにして12層の巻き線が得られる．各層は27フィートの長さをもちすべてが同じ方向にそろっている．1，3，5，7，9，11番目のヘリックスはその先端で，終端とつぎの始端が連結され，1つの長いヘリックスがつくられるようになる．残る線も同じように連結され，こうして非常に接近し，同じ方向を向き，互いにどこも接触せず，それぞれが155フィートの長さをもつ2つの主ヘリックスができあがる◆7．

◆7　これは電気的には絶縁された2つのコイルが，絡み合った状態である．

7．1つのヘリックスの両端は，感度の高い検流計につなぐ．もう1本のヘリックスは，一辺4インチ平方の10組の銅板でできた，十分充電されたボルタ電池につながれる．この状態で検流計の針は微動もしない．

8．同じようにして，6本の銅線と6本の軟鉄線からなる重なった複合ワイヤーをつくる◆8．鉄のヘリックスは214フィートの長さ，銅のヘリックスは208フィートの長さになった．しかし桶（電池のことか）からの電流を銅のヘリックスに流しても，鉄のヘリックスに流しても検流計には何の効果も認められなかった．

◆8　ファラデーは，ワイヤーの材質が誘導現象に影響すると考えていたことは明らかである．

9．この実験および他の似たような実験でも，鉄と他の金属の間で，いかなる異なった作用もみられなかった．

10．203フィートのひと続きの銅のワイヤーを大きな木のブロックに巻きつける．同様に他の203フィートのワイヤーを，第一のワイヤーの間に布で絶縁して，ヘリックス状に巻きつける．このうちの1本を検流計に，他方を4インチ角の二重の銅板100組からなるよく充電された電池につなぐ◆9．このワイヤーを電池に接触させると，わずかだが瞬間的な影響が検流計に現れる．接触を外したときも同じようなわずかな影響が検流計に現れる．しかし1つのヘリックスに電流が連続的に流れている場合は，他のヘリックスに誘導現象に認められるような影響は現れない．これは電池のパワーが，ヘリックスを熱くするほど，あるいは木炭に通したときに明るく輝くほど大きな場合でも同じである．

◆9　この電池の電圧は100ボルト程度になるので，十分大きな電流がながれるであろう．

11．120組の極板をもつ電池を使い実験を繰り返したが，新しい効果は得られなかった．ただし前の実験でも今回の実験でも，電池との接続の瞬間に検流計の針がある方向にわずかに振れ，また接触が離れる瞬間に，検流計の針が前とは逆方向にわずかに振れることが確かめられた．そしてこれらの現象はパラグラフ6および8に記した最初のヘリックスのペアでも観測された（パラグラフ6，8を参照せよ）◆10.

12. 前に私が磁石を使って行った実験結果から考えて，「電池から発して1つのワイヤーを流れる電流は，同じような電流を他のワイヤーに誘導する」と私は確信した．しかし誘導電流は瞬間だけしか続かない．これはボルタ電池から流れ出てきたものの影響というよりは，ライデン瓶◆11の衝撃から発せられる電気の波と同じような性質をより強くもっている．これは鉄の針を磁化しているのかもしれない．しかし検流計への影響はほとんどない．

13. この推論はつぎのようにして確かめられた．代替品としてガラス管に巻きつけた中空の小さなヘリックス（指示用ヘリックス）を用意する．検流計に対してはスティールの針を電池とワイヤーの間に接触させる（7，10）．電池を離す前に，針を取り出すとそれは磁化している．

14. 電池の接触を最初に行い，つぎに磁化していない針を小さな指示用ヘリックスのなかに入れる．最後に電池を離す．このとき針は前と同じ程度に，しかし逆向きに磁化されていた◆12.

15. 前に書いた大きな複合ヘリックスを使っても同じような効果が起こった（6，8）．

16. 電池と誘導を起こすワイヤーを接触させる前に，磁化していない針を指示ヘリックスのなかに挿入する．接触を切るまでそのままにしておく．針はほとんど磁化していない．第一の効果（13）は第二の効果（14）でほぼ中性化（消磁）されていた．電池に接触させたときの誘導電流の力は，電池を離したときの力より常に勝っていた．そこで針を指示用ヘリックスのなかに入れたまま，接触させたり離したりを多数回繰り返すと，針はただ1回接触を行ったときと同じ程度の磁化を示した．この効果は（もしそういってよいなら）接続されていないときに電池の2つの極のところに蓄積されていたものが起こす効果である．はじめの接触のときには，後の切断の瞬間のときより，よりパワフルな電流を起こさせるからである◆13.

17. 電池と誘導ワイヤーとの間の接触または切断が完了する前に，誘導誘起されるヘリックスまたはワイヤーと検流計または指示用ヘリックスの間の回路が完成していなければ［訳注：一次回路の開閉の前

◆10 さらに大きな電池を使った実験である．( ) のなかの数字はファラデーの文章のパラグラフ番号を示している．

◆11 ライデン瓶は電荷を蓄えるために使われ，大きな電圧を供給できる．

◆12 接触を切る場合は，誘導電流の向きが逆になるので，磁化の方向も逆になる．

◆13 接触させるときに比べて切断する場合は，これを急速に行うことが難しいからである．切断の場合スパークの電流が長く続く．誘導電流の大きさは一次回路の電流の変化率に比例する．

に，二次回路と検流計または指示コイルをつないでおかないと]，検流計には何の効果も現れない．すなわち電池との交信（communication：接続の意味）を先にして，その後で，指示用ヘリックスをつないだのでは磁化させる力は現れない．しかし指示用ヘリックスの接続を保ったままで，電池と（一次回路と）の接続を切ると，指示用ヘリックスのなかで磁化が起こる．しかしその方向はさきに述べた第二種のものすなわち電池からの電流あるいは最初の瞬間に誘導される電流の方向である．

18.　これまでの実験では，2本のワイヤーは互いに接近して置かれ，誘導ワイヤー（一次回路）と電池との接続は，誘導効果を起こしたいときに行った．しかし接触をつないだり切ったりする瞬間には，何か特別の作用が引き起こされるかもしれず，誘導は何か違うように起こった．数フィートの銅のワイヤーをのばし，Wの文字のようにジグザグに，広い板の面上に張る．2本目のワイヤーも正確に同じような形にして2番目の板の上に張る．したがってこれを1番目の板に近づけた場合には，2本のワイヤーは間に紙を挟んだところ以外はすべて接触する．ワイヤーの1本は検流計に，他はボルタ電池につなぐ．1番目のワイヤーを2番目に近づけると検流計の針が振れる．遠ざけると逆に振れる．近づけたり遠ざけたりすると，それに同期して針が振動する◆14．この振動はすぐに大きくなる．しかしワイヤーの運動をとめると，検流計の針はすぐにもとの位置にもどる．

◆14　針の振動と板の運動の繰り返し周波数が同じになると，共鳴効果で針の振動が大きくなる．

19.　2本のワイヤーを近づけるときに誘導される電流は，最初に誘導を起こすために流している電流とは逆向きである．ワイヤーが離れていくときに誘導される電流は，最初の誘導を起こすための電流の方向と同じである．ワイヤーが静止しているときは，誘導電流は流れない（54）．

20.　検流計とそのワイヤーまたはヘリックスとの間に小さな電池を挿入して，針の振れが30°または40°で止まっているようにして置いて，極板100組をもつような大きな電池を一次ワイヤーにつなぐと，前に書いたような瞬間的な効果が起こる（11）．しかし検流計の針は，一次回路は大きな電池に結ばれたままなのに，もとにもどり，その位置を変化させない．いかなる方法で（電池とワイヤーの）接触がなされた場合でもこれは事実である（33）．

21.　したがって同じ方向であっても逆向きであっても，平行に流れている2つの電流の間には，その強さや大きさに影響するような持続的な誘導力は励起されない◆15.

22.　誘導が起こされているワイヤーに電気（電荷）が流れているような徴候は，舌を使っても，スパークを使っても，また細いワイヤーや炭の加熱を使っても検出されなかった◆16．また金属や液体と電池との接触を入れたり切ったりしても化学反応のような効果は見出されなかった．したがって誘導の第二の効果は，第一の効果に逆らう，あるいは中性化することはないに違いない（13，16）．

23.　このように効果を観測できないのは，電気（電荷）の誘導電流が，液体を通過できないのではなく，多分経過時間が非常に短く，弱いためであろう．誘導を起こす側の回路に，2枚の巨大な銅板を互いに布で絶縁し，塩水につけたものを挿入すると（20）指示用の検流計またはヘリックスに前と同じような効果が起こる．誘導電気はまた桶（20の電池槽）も通過できたことになる．しかし液体の量を液滴の程度まで減らすと，検流計には何の指示も現れない．

24.　上記の効果と似た効果を，普通の電気◆17を流すワイヤーを使って得ようとした試みの結果は疑わしいものであった．パラグラフ6ですでに述べた合成ワイヤーとおなじように8本の小ヘリックスから大きなヘリックスをつくる．4本の小ヘリックスの終端をワイヤーで結び1本のヘリックスをつくる．こうしてできた2つの端子はそれぞれ，磁化されてない針（13）をなかに入れた磁化用の小ヘリックスにつなぐ．他の4本の小ヘリックスも同じようにつなぎ合わせ，その終端をライデン瓶につなぐ．ライデン瓶を放電させると，針は磁化される．多分ライデン瓶の電気の一部が小ヘリックスを通り抜けてもそれは針を磁化させるであろう．実際のところ，高電圧になっている瓶の電気が，被覆の間にあるすべての金属材料のなかに拡散していくことはないだろうとする推論には何の根拠もない．

25.　さらにまた普通の電気がワイヤーを通して放電したとき，ボルタ電池からの電気が起こす現象と似たものを起こさないということは理解できない．しかし放電が始まったときと止まったときでの，同じでまた逆な現象を分離できないこともわかった（16）．普通の電気の場合には，これらは同時に起こり，このような実験の方式で両者を認

◆15　すなわち二次回路にすでに流れている電流は，そこに誘導された電流に対して効果を起さない．

◆16　誘導される電流は非常に弱い．低い電圧の有無を粗くテストするのに導線の両端を舌につけるということが行われた．

◆17　静電気または摩擦電気．

識する望みはほとんどないからである◆18.

26. ボルタ電池の電流が誘導する現象と，高圧の電気が誘導する現象とは互いにほぼ相似であることが明らかになった．しかしこれから先みていくように，両者の間には異なったことも多く存在する．誘導を起こす電流は瞬間的ではあるが平行または平行になろうとする他の電流をつくりだす．指示用ヘリックスの挿入された針の極（13, 14），または検流計の針の振れ（11）をみれば，一次電流の作用で起こる誘導電流はすべての場合に前者とは反対の方向であり，一次電流が止まったときは誘導電流は同じ向きに流れることがわかっている◆19. 冗長さを避けるため，ボルタ電池からの電流が起こすこの作用を，ボルタ-電気誘導（volta-electric induction）と呼ぶことにしよう．誘導により最初の電流が発生した後のワイヤーの性質，また同時に電池から流れ続ける電気（10, 18）は特異な電気的条件にあるのだが，これについての考察は後に述べる．これまでのすべての結果は，1組の極板からなるボルタの器機を使っても得られる．

◆18　現代の実験装置を使えば，これらは容易に分離できる．

◆19　第11章のレンツの法則（p. 178）と比較せよ．

磁気から電気現象の展開

27. 柔らかい鉄棒を丸め溶接してリングをつくる．金属の厚さは7/8インチ，リングの外径は6インチである．それぞれが1/12インチの太さで24フィートの銅線からなる3つのヘリックスをリングの一部に巻き付ける．これらは互いに，また鉄芯からも絶縁させて，パラグラフ6で述べたように重ねる．リング上の長さ（コイルの長さ）は約9インチである．ヘリックスは単独にも，また一緒にも（つなげて）使われる．このグループを図1でAと記そう．同じようにして，リングのその他の部分には約60フィートの銅線を2つに分けて巻く．これを図1でBと記す．AとBとは巻く方向はおなじである．A，B各終端は1/2インチ離れていてそこでは鉄芯は覆われていない．

図1
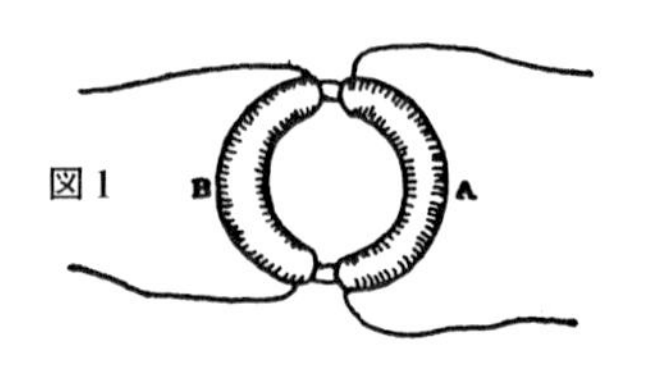

28. ヘリックスBをリングから3フィート離れたところに置かれた検流計に銅線でつなげた．Aの3つのワイヤーは端と端をつなぎ1本の長いヘリックスとしてその両端を4インチ角10組の極板をもった電池につなぐ．検流計はすぐに反応した．これは前（10）に書いた10倍のパワーをもった電池に，鉄芯をもたないヘリックスをつないだ場合よりはるかに大きな効果であった◆20．しかし接触が続いていても，効果は永久ではなく，検流計の針はすぐに自然の位置にもどった．このことは電磁気的な配置にまったく無関係であった．電池との接触を断つと，検流計の針はふたたび勢いよく振れた．しかし振れの方向は第一の場合と逆であった．

◆20　鉄芯は2つの回路を強く結合させた．すなわちヘリックスBを通る全フラックスを増加させたのである．

29. Bを使用せずAの3本のヘリックスの内の1本を検流計につなぎ，他の2本に電池からの電流が流れるようにすると（28），前記の場合と同じで，しかしそれよりずっと強い効果が得られた．

30. 電池への接続がある方向だと，検流計の振れはある方向に起こり，電池の接続を逆にすると，検流計の振れも逆方向になる．電池の接続を切る場合の検流計の振れは，常に接続する場合の逆である．電池と接触させた瞬間に検流計が示す誘導電流の方向は，電池からの電流が流れる方向と逆である．そして接触を切る場合の誘導電流に対応する針の指示は，電池からの主電流の方向と同じである．Bの側あるいは検流計回路のどこで接触・切断をしても検流計には何の効果も現れない．電池からの電流が連続的に流れている場合も検流計の針は振れない．これらの結果はこれらすべての実験に共通であるし，またこれから詳述するふつうの磁石を使った実験の場合とも類似していることは改めていうまでもない．

〈この後さらに大きな電池（100組の極板）を使った2～3の実験が示される．結果はただその程度が強くなる他はまったく同じである．ここでは省略する．〉

35. 鉄の円筒◆21を銅の円筒で置き換えると，ヘリックス自身に単独で起こる現象の他は何も起こらない．鉄の円筒を使った配置では，前（27）で述べた鉄のリングを使った配置ほどには，効果は強力ではない．

◆21　これは1本の鉄の円筒の上に2つのコイルを巻きつけた配置である．しかし鉄の回路が閉じているときのみ全フラックスが増加する．

36. 普通の磁石を使っても似たような効果が得られる．パラグラフ 34（この抄録には載っていない）で述べた中空のヘリックス◆22 では，それぞれ要素ヘリックスが 2 本の 5 フィートの銅線で検流計に接続されている．軟鉄の円筒はヘリックスの軸に挿入されている．それぞれ 24 インチの長さの一対の棒磁石は，一端でそれぞれの反対の磁極が接触して馬蹄形になるようにし，残った 2 つの磁極は鉄の円筒の両端に接触させ，一次的な 1 つの磁石ができるようにする（図 2）．磁気的結合を切るかあるいは逆にするかによって，鉄の円筒の磁気作用は意のままに壊れたりあるいは逆になったりする．

◆22　これはパラグラフ 6 に記載したヘリックスに類似のものである．

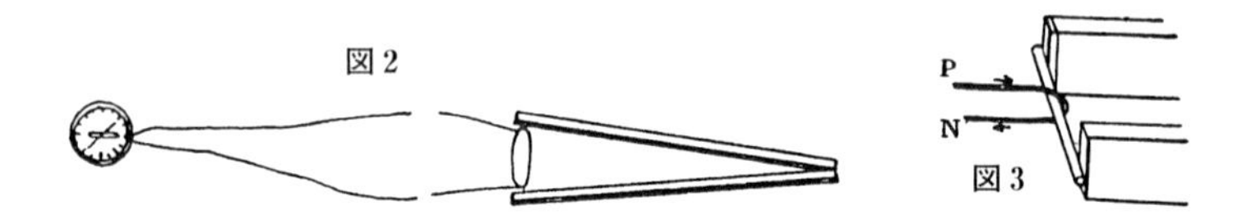

図 2　図 3

37.　磁気的接触をすると，検流計の針が振れる．接触を続けると針ははじめの位置にもどり静止する．磁気接触を切ると，（その瞬間）針は逆方向に振れる．そしてもとにもどる．磁気接触の方向を逆にすると（円筒を挟む磁極を逆にする）針の振れはすべて逆になる．

38.　磁気的接触をしたときの検流計の振れは，そこに誘導された電流があることを示すわけであるが，その電流の方向は，棒磁石との接触によって，実際につくられるのと同じ極性をもつ磁石をつくる電流の向きと逆方向である［訳注：外からの磁石の接触により金属が磁化されるが，そこにできる磁石の極性は外部からのものと逆になる．そしてその磁石と等価な小円電流から電流の方向は決まる］．マークをつけた極と，マークをつけない極を図 3 のように置くと◆23，ヘリックス内の電流は図に示すように流れる．ここで P で示すワイヤーの先端は電池の正極，あるいは鉛板の面に至り，逆に N は負のワイヤーを表す．この電流は円筒を，極 A，B（この記号の説明はない）との接触でつくられるものとは逆向きの磁石に変化させる．そしてこの電流は，アンペールの美しい理論において，図中の位置に磁石をつくる電流とは逆方向に流れる*．

◆23　ファラデーは区別のため N 極（図 3 で上側の極）にマークをつけた．マークした極は北極を探す極である．

〈以下，過渡的な効果のいくつかの例示については省略する．〉

42.　これらの効果は後に述べる法則（114）から簡単に導かれる．

〈以下誘導電流の慣性に関わるいくつかの観測や付加的な例示についての記述を省略する.〉

114.　磁極または運動する金属やワイヤーと誘導される電流の方向との間の関係，すなわち電磁誘導による電気（電流）の発生に関する法則は単純なのだが，これをうまく表現するのは難しい．図4において，PN は水平に置かれたワイヤーで，これが磁石のマークをつけた極（N 極のこと）の周りを図に示された曲線に沿って下から上に動く．あるいは曲線の接線方向に矢印の示す方向に動く．または極の周りを，同じ方向を向いた磁気曲線[†]を切りながら逆に動く．あるいは点線の曲線に沿って動くと，ワイヤーによって磁気曲線が切られる．これらの場合，ワイヤーに流れる電流の方向は P から N に向かう．反対方向に運動すれば，電流は N から P に向かう．次に P′，N′ で示すようにワイヤーが垂直方向に向き，図の水平面内に書かれた点線の曲線に沿って，面内にある磁気曲線を切りながら動くと，電流は P′ から N′ の方向に流れる．ワイヤーが円筒状磁石の表面曲面の接線の方向に向いていて，それが表面に対していろいろな方向をとるように回しても，または磁石がその軸の周りに回転し，いずれかの部分がワイヤーと接するようになっていても，電流は P から

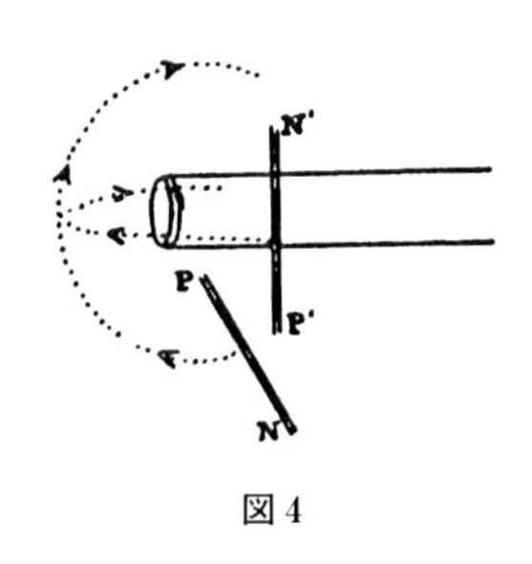

図 4

＊　電流と磁石との相対的な位置の関係は多くの人にとって覚えにくいが，アンペールらはこれに対していくつかの方法を示している．私はここであえてつぎの簡単な方法を提示したい．いま実験家が，頭を下にした磁石を上から見下ろしているとする．あるいは地球の北極で見下ろしているとする．そこで時計の針の運動の方向でまっすぐに進むスクリュー，を考える．磁針の周りの電流の方向は下を向いた磁針と同じ向きの磁石をつくるであろう．あるいは磁石の位置に引きつけられるであろう．あるいはアンペールの理論で考えられる磁石の方向に運動するであろう（編著注：これらの例では右手の法則（右ねじの法則）がまさに適用される．11 章レンツの項を参照）．下を向いた磁針と時計の針の運動の関係を覚えれば，電流と磁石とのどのような関係もすぐに導かれる．

†　ここで磁気曲線という言葉は磁気力の方向を意味している．これは磁極が 2 つ並列していることで変形する．その接線の方向は，鉄くずまたは小さな磁針が動く方向で知ることができるであろう．

Ｎに流れ，運動の方向が逆になれば電流はＮからＰへ流れる．結論としてワイヤーの磁極に対する運動についてはＰからＮへ，またはＮからＰへまったく逆の方向の電流が生じる◆[24]．

115．マークをつけていない極（S 極のこと）についても同様なことが成立する．図においてワイヤーが矢印の方向に運動すると，電流はＮからＰへ，反対の方向に運動すると電流はＰからＮへ流れる．

116．したがって金属が磁石の近くで運動するときに誘起される電流の方向は，金属と磁気的作用の合計，あるいは磁気曲線との関係に依存する．それはつぎのように説明できるであろう◆[25]．図５において，円筒状の磁石のマークのある極（N 極）を A，マークのない極（S 極）を B とする．銀製のナイフの刃 PN がエッジを上にして，切り込みあるいは印がついた側を A の方向に向けて磁石の上に横たわるように置いてある［訳注：ナイフの刃の置き方を特定するために複雑な表現をしている．切り込みとは爪などで刃を引き出すための溝か？　こちら側がナイフの正面でマークなどがかかれていると思われる］．さて A か B か，いずれかの極の周りに，刃をどちらかの方向にでも，どの位置に向かってもよいから，ナイフの表面を前にして動かす．A からくる曲線群（交差する磁気曲線）がナイフの溝のある面（表面）に，B からくる曲線群が溝のない面（裏面）に接する（ぶつかる）ようになっているかぎり，Ｐから N への電流が誘起される．逆にナイフの裏面を前にして動かし，交差する曲線群が前と同じ条件になっていれば，電流はＮからＰへ流れる．磁石の代わりに木の円筒を使うとか，ナイフの代わりに平らな破片とか，円筒の両端を糸（thread）で結ぶとか，刃に孔をあけて磁気曲線が通るようにするとか，いろいろなモデルも簡単につくることができよう．いずれの場合にも（電流の）方向を，ただちにあたえることができる．

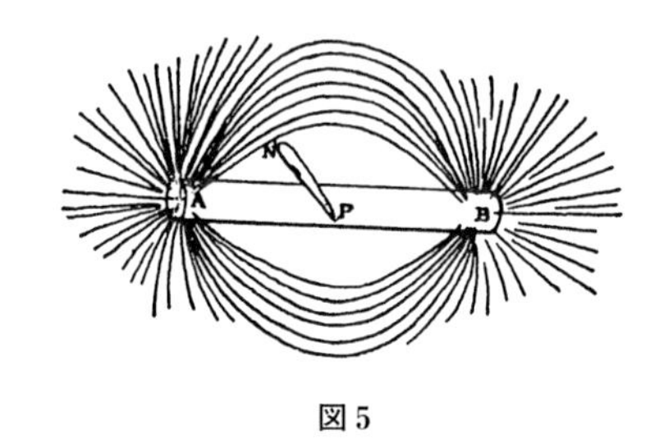

図 5

117．たとえば電流が流れている銅のヘリックス（34 参照）の一端の電磁極のそばをワイヤーが通過し誘導を受けている場合，ワイヤー

◆24　ここのわずらわしい記述は p. 181 のレンツの法則ではるかに簡単に記述される．磁石がその軸の周りに回転すると単磁極誘導というやや複雑な効果が起こる．

◆25　この項の記述については，レンツがその論文のなかでコメントしている．p. 178 を見よ．

が近づいているときに誘導される電流の方向は，直近のらせん部分を流れる電流の方向と同じで，遠ざかるワイヤーに誘導される電流の方向は直近の部分の電流とは逆向きになる．

118. これらのすべての事象は，電流を誘導する力は，磁気的な力の軸を取り巻く円周上に誘起されることを示している．これは円周の形をした磁気（磁場）が電流によりつくられる場合と類似している◆26.

◆26 電流の周囲に同心円状の力線群がつくられることをいっている．

119. これまで述べてきた実験のいくつかはすべて，金属の破片が（導電性があれば他の物質でもおそらく同じであろう）磁石または電磁石（鉄芯があるなしに関わらず◆27）のいずれかの極の付近，または磁石の両極の間を通過した場合に，運動方向を横切る方向に電流が金属片内に誘導されることを証明している．したがってアラゴーの実験◆28においては，この方向はほぼ半径方向となる．車輪のスポークのような1本のワイヤーが磁極の近くを運動すると，電流は一端から他端へ流れる．このようなワイヤーを半径とした多くのワイヤーからなる車輪を考える．これがアラゴーの実験の銅の円板のように（85参照），極の近くで回転すると，半径に相当するそれぞれのスポークには，極に近づいたとき，その方向に電流が誘導される．半径群が横方向に互いに接触していると，それは結局円板になるのだが，スポークの間の作用で多少の変化はあるとしても，一般的には電流の方向は変わらない．結局半径群は互いに金属的な接触をしていることになる．

◆27 鉄についていえば，ヘリックスは鉄芯があってもなくても両電磁極をつくる．

◆28 アラゴーの実験は誘導電流によりつくられる磁場についてのものである．自由に動ける磁石の近くで銅板を回転させると，磁石は銅板につれて動こうとし，同時に銅板は磁石の運動についていこうとする．

120. このような電流の存在が知られることになった．したがってアラゴーの現象を説明するために，拡散した同じ極性に囲まれた反対の極が銅のなかにつくられるからだとする考えによらないですむことになるだろう（82）◆29．また円板は有限な時間内にその状態を獲得したり，失ったりしなければならないとか，回転が原因で反発力が生じなければならないとかの仮定は必要なくなる（82）［訳注：これらのわかりにくい説は誘導電流の考えなしで，アラゴーの実験を説明しようとした仮説であろう］．

◆29 渦電流は引きずり力（drag）を磁石に及ぼす．11章（p. 180）を見よ．

〈このあと発電機をつくるいくつかの試みが記述されているが，ここでは省略する．〉

注意書き：

前の論文が印刷され，読まれるようになってから，長い時間が経ち，また私がフランスおよびイタリアに発信したハシェット（Hachette）氏あての手紙を通じて，多くの実験の説明が拡散してしまった．私の手紙は翻訳されて（いくつかの間違いはあるが），1831年12月26日に，パリの科学アカデミーで発表された．その写しは12月28日の時点でノビリ（Nobili）氏に到着し，彼はアンチノリ（Antinori）氏とともに，この課題についての実験を行い，私の手紙に記載されているような結果を得ている．他の人たちは，私の報告が簡潔過ぎたためか，実験に成功していない．ノビリ，アンチノリの両氏は，その結果を1832年1月31日付の論文で明らかにし，1831年の *Antologia* 誌11月号に印刷出版している（その号のコピーはノビリ氏が私に送ってくれている）．ノビリ氏は論文のなかで，私の手紙を，実験を行うためのテキストとして紹介しているにもかかわらず，ノビリ氏の実験報告のみを知る人たちの多くは，過去の日付について，彼の得た結果は，私の手紙によるのではなく，それより前のことだと思うに違いない．

この課題についての実験は，これより数年前に私が行ったものであり，その結果も出版していることを述べることは許されるであろう（*Quarterly Journal of Science*，1825年7月号，p. 338参照）．私の実験ノートブックの1825年11月28日の欄には，つぎのように書かれている．“10組の電極，4箱の電池群にワイヤーをつないだときの誘導の実験．4フィートのワイヤーを電極につなぎ，その脇に紙2枚の厚さで他のワイヤーを置きその両端を検流計につないだが，何の効果もみられなかった．このワイヤーの結線からはいかなる誘導の効果も見出されなかった．”その時の失敗の原因は今では明らかである（79）．

――マイケル・ファラデー，1832年4月記す．

Phil. Mag. 22（1843），p. 200：「静電誘導について」の手紙

おそらくつぎの実験について述べておくことは意味があるであろう．これらの実験は，電気的な誘導の作用の原理について何らかの期待はもっているが，それについてのある程度の疑いや，重要性がないというような曖昧さを感じている人々に，詳細で正確な考えを伝えることは価値があると思う．これは誘導に関する私の考えの一部の表明であ

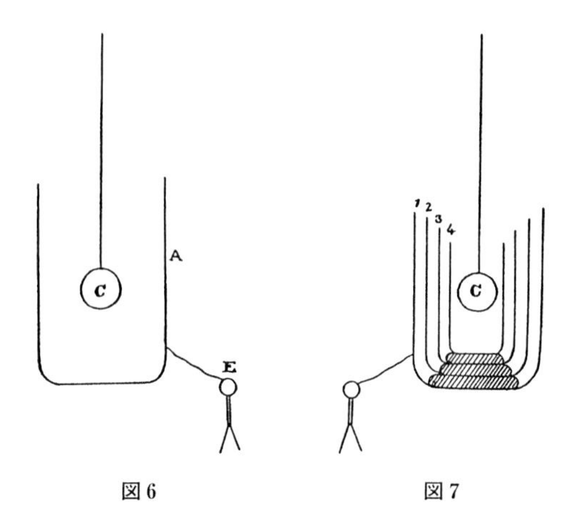

図6　　図7

り，またその証明でもある*．図6においてAはシロメ（スズと鉛の合金）でできた絶縁された氷容器（アイスペール）でその高さは10.5インチ，直径は7インチである．これはワイヤーで高感度の金箔電位計Eに接続されている◆30．Cは絶縁された真鍮球で，手で持つことによるアイスペールからの影響を避けるために，長さ3～4フィートの乾燥した白絹糸でつるされている．まずAを完全に放電させておく．Cをなんらかの器機かライデン瓶を使って遠方で帯電させる．そして図のようにAのなかに入れる．Cの電荷が正であると，Eもまた正となり開く．Cを取り去るとEは完全に閉じ，装置はもとの状態にもどる．Cが容器Aに入るにつれてEの開きは増すが，容器の縁から3インチぐらいまでで，箔の開きは止まる．このCの位置で，CのAの内面に対する誘電の作用は使いつくされ，外部の物体に何の作用も及ぼさなくなる．CがAの底面に接触すると，その電荷はすべてAに伝えられ，AとCとの間にはもはやどのような静電的作用も現れない．Cを取り出して調べてみると，Cは完全に放電してしまっている．

◆30　これはアイスペールの実験として一般に知られている．

これらはすべてすでに認められているよく知られた作用であるが，少し変わったところがある．以下の結論が導かれるであろう．もしCを単にAのなかに吊るすと誘導作用によりAの外側に同種の電荷を

* *Experimental Researches*, par. 1295, & c., 1667, & c., *Philosophical Magagine* (1840), S. 3, vol. xvii, p. 56, viii, Hare 博士への回答.

◆31　そしてAの内側には反対の電荷を誘導する．

◆32　CからAに終わるいろいろな電気力線が予想されるので，Cの位置は何らかの効果を起こすかもしれない．

◆33　シェラックは絶縁物として使われている．

生じるだろう◆31．しかしもしCがAに接触すると，その電荷はAに移るので，Aの外側の電荷は，はじめにCの上にあった電荷であるとみなせるだろう．しかしこの変化で電位計の箔には何の変化も生じない．これはCによって誘導された電荷とCがもっていた電荷はその量も影響力も正確に等しいという証拠である．

帯電したCをAの底面と壁から同じ距離に一瞬の間保ち，つぎに接しないようにして底面にできるだけ近づけても，箔の開きは変わらない．これはCの作用はかなり遠くにあっても最小の距離にあっても同じであることを示している．さらにCを軸から外し，壁に近づけ◆32，あらゆる方向を向いた電気力線による誘導作用が起こるようにしても，その力の合計は前と変わることはない．箔の開きに変化はないからである．異なる状況下で電気力線を広げても集めても変わらない．

つぎに図7のように多くの金属製容器を同一の軸上に並べた場合の実験について述べる．図にはシェラック（樹脂状の物質，ワニス）の板の上にそれぞれ容器が4つ互いに絶縁されて置かれている◆33．このシステムでは，Cはそれぞれ完全に単一の容器と相互作用をしており，間にある導電性の板は，誘導効果に関するかぎり何の違いも生じないことが示される．Cが容器4の内面に接触しても電位計の箔の開きは変わらない．絹糸で容器4を取り去ると箔は完全に閉じる．ふたたび挿入すると前と同じだけ開く．容器4と3とをワイヤーで連結しても箔は動かない．同じく3と2とをワイヤーで結んでも箔は動かない．はじめに帯電体Cの上に存在した，有限な距離から作用を及ぼしていた電荷は，いまや容器2の外側にあり小さな絶縁物を通して作用している．最終的に1の外側に電荷が流れても箔は動かない．

ふたたび荷電体Cを系の中心に置く．電位計の箔の開きは誘電効果の大きさを表すが，その開きは容器1だけがある場合も，4つの容器すべてがある場合も変わらない．これら容器が互いに絶縁されていても，すべて結ばれて厚い金属容器のようになっていても箔の開きは変わらない．

金属容器2，3，4の代わりに，シェラックまたは硫黄の厚い容器を置いても，容器1のなかの物質の性質に変化があっても，箔は最小の変化も示さない．

1つの帯電体の代わりに，多くの帯電体を容器内のいろいろな位置に置いても，互いの間に干渉は起こらず，外部に対しては，全電荷が1つの帯電体の上にあるかのように作用する．ただし互いの帯電体上の電荷の分布は周囲からの影響でかなり変わっているにもかかわらず．もし1つの帯電体の電荷が容器4と接触してその上に広がっても，同じ力がそれを貫いて働いている◆34．容器1，2，3，4の内のどれにあたえられた電荷の状態も，容器4にあたえられた電荷の作用を妨げることはない．シェラックの断片を帯電させ，絹糸で容器のなかに吊るすと，それは金属球とまったく同じ作用を起こす．ただしその電荷は金属容器と接触しても流れることはない◆35．

容器Aの中心にある電荷は，空間を通して誘電効果でAに作用していても，あるいは導電によりAに電荷が移り，さきの誘電効果が完全に消えてしまっていても，外部に対してはまったく同じ力を及ぼしている．またCとAとの間の誘電効果については，その間に空気や，殻の形のシェラックや，また空気の2倍の誘電率◆36をもつ硫黄が介在していても，あるいは多くの導体があっても，または空間の9/10が導体やあるいは片側が金属で反対側がシェラックのような物体で満たされていても，あるいは距離や力を変化させるような手段を講じても，またその空間に電荷を置いても，畢竟その作用の強さは正確に同じである．

粒子であれ大きな物体であれ，それが帯電されたとき，その作用については，その生成・消滅に対してすべてにつじつまが合うような説明はない．力の強さは確定しており，また変化するものではない．したがって，電気的な力は流体によって表現されるという考えをもつ人たちにとって，流体自身で起こる圧縮・凝結，あるいはもしそう呼ぶなら凝集などについて何の説明もあたえられないはずだ◆37．唯一この力についていえるとすると，同種の力はその向きが同じときも，逆向きのときも結び合わせられることだ．異なる種類の力については「放電」によってもとの力を打ち消すか，あるいは「放電」がない場合には簡単な法則または静電誘導の原理によってそれらを結合させる．静電誘導から離れれば，それらは「常に同種のもの」であり，帯電体のなかにはそれ以外の力の状態はないはずだ．似たような，形を変えた，またはかくされたというような言葉に対応するような，すなわち通常の誘電作用の原理から逸脱した静電的な力の状態は存在しない．帯電

◆34 電荷は互いに独立に作用している．

◆35 絶縁体上の電荷は導体と接触した場合その点だけから流れる．したがって表面全体が接触しなければ，完全に放電することはできない．

◆36 誘電定数．

◆37 電荷についていくつかの流体説がある

した導体に何らかの物体が近づいたときにスパークが起こるという現象以上に，より潜在したとか，より変容したとかいう電荷の状態はありえない◆38．［訳注：この文節での議論は，当時電荷の流体説などで議論されたテーマを否定するためになされているようで，その論点自体が今となってはよくわからない．静電誘導の事実に反するものはすべて否定しようとしているようだ.］

◆38　ここでファラデーは「潜在した電荷」というような概念を基礎に置く電気理論を非難しようとしている．ただし彼の実験は潜在電荷の非存在を証明できていない．

完璧な静電誘導の作用から，奇妙な考えがでてくる．直径が２～３フィートの帯電していない薄い金属球を考えよう．これは絶縁されて置かれている．球の内部の空間は異なる帯電（正負が異なるということか？）をした多くの小胞または粒子で満たされている．それらは互いにも，また球からも絶縁されている．それらが球に及ぼすすべての力の合成として，球の外側には電荷が現れる．この球の表面のいずれかの場所に近づく物体に対して，球は，自身は帯電していないにもかかわらず，あたかも粒子群がその表面に存在しているがごとく強力な放電を起こす．この考えを雲の場合に進めるならば，雲の外面と金属球の表面とは比較にならない違いがあるにもかかわらず，地球やその上の建物にあたえる誘電効果は同じなのである．雲の電荷はそれを構成する粒子に分散していて，特定の部分に誘導を起こそうとする電荷（*inductric* charge＝inducing charge）が集積しているわけでもないのに，地球に対する誘導の作用は，地球に向かうすべての力がその雲の表面にあるかのごとく強力なのである．地球が放電を起こそうとする力の状態は，雲がそうしようとする力と同じ強さである．雷の放電が雲か地球か，どちらが先に起こすかということをよくいわれるが，決めることは難しい*．私には理論的検討からそれはおそらく地球から始まるのではないかと思われるが◆39．

◆39　ファラデーがこれを複雑な問題としたことは正しい．放電はおそらく対応する２つの場所から同時に起こるのであろう．

予備的な報告

〈*Philosophical Transactions*（1834），p. 77．以下の抄録にはファラデーの最も重要な電気化学の研究が述べられている．〉

661．電気化学分解の研究について，私の前からの考えは，これま

* *Experimental Reseaches*，Pars. 1370，1410，1484.

での一連の研究シリーズのなかで詳しく記述し，かつこれがこの現象の正しい説明であると思ってきたが，ここでかなり変わることになる．記述されている結果を，これまで世に受け入れられてきた用語で説明するのは非常に難しいことがわかったからである．プラスまたはマイナスの添え字をもつ極（pole）という用語は，それに付随した引力とか斥力とかの概念とともに問題がある．一般の用語法からいえば，正極は酸素や酸などを引き付けるが，さらに注意深くいえば，それは極の表面上で発生することであり，一方負極は，水素や，可燃性物質や，金属や塩基に同じように作用する．私の考えでは，これを決める力は極の上にあるのではなく，分解を起こしている物質のなかにあるのである◆40．そして酸素や酸は，物体の負の“限界（extremity◆41）”に於いて変化し，他方水素や金属は，物体の正の“限界”において生成されるのである（518，524）．

◆40　ファラデーのいう「分解する物質」とは電解液のことを意味する．

◆41　“負の限界”“正の限界”という言葉は，混乱した用語法である．ファラデーはこれを使わないように望んでいた．

662.　回りくどい表現での混乱を避けるために，また私が前に使った表現より正確な表現を探すために，私は意図的に二人の友人とこの問題を考え，彼らの支援と同意を得て，次に定義する新しい用語を提示したいと思う．通常いわれる極（pole）とは，分解を起こす物体から電流が入る，あるいは出ていく戸口または通路のことである（556）．そして物体と接触しているときには，電流の流れる方向における，物体の広がりの最先端となる．一般にこの言葉は，分解を起こしている物質に接している金属表面に対して使われてきた．学者たちが，私がこれを電気分解に使うのに対して，この言葉を空気（465，471）や水（493）の表面をさすのに使うのには疑問がある．そこで極（pole）という言葉の代わりに，電極（electrode）という言葉を提案する．物体の表面，空気や水や金属やその他どんなものでも◆42，電流の流れる方向における，物体の広がりの境界をかたちづくるものを意味するものとする．

◆42　一般には金属だけである．

663.　通常の用語法によれば，分解を起こしている物質に電流が流れ込んだり，そこから流れ出したりする表面は，作用が起こっている最も大切な場所であって，その部分に接しているものに対して，多くの場合に使われる極（pole）とか，常に使われる電極（electrode）とかの言葉とは区別される必要がある．電流の方向に対しては，諸説にとらわれない，その違いをはっきりさせた自然な標準は地球の場合にあるものと私は考える．もし地磁気が地球の周りを回る電流によるものとすれば◆43，電流の方向は一定で，今日的用語法にしたがえば，東から西へ向かっている．つまり太陽が動く方向として記憶すると確かである．電気分解ではいかなる場合にも，分解する物体のなかを流れる電流は，地球に存在すると考えられる電流と平行に，常に同じ方向にあると考えられる．したがって電流が流れ出し，入り込む表面は不変の枠組みをもつことになり，これは力の関係と常に同じである◆44．ここで我々は東に向かうものを陽極（アノード，anode），西に向かうものを陰極（カソード，cathode）と呼ぶことを提案しよう．電気および電気作用の見方にどんな変化が起ころうとも，同方向という自然な標準にかならず影響が及ぶし，この言葉を適用する分解物質に影響する．混乱を導く，あるいは間違った見方を指示する理由は何もない．我々が現在とる表現法では，陽極は電流が流れ込む表面で，分解物質の負の境界で，そこには酸素，塩素，酸が存在する◆45．それは正極に対向する，あるいは逆となるものである．陰極は，分解物質から電流が離れていく表面で，物質の正の境界である◆46．そこには可燃性の物体や金属やアルカリや塩基が存在し，負の電極と接触している．

664．私はこの研究において，物体を電気的な作用に関係した性質にしたがって分類する機会をもちたい（822）．そしていかなる仮説的な見解もなしに，これらの関係を表現するために次のような言語や名前を使う．多くの物体が電気によって直接分解される．その結果それらの各要素は自由になるが，これを電解質（electrolytes）と呼ぶことを提案したい◆47．したがって水は電解質である．硝酸または硫酸のような物質は，第二の様式で分解する（752，757）ので，この名称には含まれない◆48．電気化学的な分解に対しては，同じようにして導かれた「電解した（*electrolyzed*）」という用語を用いる．これは物質が電気的な影響下で成分に分かれたことを意味する．それは analyze と類似した意味と音をもつ．用語 *electrolytical* も容易にわかるであろう．塩酸（muriatic acid）は「電解しやすいもの（*electrolytical*）」であるが，ホウ酸（boric acid）はそうではない◆49．

665．最後に電極（electrode）あるいは通常の呼び名で極（pole）を通過する物質の呼び名が必要である．物質はそれが正または負のポールに引き寄せられるかどうかにより電気的陰性（electronegative）

◆43　地球には磁気の赤道に平行に回る電流があると考えているが，実際はそうではない．

◆44　ここに書いてある記述は，後に定義される陽極と陰極に比べて不必要に複雑である．

◆45　すなわち負イオンが引きつけられる場所．

◆46　正のイオンが存在する場所．

◆47　少量の酸を加えるとこれらは導電性をもつ．

◆48　これらの分子は分解して正および負のイオンになる．

◆49　muriatic acid は hydrochloric acid（HCl）の古語．boric acid は H_3BO_3．前者は水中でイオンになるが，後者はならない．

または電気的陽性（electropositive）と呼ばれる．しかしこれらの用語は，私が使わなければならないとしたら，あまりにも意味ありげに過ぎる．その意味は多分正しいのだろうけれど，それは仮説上のことだろうし，あるいは間違っているかもしれない．気づかないほどかもしれないが危険でもある．なぜならこれは科学にとってはよくないことであるが，しばしば繰り返されることで習慣的になった見解を縮めたり制限したりしたものだからである．私の提案は，分解体のアノードに向かって動く物質をアニオン（anion），カソードに向かう物質をカチオン（cation），両者をまとめて呼ぶときはイオン（ion）と呼ぶことである．したがって塩化鉛はelectrolyteそしてelectrolyzedしたものから生じる2つのイオンのうち塩素はアニオン，鉛はカチオンとなる．

666. これらの用語◆[50]がひとたびしっかりと定義されれば，これらを使えば不明瞭な表現や曖昧さなどを避けることができる．しかし私はこれらを必要以上に押しつけようとは思っていない．科学と用語とはそれぞれ別のものだということはよくわきまえているからである*．

◆[50] これらの用語の大部分は今でも使われている．

667. 電流の性質については，私が前の機会（283, 517）◆[51]に言及したこと以上の意見をもっていないことはよく理解してもらえると思う．電流は正の部分から負の部分に流れるといったけれども，それは科学者たちの間のある程度暗黙の了解，あるいはただ使いなれているということからきたものにすぎない．しかしそれは電流の力の方向に対して一定の確定したものである．

◆[51] フランクリン（Franklin）の一流体説が実験によく合うということを除けば，電流についてのより詳しい記述は，電子が発見されるまでなかったといえよう．

〈この後に，いくつかの化合物について電気化学的性質の観察の記述があるがここでは省略する．〉

ボルタ電気の新しい計量器について

704. 通常の電気◆[52]とボルタ電気とを1つの測定基準に統一することについて，私はすでに言及した（377）．そして電気化学的分解についての私の理論（504, 505, 510）を紹介した際に「電流により化学的に分解する量は，電気の量（電荷）が一定なら，一定である」と述べ

◆[52] 通常の電気（common electricity）とは静電気（static electricity）をさす言葉である．

* この論文が発表された以後，私ははじめに提案した用語の一部を改訂した．用語はその性格が単純で，何であるかを明瞭に指示し，推量する必要がないことを同時に満足するようなものであるべきであるからである．

た．これは多様な物質であろうと，強度（電流の？）が何であろうと，電極の大きさが何であろうと，電流が通過する物体の導電性がどうであろうと，そしていかなる環境においても成立することである◆53．この命題に対する決定的な証明はすぐ後にあたえられる（783など）．

◆53　これは事実上，ファラデーの電気分解の第一法則である．

705.　この法則を証明するため，どのような実験においても電流間に挿入して電荷の量を測れる器機をつくろうと努力した．それは比較的によい標準器としても，この微妙な効果を実用上うまく測れるものとして働かなければならない◆54．

◆54　感度は高いが電流計あるいは電荷計としては不都合なものかもしれない．なぜなら全電荷を測定するものだからである．

706.　通常の環境では，上記器機の指示物質として，酸あるいは塩を少量加えて導電性がよい状態になった分解した水よりよいものはない．その成分要素は多くの場合，二次効果に煩わされることなく集められ，そして気体になる．これは分離・測定するのに最もよい物理的条件である．したがって硫酸で酸性にした水は常に私が使用する物質である．しかし何か特別な場合には急場しのぎに他の物質を使う実験もある（843）．

707.　装置を組み立てるにあたって，最初に気をつけるべきことは，分解して発生した気体がふたたび結合しないようにすることである．正の電極でこれが起こることがみられていたからである（571）．このためにいろいろな形の分解用の装置が使われた．まず最初は，複数の

図8－14

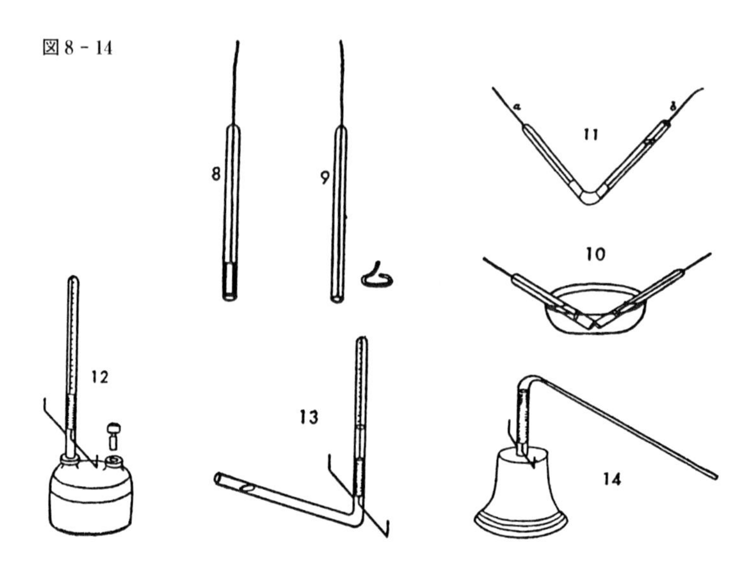

まっすぐな管からなり，それぞれは白金でできた板とワイヤーを金ではんだづけしたものをなかに含み，管の閉じた側の端で，ガラスのなかで密着するようにして固定する（図8）．管の長さは約8インチ，径は0.7インチ，そして目盛りがつけられている．白金の板の長さは約1インチで，幅はできるだけ管いっぱいになるほどで，管の口に近くなるように調整する．こうして発生した気体をうまく集められる．場合によってはできるだけ小さな表面で元素を発生させる必要があるので，金属端として，板の代わりに輪にしたワイヤーが使われる（図9）．測定に使われる際，管は薄い硫酸の液で満たされ，同じ液体の入った水鉢に斜めにしてつけられる（図10）．2つの管の口は分解する物体が間にこないようにできるだけ近づける．このとき白金の板は垂直に立つようにする（720）．

708. 他の形をした装置を図11に示す．管をその中央部で折り曲げ，一端を閉じる．そこに板とワイヤーを固定する（図11a）．下に下がり，曲がりの部分にできるだけ近いところで，それに向かって発生した気体のすべてが管の閉じた端に集められる．この板の面はやはり鉛直である（720）．もう1つの金属端（図11b）は分解が起こり始めたときにできるだけ曲がりの近くまで挿入される．気体が管の閉じた端に行かないようにする．これに向かって発生した気体は通り抜けるようにする◆55．

◆55 閉じた管のなかで集められた気体の量は全電荷を指示するメジャーになる．

709. 第三の装置は1つの管に両方の電極を入れ込んだものである．したがって伝達される電荷も，その結果起こる分解も，管が別々の2本の場合に比べてはるかに大きくなる．生じる気体は2つの電極で発生する気体の合わさったもので，この装置は流れたボルタ電気の量を計測するものとしてより適している．図12に示すように上端を閉じたまっすぐな管で，目盛りがついている．ガラス管の両側を2本の白金のワイヤーがガラスに溶接されて貫いている．それぞれはガラス管のなかで2枚の板（電極）につながれている．管は首の2つある瓶の1つの口のなかにこすりあわせて取り付ける．瓶の1/2または2/3が薄い硫酸で満たされていると，全体を傾けると液体は管に流れ込みこれを満たす．電流が流れると2枚の板で気体が発生するがこれは管の上部に集められる．気体は白金のもつ再結合作用を受けることはない．

710. さらに違った形の装置を図13に示す．

711.　5番目の形の装置を図14に示す．この装置は数日にわたる連続実験でよく働き，電荷量の指示物質である気体を大量に集めた．装置は重い足台に乗り，電極を2つもった小さな蒸留器の形をしている．首は狭く，十分に長く，発生した気体を空気中に置いた桶のなかの瓶へ送り出す．電極をなかにもった管は長さ5インチ，径0.6インチで，スタンドのところで気密に封じられている．首の部分は長さが約9インチ，内径が0.4インチである．図に構造がすべて示されている．

712.　これはほとんどいう必要がないことであるが，これまで述べたどの形の装置においても，それらおよびそれと並行して同じ電流の作用のもとにある物質を結びつけているワイヤーは，電荷が一方を通過すれば必ず他方も通過するというように，十分確かに絶縁されている．

〈以下これら装置の操作についてやや詳しい記述があるが，ここでは省略する.〉

729.　装置を実際に使ううえでは必要ないかもしれないが，水に対する電気化学的作用の同一性をいうときに重要な点を書いておこう．性質が互いに大きく異なる酸，塩基，その他の化合物の水溶液で，そこを流れる電流の作用を調べたが，その結果は驚くほど同一であった．しかし後に述べるように（778），それらの多くは二次的な作用を起こすので，有効に活用できる．

730.　苛性カリ（水酸化カリウム），苛性ソーダ（水酸化ナトリウム），硫化マグネシウム，硫化ソーダなどの溶液に電流が作用すると希釈された硫酸液の場合と比較してまったく同じ量の酸素と水素が発生する．アンモニア溶液をアンモニア硫酸塩で導電性をよくしたもの（554），あるいは亜炭酸カリの溶液を調べたが，希釈硫酸液と比較して等量の水素の発生が得られた．以上のことから「溶液の性質はいろいろ変わっても水に及ぼす電解作用には変化がない」ということができる．

731.　大小桁違いに大きさの異なる電極でも，一般的な効果は同じであることはすでに述べた（715）．同じことを，異なる溶液，異なる濃度，また実験環境が異なってもいうことができる．結果は驚くほど安定で，電気化学的作用は常に同一であることを証明している．

732.　これまでの研究は，水についての非常に重要な法則「電流が作用したとき，そこを通過した電荷に正確に比例した量の水が分解される」ことを，さまざまな条件や環境のもとで証明するのに十分だと私は考える．そしてさらに何らかの二次的効果の影響（742など）◆56や，発生した気体の溶解や再結合や，空気の漏れなどに注意すれば，「分解生成物は，発生した電荷量の優れた指示量となることを保証するまでに正確に集めることができる」．

◆56　たとえば発生した気体が電極物質と反応することなど．

〈このあとさまざまな物質を使った実験およびその際の注意事項についての検討があるが省略する．〉

821.　これらすべての事実を1つの疑いない現象の集まりとして考えると，私が最初に述べた命題，「電荷の流れがあたえる化学的作用は，そこを流れた電荷の絶対量に正確に比例する」を証明していると私は考える（377，783）．またこの真実は単に水についてのみでなく，一般にすべての電解質に適用できる．ある物質について得られた結果は他の物質について得られた結果と一致する．すべてが集まって「一連の電気化学作用」が確定する（505）．私は例外が起こらないだろうとはいわない．おそらく非常に弱い親和力で結びついている物質については例外なことがあるかもしれない．しかしそれはこの結論に対して深刻な障害とはならないだろう．普通の化学的親和力のよく考えられた，よく調べられた，そしてよく確かめられた理論のもとでは，何らかの例外が起こったとしても，それは一般的な結論を乱すことなく，また電気化学作用の新しい見方の幕開けとして，これらの結論を公表することは許されるべきであろう．この見解をさらに完全なものにしようと努力する人々に対する障害として，この例外が保持されるのではなく，最終的には完全につじつまが合う説明ができるまで，むしろしばらく脇に置いておくのがよい．

822.　私が確信し，いまここに述べた電気化学作用の決定的な理論は，さまざまな物質の間の関係や分類に，この作用に基づいた新しい見方をもたらす．

823.　第一に，物質は電流によって分解されるか，または否かによって，2つに大きく分類される◆57．ここで後者はボルタ電気に対して導体であるものと不良導体であるものとがある*．前者の分解のしや

◆57　それぞれは電気原子価の（electrovalent），共有の（covalent）と呼ばれる．

すさは，その成分元素の性質のみにはよらない．なぜなら2つの物体が同じ2つの元素でできているとしても，その1つはある分類に属し，他は他の分類に属すからである．おそらく比率にもよらないであろう(697)．さらに顕著なことに，これら分解する物質は，私が前に述べた(394) 電導の法則に完全にしたがっていることである．このことはもし例外（414，691）があるとしてもごく稀である．この法則は溶解しやすい物質には拡張できない．それらの物質はこの分類からは除外される．私はこれらの物質を分解しやすいクラス，電解質と呼ぶように提案する（664）．

824．さて電流の影響下で，物質が分かれていく先のものは非常に重要なクラスをつくる．これらは化学的親和力説の基本的な部分に連関している．電解作用の間に生成されるがその比率は確定している．私はこれらを一般的にはイオン，特別にはアノードに現れるかカソードに現れるかによって，アニオンまたはカチオンと呼ぶことをすでに提案した（665）．そしてその発生の割合を表す数値を電気化学当量と呼ぶ◆58．水素，酸素，塩素，ヨウ素，鉛，スズはイオンであり，はじめの3つはアニオンであり，2つの金属はカチオンである．これらの電気化学当量の概略値は1，8，36，125，104，58である．

◆58 ここで使われている言葉は化学当量の意味で，物質の原子量の原子価に対する比である．電気化学当量（electro-chemical equivalent）という言葉は今日では単位電荷あたりの質量の意味で使われる．

825．電解質，イオン，電気化学当量に関する重要な点は次の一般的な表現に集約される．私はそこに重大な間違いがないことを望んでいる．

826．i. 他と結合していない単一のイオン◆59は，それがより基本的なイオンの複合体でもなく，また分解を起こすことがないかぎり，どちらの電極にも近づこうとしないし，またそこを流れる電流にも無関係である．この事実によって，私が前に示した一連の研究から導いた電気化学分解の新しい理論に都合のよい証明を築くことができる（518など）．

◆59 ここでファラデーは分解しない中性の分子か，あるいはおそらく原子を考えているようである．

827．ii. もし1つのイオンが化学的な関係ではまったく逆のものと正しい比率で（697）組み合わされていたとすると，すなわち分解生成物のアニオンとカチオンの組み合わせだとすると，一方はアノードへ，

* ここでボルタ電気とは普通の電源から供給される電荷を意味する．ただし非常に小さいものとする．

他方はカソードへ向かって移動する（530，542，547）．

828. iii. もし一方のイオンが電極の一方に動いたとすると，他方は他の電極に向かって動かなければならない．さもないと二次的な効果◆60 のために消えてしまう（743）．

◆60 再結合が起こるなどのため．

829. iv. 電流によって直接分解する物質すなわち**電解質**は，2つのイオンから構成されていなければならないし，分解作用の間にそれらが現れなければならない．

830. v. 同じ基本的なイオン2つから構成される電解質がただ1つある．法則にしたがえば，この基本的イオンの1つの電気化学的等価体は，電極に行きつくことができるが，複合体はできないということになる．（697）．

831. vi. ホウ酸のように単独では分解しない物質は，電流によって直接に分解することはない（780）．それはアノードまたはカソードに引きつけられる1個のイオンとして振る舞う．時たま起こる二次的な効果がある場合を除いては，その成分元素を解き放つことはない．この論述は水の場合とは関係ないと指摘することは私には無用に思われる．水は他の物質の存在により伝導度がよくなり，したがって自由に分解する．

832. vii. 電極を構成する物質の性質は，それが導体であれば，その電気分解の過程において，種類についても程度についても何ら差を生じさせない（807，813）．しかし二次作用のために，最終的に表れるイオンの状態に大きな影響をあたえる．もしイオンが自由に生成されるならこれらを結合したり集めたりしてうまく利用できるかもしれないが◆61，かなり扱いにくいであろう*．

◆61 たとえば電気メッキをするなど．

833. viii. 電極に使用される物質が，そこで発生するイオンと結合することがある．このような場合には，イオンは，電気化学当量によって表される量に加えられるべきであると考えられる．私が行ったすべての実験はこの見解に合致する．これは現在のところ必要な結論であると私には思える．イオンが作用する場所で起こる二次的効果につ

* 使われる電極を何らかの液体に浸した場合に，外部ボルタ電池に対して順または逆の電流を生じることがある（これはボルタ電池作用である）．そのため，または直接化学反応によって結果は乱されてしまう．このような複雑な現象のなかでも，分解物質を通過する電流はしっかりと電解作用を示す．

いては，電極上の問題ではなく，それを取り巻く液体でも同じ結論が得られる（744）．これを決定づけるためにはさらに詳しい研究が必要であろう．

834.　ix. 複合イオンは，必ずしも単純イオンの集まった電気化学当量に相当するものである必要はない．たとえば硫酸イオン，ホウ酸イオン，リン酸イオンなどはイオンであるが，電解質ではない．すなわち電気化学的な単純イオンの集団ではない．

835.　x. 電気化学当量は常につじつまが合うようになっている．たとえば物質 A のそれを表す数値は，物質 A が，物質 B が分解してできたものでも，物質 C が分解してできたものでも同じである．水素から離れた場合でも，スズや鉛から離れてできた場合でも，酸素の電気化学当量は 8 である．酸素，塩素，ヨウ素のいずれかから離れてできたときでも，鉛の電気化学当量は 103.5 である．

836.　xi. 電気化学当量は，普通の化学当量と同じく一致している．

〈以下いろいろな物質の化学当量の解析があるが，ここでは省略する．〉

851.　電気化学当量は，化学当量の真の値はいくらか，比例量の確定した値がいくらか，また物体の原子番号がいくらかなどの疑問があるときに，これを決めるのにたいへん役に立つ．私は電気分解と通常の化学的引力を支配する力はおなじであると確信している．自然法則の規則化の影響下で，前者が確かであるとすると，後者もまたそれにしたがわなければならないと信じることに私は何のためらいもなく確信をもっている．表現を簡単にするために小さなことは無視すれば，水素を 1 としたとき，酸素の当量あるいは原子量は 8，塩素は 36，臭素は 78.4，鉛は 103.5，スズは 59 であることに私は疑問をもっていない（ある権威ある人はこれら数値を 2 倍とするが◆[62]）．

◆[62]　酸素，鉛，スズの原子量はここにあたえた数値の 2 倍である．明らかにファラデーは原子価を誤って解釈している．

物質粒子あるいは原子に付随する電気量の絶対値について

852.　電気分解または電気化学作用の確立した理論は，いろいろな物質のもつ電気量または電気的な力の絶対値に直接関係しているように私にはみえる．しかし現在までにわかっている事実が支持している範囲を超えてしまう誤りをおかさずに，この点について議論することは不可能である．不可能というか，おそらくその課題を解くことは無分別でもあろう．我々は原子とは何であるか知らないけれど，その小さな粒子について何らかの考えを心に思い浮かべることに抗することができない．それ以上ではないにしても，電気についても，同じように我々は無知であり，それは何らかの物質であるのか，普通の物質の単なる運動なのか，あるいは第三の種類の力なのかもわからない．しかし原子や物質は電気的な力を担っているか，あるいはそれに関係づけられていて，それらの大方の性質，なかでも化学的親和力は電気によると我々に信じさせる多くの事実が存在する◆63．ドルトンの教えもあって，化学的な力は，環境により変わるものの，それぞれ物質に固有なものであることに気づき，ただちにそれぞれの物質がもつ化学的力の相対的な大きさを見積もることを学んだ．その知識が事実となるや電荷は，その化学的力は保持したまま，その住みかからしばらく離れ，ある場所から他の場所へ渡り歩くことができるように我々にはみえた．そのようにして測られた電荷の作用の大きさは，物質粒子のなかに存在し，その化学的な性質をあたえる電荷の部分の大きさと同じように確定したものである．こうして（実験または観察によって）我々が導き出した部分と，自然として存在する状態の粒子の部分とを結びつけるリンクを発見したように思う．

853.　ある程度の電気量で分解される化合物の量がいかに少ないかを観察することは素晴らしいことである．たとえば水についてこのことおよびそれに関係したことをみてみよう．ごく少量の水を酸性にし，伝導性をよくする．この水を分解するのには3分あるいは45分（15分×3）の間，電流を流し続け，電解作用を維持し続ける必要がある．その電流の大きさは，1/104インチの白金のワイヤー*を空気中で赤熱し続けるほどである．もしその途中を切断してそこに木炭を挟むと非常に明るい星のように輝き続ける◆64．これを高電圧の瞬間的な放電に関連させて表現するならば，いうまでもないことかもしれないが，ホイートストン氏の美しい実験†,◆65で示されているように，あるいはまた私が通常の電気とボルタ電気との関係について言及したように（371，375），ここで必要とされた電気の量は非常に強いフラッシュを起こさせるものと同等である◆66．我々はこの過程を完全に支配し，発生させ，そして楽しむことができる．電解の作業がすべて終わった時

◆63　この点についてファラデーは驚くべき洞察力を示した．

◆64　ここでの電流の測り方は，加熱効果を使った准定量的なものである．

◆65　ホイートストン卿（Sir Charles Wheatstone, 1802–1875）．現代の電信技術の事実上の創立者といわれている．抵抗測定のためのホイートストン電橋は彼の思いつきではないが，それを発展させた．

◆66　ここで述べていることは，正しくなさそうである．ライデン瓶などは非常に大きな電荷を蓄えられる．

点で，わずか1杯の水をその要素原子に分離しただけである．

854．別の観点からみれば，電気の流れと水の分解との関係は非常に密接なので，一方なしに他方を取り扱うことはできない．もし水をわずかな程度でも液体の状態から固体の状態に変化させると，電流は止まり，したがって電解も止まってしまう．電流の流れは電解作用に依存しているとしても，していなくても，2つの作用の関係は非常に密接で，また分離することは不可能である（413，703）．

855．電気分解がなければ電気の流れは起こらないというこの密接な二重の関係を考えると，また一定の電気の流れに対して，水または他の物質の一定量が分解するということを考えると，そしてさらに電気はその作用を受けている物体に，電気的な力のみを及ぼしているということを考えると，自然な結論として，流れた量は分離した粒子に同等，したがって等しいとすることはもっともらしい．すなわち結合している1杯の水の要素原子，すなわち結合している場合と同じ比率の酸素と水素（それらは電流の状態になりうる）がもっている電気的な力は，1杯の水を要素原子に分解するに必要な電流に完全に等しい［訳注：回りくどい表現だが，結合状態で要素原子がもっている電気的な力（電荷）は，分解の際に流れる電荷量に等しいということがいいたいらしい］．

〈1杯の水を電気分解するのに大きな量の電荷が必要だというファラデーの考えについてさらに検討があるが，ここでは省略する．〉

---

*　ここで使ったワイヤーの長さについてはいわなかった．長さが無関係なことは，理論からも予想され，また私の実験からも確かめられている．適当な径の1インチの白金ワイヤーを赤熱させるに必要な，ある決まった時間に流れる同じ電気の量は，冷却に効く環境が同じであるかぎり，100倍，1000倍，いくらでも長い同じワイヤーを同じ温度まで熱することができる．これを私はボルタ電気計を使って証明した．長さ0.5インチであっても，8インチであっても暗赤色の一定の温度で，同じ時間で同じ量の水を分解する．0.5インチを使った場合，ワイヤーの中心部分のみが燃えた（編著注：おそらく両端部分には冷却作用があったのであろう）．細いワイヤーは，ボルタ電流の粗い調整器として使われた．それを太いワイヤーの回路の一部として使う．回路の一部分の温度がかなりよく一定に保たれ，したがってそこを流れる電流もほぼ一定に保たれる．

†　*Literary Gazette*（1833），3月1日号，8日号．*Philosophical Magazine*（1833），p. 204，*L'Institute*（1833），p. 261.

補遺文献

Crew, H., "Portraits of Famous Physicists," *Scripta Mathematica*, Pictorial Mathematics, Portfolio No. 4, 1942.

Crowther, J. G., *Men of Science* (New York: Norton, 1936).

Dampier, W. C., *A History of Science* (New York: Cambridge University, 1946), p. 216ff.

Faraday, M., *Diary*, vols. 1-7 (London: G. Bell and Sons, 1932-1936).

Jones, H. B., *The Life and Letters of Faraday* (London: Longmans, Green, 1870-1876).

Knedler, J. W. (ed.), *Masterworks of Science* (New York: Doubleday, 1947), pp. 447ff.

Kondo, H., "Michael Faraday," in *Lives in Science* by the Editors of Scientific American (New York: Simon and Schuster, 1957), pp. 127ff.

Lenard, P., *Great Men of Science* (New York: British Book Centre, 1934), pp. 247ff; 339ff.

Magie, W. F., *A Source Book in Physics* (New York: McGraw-Hill, 1935), pp. 472ff.

Thompson, S. P., *Michael Faraday, His Life and Work* (London: Cassell, 1898).

Tyndall, J., *Faraday as a Discoverer* (New York: Appleton, 1873).

Woodruff, L. L. (ed.), *The Development of the Sciences* (New Haven, Conn.: Yale University, 1923).

11 レンツの法則

Lenz's Law

ハインリヒ・レンツ
Heinrich Lenz　1804-1865

科学研究の最前線にあっては，同一の課題について複数の研究者たちが，解答を探しているようなことは珍しくない．そして通信が未発達な時代には，彼らはそれぞれ独立に同じ結論に到達するであろう．ファラデーは1831年英国で，電気相互誘導を発見した．そのすぐ後に米国ではジョセフ・ヘンリー（Joseph Henry, 1797-1878）が，独立にこの現象を発見した．またロシアでは，ハインリヒ・レンツが，ヘンリーの仕事は知らなかったが，ファラデーについてはその基本的な情報は得ていた状況で，今日彼の名前を冠して呼ばれている誘導の原理を発見して，両者の仕事をさらに展開させていた．1834年に発表されたレンツの法則は誘導電流の方向について，驚くほど簡単な表現になっている．このことが原因となって，レンツはあまり知られていないのかもしれない．彼はその名前がついた物理法則以外ではあまり知られていず，その経歴についてもかなり不完全なものである．これに反してヘンリーの名前はよく知られている．しかしレンツの観測は，何年も後に展開されるエネルギー保存則の表現に本質的に相当する重要な貢献であったのである．この概念が明瞭に表現されるのは，10年後にジェームス・ジュール（James Joule, 1818-1889）が，仕事と熱との等価性を示し，1847年にヘルマン・フォン・ヘルムホルツ（Hermann von Helmholtz, 1821-1894）がエネルギー保存について偉大な論文を出版するまでまつことになる．

レンツはエネルギー保存について一般的な表現には到達していなかったが，彼の実験的な観測が，その線に沿った同時代の考え方に何らかの影響をあたえたことは疑いない．現代の進んだ立場からみれば，レンツの法則はまったく自明なものとみられる．誘導電流のエネルギーは，運動する磁石とか，隣接する回路に流れる電流とかの誘導を起こすもののエネルギーによって供給されなければならない．したがって誘導電流の方向は，それ自身の磁場によって，誘導を引き起こすものの作用に対して，逆にならなければならない．これがレンツの法則の本質であるが，これを正当化するものは，我々のもつエネルギー保存の概念である．なぜならもし誘導電流が誘導元を助けるような方向に流れるならば，エネルギー保存則を破るような実験を考案することが可能になってしまう．しかしレンツはエネルギー保存の概念はもっていなかったであろう．彼はただ実験によって発見された事実に導かれて彼の結論に到達したのである．

ハインリヒ・フリードリヒ・エミール・レンツ（Heinrich Friedrich Emil Lenz）は 1804 年 2 月 12 日ロシアのドルパット（Dorpat；のちのエストニア）に生まれた．彼が成長した環境や教育履歴については，ほとんど知られていない．彼は科学に進む前のしばらくの期間，神学を学んでいたようである．アカデミックなコースを修了して，哲学で博士の学位を取得した．彼の興味は物理学の範囲にとどまらない．20 歳の頃は，博物学者として世界を旅し，帰国後に観察の結果をサンクトペテルブルクの王立科学アカデミーで報告している．これが認められ 1828 年にアカデミーの准会員に選出されている．そして 1834 年の電磁気現象の最初の実験に続いて，フェローに選出された．同時期にサンクトペテルブルク大学の物理学の教授となり，またペダゴジカル研究所の物理学教授も兼ねた．彼はアカデミックな社会から高く評価されていたようで，大学の学長もしばらくの間務めた．

1835 年から 1838 年の間にレンツは導体の電気抵抗の温度依存性を発見している．彼はかなり多作の人であったが，1864 年の物理学ハンドブックの出版を除けば，科学報告や科学論文をほとんど出版していない．1865 年保養のためにイタリアに旅行したが，容態が悪化し，2 月 10 日ローマで死去した．

以下に掲げる抜粋文は，彼の論文「電気力学的な誘導によって起こる（ガルバニックな）電流の方向の決定について」（On the Determination of the Direction of Galvanic Currents Caused by Electrodynamic Induction），*Annalen der Physik und Chemie*，vol. 31（1834），p. 483 からの引用である．

✣　✣　✣

レンツの実験

ファラデーはいわゆる電気力学的な誘導の発見を記載している「電気の実験的な研究」[1]（Experimental Researches in Electricity）のなかで，つぎのような手段でつくられるガルバニックな流れの方向を以下のように決めている［訳注：電池より流れ出る電流（つまり一次電流）に，この語（ガルバニックな流れ）を使っていることが多い．しかしその他の用法もあるので，現行の「電流」と置き換えても多くの場合よさそうである．原著の趣を残すために，「ガルバニック」を残したが，煩わしい場合は省略したところもある］．

(1) ガルバニックな流れは，これに平行を保って近づいてくるワイヤーのなかに反対向きの電流を誘導する．遠ざかっていくワイヤーのなかでは電流は同じ方向を向く． (2) 磁石はその周囲を運動する導体のなかに電流を誘導する．その方向は運動によって磁力線を切る方向に依存する．1つの同じ現象に対してまったく異なる2つのルールがあたえられるという事実（なぜならアンペールの見事な理論[2]によれば，磁石は円電流と考えられるからである）を別にしても，このルールは適当ではない．それは，このルールがいくつかの場合，たとえば導体が電流と直角になっていて，導体が電流の方向に運動する場合，などを含んでいないからである．そして私が確信するところでは (2) の記述は望ましい単純さをもたず，個々の場合に容易には適用できないからである．そしてこの，そうでなければ注目すべき論述を読んだ読者たちも，ファラデーがこのルールを説明するためにナイフの刃を磁石に近づけるという陳述（パラグラフ番号116[3]）をしていることを思い出せば，私の意見に賛同するものと信じる．ファラデー自身でさえ，電流の方向を明解に説明することは難しいと述べている．

ノビリ[4]は，ファラデーの第一のルール，すなわちガルバニック流（電流）に導体が平行に近づく場合には導体に逆向きの電流が誘導され，遠ざかるときには同じ方向の電流が誘導されるとするものからさらに進んで，さまざまな場合に電気力学的な誘導がいかに，またどの

◆1 ファラデーは，同じ一般的なタイトルをつけた多くの論文を出版している．ここで引用している論文はおそらく1832年の *Philosophical Transactions* に掲載されているものであろう．

◆2 アンペールは磁石の周囲にできる磁場とまったく同じものが，小さな円形の回路を流れる電流によってつくれることを示した．

◆3 この効果についてのファラデーの論述はこの本の p. 156 にある．

◆4 Leopoldo Nobili (1784-1835)，フィレンツェの物理学教授．

方向に起こるかを明らかにしようとした．この仕事はたいへん価値あるものと私は思うけれど，物理学の論文のなかに見出されることを期待する重要な論点，たとえば導体が電流に直角な方向から近づく場合に起こる現象についての説明などがなされているとは私には思えない．磁石がその軸の周りに回転する場合，テストワイヤーとしての導体が，それに近づきもせず，また遠ざかりもせず，相対的な位置関係は変化していないにもかかわらず，導体に誘導電流が流れるとするイタリアの物理学者◆5 の理論にファラデーは反対しているが，これはまったく正しいと思う［訳注：この記述では「磁石自身の軸」が磁石の長さに沿った方向か，直角に中心を貫く方向か定かでない．後者の場合には誘導電流が流れる］．

◆5　ノビリのこと．p. 157．ファラデーの論文のパラグラフ120を見よ．

ファラデーの論説を読んでいると，電気力学的誘導（electrodynamic induction）に関するすべての実験結果は，電気力学的運動（electrodynamic movement）の法則に帰するように思われる．もしこれらの法則が既知であるとすると，その他のことはすべてそれから決定される．これは多くの実験で確かめられているので，これを次のページで示し，よく知られた観測事実，および私がそのためにとくに考案した実験を使って証明しようと思う．

磁気-電気に関する現象（magneto-electric effect）が，いかにして電磁気効果（electromagnetic effect）に帰着されるかという法則は以下のようなものである［訳注：ここでは，語の順序を変えただけで，電流が誘導されるのか，運動が誘起されるのかを区別しようとしている．前のパラグラフに対応］．

ガルバニックな電流または磁石の近傍で金属の導体が運動するとき，電流が誘導されるが，その方向はつぎのように決まる．それはもし仮に導体が静止しているとしたら，あたえられた運動と逆の方向に運動を生じさせる方向である．ただしワイヤー（導体）ははじめの運動の方向およびその逆方向にのみ動きうるものとする◆6．

◆6　レンツの法則といわれるものである．

可動なワイヤーのなかに電気力学的誘導でつくられる電流の方向を決めるとき，まず我々はこの運動を生じさせるためには，電磁法則にしたがってどの方向に電流が流れるべきかを考える．それとは反対方向に誘導電流は流れる．一例として，ファラデーのよく知られた回転の実験を考えよう．可動な導体が垂直に吊られ，そこにはガルバニックな電流が上から下に向かって流れている．その下に磁石を置くと，N極は北から，東を経て，南へと回転する◆7．さて可動な導体に電流を流さず，力学的な手段でそれに運動をあたえると，われわれの法則にしたがって，前記の状況とは逆に，電流がワイヤーの下から上に向かって流れることを，その両端につないだ検流計で読みとることができる．

◆7　磁石はN極を上にして垂直になっている．

上記の法則を再考してみると，電気磁気的に起こされる運動は，電気力学的な［訳注：電流の］誘導に対応していることがわかる．後者では，電磁気的に引き起こされた運動を単に他の手段で起こすだけで，そのとき可動体に誘導される電流の方向は電気磁気的な実験の場合とは逆向きになる◆8．以下にいくつかの例となる現象を示そうと思う．電磁現象と磁気-電気現象とを対応させる．図において，前者を大文字で，後者を同じアルファベットの小文字で指示する．我々の法則が正しいことが示されるであろう．さらに始点が白丸の矢印 ∘——> で運動を，始点が黒羽根の矢印 ⋙——> で電流を表す．また矢印が点線の場合は，実験の結果を表す方向を意味することとする．こうすれば図を容易に判断できるであろう．さて実験の説明にもどろう．

◆8　レンツは誘導電流の方向を，逆の実験，すなわち電磁気的な相互作用が運動を生じさせる現象を調べて，電流が逆向きであるとしたのではないか．レンツはこの現象に理由をあたえていない．ただ実験に合うとしただけである．

A.　電流が流れているまっすぐな導体は，それと平行で可動な導体に同じ方向に電流が流れると引力を及ぼす．可動導体の電流が逆向きであると反発力を及ぼす（アンペール）◆9．

◆9　文章の後の（　）のなかの人名は，その現象を実験で最初に観測した人物である．

(a)　互いに平行でまっすぐな2本の導体の内の一方に電流が流れていて，他方を平行に保ったまま前者に近づけると，後者には前者（固定された導体）に流れている電流とは逆向きの電流が誘導される．遠

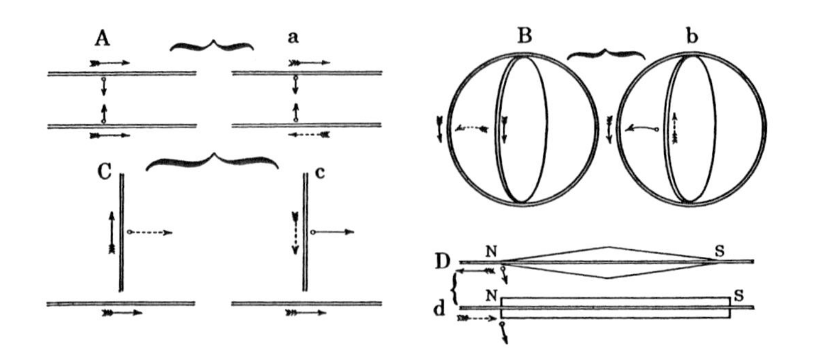

ざけるように動かすと誘導される電流の向きは誘導を起こさせている電流と同じ向きである（ファラデー）.

B. 直径が等しい2つの円形導体が，互いの面が直交するように垂直に置かれていて，両者（または1つだけが）が共通の回転軸の周りに回転できる．これに電流が流れるようにすると2つの円形導体の位置は，両者に同じ方向の電流が流れるように自動的に調整される◆10（アンペール）.

◆10 つまり2つの円形導体は，同じ面になるような方向に回転する.

(b) 2つの円形導体の一方に電流が流れている状態で，他方の面を直角な位置から平行な位置になるように素早く回転させると，第一の導体に流れていた電流と逆向きな電流が第二の導体に誘導される（レンツ）.

この実験では私は銅線を20回巻いた2つの円形導体をつくり，一方は2平方フィートの銅-亜鉛対◆11につなぎ，他方を感度の高いノビリ検流計につないだ.

◆11 湿電池.

C. 無限に長い直線導体の近辺に，それの一方の側でのみ可動な第2の直線導体を直角に置く．ここで両者に電流を流すが，可動導体の電流が第一の導体から離れる方向であると，可動導体は第一の導体の電流の方向に平行に運動する．可動導体の電流が，第一の導体の方向に向いていると運動は第一の電流に逆らう方向に起こる.

無限とか有限とかの語は，電磁気学の教科書であたえられている意味と同じであると理解する◆12.

◆12 ここで無限の導体とは，それが十分に長く，導体の両端からの効果が，いま調べている現象にほとんど影響をあたえないということである.

(c) 有限の導体が，電流の流れている無限の導体に直角に置かれ，無限導体に沿って電流の方向に運動すると，有限導体には無限導体の方に向かう電流が誘導される．しかし有限導体の運動が無限導体の電流と逆向きであると，有限導体に誘導される電流は無限導体から遠ざかる方向になる（ノビリ，*Poggend. Annalen*（1833），No. 3，p. 407）.

これまではガルバニック電流が他の電流に及ぼす効果の例を考えてきた．これからはガルバニック電流と磁石の相互作用を調べていこう．アンペールにより最初にあたえられた解析方法を使い，このタイプの電磁的な効果の解析は容易に進められる．よく知られているように，頭や足，また右手，左手という語を使う．いや自分自身を電流と考えればよい．電気は足から入り頭から抜ける，顔は磁石のN極のほうに向く．電流のために左へ動かされる，あるいは電流（観測者）はN極の右方向に動く◆13.

磁気-電気効果（magneto-electric effect）と電磁気効果（electro-magnetic effect）の間の我々の普遍的な法則から同じようなルールを以下のように容易に導くことができよう.

磁石のN極の前で導体が動くと電気力学的誘導でそのなかに電流が流れる．もし自分が導体だとすると，方向は頭から足に向かい，顔はN極に向き，導体とともに動く．この法則はつぎの実験のすべてで成立する.

D.　自由に動けるように吊るされ地磁気の方向に向いている磁針の真上に（ワイヤーが張られ）電流が南から北に流れると，磁針のN極は西に振れる◆14．しかし電流がNからSに流れると，振れは東になる．もしワイヤーが磁針の下に張られた場合は，第一のケースでは東に振れ，第二のケースでは西に振れる（エルステッド）.

(d)　地磁気の方向に向いた磁石の真上に平行に導体を置く．そこで磁石をその中点の周りでN極が西に向くように急に回転させると導体にはNからSに向かう電流が流れる．もし磁石を東に向くように急に回転させると，導体に誘導される電流はSからNへ流れる．導体が磁石の下にある場合は，第一のケースでは電流はSからNへ，第二のケースではNからSへ流れる（レンツ）.

この実験で私は導体として，四辺形の，長さ1フィートの1辺を使った．それは銅線を数回巻いたもので，絹で被覆されている．その1辺は，長さ5インチの磁石の十分近くに置いたので，他の3辺に磁石が及ぼす電気力学的効果は，はじめの1辺に対するものと比べて十分無視できると考えられる．さきにあたえたルールにしたがう誘導電流の方向を見極めるには，磁石を静止させておいて，導体を第一のケースでは東に，第二のケースでは西に回転させることを考えればよいだろう◆15.

〈以下同じような実験の数例については省略する.〉

◆13　ここで述べていることは，本質的には右手の規則である．親指が電流の方向とすると，他の指は電流を取り巻く磁場の方向の曲線を描く.

◆14　N極は磁場の方向に動かされる.

◆15　すなわち両者の間の相対的な運動のみが重要であることである.

補遺文献

Holton, G., and Roller, D. H. D., *Foundations of Modern Physical Science* (Reading, Mass.: Addison-Wesley, 1958).

pp. 529–530.

Magie, W. F., *A Source Book in Physics* (New York: McGraw-Hill, 1935), pp. 511ff.

Stine, W. M., *The Contributions of H. F. E. Lenz to Electromagnetism* (New York: Acorn, 1923).

12 ジェームス・ジュール
James Joule　1818-1889

熱の仕事当量（熱に等価な力学量）

The Mechanical Equivalent of Heat

ガリレオはいろいろな科学現象に興味をもったが，熱現象もその1つであった．彼は最初の実用的な機器ともいえる，精度はないがかなり敏感な気体温度計を発明している．17世紀から18世紀の間に，ガブリエル・ファーレンハイト（Gabriel Fahrenheit，1686-1736），フェルショー・ド・レオミュール（Ferchault de Réaumur，1683-1757）[訳注：下記]，アンデルス・セルシウス（Anders Celsius，1701-1744）らによって，熱計測の分野で大きな進展がもたらされた．彼ら実験家たちは，いくつかの液体温度計と，たとえば氷の融解点のようないくつかの温度定点を使い，温度目盛りをつくった．温度と熱量とはしばしば混同されてきたが，18世紀後半にジョゼフ・ブラック（Joseph Black，1728-1799）により，その違いが明らかにされた．また彼はカロリメトリー（熱量測定法）の科学を設立し，比熱（specific heat）[*1)] の概念を導入し，また潜熱の現象を発見した．すなわち氷から水，水から水蒸気というように状態が変化するときは，温度は変わらないのにもかかわらず，大きな熱量が吸収されることを発見した．

[訳注：フルネーム René Antoine Ferchault de Réaumur からルネ・レオミュールと呼ばれることが多い．フランスの数学者，昆虫学者．水の凝固点と沸点の間を80等分するレオミュール度（列氏度）目盛りをつくった．]

このような進展があったにもかかわらず，熱の実態は理解できなかった．それは“カロリック”（caloric；熱素）と呼ばれる本性がわからない流体で，互いには反発し合うが，物質には引きつけられる細かい粒子からなるものと一般には考えられた．カロリックは温かい物体から冷たい物体に流れ，たとえば摩擦による熱

*1)　彼はこれを熱容量（capacity for heat）と呼んだ［訳注：SIでは，比熱（specific heat）は物質ごとの熱容量の比で定義される無次元量である］．

の発生は，摩擦がカロリックの一部を取り去るがゆえに，物体は温かくなるのだと説明された．氷の融解は，氷とカロリックが結合して水をつくると説明された．ブラックでさえ，カロリック説を支持した．しかしニュートンやボイルなど前時代の科学者の多くが，熱は物体の粒子の運動に関わるものだという考えに傾いていた．

18 世紀の終わり頃，ランフォード伯爵，ベンジャミン・トンプソン（Benjamin Thompson，1753-1814）は，後になって熱の性質に関して重要であると認識される実験を指導して行わせた．彼はアメリカ人であるが，軍事使節としてドイツ・バイエルン地区の選挙人を務めたことがある．彼はつぎのように述べている[*2]．

> 最近ミュンヘンの兵器工場で大砲の穴開け工作を指導していたときに，真鍮製の器具が短時間のうちに多量の熱を帯びるのに驚かされた．そして穴開け機で分離させられた金属片が（これは実験によって見出したのだが，湯を沸騰させる以上の）さらに強い熱をもった．
>
> この現象は考えれば考えるほど私には奇妙にまた興味深く思えた．これらの徹底した調査は熱の隠れた性質に対する一段と進んだ理解をあたえてくれるように思えた．そして何世紀にもわたって学者たちの意見が割れている“火成の流体（igneous fluid）”が存在するのか，しないのかについて，何か合理的な解決をあたえてくれるかもしれないと思えた．
>
> 私の心に衝撃をあたえた現象に対して，また哲学的な研究の特別な対象に対して，明解な解答を学界があたえてくれるために，私はしばらくの間，これをそのままにして，この目的に答えるためにただ適当と思われる考えを進めようと思う．
>
> 前に述べたように，機械的な作業で生じた熱はいったいどこからきたのだろうか？
>
> 穴開け機が金属体から切り離した金属片によって供給されたものなのか？
>
> もしそうならば，潜熱の，あるいはカロリックの現代の学説にしたがえば，金属の一部の熱量は，金属片に移り，ただ変化したというだけではなく，その変化はつくりだされた熱量の全部を説明するだけの大きさをもっていなければならない．
>
> しかしそんな変化は起きていない．なぜなら金属片と同じ重さの，のこぎりで静かに切り取った薄い金属の板とを，ともに沸騰している湯と同じ温度にして，59 と

---

*2)　Rumford “Collected Works”, vol. 2, essay IX. これは 1798 年 1 月 25 日に王立協会で発表された．後に *Philosophical Transactions*, vol. 88（1798），p. 80 に掲載，さらに後に “*The Complete Works of Count Rumford*”,（American Academy of Arts and Sciences, 1870）vol. I, p. 471ff. に再録された．

1/2°Fの等量の冷えた水に投げ入れたところ，金属片を入れた水は，金属板を入れた水に比べてとくに熱せられたようすはなかった．

この実験は数回繰り返して行われたが，結果はほとんど同じであった．したがってどんな変化が金属のなかで起こり，また熱容量については穴開け機によって何が金属片に伝わったかを決めることはできなかった．

このことから，つくりだされた熱は金属片の潜熱が変化して供給されたものではないことは明らかである．

ランフォードの実験は，その大部分が19世紀の半ばまで見過ごされてしまった．そして2つのまったく独立な，熱の力学的理論が世に受け入れられたのである．その第一はユリウス・マイヤー（Julius R. Mayer，1814–1878）が1842年に指摘した，熱と仕事とは等価なもので，それらは互いに移り変われるものであるという説[*3]である．その第二は1840～1850年の間に行われたジュールによる熱の力学的等価性（あるいは仕事と等価な熱というほうが適切だが）の実際の測定である．

ジェームス・プリスコット・ジュール（James Prescott Joule）は，1818年12月24日に英国マンチェスター近郊の大きなビール会社の経営者の子として誕生した．その頃はまだロマン主義あるいは第一次産業革命の時代で，新しい社会科学や経済理論が風にのっていた．彼の同時代人には，経済哲学者のジョン・スチュアート・ミル（John Stuart Mill，1806–1873）やカール・マルクス（Karl Marx，1818–1883）がいる．労働力を削減するさまざまな機械の発展は，労働力供給システムに深刻な混乱を招き，なかでもマンチェスターの工場は労働者にあたえられた劣悪な条件で悪名高かった．文化的な雰囲気は，工場内あるいは労働者クラスの家族の住まいの悪い空気よりよいということはなかった．このような環境では文化的な事業の追求を企画することは困難である．ジュールには富と地位とがあったので，むしろ世間から隔離して，その生涯の大半を過ごした．

彼は16歳までは家庭教師によって自宅で教育を受けた．それから著名な化学者であるジョン・ドルトン（John Dalton，1766–1844）のもとで学ぶために，兄弟とともに送られた．ドルトンは教えることで，家計の一部を支えていたのである．

---

*3） 実際にはエネルギー保存則であるが，これは後に1847年にヘルムホルツによって定式化された．

ドルトンの病気のため，これは長続きしなかったが，この期間はジュールが科学に興味をもつことに大きく貢献したであろう．こうして彼に対する正式の教育の期間は終わったが，1839 年の短い期間にジョン・デイヴィスから化学の個人教授を受けている．彼は経済的に独立していたので，それ以上ありきたりの訓練を受ける必要がなかった．実験的研究は彼にとっては楽しみの一つにすぎなかった．1838 年彼は父の家の 1 部屋を研究室に改造し実験の研究を始めた．その年に彼は最初の小論文を発表したが，王立協会に投稿した重要な論文[*4]は 1840 年が初めてであった．この論文のなかで，彼は導体中の電流が発生する熱量は，電流の 2 乗に比例し両者を関係づける定数は導体の抵抗であると記述している．その後 10 年間ジュールは熱の実験を続け，繰り返し測定を改良し，その結果を頻繁に王立協会に報告している．1850 年に彼は，回想録を *Philosophical Transactions* に出版している．このなかには，有名な羽根車の実験（paddle wheel experiment）と，熱の仕事当量の彼が得た最も正確な値が記載されている．この論文の後，彼は王立協会のフェローに選出され，彼の科学者としての名声は確定した．

1850 年以降，数多くの研究を行ったが，熱の仕事当量の測定に匹敵するほど重要なものはない．この間に彼はウィリアム・トムソン（William Thomson，1824-1907）[*5]とともに有名なポーラスプラグ（porous-plug）の実験をしている．これは気体が膨張して，その分子間距離が大きくなると冷却効果が起こるというものである．彼の晩年に経済的な不幸が彼を襲った．資産は傾き，彼の収入では実験を自己資産では賄えないようになった．1878 年に彼は政府から年 200 ポンドの年金を受け取れるようになり，これは 1889 年の彼の死まで続いた．彼の生涯でジュールは数々の栄誉をうけたが，第 2 回国際会議がエネルギーの実用単位に彼の名前を使うと決めたことに，勝るものはないであろう．

以下に抜粋した 2 つの文章は，第一は編集者への手紙「熱と通常の力学的パワーの間の等価的関係の存在について」（On the Existence of an Equivalent Relation between Heat and the Ordinary Forms of Mechanical Power）で *Philosophical Magazine*，vol. 27，ser. 3（1845），p. 205 に掲載されたものから，第二

*4）*Phylosophical Magazine*（1841），vol. 19, p. 260.

*5）後のケルビン卿.

は *Philosophical Transactions*（1850），vol. 140，p. 61 に掲載された回想録からの引用である．

✣　✣　✣

ジュールの実験

この手紙（*Philosophical Magazine* の編集者への手紙の形式で書かれている．vol. 27（1845），p. 205 に掲載）の主要な部分は，最近ケンブリッジで開催された大英帝国連合（British Association）の会議で紹介され，発表されたものである．私はこの内容を出版することに躊躇した．それは私が到達した結論に疑義をもったからではなく，さらに正確な実験値を得るために機器を改良する意図をもっていたからである．しかし現在その案を実現するために十分な時間を割くことができず，一方で私が獲得した真実を科学界に納得してもらうことを強く望むので，この手紙を素晴らしい学界誌である貴誌で出版してもらうことを望んでいる．

会議で示した実験器機は，水槽のなかで，水平面上で回転する真鍮の羽根車である◆1．運動はおもりと滑車とによって羽に伝えられることは，前に発表した論文*に書かれてあるとおりである．

◆1　有名な羽根車の装置で，詳しいことは次の論文に書かれている．

水槽のなかで羽根の運動は大きな抵抗を受ける．そのためおもり（それぞれ 4 ポンド）は毎秒 1 フィートの速さでゆっくり降下する．滑車は地上 12 ヤード（約 11 m）の高さにある．したがっておもりが一度降下した後は，羽根車をふたたびセットするために巻き上げなくてはならない．この作業を 16 回繰り返した後に，水の温度を感度の高い正確な温度計で測定する．

---

*　*Phil. Mag.*, vol. xxiii（1843），p. 436．Rennie（*Phil. Trans.*, 1831, plate xi, fig. 1）が，水の粘性の測定の実験で使った羽根車と私のものはよく似ている．私の場合は槽のなかで，水が回転することを防ぐために，多くの固定・可動の浮き（羽根）を使用している◆4．

大気による温度上昇または温度降下の影響を避けるために，この実験を9セット行った．実験の結果を換算すると，1ポンドの水を摩擦により1度（°F）上げる熱の量◆2は，890ポンドのおもりを1フィート持ち上げる力学的パワー［訳注：正しくはエネルギー］に等しいことがわかった．

上記の量（890ポンド）に相当する量を私はすでにいろいろな実験から求めている．第一に電磁気的な実験†で，その値は823ポンドであった．第二は空気の希薄化による冷却の実験‡で795ポンド，また第三に細管に水を流す実験（これはまだ出版していない）で，774ポンドであった．第三の実験は羽根車の実験に似ているので，水の摩擦の実験から得られた等量として774と890の平均値832ポンドを採る．このようなデリケートな実験では，熱を集めるのが非常に難しく◆3，上に記した数値は，期待以上のよい一致をみせているといえる．したがって私は熱と力学的パワー（エネルギー）の間には確かに等価性があると結論する．そして異なる3つの種類の実験結果の平均である817ポンドを，さらに精度の高い実験がなされるまでは，熱の力学等量として仮定したい◆5．

幸運にもウェールズやスコットランドのロマンチックな風景のなかに住んでいる読者なら，滝の頂上と底の水の温度によって，私の実験結果を信用することを，私は疑わない．私の見解が正しければ，滝の水が817フィート落下したとき，もちろん温度は1°Fあがる．ナイアガラ川の温度は160フィートの落下◆6で1/5°F上がっているであろう．

私が命名した等価性が正しいとすると，たとえば51°Fにある1ポンドの水の粒子群のもつ（エネルギーの）容量（*vis viva*）◆7は，50°Fにある1ポンドの水の粒子群の容量に817ポンドの重さが垂直に1フィート落下したときに得るであろう（エネルギー）容量との和である．

［訳注：以下の2つのパラグラフの内容はそこに現れる物理量，現象ともに意味不分明である．この本の編著者はthe pressure of fluidをstrange conceptといっている．またrevolution of atmosphere of electricityもいかなる現象かわからない．直訳しておく．内容は，い

◆2　すなわちこれは比熱，または1ポンドの物質の温度を1°F上げるのに必要な熱量．これは実験で決める．水の場合は1.0 Btu/lb.deg F.

◆3　実験中の温度変化は非常に小さい．

◆4　羽根車が仕事をするためである．もし浮き（羽根）の回転に対して抵抗するものがなければ，仕事は行われないだろう．

◆5　現在の正しい値は778フィート・ポンドである．ジュールの値はこれと5%違うだけである．

◆6　ナイアガラの滝の高さ．

◆7　本文中の単語*vis viva*は仕事あるいはエネルギーの容量．

---

†　*Phil. Mag.*, vol. xxiii (1843), pp. 263, 347.

‡　*Phil. Mag.*, vol. xxvi, series 3 (1845), p. 369.

ずれにしても現代物理学では重要でないと思われる．熱の力学相当量が力学の世界で，とてつもなく大きくなることが陳述の意図かと思われる．]

圧力が取り除かれたことによる流体の膨張は，atmosphere of electricityの回転の遠心力によるものだと仮定すると，物質中にある熱の絶対値を容易に求められる．弾性流体では圧力は回転するatmosphereの速度の2乗に比例する．そしてatmosphereの容量(*vis viva*)◆8もまた速度の2乗に比例する．したがって圧力は容量に比例する．さて32および33°Fの温度の弾性流体の圧力の比は480：481である．したがって温度0は水の氷点の480°F下である◆9.

物質には，とてつもなく大きな容量（*vis viva*）が存在することがわかった．60°Fの1ポンドの水は480°F＋28°F＝508°Fの熱をもつ．言い換えれば，415036ポンドのおもりが垂直に1フィート落下したとき得られる容量*vis viva*をもつ．これだけの量を回転で供給するatmosphere of electricityの速度は驚くべき大きさになり，宇宙空間での光の速さ，またはホイートストンの実験◆10で決められた電気放電の速さに匹敵するものであろう．

〈以下の文章はジュールが彼の初期の仕事を回想した1850年の論文からの抜粋である．〉

数年前に私が王立協会に対してした約束にしたがって，私が熱の力学的等量を正確に決定するために行った実験の結果をここに示すことを栄誉に思う．簡潔さのために，この学説の進展についての記述は，現在の課題に直接関わる事項だけに限ろうと思う．したがってフォーブス氏◆11他著名な学者の放射熱などに関する研究についての紹介は，このメモでは取りあげないことにしたい．

「熱は身体がもつ力（force）またはパワー（power）である」*とする仮説は魅力的で，ランフォード伯がこの考えにまさに都合がよい初めての実験を行うまで続いていた．彼の優れた実験によって明らかにされたように，大砲の穴開けで生じた大量の熱量は，金属材料自身がもつカロリックが変化したためではないだろう．したがって，穴開け

◆8　流体の圧力（pressure of fluid）というおかしな概念は，ジュールが力学に基礎をおいたさらに確からしい説明をする7年前にあたえられた．

◆9　実際は氷点より492°Fだけ下，すなわち－460°Fである．

◆10　本書p. 174を見よ．

◆11　James D. Fobes (1809-1868)，エディンバラ大学の物理学の教授．

*　Crawford, "*Animal Heat*", p. 15.

作業者がした運動は何らかのかたちで金属粒子に伝わり，そして熱を引き起こしたのであると結論づけられる◆[12]．――彼がいうことには，「この実験において熱が励起され伝えられるのは，運動を除いてはないだろうとするはっきりした考えを築くことは，まったく不可能ではないにしても，かなり難しく思えた」[†]．

あまり注目されないできたが，ランフォード伯の論文で最も重要な部分は，一定の熱量を引き出すために必要な力学的な力◆[15]の量を求めたことである．彼の第三の実験で彼は言及している．「摩擦により発生する熱を2時間30分蓄積して温度を180°Fにする，あるいは沸騰させるだけの氷水の量は26.58ポンドである」[‡]．そのつぎのページで彼は説明している．「実験に使われた機械は，1頭の馬が容易に回転させることができる（実際には負荷を軽くするために2頭の馬が使われた）」．さて馬のパワーはワットによって，毎分33000フット・ポンドと見積もられている◆[13]．したがってこれを2時間30分続けると，（仕事は）◆[14]4950000フット・ポンドとなる．これはランフォード伯の実験で26.58ポンドの氷水の温度を180°Fに上げることに相当する．したがって1ポンドの水を1°F上昇させる力（仕事◆[15]）は1034フット・ポンドとなる．この値は私自身の実験から得られた値772フット・ポンドと大きくは違っていない．ランフォード伯の出した値が大きいのは，実験の環境のためで，彼自身も述べているように，「木箱に貯まった熱や飛散した熱の分は計算に取り入れていない」からであろう．

前世紀の末の頃，ハンフリー・デイヴィー卿は「熱，光，そして呼吸作用に関する研究」（Researches on Heat, Light, and Respiration）と題する論文をウエスト・カントリー・コントリビューション（West Country Contribution）のベドーズ博士（Dr. Beddoes）に送り，そのなかで，ランフォード伯の説を詳しく論じている．真空にした容器のなかで，2つの氷を互いにこすり合わせると，受容体◆[16]の温度は氷点以下に保たれているにもかかわらず，氷の一部分は融ける．この実験は氷の熱容量が水の熱容量よりはるかに小さい◆[17]ということを前提

◆[12]　ランフォード伯（p.185に既出）は，発生した熱は大砲になされた仕事に何らかの関係をもつことを示したが，関係式は得ていない．

◆[13]　この数値はのちに馬力の定義となる．

◆[14]　1850年頃でさえ，ジュールはこれに科学的記号を使っていない．

◆[15]　むしろこれは「仕事」である．力という語の使われ方はしばしば曖昧である．あるときは仕事を意味し，あるときは通常の力を意味する．

◆[16]　真空容器のこと．

◆[17]　氷の比熱は水の比熱の約半分，すなわち1.0 cal/gm ℃に対して0.55である．

† An Inquiry concerning the Source of the Heat which is excited by Friction, *Phil. Trans.*, abridged, vol. xviii, p. 286.

‡ An Inquiry concerning the Source of the Heat which is excited by Friction, *Phyrl. Trans.*, abridged, vol. xviii, p. 283.

とするならば，熱は物質ではないとする学説に都合がよい事実となる．したがってデイヴィーは，「熱現象の直接的な原因は運動であり，熱の伝導の仕方は，運動の伝達の法則とまったく同じである」と推論した*．

デュロン◆18 の弾性流体の比熱に関する研究は「同じ温度，同じ圧力のもとで，等しい体積の弾性流体が同じ割合だけ急速に圧縮または膨張したとき，同じ量の熱を放出または吸収する」† という顕著な事実に負うところが大きい◆19．この法則は熱の理論の展開に最も重要である．一定の条件のもとでは，熱的効果は使われた力（エネルギー）に比例することを証明している．

1834 年にファラデー博士は「化学的な力と電気的な力の等価性」（Identity of the Chemical and Electrical Forces）を論証した◆20．この法則は，その後この偉人によって発見された数々の法則と相まって，磁気，電気，光の間にある関係を明らかにし，何かはっきりしない実体は力（エネルギー）がいろいろなかたちで現れたものであるという考えに進んでいった．グローヴとマイヤー◆21 もまた，同じような考え方を強く支持した．

この課題に対する私自身の実験は 1840 年に始められた．そしてその年に，電気的に発生した熱の法則，およびそれからただちに導かれる法則，すなわち第一に電池から発生する熱は，電池の強さあるいは起電力に比例する**（*caeteris paribus*◆22），第二に燃焼によって生じる熱は酸素の親和力の強さに比例するという法則†† を王立協会に通告した．こうして私は熱と化学的な親和力との間の関係を確立することに成功したのである．1843 年に私は電磁的に発生した熱は吸収された力◆23 に比例することを示した．電磁エンジンの“力”は電池のなかの化学的な親和力の力（エネルギー）がもたらすもので，そうでなければそれはおそらく熱のかたちで発生するものであろう．これらの事実から私はつぎのように述べることが正当であると考える．「水 1 ポンドを 1°F だけ上げる熱量は，838 ポンド◆24 の水を垂直に 1 フィート持ち上げる力学的な力（エネルギー）に等しい．‡」

◆18　Pierre Dulong (1785-1838)，パリ工科大学の物理学の教授．

◆19　これは気体についてのことで，発生または吸収される熱量はそのときなされた仕事に比例するということを述べている．仕事の量は 2 つの場合で等しい．

◆20　彼の電気分解の実験によって．

◆21　Sir William Grove (1811-1896)，ロンドン協会（London Institution）の実験学の教授．Julius R. Mayer (1814-1878)，ジュールの論文より 1 年前に，熱の力学的理論の論文を発表し，ジュールに対してプライオリティを主張した．

◆22　他はすべて等しいとして．

◆23　ここでは，力という語はエネルギーに置き換えられるべきであろう．

◆24　正確には 778 フィート・ポンド．

*　“*Elements of Chemical Philosophy*”, p. 94.

†　“*Memoires de l'Académie des Sciences*”, t. x., p. 188.

**　*Phil. Mag.*, vol. xix, p. 275.

††　*Ibid.*, vol. xx, p. 111.

1844年に王立協会で発表した次の論文のなかで，私は気体を膨張させた場合，あるいは圧縮させた場合に吸収または発生する熱は，その操作で発生または吸収された力（エネルギー）に比例することを示そうとした[§]．この実験から求められた力（エネルギー）と熱との間の定量的な関係式は，さきに引用した電磁気的実験から導かれたものと同等であった．そしてこれはまたセガン[◆25]による蒸気の膨張に関する実験でも確かめられている[¶]．

◆25　Marc Séguin (1786-1875).

ランフォード伯が固体の摩擦から熱が生じると説明したことから，液体や気体の摩擦からも熱が生じるかどうか当然知りたくなるであろう．それについてはいろいろな事実が知られている．たとえば数日荒天が続いた後の海水は，通常長いこと摩擦を受け続けたので温かくなる．ところが当時科学界は，熱は何らかの物質[◆26]であろうという仮説に支配されていたので，そしてマーク・ピクテ（Marc Pictet, 1752-1825）のあまり繊細ではない実験からの結論もあって，上記のような過程で熱が生み出される可能性は一致して否定されていた．流体の摩擦から熱が生じるということを最初に断言したのは，私が知るかぎりでは，1842年のメイヤー[‖]の著作であろう．彼は水をかき回すことにより，その温度を12℃から13℃まで上げたと主張している．しかし力（仕事）の量については何ら言及していないし，また結果を確かなものにするための注意も払っていなかった．1843年に私は「水を細管の中を通すと熱が生じる」[*]こと，そして水1ポンドあたり1°の熱の発生には，770フット・ポンドの力学的な力（エネルギー）が必要であることを発表した．引き続き1845年[†]と1847年[**]に，私は羽根車を使って流体の摩擦を作り出し，水，くじら油，水銀の撹拌に対して等価力学量としてそれぞれ781.5，782.1，787.6の数値を得ている．これらの結果は互いに近い値であるし，またさきに行った弾性流体と電

◆26　得体の知れない液体.

‡　*Ibid.*, vol. xxiii, p. 441.

§　*Ibid.*, vol. xxvi, p. 375, 379.

¶　*Comptes Rendus*, tome 25, p. 421.

‖　*Annalen of Waeshler and Liebig*, 1842年5月.

*　*Phil. Mag.*, vol. xxiii, p. 442.

†　*Ibid.*, vol. xxvii, p. 205.

**　*Ibid.*, vol. xxxi, p. 173.　および *Comptes Rendus*, tome 25, p. 309.

磁器機の実験結果とも近い値なので，力（力学的エネルギー）と熱の間には等価な関係があることを，私は何の疑いもなく信じるようになった．もちろんこの等価な関係をさらに高い精度で求めることは，最も重要である．これが，私がこの論文で述べようとしたことである．

実験器機の詳細

◆27 Henri Victor Regnault（1810-1878）．彼は標準器として体積一定の気体温度計を用いた．

私が使用したいくつかの温度計には，その円筒にルニョー◆27 が最初に示した方法で校正された目盛りが付けられている．そのうち，*A*，*B* と名づけた 2 つはマンチェスターのダンサー（Dancer）氏の製作になるもので，*C* と名づけた第三のものは，パリのファスタ（Fastre）氏によってつくられたものである．これらの温度計の目盛りは，互いに 1/100°F の精度で一致するほど正しい．この他に私は，やはりダンサー氏のつくった氷点と沸点の両方の目盛りまでついた高確度の温度計を所有している．この標準器の沸点は，通常行うように，管部と球部を煮えたぎった（沸騰している）大量の純水の蒸気のなかにつけることで得られる．実験の間，気圧は 29.94 インチ，室温は 50°F であったので，観測値を 0.760 m，0℃の値に換算するにはわずかな修正で済む．フランスでは，そして次第にヨーロッパ大陸全体でも，沸点を決めるのにこの圧力が使われるようになった．私が精密な温度測定を行うときに使用する器機はこの基準で製作されたものである*．温度計

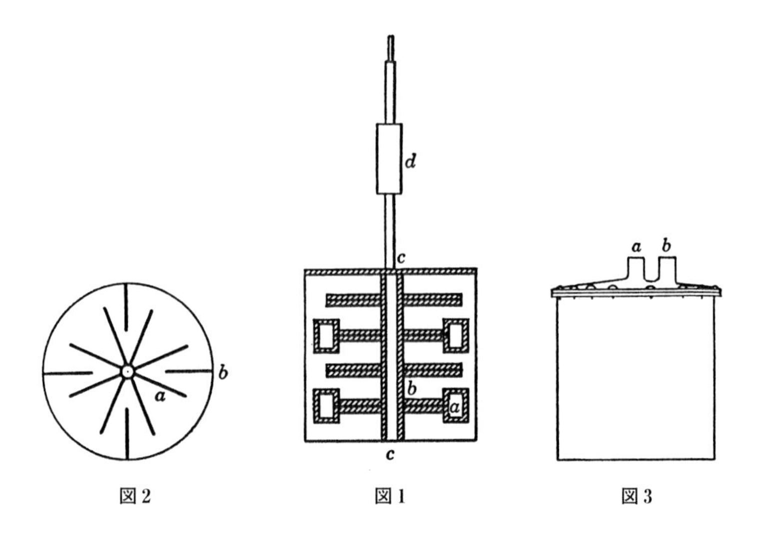

図 2　図 1　図 3

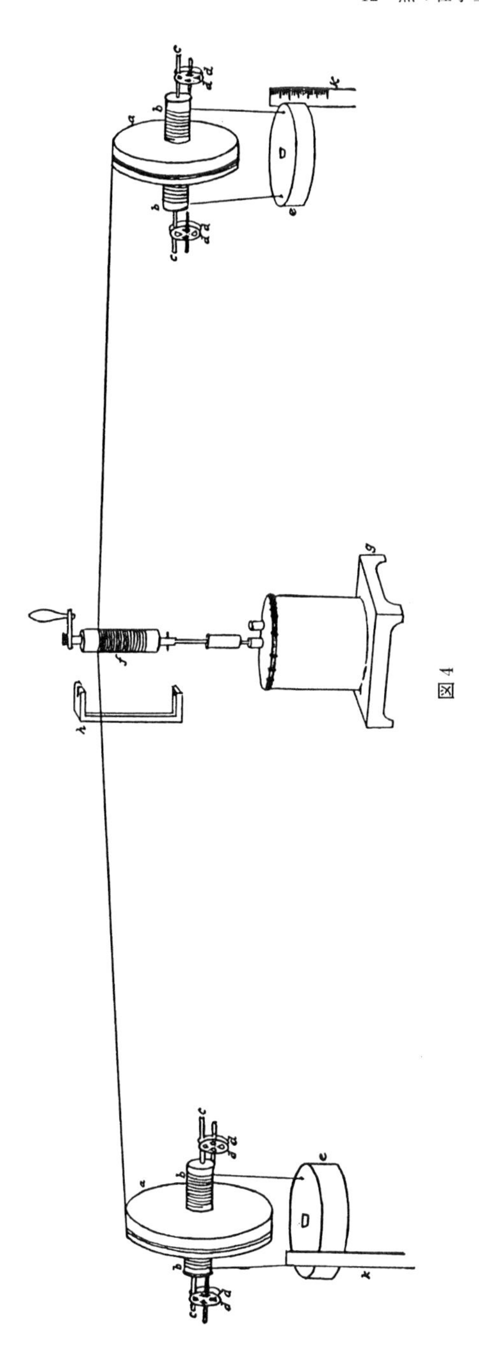

図 4

A，Bの目盛りは，標準器と一緒に，いろいろな温度に一定に設定された大量の水のなかに浸すことにより，確かめられた．温度計Cの目盛りは温度計Aと比較して決めた．その結果1°Fに相当する温度計A，B，Cの目盛りは，それぞれ12.951，9.829，11.647であった．私の裸眼では，目盛りの1/20まで読みとることができるので，温度値は1°Fの1/200まで読んでいることになる．

図1，図2は水の摩擦熱を発生させる装置（摩擦装置）のそれぞれ側面図，上面図で，実長1フットが1インチになるように描かれている．真鍮製の羽根車は，真鍮の枠に固定された4セットの静止している羽根板*b*，*b*，*c*と，その間で回転する8つの羽根*a*，*a*，*c*から構成されている．振れることなく自由に回転する羽根車の真鍮の軸は*c*，*c*にあるベアリングに乗っているが，それはまた*d*にあるツゲでできた熱絶縁のための木箱で中断されている．

図3は羽根車をしっかり収める銅製の容器で，銅製のふたは，鉛白をしみこませた革製の薄いワッシャーを介して容器のフランジに水密になるようにしっかりとねじ込めるようになっている．ふたには2つの首*a*，*b*がついている．前者は，それに触れることなく軸を回転させるためのもので，後者は温度計の挿入口である．

〈これ以下に，水銀および固体についての実験のための似かよった装置を説明する図があるが，ここでは省略する〉．

図4は上に述べた摩擦装置を運転するための機械全体の俯瞰図である．*a*，*a*は木でできた滑車でその直径は1フィート，厚さは2インチである．*b*，*b*は木のローラーで直径が2インチ，*c*，*c*はスチール製の軸で直径が1/4インチである．2つの滑車は互いに正確に同じだけ回転する．これらの軸は真鍮製の摩擦車（friction wheel）*dddd*，*dddd*で支えられている．これは真鍮板に穴をあけたものでそこにスチール製の軸が通っている．摩擦車は室*の壁にしっかり固定された木枠に

---

*　わが国（英国）では一般に，60°Fで，水銀柱30インチを大気圧の基準とするが，幸いなことに，これは大陸の基準にほとんど一致している．王立協会の指名した委員会の報告（*Phil. Trans.*, abridged, vol. xiv, p. 258）では，温度計の定点は，気圧を29.8インチで求めることを推奨している．しかしこの温度が名づけられていない．他の点では非常に厳密なのに，驚くべき脱落である．

表

実験番号および温度変化の原因	落下距離（インチ）	空気の平均温度	5欄，6欄の平均と3欄との差	装置の温度		実験による温度の増減
				開始時	終了時	
1 摩擦	1256.96	57.698°	2.252° −	55.118°	55.774°	0.656° 増
1 放射	0	57.868	2.040 −	55.774	55.882	0.108 増
2 摩擦	1255.16	58.085	1.875 −	55.882	56.539	0.657 増
2 放射	0	58.370	1.789 −	56.539	56.624	0.085 増
3 摩擦	1253.66	60.788	1.596 −	58.870	59.515	0.645 増
3 放射	0	60.926	1.373 −	59.715	59.592	0.077 増
4 摩擦	1252.74	61.001	1.110 −	59.592	60.191	0.599 増
4 放射	0	60.890	0.684 −	60.191	60.222	0.031 増
5 摩擦	1251.81	60.940°	0.431° −	60.222°	60.797°	0.575° 増
5 放射	0	61.035	0.237 −	60.797	60.799	0.002 増
6 放射	0	59.675	0.125 +	59.805	59.795	0.010 減
6 摩擦	1254.71	59.919	0.157 +	59.795	60.357	0.562 増
7 放射	0	59.888	0.209 −	59.677	59.681	0.004 増
7 摩擦	1254.02	60.076	0.111 −	59.681	60.249	0.568 増
8 放射	0	59.240	0.609 +	58.871	58.828	0.043 減
8 摩擦	1251.22	58.237	0.842 +	58.828	59.330	0.502 増
9 摩擦	1253.92	55.328	0.070 +	55.118	55.678	0.560 増
9 放射	0	55.528	0.148 +	55.678	55.674	0.004 減
10 放射	0	54.941	0.324 −	54.614	54.620	0.006 増
10 摩擦	1257.96	54.985	0.085 −	54.620	55.180	0.560 増
11 放射	0	55.111	0.069 +	55.180	55.180	0.000
11 摩擦	1258.59	55.229	0.227 +	55.180	55.733	0.553 増
12 摩擦	1258.71	55.433	0.238 +	55.388	55.954	0.566 増
12 放射	0	55.687	0.265 +	55.954	55.950	0.004 減
13 摩擦	1257.91	55.677	0.542 +	55.950	56.488	0.538 増
13 放射	0	55.674	0.800 +	56.488	56.461	0.027 減
14 放射	0	55.579	0.583 −	54.987	55.006	0.019 増
14 摩擦	1259.69	55.864	0.568 −	55.006	55.587	0.581 増
15 放射	0	56.047	0.448 −	55.587	55.612	0.025 増
15 摩擦	1259.89	56.182	0.279 −	55.612	56.195	0.583 増
1	2	3	4	5	6	7
			〈中略〉			
「摩擦」の実験の平均	1260.248	……	0.305075° −	……	……	0.575250° 増
「放射」の実験の平均	0	……	0.322950 −	……	……	0.012975 増
1	2	3	4	5	6	7

* 室はやや広い小部屋で，私がこれまで経験したどの実験室よりもはるかに優れた温度の均一性をもっている．

取り付けられている．

鉛製のおもり e，e としては，実験によって，1つ29ポンドのものまたは1つ10ポンドのもののいずれかが使われた．おもりはローラー bb，bb から吊るされる．滑車 aa は中心にあるローラー f に糸でつながれる．このローラーはピンによって摩擦装置の回転軸につなげたり，離したりすることができる．

摩擦装置が乗る木の台 g は，多くの桟でできそれにまた多くの穴があけてあり，木部と金属は数点でしか接触しないようにできている．こうして空気はそれら各部に自由に接触しているが，器機への熱伝導を避けている◆28．

◆28　おそらく熱伝導は木の台との接触によるより，空気の対流によるものの方が大きいであろう．しかし温度差が小さいので，熱のロスはもともと小さかった．

図には示されていないが，木製の大きなスクリーンが，実験者からの放射熱を完全に遮断している．摩擦装置の温度を確認し，スタンド h によりおもりを巻き上げ，そしてローラーを軸に固定する．目盛りが付された細い板 k，k によって，おもりの地面からの高さを測る．そこでローラーを自由にして，おもりが研究室の敷石の床にまで落下するようにする．落下距離は約63インチである．ローラーを外し，おもりをふたたび巻き上げる．これを20回繰り返し，装置の温度を計測して実験が終了する．実験室の温度は，各実験のはじめ，中間，そして終了の時点で計測する．

実験の前または直後に，私は大気から，または大気への放射，または熱伝導が装置の温度を上げる，または下げる効果があるかを調べた．これらの試行において，装置の置かれた位置，装置の水の量，実験者の立ち位置，実験にかかった時間，つまり摩擦装置が稼働しているか，静止しているかということを除けば，すべての条件が同じである状況で，（交互に）測定を繰り返した．

実験の第一シリーズ

水の摩擦　鉛のおもりの重量は，それらに圧力をかけるよう連結されている糸と一緒にして203066 grs および203086 grs である．［訳注：grs.＝grains は昔使われていた重量単位．1 grain＝0.064799 グラム］．降下するおもりの速さは毎秒2.42インチであった．各実験にかかった時間は35分．温度計Aは水の温度，温度計Bは空気の温度を記録する．

前の表に示した多くの実験結果から放射の影響が観測された．これは周囲の空気が装置に及ぼす効果を寄せ集めたものである．空気の温度の平均と装置の温度の平均との差は 0.04654° であった．「放射」実験において，装置の温度に対して空気の温度は平均で 0.32295° 高いが，「摩擦」実験では，この値は平均で 0.305075° 高いだけである．したがって表中の平均値，0.57525° と 0.012975° の差に 0.000832° を加えなければならない．その結果摩擦による温度上昇の値は 0.563107° になる◆29．しかし実験の始期および終期の装置温度の差はある程度補正をしなければならない．それは摩擦の実験で水の温度上昇は遅れるので，終期の温度は厳密には正しくないからである．摩擦の実験での装置の温度は，0.002184° 高くすべきである．これは空気の温度上昇の効果を 0.000102° 減らすことになる．この値を 0.563107° に加えて，水の摩擦による真の温度上昇は 0.563209° となる*．

発生した熱量の絶対量を確かめるためには，銅の容器と真鍮の羽根車の熱容量を知る必要がある．前者はルニョー氏の値を使って，銅の比熱から容易に求められる．すなわち銅 25541 grs†はこれに 0.0915 を乗じると，水 2430.2 grs の熱容量に相当する◆31．真鍮の羽根車については，金属表面と水との接触などの必要な補正を加えた 7 回の慎重な実験の結果，1783 grs の水に相当するという結果を得た．しかしこれらの補正値は全熱容量の 1/30 になるので，合金に対しては，ルニョー氏の法則すなわち「合金の熱容量はその各成分の熱容量の和に等しい」** を適用しようと思う．羽根車の真鍮は 3933 grs の亜鉛と 14968 grs の銅からなるので，

◆29　この実験の条件で温度差にこれだけの精度があるとは思えない．

◆30　発生した熱が水または他の液体の温度を上昇させるということだけならば，ジュールのこの考えは正しい．

◆31　銅の比熱は 0.093 cal/gm ℃であるので，ここでの（および後に述べる亜鉛の場合も）ルニョーの値は 2 または 3% 違っている．しかし水の量は金属の量に比べてはるかに大きいので，この差が最終結果にあたえる影響は無視できるであろう．

*　この温度上昇は，水の摩擦熱によるものばかりではなく，図 1 の *cc* のベアリングと回転軸の摩擦をも含んだ値であることを考慮しなければならない．しかし後者は前者の 1/80 の程度にすぎない．同じように固体の摩擦の実験，すなわち鋳造鉄の円板を水銀中で回転させる実験でも，流体粒子相互の摩擦を避けることができない．しかし発生する熱量は，使われたエネルギーに関するかぎり，固体の摩擦からくるわずかな熱量が液体の摩擦からくる熱量に加わるのと，液体の摩擦からくるわずかな熱量が固体の摩擦からくる熱量に加わるという 2 つの場合で発生される熱量は等しいので，単一の原因で発生する熱量とみなすことは不適当ではないだろう．したがって前者は全部液体の摩擦によるもの，後者は全部固体の摩擦によるものと，単一原因による熱発生と考えうるであろう◆30．

†　ワッシャーはわずか 38 grs なので，ここでは銅の一部と見なす．

**　*Ann. de Ch.*, 1841, t.i.

14968 grs の銅の熱容量は，0.09515 を乗じて，水 1424.2 grs の熱容量

3933 grs の亜鉛の熱容量は，0.09555◆32 を乗じて，水 375.8 grs の熱容量

したがって真鍮の羽根車の全熱容量は 1800 grs の水の熱容量に相当．

◆32　亜鉛の実際の比熱は 0.092 cal/gm ℃である．

となる．

図 3 の b の首の位置にある真鍮製のストッパーは，水が空気にできるだけ触れないようにつけてある．これは水 10.3 grs に相当する．温度計の熱容量は考慮しない．温度計は挿入する前に，被測定物の温度にできるだけ近づけておく◆33．したがって装置全体の熱容量は

◆33　期待する温度の評価がかなり正しいなら，温度計の熱容量は無視できるくらい小さいとしてよいであろう．

水	93229.7
銅の水相当量	2430.2
真鍮の水相当量	1810.3
合　計	97470.2

したがって，水 97470.2 grs の温度上昇は，0.563209°，あるいは水 7.842299 ポンドの水が 1°F 上昇する．

この熱量を作り出す力学的な力（エネルギー）はつぎのように計算される．

おもりの重さは 406152 grs であるが，滑車と糸の剛性からくる摩擦の分を差し引かなければならない．この補正は 2 つの滑車を糸で連結し，実験の場合と同じように同じ径のローラーを回転させることから評価できる．おもりに一様な運動をさせるべく，2 つの内の一方のおもりに付け加えるべき重さは 2955 grs であった．逆向きに動かすために他方のおもりに付け加える重さは 3055 grs であった．これらの平均値 3005 grs からローラーが回転軸に乗っている摩擦相当量 168 grs を引いた 2837 grs が，熱発生の実験において摩擦のための損失として実際のおもりの重さから差し引かれるべき重さとなる．結局実験に使われる圧力用の重さの実効値は 403315 grs となる．

鉛のおもりが地面についたときの速度は 2.42 インチ/秒で，［訳注：その運動エネルギーは］高さ 0.0076 インチ［訳注：の位置のエネルギー］に相当する．これに実験の回数 20 をかけると 0.152 インチとなる．これを 1260.248 インチ［訳注：約 60 インチを 20 回降下］から差

し引いた値 1260.096 インチが，おもりの修正された落下距離になる◆34［訳注：床に衝突したときにおもりのもつ運動のエネルギーは，水温を上げることには使われない損失になってしまうのでこの補正が必要］.

◆34 ここでもジュールは実験が保証する以上の測定精度を扱っている.

この落下は 6050.186 ポンドの物体×1 フィートの力（エネルギー）を表す．さらにおもりが床についたとき糸が解放するエネルギー 0.8464×20 ポンドをこれに付け加えた 6067.114 フット・ポンドが補正された平均のエネルギーとなる◆35.

◆35 おもりは糸をひきのばし，このエネルギーは落下ごとに 0.8464 フット・ポンドになる.

したがって水の摩擦についての上記の実験から $\frac{6067.114}{7.842299}=773.64$ フット・ポンドの力（エネルギー）が水 1 ポンドを 1°F上昇させるエネルギーに相当することが結論できた.

〈以下水銀や鋳造鉄についてのいくつかの実験の記述があるが，省略する.〉

つぎの表にこれまで詳しく述べた実験の結果得られた熱当量の値を示す．第 4 欄は必要な補正を加え，真空中の値に換算したものである.

実験番号	稼働物質	等量（空気中の値）	等量（真空中の値）	平均値
1	水	773.640	772.692	772.692
2	水銀	773.762	772.814	774.083
3	水銀	776.303	775.352	
4	鋳造鉄	776.997	776.045	774.987
5	鋳造鉄	774.880	773.930	

鋳鉄を使った実験から得られた等量値はやや大きい値を示しているが，これは摩擦により鉄の粒子がこぼれ落ちて，摩耗していくためである可能性が高い．凝集力に抗しての摩耗は，それなりのエネルギーの吸収がなければ起こらない．しかしこぼれ落ちた粒子を実験後に集めその重量を測るには，十分な量がない．この原因による誤差はそれほど大きくはない．私は，実験の回数が多いこと，装置の熱容量が大きいことなどから水の摩擦から得られた等量の値，772.692 が最も正しいと考える．しかし流体の実験でも振動や音の発生を避けることはできないから，この数値は真の値よりいくらか大きいかもしれない◆36.

◆36 実際はこの値は正しい値 778 フット・ポンドより小さいが，その差はわずか 1％である．これはジュールが実験をいかに注意深く行ったかの証拠である.

私はこの論文に書いた実験の結果として，次の結論を提示したい．

1. 液体であれ固体であれ，物体の摩擦により発生する熱の量は，そこで消費された力（エネルギー）に常に比例する．
2. 1ポンドの水（温度55～60°の間で真空中で計量する）を1°F上昇させるには，772ポンドの物体を1フィート落下させたときの力学的なエネルギーを必要とする．

補遺文献

Conant, J. B. (ed.), *The Early Development of the Concepts of Temperature and Heat*, Harvard Case Histories in Experimental Science (Cambridge, Mass.: Harvard University, 1950), pp. 119ff.

Crew, H., Portraits of Famous Physicists, *Scripta Mathematica*, Pictorial Mathematics, Portfolio No. 4, 1942.

Crowther, J. G., *Men of Science* (New York: Norton, 1936).

Dampier, W. C., *A History of Science* (New York: Cambridge University, 1946), pp. 226ff.

Lenard, P., *Great Men of Science* (New York: British Book Centre, 1934), pp. 286ff.

Magie, W. F., *A Source Book in Physics* (New York: McGraw-Hill, 1935), pp. 203ff.

Wolf, A., *A History of Science, Technology, and Philosophy in the 18th Century*, 2nd ed. (London: Allen and Unwin, 1952).

13

ハインリヒ・ヘルツ
Heinrich Hertz　1857-1894

電磁波
Electromagnetic Waves

電磁気学として知られている物理学の分野は，最もめざましい歴史をもっている．それは約70年間という比較的短い間のうちに，誕生し，そして完全に成熟した．その全過程を直視すれば，これを疑うことはないであろう．それは1820年にエルステッドによる電気学と磁気学との結合から始まり，1830年代には，ファラデー，レンツ，アンペールらが大きく貢献した．1870年にスコットランド人のクラーク・マクスウェル（Clerk Maxwell，1831-1879）が，電磁気現象を彼の電磁気理論という数学的形式に統一的に表現した．そしてその17年後にヘルツはマクスウェルの予測した電磁波を実験的に発見した．無線通信，ラジオ，テレビジョンなどのすべてが，当然のこととして，この基礎的な発見の実用的な産物なのである．

この分野でのマクスウェルの貢献は想像を超えている*1)．ちょうどニュートンの法則が力学すべての出発点になったように，マクスウェルの方程式は電磁気学において同じ役割を果たしている．それは電気，磁気そして電磁波の間の関係を最も美しい数学的形式に集約させている．マクスウェルは少数の方程式で，クーロンの電気力・磁気力の法則，エルステッドの発見，アンペールの規則，ファラデーの誘導の法則，そしてオーム*2)の法則まで何一つとりこぼすことなく表した．さらにマクスウェルはファラデーの電気力線の考えにしたがって，誘電体中を伝播する電磁波が存在することを示唆した．まさにこの示唆に基づいて，ヘルツが実験を行い，電磁波を発見し，そしてマクスウェルの理論に確証をあたえることになったのである．

---

*1)　マクスウェルの章については，補編1，p. 306を見よ．

*2)　ゲオルク・ジーモン・オーム（Georg Simon Ohm，1789-1854）．彼の名前を冠した法則，導体を流れる電流とそこにかかった電位差の間の関係を発見した．

マクスウェルは，電磁波は電気的振動によって発生し，自由空間を光の速さで伝播すると予測した．ヘルツはこのアイデアから出発した．彼は優れた実験家であったが，マクスウェルの電磁波の検出のためには，まったく新しい技術を導入しなければならなかった．彼の成功はその後，通信産業を育てたが，それよりも大事なことは光の波動的性質を明らかにしたことである．

ハインリヒ・ルドルフ・ヘルツ（Heinrich Rudolf Hertz）はドイツ・ハンブルグ市の議員で弁護士をしていた人の息子として1857年2月22日に誕生した．ちょうどその頃のヨーロッパには強いナショナリズムが吹き荒れていた．ルイ・ナポレオン・ボナパルトは，自身をフランス皇帝，ナポレオン3世になさんがため，フランスの大統領制を壊したところであった．オーストリアとハンガリーは民主的な政府の樹立に失敗し，第一次世界大戦まで続く二元的な君主国（Ausgleich）の樹立に向かっていた．プロイセンのビスマルクはドイツ諸州を統一するプランを実行に移したところであった．ヘルツがまだ子供であったころに，ビスマルクとナポレオンの野望は衝突し，普仏戦争が勃発し，やがてドイツ帝国が設立された．

このような環境でヘルツは成長した．彼は父からヒューマニティへの愛とまた多くの言語を習得した．彼の祖父は趣味として自然科学を学んでおり，少年にいろいろな実験器具をあたえていたが，これが彼に科学への興味を起こさせたことは明らかである．彼は15歳まで私立学校に通っていたが，学校が古典よりも実学を強調していたのを嫌って，学校をやめ家庭教師について勉強を続けた．家に物理と化学の小さな実験室をつくった．17歳のときハンブルクのヨハネウム学院（Gelehrtenschule）に入学し，そこで古典的学問を習得し，1875年に学位（diploma）を取得した．ドレスデンにある技術高校に入学するまでは，彼は純粋科学より工学に向いていると考え，しばらくの間，技術者の団体と一緒に学んだ．ドレスデンには，1年間の兵役によばれるまで6ヶ月滞在した．この頃までに彼は自分の興味は純粋科学にあると確信するようになり，数学と力学を学ぶためにミュンヘンに赴く．1878年，21歳のとき，ベルリン大学に移り，ヘルムホルツ（1821-1894）とグスタフ・キルヒホッフ（Gustav Kirchhoff，1824-1887）について学ぶことになる．この物理学科において設定された課題である，電気現象のもつ慣性について，彼は独立に最初の物理論文を書き，賞をうけた．1880年に「回転している球の誘導現象」（Induction in Rotating Spheres）という学位請求論文に対して学位 *magna cum laude* を取得した．その年に物理学の講師に採用されている．

1883年に彼はベルリンを離れ，キール大学で理論物理学の講師（Privatdocent）となり，マクスウェルの最近の仕事を含む電磁気学の研究に従事する．2年後に，カールスルーエ工科大学の実験物理学の教授に就任し，そこで電磁波の有名な実験を行った．プロイセン科学アカデミーは彼に，誘電体分極と電磁現象との関係を明らかにしたことで，賞の授与を申し出た．ヘルツは仕事の完遂に何の役にも立たないことを知っていたので，この競争には加わらなかった．しかし後の大きな成功にこの実験はよい刺激となったのである．彼は電磁的効果が空間を伝播することを発見した．彼はこの波の波長と伝播速度を測定し，反射，屈折，分極の実験を通して，伝播特性を明らかにした．一言でいえばマクスウェルの理論に合致する光の電磁的性質を完全に構築したのである．

1889年にこの仕事を完成し，その年にボン大学の物理学の教授に任ぜられた．そこで同僚のフィリップ・レーナルト（Philipp Lenard，1862–1947）と気体放電の研究をし，陰極線が薄い金属シートを透過することを発見した．ドイツ学派の考え方にしたがって，陰極線は波の性質をもつと結論した．数年後にJ. J. トムソンが，電子の存在を明らかにすることで，この考え方を覆すことになる（p. 236参照）．

ヘルツは物理学のいくつかの分野で活躍したが電磁波の研究ほど彼を著名にしたものはない．数ある名誉のうちには，切望されていた王立協会のランフォード・メダルがある．不幸にも1894年に37歳で死去してしまったが，そうでなければ確実にノーベル賞を獲得したであろう（ノーベル賞の最初の授与は1901年であった）．

以下に記載する抜粋は，彼の論文である「電気的放射について」（On Electric Radiation）から引用した．これは最初，1888年12月13日ベルリン科学アカデミーで発表されたが，のちに*Annalen der Physik*，vol. 36（1889），p. 769に出版された．1893年に彼は自分の論文を一冊の本にまとめ，1900年にジョーンズがこれを英訳した[*3]．ここではジョーンズの訳文による．

✣ ✣ ✣

*3) D. E. Jones（訳），"*Electric Waves by Heinrich Hertz*"（London: Macmillan, 1900）．

ヘルツの実験

電気的な振動は波として空間に広がっていくことを証明したので◆1，ただちに私はこの作用が，遠距離でも検出できるように，一次導体◆2を大きな放物凹面鏡の焦点に置く実験を計画した．しかしこれらの実験からは思うような結果が得られなかった．この実験を成功させるには，最適な実験環境においても，波の長さ（4～5 m）と鏡の大きさとの間に適切な関係が必要であると思い至った◆3．最近私は，振動の周波数を10倍以上にし，したがって波長を，最初に発見した波長の1/10以下にすれば，実験がうまくいくことを発見した．そこでふたたび凹面鏡を使うことで，望んだ以上のよい結果を得ることができた．電気力線のはっきりとした光線［訳注：rayの訳，ここでは光ではないので電磁波線，放射線，あるいは輻射線とすべきではあるが，耳慣れないので誤解がないときはこの訳語を用いる］をつくり，光や熱放射と共通な基本的な実験結果を得ることに成功した．以下に述べるのはこれら実験の顛末である．

◆1　これに先立つ多くの論文で，ヘルツは振動回路のいろいろな性質，電気的な波の生成にマクスウェルの理論を適用することを論じている．

◆2　一次導体とは放射用のアンテナである．

◆3　反射が検出されるためには，鏡の径は少なくとも数波長分なければならない．

実験装置

前に長波長の波を励起したときとまったく同じ方法で短波長の波を励起した．一次導体は簡単に記述すれば，次のようになる*．径が3 cm，長さが26 cmの真鍮の円筒を考える．長さ方向の中央部分が割かれており，両側に半径2 cmの球が取り付けられていて，これがスパークギャップの電極となっている．導体の長さは，まっすぐなワイヤーの振動の半波長にほぼ等しい．これから振動の周波数をただちに見積もることができる．スパークギャップの電極の表面は実験中に頻繁に磨く．また実験中に同時に発生する放電の光で照らされないように

*　この論文の末尾にある図1，図2とその説明文を見よ［訳注：本書では，p. 214の図1，2］．

注意を払わなくてはならない．そうしないと振動がうまく励起されない◆4．放電のようすや音に気を付けていれば，スパークギャップが正常に働いているかどうかを見極められる．ガッタパーチャ［訳注：ゴムに似た絶縁物質］で被覆された2本の導線をスパークギャップの両側の近くに結線し，半分に割られた2つの導体の間に放電を起こす．私は大きなルームコルフ◆5の装置よりも，カイザー–シュミット（Keiser and Schmidt）の小さな誘導コイルの方が使いやすいことを見出した．放電が起こる最大距離は4.5 cmであった◆6．3つの蓄電池からの電流で，一次導体の球体の間に1～2 cmのスパークを起こした．しかし実験の目的のためにはスパークギャップは3 mmにした．

さて二次導体（回路）に誘導される小さなスパークは空間に存在する電気力線を検出する手段となる．前と同じように私はときどき円形体を使用した．それは自身の周りに回転でき，また一次導体（回路）と同じ振動周期をもつ．この場合，それは厚さ1 mmの銅線でできており，円の直径はわずか7.5 cmであった．銅線の一端には直径が数mmのよく研磨された真鍮の球が取り付けられていて，そして他端は銅線から絶縁されたネジを調整することで，真鍮球にいくらでも近づけられるようになっている◆7．すでにおわかりのように，我々は数百分の1 mmという距離での小さなスパークをその発光によって，判断をするのである．

この円形導体（回路）は特別な効果を検出するためのもので，凹面鏡の焦線上［訳注：側注］に置いて使用するようにはなっていない．多くの実験は以下に示すような別の導体（回路）を用いて行われた．直径が5 mm，長さが50 cmの2本の導線を用意する．これらをその端を5 cm離して直線上に並べる．近接した端のそれぞれに，直径1 mm，長さ15 cmの細い導線を互いに平行に，かつ太い導線には直角になるようにつなぎ，その先は，上に述べた円形導体と同じようなスパークギャップにつなぐ．この導体回路では共鳴の効果はあきらめ，ただその動作をみるだけである．まっすぐな導体の中途を切断してスパークギャップをつくったほうが簡単かもしれないが，しかしそれでは，鏡面の焦線にギャップを置き，鏡面の開口をふさぐことなしに，スパークを観測することはできないであろう．この理由で，さらによい方法があるかもしれないが，ここでは上記の方法を選んだ．

◆4　光電効果の影響をさけるため．

◆5　Heinrich Ruhmkorff（1803–1877），物理実験器具の製作者．

◆6　放電は誘導コイルの二次側の高電圧で起こる．電池は一次回路の電流を供給する．

◆7　ヘルツが使った検出器は簡単な小さな共鳴回路で，そこには小さな放電でも誘導電流が流れる．

［訳注］凹面鏡は側面が放物線の形をした開いた筒の形をしたものと思われる．放物線が垂直方向に積み重なっているので，それらの焦点も垂直方向につながって，直線になる．

放射の発生

もし一次発振器を自由空間に置けば，その近傍で，円形導体回路などを使って，そのような現象を検出できる．それはすでに私が，大きな発振の近傍で起こる現象として観測したものである．二次回路で検出できた最大の距離は 1.5 m であった．一次スパークの調子のよいときでも，2 m であった．一次発振器の片側の適当な距離に，これに平行に反射板をおくと反対側で効果は強められる◆[8]．詳しく述べると，距離が非常に短いか，または 30 cm よりわずかに大きい場合は，反射板は効果を弱める．距離が 8 ～ 15 cm または，45 cm 付近のときは，効果は著しく強められる．さらに遠くしたときは，影響が認められない．さきに出版した論文で，この現象を論じ，一次回路の振動の半波長は約 30 cm であると結論した．もし平板の代わりに放物筒で反射鏡をつくり，その焦線上に一次発信器の軸を合わせれば，さらに強い効果が期待できる．もし反射鏡が効果的に放射を集束できるなら，その焦点距離はできるだけ短くすべきであろう．しかし直接くる放射が，反射された放射を打ち消す◆[9] ものでなければ，焦点距離は 1/4 波長よりあまり短くすべきではない．というわけで，焦点距離が 12.5 cm になるように，0.5 mm 厚，2 m×2 m の亜鉛板を正しい曲率をもった木枠に当てこんで湾曲させて，反射鏡を製作した．この鏡の高さは 2 m，開口の幅は 1.2 m，深さは 0.7 m となった．一次発振器を焦線の中央に固定した．放電を起こさせるための導線は反射鏡に穴をあけて取り出した．したがって誘導コイルと電池は鏡の後ろ側にセットでき，邪魔になることはない．一次発振器の近傍を導体検出器で調べたところ，鏡の後ろ，および両脇では何も検出できなかったが，鏡の光軸の方向では，5 ～ 6 m 遠方でもスパークの効果が検知できた◆[10]．もし平面導体を進行波に対向して直角になるようにおくと，スパークの影響はさらに遠方の 9 ～ 10 m の点でも観測できる．これは導体平面からの反射波が特定の点で進行波を強めるように働くからである◆[11]．他の場所では 2 つの波は互いに弱め合う．前の論文に記述したように，直線導体を使えば，平面板の前ではっきりした最大，最小が検知でき，また円形導体を使えば，定立波の典型的な干渉パターンが観測できる．私

◆[8]　もちろん発振器の反対側である．ここには，発振器からの直接の放射と反射されてきた放射とが重なる．

◆[9]　干渉で打ち消し合うため．

◆[10]　鏡は放射を集束するように働く．

◆[11]　音響の場合のように，定立波ができる．

は4点，すなわち壁の位置0 cm，壁から33 cm，65 cm，98 cmの位置に節点◆12を観測できた．したがって半波長の近似値として，33 cm，そして放射の進行速度を光の速さと仮定すれば，振動の周期は1000×100万分の1秒の1.1倍［訳注：1.1×10^{-9}秒］◆13が得られる．導線のなかでの振動（電流）の波長は29 cmであった．つまり波長が短いことは，導線のなかでの伝搬速度は空気中に比べてやや遅いということである．しかし2つの速度の比は理論的な値1に近く，長波長で行った我々の実験結果と大きく違わない◆14．この驚くべき現象はさらに解明されなければならない．この現象が鏡の光軸の付近のみで起こることから，凹面鏡から進行する電気的波動に限る効果だといえるかもしれない．

さて私は検出器側に取り付ける2つめの反射鏡を製作した．形は第一の反射鏡とほとんど同じである．長さ50 cmの2本の直線状の二次導体を焦線上に置き，鏡の壁を直接貫いて，鏡の壁に触らないように2本の導線をスパークギャップにつなぐ◆15．スパークギャップは，鏡のすぐ後ろに位置することになり，これを観測・調整するために，放射の進路を妨げることはない．放射の進路を妨げないことから，さらに遠くで，効果を観測できるものと期待したが，その考えは間違っていなかった．私が使用できる部屋の一隅から他の隅まで，スパークを検知できた．部屋の出口まで使い，観測できた最大の距離は16 mであった．しかし後に述べる反射の実験からみると，20 mの距離でもスパークを検知できることは疑いない．しかし以下に行ういくつかの実験では，距離が遠く離れている必要はないし，また二次回路（検出回路）に起こるスパークがあまり弱いのも困るので，6～10 mの距離で実験するのが最も適している．光線の挙動で，簡単に説明できるような現象については，以下に記述しない．またそうでないと断らないかぎり，2つの鏡の焦線はともに垂直方向に設定する．

◆12　最小点．

◆13　fを周波数，λを波長，そしてcを自由空間での光速（3×10^{10} cm/s）とすれば，$c=f\lambda$の関係がある［訳注：さらに振動の周期を$T=1/f$とすれば，$T=\lambda/c=33/3\times10^{10}$ sが得られる］．

◆14　導線のなかの伝搬速度は，単位長さあたりのインダクタンスと電気容量とに依存する．

◆15　この第二の鏡は，放射を検出器の位置にさらによく集束し，感度を向上させることになる．

直線的伝搬

2つの鏡を結ぶ直線上に2 m×1 mの亜鉛板でできたスクリーンを放射の進行方向に直角に置くと，二次回路でのスパークは完全に消滅する．スズの薄片または金箔によってもまったく同じ影ができる．実験助手が，電磁放射の線を横切って歩くと，二次回路のスパークは消え，そしてふたたび明るくなる．しかし絶縁物は，放射の光線をさえぎらない．放射は木の仕切り板やドアは通過する．閉じた部屋のなかでのスパークを外で検知できることには驚かされる．高さ2m幅1mの導体のスクリーンを電磁線の両側に対称的に置くと，2枚の間隔が鏡の開口（1.2m）より小さくなければ，二次回路のスパークには何の影響も現れない．2枚の金属板の間隔が狭くなるとスパークは弱くなり，それが0.5mになるとスパークは消えてしまう．導体面の間隔が1.2mのままでも，この対を鏡間を結ぶ線の片側にまでずらすと，やはり二次回路のスパークは消えてしまう◆16．もし一次発信器を含んだ光軸を右または左に10°回転すると二次回路のスパークは弱くなり，15°回転するとスパークは消える．

◆16 波の伝播は完全に光路に沿ったものであろう．これは波長の短い波の特徴である．

光線についても影についてもはっきりした幾何学的限界は決められなかった．回折に対応する現象も観測された．しかし影の終端での強弱の縞模様はまだ観測されていない◆17．

◆17 これを観測するにはさらに感度の高い検出方法が要求されるであろう．

偏光［訳注：側注］

［訳注］電気ベクトルの振動面の偏りのこと．

我々の扱う線（放射の線）が示す姿態（モード）からみて，この放射は，進行方向と直角な方向の振動からなり，光学でいうところの平面偏光をしていることは疑いない．我々はこれが正しいことを実験で示すことができる．いま受信側の鏡を光軸の周りに，その焦線が水平になる方向に回転していくと◆18，二次回路のスパークはだんだん弱くなり，2つの鏡の焦線が直角になると，いくら両者を近づけても，二次回路のスパークは起こらない．2つの鏡は偏光実験における偏光子と検光子のように働いている．

◆18 発信側の鏡の焦線は垂直面内にある．

つぎに高さ2m，幅2mの八角形の枠をつくり，これに太さ1mmのワイヤーを3cm間隔で平行に張った．2つの鏡の焦線は平行になるように設置し，八角形のスクリーンを光線の軸上に，ワイヤーが焦線と直角になるように置くと，これは二次回路のスパークに何ら影響をあたえない．しかしワイヤーが焦線と平行になるようにスクリーンを設置すると，スパークは完全に停止する．透過しようとするエネルギーに関していえば，このスクリーンは我々の関与する放射に対して，平面に偏光した光線に対する電気石の板のように働いている◆19. さて受信側の鏡をふたたびその焦線が水平になるように設定する. すでに述べたように, この場合にはスパークは起こらない. 途中に置くスクリーンに張った導線を水平にしても, 垂直にしてもスパークは起こらない. しかしスクリーンの導線の方向が水平から45°になるように枠をどちら向きにでも傾けると, 二次回路にスパークが発生する. 明らかにスクリーンは進行波を2成分に分解し, 導線に直角な偏光成分だけを透過させる. 透過した成分は, 第二の鏡の焦線に対して, まだ45°傾いているが, 鏡によりふたたび2成分に分けられ, その一方がスパークを誘起する. これは直交して暗い視野になっている2つのニコルプリズムの間に結晶板を正しく挿入することで視野が明るくなる現象と類似している◆20.

◆19 ポラロイド社のスクリーンが発明されるまでは, 偏光板として電気石が普通に使われていた. これは複屈折すなわち2色性の結晶で, 偏光の一方の成分だけを強く吸収し, 他の成分を透過させる.

◆20 ウィリアム・ニコル (William Nicol, 1768-1851) によって発明されたニコルプリズムは, アイスランドスパー石 (方解石のなかで透明度の高いもの) または通常の方解石でつくられる. 偏光の1成分だけを反射することで, 偏光板の働きをする. 2つのニコルプリズムの間に結晶板を挿入すると, 偏光面を回転させることができる.

これまで電気的な力のみを認識してきたが, このたびの研究の手段で, 偏光についてさらに別のことも観測できるであろう. 一次発信器が垂直に置かれていれば, 疑いもなくこの力の振動は放射を通じて, 垂直方向に起こり, 水平方向には何も起こっていない. しかしゆっくりとした交流の実験の結果が示すところでは, 電気的な振動は, 水平面上 (垂直面内ではゼロ) で生じる磁気的な力を伴っていることは疑いない◆21. したがって放射の偏光は, 垂直面内の振動からなるというよりは, 垂直面内の振動は電気的なもの, 水平面内のものは磁気的なものというべきであろう. したがって放射に伴う振動はどの面内に起こるかという質問に対しては, 電気的なものか, 磁気的なものかを指定しないかぎり答えられない. 昔の光学の議論が終息しないことに関係して, この問題を最初に指摘したのは, コラチェック氏 (Herr (Mr.) Koláček) * である

◆21 マクスウェルの理論によれば, 放射は電気的性質と磁気的性質を合わせもつので, 電磁放射という語が使われる.

反　　射

この波が導体表面から反射されることについては, 進行波と反射波の干渉, あるいは凹面鏡の製作に反射の原理を使うことなどで, すでに実証してきた. さてここでさらに進んで, 2つの波を互いに区別す

* F. Koláček, *Wied. Ann.*, 1888, 34, p. 676.

ることを試みよう．大きな部屋のなかで，2つの鏡をその開口がほぼ同じ方向を向くように隣り合わせに設置する．それぞれの鏡の光軸は約3m離れた同一点で交わるようにする．このとき受信側のスパークキャップは暗い．2m×2mの薄い亜鉛でできた板壁を光軸が交差する点に垂直に置く．この面はどちらの鏡に対しても同じだけ傾いているとする．このとき板壁で反射された放射により，スパークがはっきりと飛ぶ．板壁を垂直軸の周りにどちら向きにでも，15°ほど傾けると，スパークは止まってしまう．このことから放射は正反射されていて，板で拡散されているのではないことがわかる◆22．反射板を鏡から離していくと，光軸が板に当たっているかぎりでは，スパークは非常にゆっくり弱くなる．鏡と反射板との距離が10mになったとき，すなわち放射の伝搬距離が20mになったときでも，まだスパークは観測された．この配置による実験は，空気中での伝搬速度を，他のより遅い伝搬速度（たとえばケーブル中のような）と比較するのに便利である．

◆22 すでにみてきたようにこのような反射は，波長の短い放射に特有な現象である．波長が反射板の大きさに比べて長い場合はこのようにはならない．

入射角がゼロより大きな場合の反射を調べるために，放射が，ある部屋の壁に沿って進み，ドアを通ってつぎの部屋に入るようにする．つぎの部屋に受信用の鏡を光軸が放射光の軸と直角になるように設置する．表面が導電性をもつ板を軸の交点に垂直に，そして両方の軸に対して45°の傾きをもつようにしておくと，ドアの開閉に関係なく受信側にスパークが飛ぶ．反射板を10°回すと，受信側のスパークは消える．このことから，反射は正反射で入射角と反射角は等しいことがわかった．波源から鏡へ，あるいは受信器へと進行していく効果は，遮蔽スクリーンを置くことで検知される．スクリーンを進路内のどこに置いても，二次回路のスパークは消えるが，その他の場所ならスクリーンを部屋のどこに置いても何ら影響は現れない．円形の二次回路を使うと，光線の波面の位置を決定できる．波面は反射の前後でいずれも進路に直角であった．したがって反射により波面は90°向きを変えたことになる．

〈このあと鏡が焦線に対して水平な場合の実験，平行にワイヤーを配列したグリッドによる反射の実験が記述されるが，ここでは省略する．〉

屈　　　折

空気中から他の絶縁媒質のなかへ放射線が進入していった場合に屈折現象が起こるのかどうかを判定するために，アスファルトに似たピッチと呼ばれる硬い材料を使って大きなプリズムを製作した．底面は一辺の長さが1.2 mの二等辺三角形で屈折角（頂角？）は30°である．縁の線を垂直にしたときのプリズムの高さは1.5 mである．プリズムの全重量は12 cwt◆23で，全体を一度に動かすのは難しいため，それぞれ0.5 mの高さの3つのブロックを積み重ねるようにした．材料は木箱に投入されているが，プリズムとして使用の際，木の板は何ら妨げにはならなかった．プリズムの縁の中点と一次，二次のスパークギャップとが，同じ高さになるように配置する．屈折が確かに起こり，またその大きさの程度もわかったので，私は実験装置を以下のように配列した．発信源の鏡とプリズムとの距離は2.6 mで，ビームの軸はできるかぎりプリズムの重心に向かい，屈折面への入射角は25°になるようにする．プリズムの反対側の出射面の両サイドには，2つの導電体のスクリーンを置き，プリズムを透過しない放射をブロックする．プリズムの重心を通る鉛直線と床との交点を中心として半径2.5 mの円を床に描く．受信器はその反射鏡の開口が常に円の中心に向くようにして，円上を動かす．受信器の反射鏡が発信器の方向に向いているときは，スパークは観測されない．このときプリズムはただ影をつくっているだけである．受信器の位置が11°ずれるとスパークが起こり始め，22°になるまで強くなり，それからまた弱くなる．スパークが起こるのは34°までである．受信鏡をスパークが最強になる角度で，円の半径に沿ってプリズムから遠ざけていくと，5～6 mの距離まではスパークを観測できる．助手をプリズムの表面または裏面に立たせるとスパークは消える．すなわちこの現象はプリズムを透過して起こっているのであり，それ以外の何物でもないことを示している◆24．発信および受信側の反射鏡の焦線が水平になるようにし，プリズムは同じ配置で，実験を繰り返したが，結果は同じであった．30°で22°の偏角が得られるところから，屈折率は1.69となる．可視光に対するピッチの屈折率は1.5～1.6の間と知られている．しかし実験精度が高くな

◆23　cwtは100の重さという意味で，ここでは100ポンドである．

◆24　屈折は光線がピッチのなかで空気中より遅く進むためである．

く，またピッチの純度もよくないので，この数値の大きさについては，議論すべきではないだろう．

我々が調べた現象の電気力線について“光線”という語を用いてきた．非常に長い波長の光ということで，他の表し方もあるであろう．いずれにしてもここに記述した実験の結果は，光，熱線，そして電磁波の間の同一性に関する疑いを完全に排除するように私には思える◆25．この同一性が，今後光学および電磁気学を発展させていくにあたって大きな利益をもたらすであろうことを強く信じたい．

◆25　ヘルツが彼の装置では観測できなかった干渉現象をのぞいて，光が示すすべての性質をこの放射線は示した．

図の説明

このたび行った実験を繰り返したり，さらにそれを発展させる目的があるので，使用した装置の説明を，図 1，2 を使ってしておこう．これらの装置はそのときのための装置で，耐久性などを考えずに設計されたものではあるが．図 1 は発信側の反射鏡の側面の部分図と上面図である．パラボラの形をした水平におかれた 2 つのフレーム（a，a）と垂直に置かれた 4 つの支持棒（b，b）が，互いにネジ留めされて，枠組みをつくっているのが見てとれるであろう．これらフレームのあ

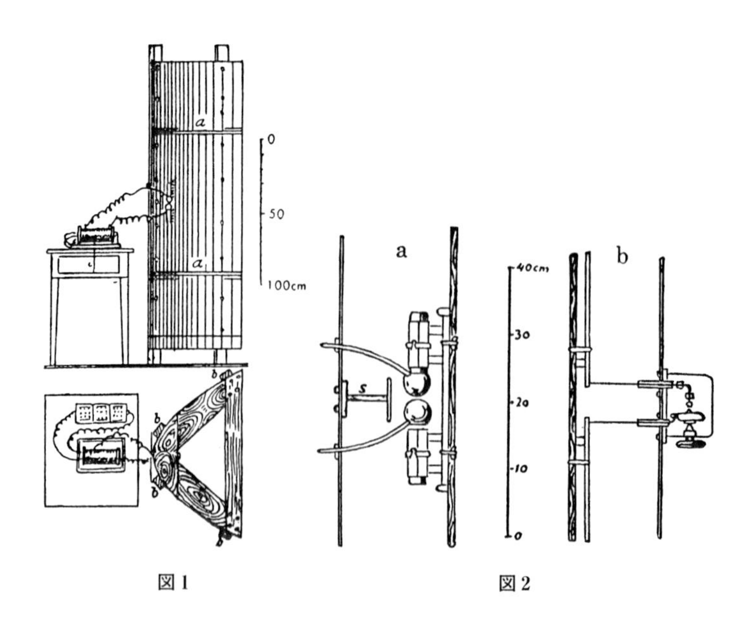

図 1　　図 2

いだに金属の反射板が多くのネジで留められている．支持棒は金属板の上下にやや突き出ている．これは反射鏡を調節する際にハンドルとして使うためである．図 2a は一次導体系の拡大図である．2 つの金属部分は，インドゴムのバンドで互いに強く固定された，強い紙でできた 2 つの留め具のなかで，摩擦によって滑るようになっている．留め具自身はシーリングワックスでできた 4 つの棒で締めつけられて，これが図 1 にみえる支持枠の一部の木でできた板にインドゴムバンドでとめられている．ガッタパーチャで被覆された 2 本のリード導線が，一次回路の丸い 2 つのノブにあけられた穴にそれぞれ結ばれている．この設定で，一次回路のすべての部分を動かし調整できる．一度ばらばらに壊し，また数分で組み立て直すことができる．そうすることが必要な理由は，電極のノブは，頻繁に再研磨しなければならないからである◆[26]．放電が起こっている間，リード線が反射鏡の壁を貫いている点で，青い光が輝く◆[27]．この光が一次回路のスパークギャップに当たらないように，木でできたスクリーン s で遮蔽する．そうしないとこの光は回路の振動電流を著しく乱す．図 2b は二次回路のスパークギャップである．二次回路の各部品は同じように，シーリングワックスとインドゴムのバンドで木枠の一部に取り付けられている．ガラス管で被覆された 2 本のリード線は，鏡の壁を貫いた後互いに向かい合うように曲げられ，上側のワイヤーは小さな真鍮のノブに接続され，下側のワイヤーは小さな銅の球の第二電極がついた時計バネに接続される．銅の小球は，ノブに比べて柔らかい金属を意識的に使っている．そうしないと小球はノブのなかに貫入し，穴のなかで小さな放電が起こっても，それを外から見ることができない．ガラス板で絶縁されたバネをネジで圧して，小球の位置を調整する方法が図から読みとれるであろう．ネジだけで調整するよりはるかに微妙な調整が，バネのたわみを使ってできる．

このたびの実験の成功を損なうことなく，装置を改善することができることは疑いない．親切な忠告に基づいて，二次回路のスパークギャップに蛙の足を使うことも試みた．しかしこの条件では調整が非常に難しく，今回の目的に，採用できるようには思えなかった◆[28]．

◆[26]　ノブの表面にできる酸化膜は，スパークの形成を妨げる．おそらく表面の（電子放出の）仕事関数を高めるためであろう．

◆[27]　これはおそらくリード線と鏡の壁との間の高電圧で起こるコロナ放電が原因であろう．

◆[28]　その理由はおそらく高周波数の交流のためであろう．

補遺文献

Appleyard, R., *Pioneers of Electrical Communication* (New York: Macmillan, 1930).

Crew, H., "Portraits of Famous Physicists," *Scripta Mathematica*, Pictorial Mathematics, Portfolio No. 4, 1942.

Dampier, W. C., *A History of Science* (New York: Cambridge University, 1946), pp. 244.

Lenard, P., *Great Men of Science* (New York: British Book Centre, 1934), pp. 358ff.

Magie, W. F., *A Source Book in Physics* (New York: McGraw-Hill, 1935), pp. 549ff.

14

X　線

X-rays

ヴィルヘルム・C・レントゲン
Wilhelm C. Röntgen　1845-1923

19世紀の最後の10年間に，今までの広範な経験とはまったく異なる2つの新しい現象の発見を我々は目撃した．これらは物理学の新時代をスタートさせたものとして認識されている．すなわち1895年のレントゲンによるX線の発見と，それに続く1896年のアンリ・ベクレル（Henri Becquerel，1852-1908）による自然放射能の発見（本書 p. 229 を参照）とである．ベクレルの発見は，ある程度はX線の発見に刺激されたものであるが，しかしいずれも“偶然の”発見といってよいだろう．物理学における自然現象については純粋に偶然ということは極めて稀である．起こるとは期待されていなかったそれぞれの現象は，ある意味で偶然なものとも考えられようが，しかし注意深い実験家なら想像力の枠内で，何か異常なものと認識したものであろう．レントゲンの発見は，いずれは発見されるものではあったろうが，当時の最も進んだ思考過程のレベルをはるかに超えるものであった．そのときよりずっと早い時期に発見されることはなかったろうし，あるいはその後何年も気づかれないで過ごすということもなかったろう．それは19世紀の末に開発された気中放電が発する陰極線の実験の結果のなかから出現した．

ヴィルヘルム・コンラート・レントゲンは1845年3月27日に裕福な織物商の息子としてプロイセン・レネップの小さな町に生まれた．物理学に限らずすべての知的な活動が豊かな時代に彼は成長した．自然淘汰理論のダーウィン，病原菌説のパスツール，心理学のパブロフやフロイト，哲学のニーチェ，ウィリアム・ジェームス，ジョン・デューイ，文学のマーク・トウェイン，ドストエフスキー，ショー，美術のルノワール，セザンヌ，ロダン，そして音楽のチャイコフスキー，ブラームス，すなわち19世紀後半に活躍した彼らすべては彼の同時代人であった．美術あるいは知的活動一般への好奇心は，家庭環境のなかで研ぎ澄まされ，生涯をかけて彼とともに成長していった．

レントゲンが3歳のとき，彼の家族はオランダのアペルドールンに移住した．そこで彼はパブリックスクールと，その後しばらく私立の寄宿学校に入った．彼の初期の学業成績は十分なものではなかったし，少なくとも教員に印象をあたえるものではなかった．ユトレヒトの工科学校とユトレヒト大学を経て，レントゲンはチューリッヒの工科大学への入学を許可され，1868年に技術者としての修了証書を受けている．彼は工科よりも理学に，より興味を感じており，この方面での学問を続けようと決心した．彼は数学と物理学を学び，ことにクント（August Kundt，1839-1894）の研究室で学んだ後には，物理学を生涯の課題に選んだ．クントとの1年の研究の結果である「気体の研究」（Studies on Gases）でチューリッヒ大学から博士の学位を受けた*1)．チューリッヒ滞在中に生涯を通じての趣味となる登山に強い興味を覚えた．

学位取得後レントゲンはクントの助手としてチューリッヒに留まったが，その後，彼とともに，後のヴュルツブルグ大学に移った．1872年に2人はストラスブールのカイザー・ヴィルヘルム大学に移り，そこで2年後に講師に採用された．優秀な教師でありかつ実験家としてのアカデミックな彼の生涯が，このようにしてスタートしたのである．彼はさまざまな分野で重要な貢献を果たしたが，彼の広範な興味と能力は，最新の学術誌から絶え間なく学んで得た広く深い知識に基づくものである．彼があげた最もよく知られた成果は，1888年に誘電体が電場中を動くとそのなかに磁気的効果が生じることを証明したことである．その重要性は，ファラデーやマクスウェルの電磁気学の概念と関係することにある．同じ年に彼はヴュルツブルグ大学の物理学の教授と物理研究所の所長の地位を得ている．彼が最大のインスピレーションを得たのはここであり，その後12年間ここに留まることになる．ヴュルツブルグでの年月は彼にとって非常に生産的な時期であり，彼は休みなく働き，研究と大学の業務に彼のエネルギーを完全に注ぎ込んだ．彼のアカデミックな活動が認められ，1894年には大学の学長に選出された．次の年の末，彼はクルックス管で陰極線の効果を調べているときにX線を発見した．

レントゲンの発見は多くの分野を刺激した．直接的には，科学の分野で受け入れられたばかりではなく，医学の診断の分野でもその価値が認められた．彼が発

---

*1)　大学と工科大学とは同じ建物と施設を共有していた．

表してから数週間のうちに，まだ研究は初期の段階であったにもかかわらず，医学者たちはこの新しい道具を使った実験を始めている．信じられないほど短い期間に，世界中の病院でこの器機は診断に日常的に使われるようになった．レントゲンに対する世界からの賞賛は限りなく，数えきれない名誉や賞を彼にもたらした．純粋科学の観点から最も印象的なできごとは，彼が 1901 年に最初のノーベル物理学賞を受賞したことである．

1900 年にバイエルン政府からの特別な要請で，レントゲンはミュンヘン大学の物理学研究所の所長への就任を受諾し，そこで生涯を閉じることになる．レントゲンにとって大学は好ましい環境ではなかったが，彼はミュンヘンの文化的な魅力を受け入れることを拒まなかった．美術や音楽に対する彼の愛を満足させる機会が豊富に提供されるということが，1923 年に死を迎えるまで，彼をそこに留まらせた大きな理由であろう．1920 年に 75 歳で引退するまで，彼はミュンヘンで研究を続けた．しかし彼の名声に伴うさまざまな仕事が，彼の研究生活を妨げた．そればかりか彼は多くの学生を導き，また優れた経験に基づき彼の学科の人々を研究に勤しむよう激励した．後半生は彼の独創的な発見に比較して，ややそぐわないように思われる．ハイデルベルク大学のレーナルト教授（Philipp Lenard, 1862–1947）は，レントゲンも認めている彼自身の陰極線の研究は，一般にいわれていること以上に，（X 線の）発見に重要な役割を果たしたことをほのめかしている．このような申し立てにはあまりはっきりした根拠がないように思えるが，レーナルトの友人たちは，時が経つとともに歴史的な事実以上に大きな貢献を彼に対して認めるようになった．

レントゲンの発見は医学的観点から人類に大きな恩恵をもたらしたが，そのことを別にしても，科学的な枠組みのなかでの貢献はいくら高く評価しても過ぎることはない．それは現代物理学[*2)] における最初の重要な進展であり，自然の現代的な認識となる多くの発見を引き続き起こさせる扉を開いたものである．

ここに掲載する抄録は，この課題についてレントゲンが最初に書いた 2 つの論文から引用したものである．「新しいタイプの線についての速報」（On a New Kind of Rays, a Preliminary Communication）［訳注：線は rays の訳だが，何らかの放射されている線，後の論文でレントゲン自身が注釈している］というタイ

*2) 古典物理学と区別して，微視的物理学または量子物理学と呼ぶ．

トルで，ヴュルツブルガー物理・医学協会会議報告（1895年12月，1896年3月）および物理・化学年報（64，1898年）に出版されたものである．英語への翻訳はバーカー*3)による．

✣ ✣ ✣

レントゲンの実験

第 1 報

1. 完全に暗い部屋のなかで，十分に大きな誘導コイルによる放電を，厚紙でしっかりと被覆されたヒットルフ真空管，レーナルト管，クルックス管，あるいはそれに似た十分に排気された装置◆1のなかで起こさせると，コイルのそばに置いたバリウム・プラチノサイアナイド（シアン化白金バリウム）◆2を塗布したスクリーン上に，明るい光が，放電毎に見られる．蛍光は，放電管に対して，塗布面あるいは何もない裏面のいずれが向かいあっていても関係なく起こる．またこの蛍光はスクリーンが放電管から2mの距離だけ離れていても観測される．

◆1 これらの放電管は，大きさ，形，電極の位置などが互いにわずかずつ違うだけである．

◆2 この物質は蛍光の研究，あるいは紫外線の存在を示す研究に昔よく使われた．

この蛍光の原因は放電管が発したものであり，導体の回路のいかなる部分から発生されたものでもないことは，容易に証明できる．

2. この現象で最も衝撃的な事実は，現象を引き起こす原因となる活性をもった何かが，太陽やアーク放電からの可視光や紫外線はさえぎる黒い厚紙をも通り抜けるということである．この“なにもの”かは，活性な蛍光を作り出す能力がある．そこでまずはじめに，他の物

*3) G. F. Barker（編）“*Roentgen Rays*”（New York: Harper, 1899）．まだ他にも訳がある．Otto Glasser“*Dr. W. C. Roentgen*”（Springfield, Ill.: Thomas, 1945）の訳はこれとはやや異なる．また *X-rays and the Electric Conductivity of Gases*（*Alembic Club*, No. 22, Edinburgh: Livingstone, 1958）にも別の訳がある．

体もこの性質（透過性）をもつかどうか調べることにする．

すぐに我々は，他のすべての物体も，程度の差はあれ，このなにものかに対して透明*であることを発見した．そのいくつかの例を示そう．紙は非常に透明である．1000ページもある閉じた本の背後でも明るい蛍光が観測される．印刷用のインクもほとんど透過を妨げない．トランプのカードを2箱重ねても蛍光は見られた．放電装置とスクリーンの間に，カードを1枚入れても，眼では変化を認められない．何層にも重ねたとき，スクリーン上に影が認められる．厚い木片も透明である．2～3 cm厚の松の板はわずかな吸収を示す．約15 mm厚のアルミの板は，かなり透過を弱めはするが，完全に蛍光を消すには至らない．硬いゴムのシートを数cm重ねても，線**（rays，脚注にあるように以下X線という語を使う）を透過させる．ガラス板の場合は，同じ厚さでも鉛を含んでいる（フリントガラス）か，含んでいないかで，様相はまったく異なる．前者の方がはるかに透過度は低い．もし手を放電管とスクリーンの間に置くと，手の影が薄くスクリーン上に見えるが，骨の部分の影がより黒く見える．水，二硫化炭素，そのほかの液体をマイカの容器に入れて調べたが，すべて透明のようであった．水素は空気に比べてより透明であるということは，いかなる程度であれ，まだ観測できてはいない◆3．銅，銀，鉛，金，白金の板の影では，板の厚さがそれほど大きくなければ，蛍光はどうにか認識できる．0.2 mm厚のプラチナ板をまだ透過する．銀や銅の板は，もう少し厚くてもよい◆4．1.5 mm厚の鉛の板は事実上不透明である．この性質がゆえに，この金属はしばしば有効に利用される．断面が20 mm×20 mmの木の角材の一面を鉛ペイント◆5で白く塗っておくと，それを器機とスクリーンの間にいかに置くかによって，異なるようすがみられる．X線が塗布面に平行に進むときは何も起こらないが，塗布面を垂直に横切るときは，角材は黒い影をつくる．金属自身に対する一

◆3 いずれにしても気体の吸収はわずかであるので，この実験は際立って難しかったものと思われる．

◆4 X線の吸収は吸収体の原子番号が大きくなるにつれて急速に増大する．したがって鉛は吸収体として効果がある．

◆5 塩基性の炭酸鉛．

* 物体が透明であるかどうかということは，物体の後ろに置かれたスクリーン上の蛍光の明るさで表すことにする．明るさの程度は，間に物体を置かなかった場合に比較して表現する．

** 簡単のために“線”という表現を使うが，とくに区別するときは“X線”という表現を用いよう（編著注：他の人々はレントゲン線という語を使うが，レントゲン自身はこの語に強く反対していた）．

連の実験とともに金属塩の粉末や溶液についても透過の実験を行った．

3. この実験結果からは，他の実験結果とも合わせると，同じ厚さの種々の物質の透過性は，その密度に依存し，その他の性質にはよらないということが高い確度で結論できる．

しかし次の実験から，密度だけが唯一の要因ではないことが示される．ほぼ同じ厚さのガラス，アルミニウム，カルサイト◆6，水晶の透過性を調べた．これらの密度はほぼ同じである．このなかでカルサイトは他の物質に比較して明らかに不透明であった．カルサイトの場合はガラスと比べて，強い蛍光は見られなかった．

◆6 カルサイトは炭酸カルシウム．カルシウムの原子番号は20，アルミニウムは13，ガラス中のシリコンは14である．

4. すべての物質は，厚さが増すとともに透過度が減少する．厚さと透過度の間の関係を見出すために，写真乾板の一部に枚数の異なるスズ箔を貼りつけたものを使い写真を撮った◆7．適した光度計をもっていれば，このような写真測定が可能であろう．

◆7 この方法は今でも材料のX線の吸収を計測するために使われている．

5. X線の透過度がほぼ同じになるような厚さに，白金，鉛，亜鉛，アルミニウムのシートをローラーで伸ばして製作した．つぎの表は，各シートの実際の厚さ（mm単位）とプラチナシートに対する相対的な厚さと，それらの材質の密度を示したものである．これらの値からそれぞれの金属は，厚さと密度の積が同じでも異なる透過度をもっていることがわかる◆8．ここで，積の減少より透過度の増加の方が，はるかにはやい．

◆8 実際には，原子番号82の鉛は，原子番号78の白金に比べてより不透明であるべきであろう．（観測結果がそうなっていないのは）おそらく観測が白金の吸収線（そのエネルギー付近で物質が特性的な吸収を示す）の近くで行われたためではないか．

	厚さ	相対的厚さ	密度
Pt	0.018 mm	1	21.5
Pb	0.05 mm	3	11.3
Zn	0.10 mm	6	7.1
Al	3.5 mm	200	2.6

6. X線の照射で蛍光を出す物質は，バリウム・プラチノサイアナイドだけではない．たとえば燐光を出すカルシウムの化合物，ウランガラス，普通のガラス，カルサイト，岩塩なども蛍光を発する．

〈以下しばらく写真乾板へのX線の作用についての記述があるが，これらは省略する．〉

X線が熱的効果を起こすかどうか，実験的に調べることにまだ成功していない．しかしＸ線が蛍光を生じさせるように変化を引き起こす機能をもっているので，熱効果もあるものと仮定してよいであろう◆9．したがってＸ線はひとたび物質に入射すると，そのままのかたちで通り抜けることはない．

眼の網膜はこれらＸ線に対して感度がない．眼を放電管に近づけても何も観測されない．眼球に含まれる物質はＸ線に対して十分に透明であることを実験が示したことになる．

7.　かなり厚いさまざまな物質がＸ線に対して透明であることを認識したので，Ｘ線がプリズムを通過した場合その進行方向が変わるかどうか調べた．屈折角［訳注：refracting angle，しかしここでは頂角のことか？］30°のマイカのプリズムに水または二硫化炭素を入れた場合の実験では，蛍光スクリーンまたは写真乾板のどちらの上でも違い（像のずれ）は見られなかった．比較のために同じ条件で普通の光を透過させた場合は像のずれが観測された．直接照射の場合とプリズムを通した場合とでは，プレートの上で 10 ～ 20 mm のずれがみられた．同じく 30° の屈折角の硬化ゴム，アルミニウムでできたプリズムの場合，写真乾板の上で，像のわずかなずれが観測されたようにみえた．しかしこれは不確かなので，仮に偏向があったとしても，物質の屈折率は最大でも 1.05 を超えることはないことになるだろう◆10．蛍光スクリーンの上では，偏向は観測できなかった．

さらに密度の高い金属のプリズムに対しても，今までのところはっきりした結果は得られていない．これらは透過度が小さく，したがってＸ線の強度が非常に弱くなってしまうからである．

一方，ここであげた一般的な条件を考えてみて，また一方でＸ線が，ある媒質からある媒質へと進むときに屈折するかどうかという重要な問題を考えてみると，プリズムとは別の方法でこの課題を調べることが望ましい．細かに砕いた物質が十分な厚さをもっていると，反射や屈折のため光をほとんど通さない．固体と同量の粉末でもＸ線に対して透明であるとすると，屈折も反射もほとんど起こっていないことになる．岩塩の細かい粉末，電解質の銀の粉末，化学実験で使う亜鉛の粉末などについて実験を行った．しかしこれらすべての場合で，蛍光面あるいは写真乾板上で，固体と粉末で透過度に違いは認められなかった◆11．

◆9　熱的効果は小さい．原子番号が低い物質 1 g が 1 レントゲンの強さのＸ線あたり吸収するエネルギーは 83 エルグである．

◆10　物質のＸ線に対する屈折率はこの値より小さく，ほとんど 1 に近い．

◆11　粉末では回折の効果は認められるはずであるが，特別な器機を使わないかぎり観測にはかからないほど小さいのであろう．

これまで述べたことから，X 線はレンズによって集束できないことは明らかである．硬化ゴムやガラスでできたどんなに大きなレンズでも X 線に影響をあたえられない．丸い棒の影写真は端より中心が暗くなる．円筒のなかにその材質より透明な物質を満たしたものでは，中心のほうが端より明るくなる◆[12]．

◆[12] 吸収率の違いのためである．

〈以下，X 線の空気に対する反射（観測されていない）や透過についての一般的な議論があるが，これを省略する．〉

ほかの物質も空気の場合と同じである．これらは陰極線に対するよりも X 線に対する方が，より透明である．

11. 陰極線と X 線の振る舞いについて，最も大切と思われるさらなる違いは磁石による X 線の偏向のことである．私は非常に強い磁場を使って何回も実験を試みたが，成功しなかった．

磁石による偏向の可能性は，今日までの実験では陰極線のみの特性と思われる．ヘルツとレーナルトは陰極線にも何種類かあるのを観測している．彼らによればそれらは「燐光を生じさせる効率，吸収される量，磁場による偏向の大きさなどにより区別される」◆[13] とされている．しかし彼らの研究によれば，どの場合でも大きな偏向を観測している．したがって私は，この性質［偏向］は，確たる理由がないかぎり［X 線に対しても］放棄すべきではないと考える．

◆[13] 実はこれらは陰極線のエネルギーの違いによるものである．

12. テスト用に特別に設計された放電管の壁の上で最も明るい蛍光を発生しているスポットは，そこから X 線が全方向に発せられている点だと考えられる．別の研究データでは，陰極線がガラス壁に当たる点から X 線が発生していることを示している．放電管のなかで，陰極線が磁石で偏向をうけると，X 線は別の点，すなわち陰極線管の壁の終端から発生する．

X 線は偏向させることができないということから，X 線は，陰極線が単にガラスを透過したもの，あるいはガラスによる変化を受けずに反射したものではありえない．レーナルトによると，放電管外部のはるかに大きい気体密度も偏向の特性を変えることには役立たない◆[14]．

◆[14] レーナルトは最初の頃は，X 線は陰極線が波動の性質をもって出現したものと考えていた．

ここで私はつぎのように結論する．X 線は放電管内のガラス壁で陰極線によってつくられるものであるが，陰極線そのものではない．

13. X 線の発生はガラスにかぎらない．2 mm 厚のアルミの板で封じた放電管からも発生が観測された．他の物質についてもこれから調べることになっている．

14. 放電管の壁から発生するこの“なにものか”について，“線 (rays)”という言葉を使ったことは，放電管と蛍光スクリーン（または写真乾板）の間に不透明な物体を置いたときにその影が生じるという現象から正当化されるであろう．

私は数々の魅力的な影を観察し，またその写真を所有している．放電管と写真乾板とが，それぞれ隣り合う部屋に置かれていた場合のドアの影，手の骨の影，巻き枠に巻かれたワイヤーの影，箱に入った分銅の影，磁針が金属で覆われている検流計の影などである．不均一な金属片の場合，その不均一さはX線によって明らかになった．

X線が直進することは，放電管を黒い紙で覆った針穴写真機で実証できた．像は薄くはっきりはしていなかったが，それは間違いなく正しい像であった◆15.

15. 私はX線の干渉効果を検出しようと努力したが，残念なことに成功しなかった．おそらく強度が弱すぎたためであろう◆16.

16. 静電的な力が，X線に何らかの影響をあたえるかどうかについての実験を始めたが，まだ完了していない◆17.

17. これまでみてきたようにX線は陰極線ではありえないとして，それではいったい何であるかという疑問に対して，おそらく最初に考えられるのは，紫外線であろう．強い蛍光を発生させるし，また化学作用をもつからである．しかしさらに深く考えると，そう結論するには，反証がある．X線が紫外線だとすると，これは次のような性質をもたなければならない．

(a) 空気中から，水，二硫化炭素，アルミニウム，岩塩，ガラス，亜鉛などに進入する場合に，認め得るほどの屈折はない．

(b) 名をあげたどの物体によっても，どの程度でも正反射を受けることはない．

(c) 普通の手段では偏光させることができない．

(d) その吸収は，物質の密度以外の性質には影響を受けない．

すなわちこの“紫外線”は，赤外線，可視光線，そしてこれまでに知られている紫外線とも完全に異なる性質をもっているのである．

これまで私はこの結論に到達することができずに，違った説明を探

◆15 針穴写真機は針穴と写真乾板とだけで構成される．

◆16 観測できなかった原因は，波長が短過ぎたためであろう．適当な結晶を使えば，入射X線と回折X線の間の干渉を観測できる．

◆17 光子が原子核の近くを通過する場合のように，非常に強い電場のなかで，対発生が起こる現象を除外しない．

し求めてきた.

この新しい"線"と光線との間には,ある種の関係があるようにみえる.少なくともそれは影をつくるし,蛍光を発生させるし,化学作用があることは両者に共通する性質である.さてこれまで長い間我々は,光には横振動の他に縦振動もありうるのではないかと考えてきた[訳注:光の進行方向に対して電気ベクトルが直角か,平行かということ].何人かの物理学者は縦振動があるに違いないと主張している.しかし今までその存在は証明されていないし,したがってその性質は実験的に調べられていない.

したがってこの新しい"線"はエーテルの縦振動と考えるべきではないのではないか?

実は,私は長い研究の過程で,この考えが正しいと確信するようになった.したがってこの推論を公表するが,この説明はさらに深い検証を必要とすることは十分認識しているつもりである◆18.

◆18 この考えはもちろん正しくはないが,レントゲンがこの新しい"線"を説明するについていかに悩まされたかがわかる.

第 2 報

〈編著注:第1報から3か月後に発表された〉

私の研究は数週間中断されてしまったが,この機会にその後観測された新しい現象について報告する.

18. 私は,私の最初の報告の時点で,X線が帯電した物体に放電を引き起こすことを知っていた.レーナルトの実験で,遠くに離れた帯電した物体に作用しているものは,陰極線ではなく,彼の装置のアルミニウム窓を,変化を受けずに通り抜けてきたX線であろうと推論していた◆19.しかし私はこのことの出版を,いろいろな批判に十分耐えうるようになるまで遅らせていた.

◆19 この点については疑いもなくレントゲンの主張が正しい.陰極線はレーナルトのアルミニウムの窓を通り抜けることができない.

この結論は完全に隔離された"空間"で行った実験から得られたものである.すなわちこの空間は,真空放電管のつくる電場ばかりでなく,その導線,あらゆる誘導器機など,そして放電管の周辺◆20からも隔離されている.

◆20 放電管周辺の空気には,イオンが含まれるからである.

この実験空間に対して,上記のことを保証するため,互いにはんだづけされた亜鉛板で気密にされた部屋をつくった.この部屋は私自身と必要な器機を収容できる大きさがある.亜鉛の板で閉じられる窓をもち,このドアに対立する壁の大部分は鉛で囲われている.外に置かれた放電管は亜鉛と鉛の板で覆われ，そこには幅 4 cm の切り込みがある．気密にするため開口の部分は，薄いアルミニウムの板でさらに覆われている．X 線はこの窓を通過し，実験空間に進入する．

私は次のような現象を観測した．

(a)　空気中に置かれた正または負に帯電した物体に X 線が当たると放電が起こる．X 線が強いほど速く起こる◆[21]．X 線の強度は，蛍光板または写真乾板の濃度で評価する．

一般に帯電体が導体であるか，絶縁体であるかは重要ではない．これまでのところ物体が変わっても，また帯電が正であっても，負であっても，放電の起こりやすさに違いは認められていない．わずかな差は，存在しえないことはないのであろうけれども．

(b)　X 線の及ぼす効果は，帯電体が，空気ではなく，たとえばパラフィンのような固体の絶縁物で覆われている場合でも，帯電体の周囲がフレーム（炎）によってアースに直結されている場合と何ら変わりはなかった◆[22]．

(c)　取り囲んでいる絶縁体がさらにアースされている導体で囲まれていて，絶縁体も導体も X 線を透過させる場合，私の装置では内部の帯電体には，何の X 線の作用も観測されなかった．

(d)　上に述べた (a)，(b)，(c) の観測の結果からいえることは，X 線が通過した空気は，それに触れる帯電体に放電を引き起こす能力をもつということである．

(e)　もしこのことが正しいなら，またさらに空気が X 線透過後にもしばらくの間この能力を保持できるのなら，X 線が透過した後の空気は，それ自身は X 線にさらされていない帯電体を放電させうるに違いない．

この結論が正しいことは，いろいろな方法を試みることで確実になるであろう．最も簡単な方法とはいえないが，1 つの実験を以下に紹介しよう．

太さ 3 cm，長さ 45 cm の真鍮の円筒を用意する．円筒の端から数 cm のところで，壁に窓穴をあけ，薄いアルミニウムの膜でふさぐ．円筒の他の端には気密になるようにふたをするが，それを貫いて，先端に真鍮の球を付けた金属棒を円筒のなかに挿入する．円筒と金属棒は互いに絶縁されている．ふたと真鍮球との間の壁に側管をはんだづけ

◆[21]　放電の主たる原因は物体に直接作用するのではなく，その周囲の空気がイオン化することで引き起こされる．(d) 項を見よ．

◆[22]　これはつまり導体によってアースにつながるパスがあるということ．

し，これを排気装置につなぐ．動作時にはアルミニウム窓のそばを通過した空気の流れが，また真鍮球の脇を流れる．真鍮球と窓との距離は 20 cm 以上ある．

この円筒をさきに述べたシールド室のなかに入れ，アルミニウム窓を通過した X 線は円筒に直角に当たるように配置する．したがって円筒中の真鍮球は X 線に対して影の位置にあり，X 線の作用が直接には及ばない．真鍮円筒とシールド室の亜鉛板は導体でつないでおく．真鍮球はハンケル電気スコープに結ばれる．

さて球を正または負に帯電させると，それは円筒内の空気が静止しているかぎり，X 線の作用を受けない．しかし X 線に曝された空気が排気の作用により，球の脇を通過すると，球の電荷は急激に減少する．電池を使い球の電位を保ちつつ，X 線に曝された空気が流れつづけるようにすると，真鍮球が円筒の壁に，あたかも（抵抗が高い）導体でつながっているように電流が流れる．

(f)　ここで疑問が起こる．空気は X 線によりあたえられた能力をいかに失っていくのであろうか？　それは他の物体に接触しないでも，自然に失われていくのか◆23．あるいは必ずしも帯電していない大きな物体表面に触れて，その能力を失うのか．どちらであるかまだはっきりしない．もし活性化された空気が排気によって，真鍮球に触れる前に円筒のなかに入れられた十分厚い詰め物を通るようにすると，真鍮球の電荷には何も変化が起こらない．

◆23　X 線でできたイオンは極めて短時間に再結合する．これはことに表面に触れると速く起こる．

〈以下省略するが，そこには空気以外の気体に対する効果，いろいろな陰極物質の X 線発生の効率などが記述されている．レントゲンは白金の陰極が最上であると結論している．〉

補遺文献

Dampier, W. C., *A History of Science* (New York: Cambridge University, 1946), pp. 369ff.

Glasser, O., *Wilhelm Conrad Roentgen and the Early History of the Roentgen Rays* (Springfield, Ill. : Thomas, 1934).

Glasser, O., *Dr. W. C. Roentgen* (Springfield, Ill. : Thomas, 1945).

Magie, W. F., *A Source Book in Physics* (New York: McGraw-Hill, 1935), pp. 600ff.

15

アンリ・ベクレル
Henri Becquerel　1852-1908

自然放射能

Natural Radioactivity

レントゲンがX線の発見を報じてから，わずか数か月後に，ベクレルはそれと同じ程度に画期的である放射能を発見した．この発見は，当時はまだ明らかではなかったが，原子に何らかの構造があるということを示す最初の兆候であった．人々を興奮させたレントゲンの発見にすぐ続いたためか，ベクレルの発見は相対的に弱い印象をあたえたように思われる．前章でみてきたようにレントゲンは，陰極線が衝突しているガラス管壁からX線が発生しているのを観測したが，ベクレルの発見もこれに導かれた．ガラスはその場所で，X線のほかに蛍光も発していた．蛍光とX線発生との間には，何か関係があるのではないかという考えで，ベクレルはウランの塩基など蛍光物質[*1)]をいろいろ調べた．何回もの実験と，またしばらく続いた悪天候［訳注：後に明らかになるが，太陽光の影響を除外するのにこの悪天候が役立った］という幸運な実験環境とによって，ベクレルは，ある種のウラン化合物は，いろいろな厚さをもつ物質を透過できる放射を出していると結論した．

当然のことながら，ここに発見されたものは，X線の一形態なのではないかと考えられた．両者の間には多くの共通点があった．それらには物質を透過する能力がある．写真乾板を感光する．そしてこれらの放射は少なからず空気をイオン化する．この最後の性質は，この放射を検出し計測するための簡単な手段をあたえるので，とりわけ重要である．最初の発見についですぐに，ベクレルはトリウムも同じような性質を示すことを見出した．それから数年後ピエールおよびマリー・キュリーはこの効果をその他の物質について系統的に調べた結果，ラジウム

*1)　燐光物質というべきかもしれない．燐光は励起が取り去られても，その後しばらく光を発する現象である．

を発見した．

放射能が発見されたのは，1896年の初頭であったが，この放射の実体は数年後にラザフォード（Ernest Rutherford，1871-1942）によって明らかにされた．彼はこの放射には，薄い物質にも吸収されてしまうものと，透過性がはるかに高いものとの2種類があることを見出し，前者をα線，後者をβ線と名づけた．後にこの2つの放射線には，さらに透過性が高いγ線が伴われることが多いことを発見した．ベクレルは，β線は磁場によって偏向されることを示し，後にこれが陰極線と同等のものであるという事実を確立した．

放射性元素のあるものは，不安定で，1つか2つの放射線を出して安定な元素に落ち着くという事実の発見は，後の核物理学の発展にとって測りがたい価値をもたらした．それは核の構造を知る手がかりになったばかりでなく，原子核の初期の実験では（α粒子は）重要なプローブの役割を演じた．

アントワーヌ・アンリ・ベクレル（Antoine Henri Becquerel）は，1852年12月15日，優れた科学者の家系の3代目としてパリに生まれた．父も祖父も著名な物理学者で，ともにMusée d'Histoire Naturelle（国立自然史博物館）の物理学の講座に従事していた．若いベクレルがその生涯を決めるに際して何らかの影響をあたえたことは確かであろう．彼の同時代にはヘルツ，レントゲン，J. J. トムソンがいて，いずれも近代量子物理学の幕開けに重要な役割を果たした．科学の全歴史を通じても，最も生産的な時代になるように運命づけられていたのである．通常の初期教育を受けた後ベクレルは工科大学（École Polytechnique）に入学し，そこで科学の学位を取得した．1875年に政府の道路・橋梁を管轄する役所の技術者となり，1894年に主任となった．その間，父も祖父も教えていた博物館で物理学を講ずるが，1892年に父の死にあって，彼の務めていた教授の地位につくことになる．1889年にL'Institut de Franceの会員に選出され，1895年にÉcole Polytechniqueの物理学の教授に指名された．

彼の初期の仕事は光の性質，ことに偏光，結晶による吸収，燐光などに関わるものが多かった．1896年に，その頃はベクレル線と呼ばれた放射能を発見するが，それ以降は1908年に英国でなくなるまで，この分野での仕事が続いた．王立協会のランフォード賞（Rumford Medal）を取得，そして1903年にはピエールおよびマリー・キュリーとともにノーベル物理学賞を取得した．

以下の文章はすべて*Comptes Rendus*，vol. 122（1896）から採られたものである．最初の文は p. 420 から，2 番目の文は p. 1086 から始まる．同じ年あるいは次の年に発表された論文もあるが，彼の発見の本質的な部分はここに抜粋したものに含まれる．

✣ ✣ ✣

ベクレルの実験

I

〈*Comptes Rendus*, vol. 122 (1896), p. 420〉

しばらく前の会合でヘンリー氏は，クルックス管から放出された線の通り道に，燐光性の硫化亜鉛を挿入すると，アルミニウムを透過してきた放射の強度が増加することを報告した．

さらに Niewenglowski 氏は，市販の燐光性の硫化カルシウムは不透明な物体を透過する放射を放出することを発見した．

この性質は，他の一般の燐光性物質，とくにウラン塩にも適用できる．ただし燐光を出す時間はごく短い．

私はウランとポタシウム（カリウム）の 2 重硫酸塩で，薄く透き通る結晶膜をつくったが，これを使ってつぎのような実験を行うことができた．

臭化物の乳剤の可視光用の写真乾板を，2 枚の厚い黒紙で包んだ．十分に厚く，これを一日中太陽光に曝しても，乾板には曇りがみえない．この紙の上に燐光物質を置き，そのまま太陽光に数時間当てる．この乾板を現像すると黒い陰画の上に燐光物質の影の像が認められる．硬貨または隙間があいた金属の網を燐光物質と黒紙の間に置くと，これらの像が陰画の上に現れる．燐光物質と黒紙の間に薄いガラス板を入れて同様の実験を繰り返し行った．これは燐光物質からの蒸気が，太陽光で温められて化学反応が起こる可能性を除去するためである．

以上の実験から，燐光物質は何らかの放射［訳注：本文中で頻繁に使われる radiation の訳．今でいえば放射線，放射能で，電磁波と混同しやすいが，後者は光と訳した］を出すこと，そしてそれは光については不透明な紙を透過し，写真乾板中の銀粒子を析出させるということを結論できよう．

II

〈*Comptes Rendus*, vol. 122 (1896), p. 501〉

前回の会合で私は，燐光性物質は可視光に対しては不透明な物質を透過する放射を放出することを示す実験について総括した．

今回報告する実験は，ウランとポタシウムの二重硫酸塩

$$[SO_4(UO)K + H_2O]$$

の結晶板◆1 が放つ放射によってなされたものである．この物質からの燐光は非常に強いが，その継続時間は 1/100 秒以下である．この燐光物質からの放射はさきに，私の父が研究していたものであるが，今回この放射について特徴的な興味ある事実を報告する機会をいただきたい．

太陽光あるいはその散乱光に照らされたこの物質によって放出される放射は，黒い紙のみならず，アルミニウムや銅などの金属板をも透過することは，容易に証明できる◆2．いくつかの実験のうちつぎの実験を紹介する．

銀ブロマイド（臭化銀）乳剤でできた写真乾板を黒い被覆で囲った箱のなかに置き，一方の出口をアルミニウムの板で塞ぐ．これ全体を太陽光に一日中曝しても，乾板には何の陰りも現れない．しかしウラン塩をアルミニウム板の外に置き，太陽光に数時間曝すと，乾板を現像すると結晶の像が乾板の上に黒く現れる◆3．この効果はアルミニウム板の厚さをわずかに増すと，2 枚の黒紙を通した場合より，小さくなる．

ウラン塩とアルミニウム板または黒紙との間に，0.1 mm 厚の銅板からできたスクリーンを入れる．たとえばそれが X の形をしていると，乾板の上に X の像が薄く現れる．しかし放射は銅板を透過していることはわかる．薄い（0.04 mm）銅板をつかった他の実験では，この活

◆1　この板あるいは殻は，溶液からの結晶成長によってつくられたものであることは明らかである．

◆2　ベクレルは最初の頃，この放射は太陽光で励起されるものだと考えていた．

◆3　この実験に太陽光は何の役割も果たしていないことは，後に明らかになる．

性な放射を弱める効果は，はるかに小さかった．

直接の太陽光ではなく，ヘリオスタット◆4 の金属鏡で反射され，プリズムやクォーツのレンズで屈折した光でつくられた燐光についても，現象は同じであった．

◆4 太陽の軌跡を追捕するため反射鏡でつくられたスポットを時計じかけで追う装置．

私はここで，観測について一般に期待されることには反するが，いたって重要と思われる事実を主張する．すなわち同じ結晶板を，写真乾板，遮蔽板などと，前と同じ位置関係に置き，ただしあらゆる入射光から遮り，装置を暗闇のなかに置いても，写真乾板の上にはまったく同じ効果が表れるということである◆5．どうしてこのようなことが観測されるのか明らかにしよう．

◆5 ここでこの作用は太陽光には関係ないという事実が明らかにされた．

これらの実験は 1896 年 2 月 26 日（水曜日），27 日（木曜日）に準備された．これらの日は太陽がときどき現れるような天気であったので，私は実験を中止し，準備が完了している紙で包んだ乾板をウラン塩が入ったキャビネットの引き出しに入れておいた．次の日も太陽は現れなかったので，5 月 1 日に乾板を現像してみた．乾板には薄い像しか現れないものと期待していたが，予想に反して非常に濃い影ができていた．この現象は暗闇のなかで起こるに違いないと考えて，私はさらに次の実験を準備した．

不透明なボール箱の底に，写真乾板を置く．感光面の上に，ひとかけらのウラン塩を置く．その曲面は数点で乳剤に接触しているだけである．一方で，乳剤の上に薄いガラス板を置き，その上にウラン塩を置く．この作業は真っ暗な部屋のなかで行い，ボックスを閉じ，それをさらに別のボール箱に入れ，それを引き出しのなかに入れる．

乾板と一片のウラン塩を同じようにアルミニウムでできた容器に入れた．それを不透明のボックスに入れ，引き出しに入れた．約 5 時間後，乾板を現像してみると，前の実験と同じように，まるで光で励起された燐光が作用したかのように，結晶の黒い像が現れた．結晶が乳剤に接触している数点と，少なくとも 1 mm 離れている他の点との間にほとんど差はみられなかった．わずかでも差があるとすれば，それは放射源との距離の差によるぼけによるものであろう◆6．ガラス板の上に置かれた塩からの作用はわずかに弱められていたが，像は結晶の形をよく再現していた◆7．アルミニウムの板を通した場合には，作用は著しく弱められるが，それでも効果ははっきりしていた．

◆6 ウラン塩と乾板の距離が十分近いので，この場合 α 粒子も乳剤を黒化させている．

◆7 ガラス板は α 粒子は吸収するが，β，γ 粒子は透過させ，乾板はこれに曝されたのであろう．

この現象は燐光によって放出される光によるものではないことをここで指摘しておくことは重要であると思う．なぜなら光は1/100秒後にはほとんど認められないくらいに弱くなっているからである．

ここで述べる仮説は，問題にしている放射を説明するものとして，ごく自然に受け入れられる．この放射は（この効果は，レーナルトやレントゲンの研究した放射が起こす効果と非常に似ているが◆8）燐光の過程で放出される見えない放射として，しかし同じく放出される可視光よりははるかに長い持続時間をもっている．ここでの実験は，仮説に反するような事実は何ももたないが，しかし何らかの方程式◆9をただちに導くものではない．私がこれからしようと思っている実験がこの新しい現象の本質を明らかにしてくれることを望んでいる．

◆8　ベクレルは，彼の発見した放射とX線の作用の類似に驚かされた．

◆9　すなわち何らかの決定的な結論．

III

〈*Comptes Rendus*, vol. 122（1896），p. 1086〉

数か月前に私はウラン塩がこれまで知られていなかった放射を発するのを示した．それは驚くべき性質を示したが，それらの内のいくつかはレントゲン氏が調べた効果に似ていなくはない．この放射は塩が光に曝されている場合にも，暗闇のなかに置かれた場合にも起こる．2か月経っても同じウラン塩が，目立つほどの強度の減衰もなく同じ放射を放出し続けていた．3月3日から5月3日まで，ウラン塩は閉じた不透明な箱のなかに閉じ込められていた．5月3日からは，鉛でできた箱に入れられ，暗室に置かれていた．箱の底に黒い紙を敷き，その下に写真乾板を置いた．ウラン塩は鉛を透過できないいかなる光にも曝されることないようにして，その上に置かれた．

このような条件下でウラン塩は活性な放射を放出し続けた．

〈以下いろいろなウラン化合物を使った同じような実験の記述があるが省略する．〉

私は光のもとで燐光性を示すもの，あるいは示さないもの，また結晶状のもの，溶液状のものなど，いろいろなウラン塩について調べたが，それぞれの場合に対応する結果が得られたので，次のような結論を得るに至った．この効果はこれら塩類のなかに存在するウラン元素によるものである．また元素は化合物になっているより金属の状態にある方がより顕著な効果を示す◆10．数週間前に行った実験がこの考えを証明した．ウラン-ポタシウムの2重塩の場合より，元素そのものの方が，写真乾板上にはるかに強い効果を及ぼした．

〈以下この放射のイオン化能力についての記述があるが省略する．〉

◆10 ベクレルはここに至ってやっと正しい考えにたどりついた．

補遺文献

Dampier, W. C., *A History of Science* (New York: Cambridge University, 1946), pp. 371ff.

Holton, G., and Roller, D. H. D., *Foundations of Modern Physical Science* (Cambridge, Mass.: Addison-Wesley, 1958), Ch. 36.

Jauncey, G. E. M., "The early years of radioactivity," *American Journal of Physics*, vol. 14 (1946), pp. 226–241.

Magie, W. F., *A Source Book in Physics* (New York: McGraw-Hill, 1935), pp. 610ff.

Thomson, J. J., *Recollections and Reflections* (London: Macmillan, 1937), pp. 411ff.

ジョセフ・ジョン・トムソン
J. J. Thomson 1856-1940

16

電　　子
The Electron

科学上の発見は，しばしば思わぬ方面の発展を引き起こすことがある．レントゲンのX線の発見が，ベクレルの研究を促し，その結果放射能を発見するチャンスをあたえたことをすでにみてきた．そればかりではなく，X線の発見は気体放電の分野の研究を活性化した．その当時は，化学的現象のしっかりした観察と気体の運動論に支えられて，物質の原子説が確立されていた．物質の電気的な性質もまたすでに明らかになっていた．しかし原子の性質と電気的な性質との間の関係は，まだ完全には認識されていなかった．気体中の電気の伝導を研究していた人々は，これが2つの現象を結びつける本質的な関係を明らかにするものと信じていたことは疑いない．少なくともこのことが19世紀末の10年間に，J. J. トムソンをして気体放電の研究を企画させたことになる．トムソンに先立ってヒットルフ（J. W. Hittorf，1824-1914），ウィリアム・クルックス卿（Sir William Crookes，1832-1919），ゴルトシュタイン（Eugen Goldstein，1850-1930），ペラン（Jean Baptiste Perrin，1870-1942）らの人々がいるが，彼らは気体放電の現象を定性的に明らかにするにとどまっていた．

それぞれの研究方法は一般的にいえば同じようなものであった．たとえば白金の電極を内蔵して，その間に高電圧をかけたガラス管を徐々に排気していく．圧力，電圧，気体の種類によって変わる放電のようすを観察する．X線の発見に先立って，いくつかの重要な進展があった．たとえば，陰極（負の電極）からは何か放射が発せられていて，それが興味ある性質を示すことが知られていた．なかでもこの放射が当たるガラス管の壁が，緑色の蛍光を発するということは最も重要な発見であろう．1869年にヒットルフは，陰極とガラス壁の間に障害物を置いて，この放射が，光のように“影”をつくることを示した．この事実は数年後にゴルトシュタインにより確認され陰極線と名づけられた．そして他の研究者とともにこの放射は光と同じような波動性をもつことを明らかにした．他方でクルックスは，この放射は磁場によって偏向［訳注：deflection，方向を変えること］することを見出し，またペランは，陰極線が絶縁された導体に当たるとそれが負に帯電することを発見し，さらにこの放射は粒状性があると信じるに至った．それから数年間，トムソンがこの放射は陰極の近傍で発生する物質の粒子であることを明らかにするまで，彼らの間では活発な論戦が続いた．

X線の発見は，トムソンの問題解決に間接的ではあるが，しかし重要な貢献を果たした．レントゲンが，X線が空気を通過するとその導電性がよくなることを示したとき，トムソンは気体の伝導度を調べる手段を見出し，電流は気体中の正または負のイオンにより運ばれ，そのイオンはX線が気体の分子を破壊することでつくられるのであろうと考えた．これらの観測に先立ってトムソンは，希薄な気体の電気放電の実験を説明するために必要なこととして，電子が電荷の単位であるとする洞察をすでに得ていた．

ジョセフ・ジョン・トムソン（Joseph John Thomson）は，英国マンチェスターで，1856年12月18日に，本の出版・販売を営む人の息子として生まれた．彼は自伝[*1)] を書いたときの回想として次のように語っている，

> ……私の生まれた時代も場所も幸運であった．なぜならそのときと現在までの期間は世界の歴史のなかでも最も波乱に富んだ時代であったからである．始めから終わりまで，特にその後半にあっては，並はずれた事件が次から次へと続いて起こった．君主制は破壊され，共和制または独裁政権にとって代わられた．マンチェスターの人間として，国の発展には欠かせないと考えていた自由な貿易が可能になった．私が子供の頃には，自転車も，自動車も，飛行機も，電灯も，電話も，無線通信も，蓄音機も，電気技術も，X線写真も，映画も，そして少なくとも医者によって確認されたという意味ではばい菌さえもなかった．

彼の同世代には，近代物理学に本質的な貢献を果たしたヘルツ，レントゲン，ベクレルがいて，彼らにはトムソンとともに，物理現象の類まれな把握と解明に対してノーベル賞が贈られている．

トムソンは14歳まで私立学校で過ごし，それからマンチェスターの小さな学校であるオーウェン・カレッジに入学した．しかしこれは彼の生涯の選択のうえで

---

*1)　J. J. Thomson，“*Recollections and Reflections*”（London: Macmillan, 1937），p. 1.

大きな影響を及ぼした．彼は技術者になるつもりでいた．志望した会社に入るためには，ある期間見習いとして過ごす期間が要請されていたので，彼は地方の学校を選択したのである．しかしそこで彼は純粋な科学に興味をもち始め，1876 年にわずかな奨学金をもらって，ケンブリッジのトリニティ・カレッジに入学した．トリニティでは優秀な成績を修め，1880 年にエネルギー変換に関する論文により，フェローに選出された．翌年彼は，彼が書いた多くの論文のうちの最初の論文を書き，物理学的な課題に対する深い洞察を示した．すなわち電荷の慣性に関する理論の論文（*Phil. Mag.*，vol. xi）で，それはその後の彼の実験に大きく役立った．

1882 年に彼はトリニティの数学の講師に任じられ，その翌年に大学の講師に採用された．1894 年にレイリー卿の後任として実験物理学のキャヴェンディッシュ教授となった．その少し前から彼は気体の電気放電について調べていたが，1895 年までは，正しい方向に進んでいなかった．1897 年になって彼は電子を発見することになる．彼の発見はその後の研究に広い道を切り開いた．しかし電子の概念は，これまでにわかっていた事実と整合させなければならなかった．最近のものでは物質の原子説，古いものでは光学，電気学，磁気学などが新しい発見の光に照らされて再検討されなければならなかった．これらすべてのことに対してトムソンは，活発に主導的な役割を演じた．彼は質量分析法のパイオニアであり，また同位体元素を発見した．原子に束縛されている電子による X 線の散乱過程の計算をし，重い原子に束縛されている電子の数は，原子質量（数）の約半分になることを明らかにした．これらはすべて原子構造，核構造に関する近代的な理論の発展に大きく貢献した．

トムソンは 1915 年から 1920 年の戦争の期間に王立協会の総裁であって，同時にまたいろいろな政府機関の防衛に関する業務に従事した．1918 年にトリニティカレッジの長になるが，キャヴェンディッシュ研究所には，彼の最大関心事として生涯を通して留まった．それを世界最大の研究所にすることに貢献し，また機会あるごとにそこへ帰った．1905 年，王立研究所の自然哲学の教授に任じられ，1906 年にノーベル賞を受賞し，その 2 年後ナイトに任じられる．キャヴェンディッシュ研究所，王立研究所の職をそれぞれ 1919 年および 1920 年に辞したが，トリニティの長の仕事は 1940 年の彼の死まで続けた．彼に帰する名誉の数々は，説明しきれない．科学者として受けるべき賞はすべて受けたものと思われるが，それでも科学に対する彼の貢献は測り知れないものである．

次に掲げる抄文は陰極線に関する彼の論文（*Philosophical Magazine*, vol. 44, Series 5, 1897, p. 293）から採ったものである．

✣ ✣ ✣

トムソンの実験

この論文で議論する実験は陰極線の性質について何らかの情報を得ることを期待して企画されたものである*．この陰極線についての見解は大きな広がりをもっている．ドイツの科学者たちは一致して，今まで類似の現象は観測されておらず，磁場中の軌跡は直線ではなく円形ではあるが，それはエーテルのなかで起こる現象であると主張している［訳注：エーテルは光または電磁波の伝搬の媒体として考えられたもので，現在はその存在が否定されている．陰極線も波動だとするとそれを伝える媒体が必要と考えたのであろう］．陰極線についてのもう１つの見解は，エーテル的な現象とは遠くかけ離れていて，その実体は物質であり，それが示す軌跡からみて，負に帯電した粒子であるとするものである◆1．これら２つはこれだけ違う考え方なのだから，両者の正否を明らかにすることは簡単だと思われるが，実際はそうではなく，深く学んだ物理学者たちのなかにも，それぞれ両方の説を支持する人々がいるのである．

◆1　陰極線の本性に関する見解は，国によって分かれていたようにみえる．ドイツ派はそれが波動現象だとした．一方トムソンのように英国派は微粒子という見方を支持した．このような国による見解の違いは政治的なことに起因するのではなく，科学における伝統の違いによるものである．

帯電した粒子説はエーテル的な説に比べると，その結果を予測できる現象が明確になるという点でずっと有利になると思われる．エーテル的な考えでは，任意にあたえられた環境で何が起こるか予測することは不可能である．エーテルのなかでいまのところ観測されていない

*　これらの実験の一部は，ケンブリッジ自然哲学協会（Proceedings, vol. ix, 1897年）と王立研究所の金曜討論会（“Electrician”, 1897年5月21日）で発表されたものである．

現象を使って，内容のわからない法則を論じるようなものだからである．

〈以下の実験は荷電粒子説から導かれる現象のいくつかを検証するために行われた.〉

陰極線によって運ばれる電荷

もしこれらの線［訳注：rays，陰極線をさす］が負に帯電した粒子であるとするならば，閉じた空間に打ち込まれたとき，そこに負の電荷をもちこまなければならない．これはペラン◆2 によって証明された事実で，彼は陰極の前に互いに絶縁された２つの同心円筒を置いた．外側の円筒は接地され，内側の円筒は金箔の羽根をもった電位計に接続されている．２つの円筒はそれぞれ１つの孔をもつ他は閉鎖されている．陰極線は内側の円筒の孔から進入できる．ペランは，陰極線が内側の円筒に入ると，電位計は負の電荷を受けること，また磁石を使って陰極線の軌道を曲げ，孔に入らないようにすると，電位計には電荷は達しないことを発見した．

◆2　*Comptes Rendus*, vol. 121 (1895), p. 1130.

この実験は，まっすぐに進む負に帯電した何かが，陰極から直角に打ち出されたことを証明している．それは磁場で曲げられる．しかし電位計に達する電荷の原因は，陰極線によるものだと証明されていないとする反論の余地はまだある．エーテル的理論の支持者たちも荷電粒子は陰極から飛び出したものであることは否定しない．しかしライフルが発射したとき弾丸にフラッシュが伴われているというようなこと以上に，これら荷電粒子が陰極線に伴われているとすることは否定する．そこで私はこの反論に対抗するかたちでペランの実験を繰り返した．図１に示すようにスリッ

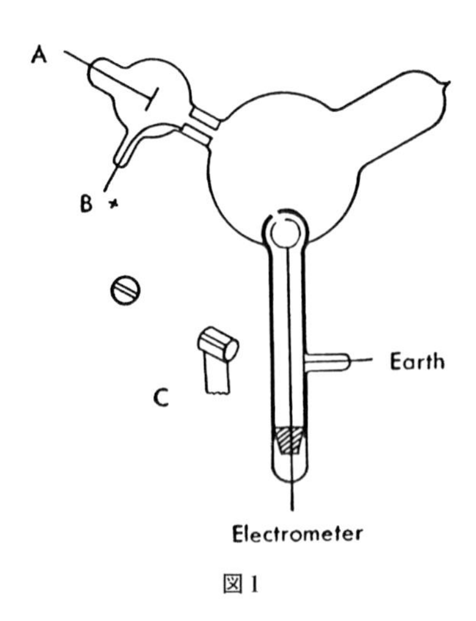

図１

トをもった2つの円筒を放電管に隣接するバルブ（真空管）のなかに設置した．陰極Aからくる陰極線は管の首の部分にはめ込まれた金属プラグ（栓）のスリットを通ってバルブのなかに入ってくる．このプラグは陽極につながり，それは接地されている．陰極線は磁場による偏向を受けないかぎり円筒に入ることはできない◆3．外側の円筒は接地されていて，内側の円筒は電位計につながっている．ガラスの発する蛍光で陰極線の軌跡はトレースできるが，陰極線がスリットのなかに落ち込まないときには，陰極線をつくる誘導コイルを作動させても，電位計に至る電荷は小さく不規則であった◆4．しかし陰極線が磁石で曲げられスリットに落ち込むようにすると，大きな負電荷が電位計に送り込まれる．私は電荷の大きさに驚かされた．ある場合には狭いスリットを通して1秒間に内側の円筒に入ってくる負電荷は1.5 μF の容量を20 V変化させるに十分であった◆5．磁場が大きすぎて大きく曲がりすぎ，スリットの位置を通りすぎると，狙いが確かなときに比べてほんのわずかな電荷しか円筒に入ってこなくなる．したがってこの実験は，陰極線を磁力でねじったり偏向させたりできること，負電荷は陰極線と同じ経路を通ること，そして負電荷は陰極線と不可分に結合しているということを示している．

磁石で陰極線が内側円筒に入り続けるようにしておくと，電位計の振れは，ある値まで増加し，そのあとその値で一定になる．これはバルブのなかの気体が，陰極線が通過したことで導電性になるためであろう．内側円筒は陰極線が通過していないときは完全に絶縁されている．しかし陰極線が内外の円筒の間の空気中を通過すると，気体が導電性をもち，電荷が内側円筒からアースに逃げるようになる．したがって内側円筒の電荷は増え続けることはできない．内側円筒上の電荷は，陰極線から電荷を受け取る速さと空気の伝導性で電荷が逃げる速さとが等しくなったときに平衡値に達する．内側円筒がはじめに正の電荷をもっているとすると，急速にそれを失い，負に帯電する．しかしはじめに負に帯電しているとその量がさきに述べた平衡値より多いときは，それをリーク（漏電）することになる．

◆3 ペランの実験に対する反論は，彼の放電管の陽極は外部円筒としても働くということに根ざしている．陰極線の波動性を主張する人たちにいわせると，これが荷電粒子を偏向させてしまうので，何も証明したことにならない．

◆4 そのような放電を起こすには，通常数千V必要なので，誘導コイルが使われる．

◆5 これは電流にして30 μA に相当する．

静電場による陰極線の偏向

陰極線が負電荷を帯びた粒子だとする説に対する一般的な反論は，それが静電場により偏向を受けないとするものである．エーテル的な考えの支持者は，誘導コイルなど高電圧の電源につながれた電極のごく近傍を通過する陰極線は偏向を受けるだろうけれど，それは電極間に起こる放電によるものであって，静電場によるものではないと主張する．ヘルツは放電管のなかに設置された金属板の間に陰極線を通したが，これらを電池に接続しても偏向は認められなかったとしている◆6．私もこの実験を繰り返してみたが，はじめは同じ結果を得た．しかしその後の実験で，偏向を受けないのは，希薄な気体が陰極線の進入によって導電性をもってしまうためであることを示すことができた．この導電性は排気が進むと急速に減少する．したがって排気を十分にしてヘルツの実験を試みれば，静電場による陰極線の偏向を観測できる可能性があることになる．

◆6 ヘルツはエーテル説の支持者であった．彼の主たる興味［訳注：電磁波の存在を実証した］からすれば，その方が理解しやすかったためであろう．

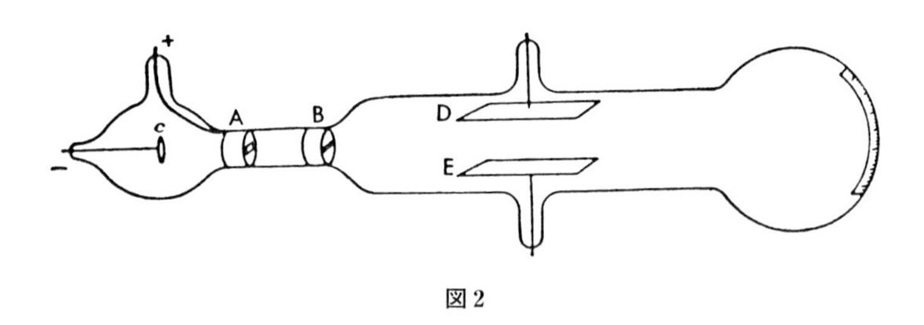

図2

使用した装置を図2に示す．陰極 c から出た線（rays）は，陽極 A に開けられたスリットを通過する．陽極は金属製のプラグ（栓）でチューブ（ガラス管）にしっかり固定され，接地されている．もう1つの接地された金属プラグ B にあけられた第2のスリット◆7をも通過した陰極線は平行に置かれた2枚のアルミニウム板の間を通過する．これらの板はそれぞれ長さ 5 cm，幅 2 cm，そして 1.5 cm 離して置かれている．管の終端に当たった線は明確な蛍光のパッチ（斑点）を生じる．管の外側には目盛りが付けられていて，パッチの偏向（位置の振れ）を測定できる．高い排気状態では，アルミニウム板を小さい電池

◆7 これはビームの方向をより正確に決めるために挿入される．

に接続したとき，線は偏向する．上の板（D）を電池の負極，下の板（E）を正極につないだとき，線（rays）は下に押し下げられ，上の板を正極，下の板を負極に接続したときは，線（rays）は持ち上げられる．偏向の大きさは板の間にかかる電圧に比例する．この電圧を 2 V まで低くしても偏向を観測できた．偏向が認められるのは，真空度がよいときだけで，偏向が起こらなくなるのは，媒質（空気）の導電性によるもので，真空度がある値に達すると偏向が起こり始める．この限界の真空度のときは，板を電池につないだ直後は偏向を示すが，そのままにしておいても，蛍光のパッチは次第に無偏向の位置にもどり始める．これは板の間がわずかながらも導電性をもつので，正または負のイオンがゆっくり拡散し，正のプレートは陰イオンで，負のプレートは正イオンで覆われ，プレート間の電圧が減少し，ついには，陰極線は静電場を受けなくなるためである．これとは異なる説明も許される．圧力が十分低く，偏向を引き起こすに十分な電圧，たとえば 200 V がプレート間にかかっている条件下では，陰極線の大きな偏向が認められるはずである．しかし大きな電圧がかかった状態では，媒質には時として絶縁破壊が起こり，プレートの間に明るい放電が走るであろう◆8．このとき，陰極線がつくる蛍光パッチは，無偏向の位置にジャンプする．陰極線が静電場で偏向をうけているとき，蛍光の帯は，間にやや暗い部分をつくり，いくつかの明るいバンドに分裂することがある．これはバークランド（Birkland）によって陰極線が磁場によって偏向をうけるときに観測され，彼によって磁気スペクトルと呼ばれた現象によく類似している．

◆8　つまり残留している空気が，プレート間の高電圧で絶縁破壊することである．

陰極線の速度や，荷電粒子の電荷と質量の比の関数として測定された陰極線の偏向に関する数々の結果はこの論文の後の部分に述べる◆9．ただここでは，圧力が減少すると偏向は小さくなり，また陰極近傍の電圧降下は増加することだけを注意しておこう◆10．

〈このあとしばらく気体の導電率の測定，磁場による陰極線の動きなどについての記述があるが省略する．〉

◆9　p. 248 を見よ．陰極線の速度は平均自由行程の増加とともに［訳注：気体圧力の低下とともに］増加する．

◆10　おそらくイオン化する気体粒子が少なくなるので，電流も減少するであろう．

陰極線は負の電荷をもち，静電場で負電荷がうける力の方向に偏向し，磁場中では陰極線に沿って負に帯電した物体が運動しているときと同じ力を受けるという事実から，私は，陰極線とは負の電荷をもった物質の粒子であると結論せざるをえない．そこで次におこる疑問は，この粒子とは一体なにか？　ということである．それは原子なのか？　分子なのか？　あるいはそれらよりさらに細かい物質なのか？　この問題に光を当てるため，私は粒子の質量と電荷の比を測定する一連の実験を行った．この量を決定するため2つの独立な方法を使った．その第一としてまず一様な陰極線の束を考えよう．それぞれの粒子の質量を m，電荷を e とする．ある時刻にこのビームの断面を通る粒子の数を N とする．粒子群で運ばれる全電荷は

$$Ne = Q$$

の式であたえられる．この Q は容器のなかで電位計を使って，受けとる陰極線から測定できる◆11．陰極線が物体に当たると，物体の温度は上昇する．運動する粒子の運動エネルギーが熱に変わるからである．エネルギー全部が熱に変わったと仮定すると，物体の温度を測り，陰極線の衝突で生じた熱量から，粒子群の運動エネルギー W を知ることができる．粒子の速度を v とすると

◆11　トムソンの最初の実験と同じである．

$$\frac{1}{2}Nmv^2 = W$$

となる．一様な磁場 H で，陰極線が示す軌跡の曲率半径を ρ とすると

$$\frac{mv}{e} = H\rho = I$$

ここで簡単のため $H\rho$ の代わりに I と書く．これらの式から（N を $\frac{Q}{e}$ に置き換えて）

$$\frac{m}{2e}v^2 = \frac{W}{Q}$$

$$v = \frac{2W}{QI}$$

$$\frac{m}{e} = \frac{I^2 Q}{2W}$$

が得られる．Q，W，そして I の値がわかれば，v と $\frac{m}{e}$ の値を求めることができる．

これらの量を測定するため，私は3つの異なるチューブを用いた．その第一は，図2において，プレートＥとＤを取り去り，管の終端に

2つの同心円筒を取り付けたものである．陰極 c から出た線（rays）は，陽極の役割をもつ設置したプラグBに至る．これには水平方向にスリットが切り込まれている．このスリットを通った陰極線は，終端の同心円筒をヒットする．円筒にはスリットが開けられており，陰極線は内側の円筒内に進入する．外側の円筒は接地されている．それとは絶縁されている内側の円筒は，電位計に接続されており，その振れは陰極線により内側円筒内に持ち込まれた電荷 Q を計測する．内側円筒のスリットの後ろに熱電対を取り付けてある．これは非常に細い鉄と銅のワイヤーに非常に薄い鉄と銅の細片を取り付けてつくられている．2本のワイヤーはいずれからも絶縁されて，2つの円筒，ガラス管を通り抜けて外にある低抵抗の検流計につながれている．検流計の振れから，陰極線の衝突による熱電対の温度上昇が計算できる．熱電対の鉄と銅の細片は，円筒内に進入したどの陰極線もそれをヒットすることを保証する程度には十分大きい．あるチューブの場合には，鉄と銅の細片はそれぞれの端をつなぐようにセットした．したがってある陰極線は鉄片をヒットし，ある陰極線は銅片をヒットする．他のチューブでは，1つの金属細片の前に他の金属細片を置くようにセットした．しかしセット方法の違いでは，観測された結果になんら違いは起こらなかった．鉄と銅の細片の重さを測り，熱電対の熱容量を計算した．1つの熱電対では 5×10^{-3}，ほかの熱電対では 3×10^{-3} であった◆12．陰極線が熱電対をヒットしたとき，その全エネルギーをあたえると仮定すれば，検流計の振れから W あるいは（1/2）Nmv^2 が求められる．

◆12　単位はカロリー/℃．

I すなわち $H\rho$ の値は次のようにして求められる．ここで ρ は磁場 H のもとで陰極線が描く軌道の曲率半径である．チューブを，半径が等しく互いに平行に置かれた2つの大きな円形のコイル◆13の間に固定する．コイルの間の距離はコイルの半径に等しくする．これらのコイルは均一の磁場をつくりだす．この磁場の強さは，コイルを流れる電流を電流計で測って求める．陰極線は一様な磁場のなかを通過することになり，したがってその軌道は円形になる．磁場で曲げられた陰極線がチューブのガラスをE点（図3）で打つとすれば，陰極線軌跡の曲率半径 ρ は

◆13　ヘルムホルツ・コイルとして知られている．

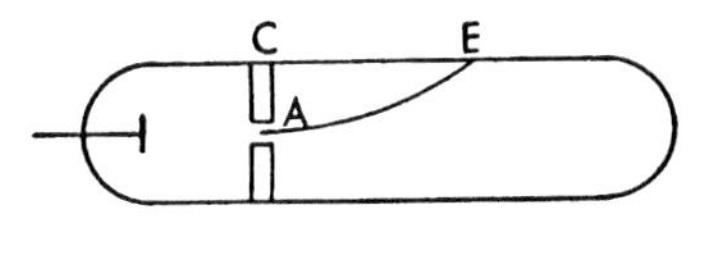

図3

$$2\rho = \frac{CE^2}{AC} + AC$$

から求められる◆14.

ρの決定にはやや不確定さが残る．それは磁場の作用のもとで，軌跡が広がり，Eにおける蛍光のパッチが数mm程度に広がるからである◆15．ρの値が互いにわかる程度に異なるのは，蛍光パッチが示す異なる点をE点とするからである．一般に蛍光パッチは他の場所に比較してはるかに明るい．したがって最も明るい点をE点とした．そのような点が存在しないときにはパッチの中点をE点とした．こうした場合ρの決定に持ち込まれる誤差は20％程度である．パッチの一端と他の端とをE点として計算したρの値の違いが不確定さになる．

内部円筒に進入した電荷の総量 Q の測定は，陰極線が通過した場所の気体に導電性をもたせてしまうので，複雑になる．陰極線が進入していないときの内部円筒の絶縁を完全にしておいても，陰極線が進入するとそうではなくなってしまう．このことは蓄積された電荷の一部を逃してしまうことになるので，実際に内側円筒に進入した電荷は，電位計の振れが示す値より大きいことになる．この誤差をできるだけ小さくするために，内側円筒はできるだけ容量の大きい，たとえば1.5 μFのコンデンサーにつないだ．そして陰極線の照射は短時間，たとえば1～2秒にした．こうすれば内側円筒の電位の降下はそれほど大きくなく，いろいろな実験で0.5～5Vの範囲であった．陰極線の継続時間をできるだけ短くするもう1つの理由は，熱電対からワイヤーを通じて熱が逃げることを避けるためである◆16．熱電対の温度上昇の典型的な値は2℃であった．同じチューブで同じ気体圧力で行った実験では，陰極線の継続時間がそれほど長くないかぎりでは，Q と W とは互いに比例していた．

使用したこのタイプのチューブ（第一のタイプ）はまず満足すべき結果をあたえた．このタイプのチューブの第一の欠点は，ガラス壁に電気が溜まることである．そして円筒からチューブの壁との間で放電が起こり，円筒がグロー（薄赤い光）につつまれる．グローがあると測定値はひどくばらつく．グローが現れたときは，排気をよくして，しばらくの間チューブを休ませると，それを排除できる．このチューブで得られた測定結果をチューブ1と標記した表（p. 247）に示す．

◆14　円の一部分の高さと半径，弦の長さを関係づければよい［訳注：円を描いて，ACの延長上の円の中心をOとすればOA＝ρ，OE＝ρで，$OA = AC + (OE^2 - CE^2)^{1/2}$ であるから本文の式が得られる］．

◆15　この原因は陰極線の速度に幅があるためであろう．

◆16　熱の伝導は温度差にも比例する［訳注：したがって長時間の熱の蓄積は不利に働く］．

気体	W/Q の値	I	m/e	v
		チューブ 1		
空気	4.6×10^{11}	230	$.57\times10^{-7}$	4×10^{9}
空気	1.8×10^{12}	350	$.34\times10^{-7}$	1×10^{10}
空気	6.1×10^{11}	230	$.43\times10^{-7}$	5.4×10^{9}
空気	2.5×10^{12}	400	$.32\times10^{-7}$	1.2×10^{10}
空気	5.5×10^{11}	230	$.48\times10^{-7}$	4.8×10^{9}
空気	1×10^{12}	285	$.4 \times10^{-7}$	7×10^{9}
空気	1×10^{12}	285	$.4 \times10^{-7}$	7×10^{9}
水素	6×10^{12}	205	$.35\times10^{-7}$	6×10^{9}
水素	2.1×10^{12}	460	$.5 \times10^{-7}$	9.2×10^{9}
二酸化炭素	8.4×11^{11}	260	$.4 \times10^{-7}$	7.5×10^{9}
二酸化炭素	1.47×10^{12}	340	$.4 \times10^{-7}$	8.5×10^{9}
二酸化炭素	3.0×10^{12}	480	$.39\times10^{-7}$	1.3×10^{10}
		チューブ 2		
空気	2.8×10^{11}	175	$.53\times10^{-7}$	3.3×10^{9}
空気	4.4×10^{11}	195	$.47\times10^{-7}$	4.1×10^{9}
空気	3.5×10^{11}	181	$.47\times10^{-7}$	3.8×10^{9}
水素	2.8×10^{11}	175	$.53\times10^{-7}$	3.3×10^{9}
空気	2.5×10^{11}	160	$.51\times10^{-7}$	3.1×10^{9}
二酸化炭素	2×10^{11}	148	$.54\times10^{-7}$	2.5×10^{9}
空気	1.8×10^{11}	151	$.63\times10^{-7}$	2.3×10^{9}
水素	2.8×10^{11}	175	$.53\times10^{-7}$	3.3×10^{9}
水素	4.4×10^{11}	201	$.46\times10^{-7}$	4.4×16^{9}
空気	2.5×10^{11}	176	$.61\times10^{-7}$	2.8×10^{9}
空気	4.2×10^{11}	200	$.48\times10^{-7}$	4.1×10^{9}
		チューブ 3		
空気	2.5×10^{11}	220	$.9\times10^{-7}$	2.4×10^{9}
空気	3.5×10^{11}	225	$.7\times10^{-7}$	3.2×10^{9}
水素	3×10^{11}	250	1.0×10^{-7}	2.5×10^{9}

第二のタイプのチューブは，陰極線の軌跡の写真を撮るときに使われるものによく似たものである◆[17]．第一のチューブと同様に，陰極線の通り道に熱電対を内蔵した二重の円筒が置かれている．ベルジャーの内面は接地した銅の網で覆われている．このチューブからは満足すべき結果が得られた．円筒の周りにグローが発生することはなく，測定の読みはよく一致していた．ただ1つの欠点は，接続部分にワックスを使ったことである◆[18]．このため高い真空度が得られにくく，この実験の真空度は，上の表に示す第一の場合よりよくできなかった．こ

◆17　これはベルジャーと呼ばれるタイプのもので，この場合なかに放電を導くチューブが入っている．陰極線はチューブからベルジャーのなかの希薄な気体に入ると目に見える軌跡を生じる．

◆18　昔は電極などを容器に固定する際に真空用ワックスを用いるのが普通であった．ワックスは今でも研究室で使われている．

の実験の結果をチューブ2とした表（p. 247）に示す．

第三のタイプのチューブは第一のタイプに似ているが，2つの円筒の開口が孔（直径約1.5 mm）になっていて，第一の場合よりはるかに小さくしてある．開口が小さいため，起こる効果も小さくなる．はっきりした信号をとるために，内側円筒につながるコンデンサーは0.15 μFに減らし，また検流計の感度を極端に高くしてある◆19．熱電対の温度上昇はこの実験では，平均でわずか0.5℃の程度であった．この実験の結果はチューブ3として表（p. 247）に示す．

◆19　わずかな電荷でも電位が上がるようにするためである．

これらのチューブを使った一連の実験の結果をまとめてp. 247の表に示す．

$\frac{m}{e}$の値をみると，開口が小さい孔のチューブ3の場合が，開口面積の大きいチューブ1および2の場合にくらべて，かなり大きいことに気づく．私の意見では，チューブ1，および2の値は小さすぎると思う◆20．これは陰極線の通過で導電性をもった気体により内側円筒から外側円筒に電荷が逃げてしまったためであろう．

◆20　これは正しくない．次の注◆21をみよ．

これらの表からみると，$\frac{m}{e}$の値は気体の性質には無関係である◆21．チューブ1では空気に対する平均値は0.40×10^{-7}，水素に対しては0.42×10^{-7}，二酸化炭素に対しては0.4×10^{-7}であった．チューブ2では空気に対する平均値は0.52×10^{-7}，水素に対しては0.50×10^{-7}，二酸化炭素に対しては0.54×10^{-7}であった．

◆21　電子に対する$\frac{m}{e}$の正しい値は，0.569×10^{-7} emu/gramである．

アルミの電極を鉄の電極に替えた実験をしてみた．放電のようすは変化したが，同じ圧力での速度vの値，$\frac{m}{e}$の値は2つのチューブで同じであった．金属が異なると放電のようすが変わることについては後に述べる．

これまでの実験すべてで，陰極線は磁石によって円筒から逸れる．そのとき電位計も検流計も振れることはない．したがって観測される振れはすべて陰極線の偏向によるものである．さきに述べた円筒を取り巻くグローがあるときは，陰極線が円筒からはずれているときでも，電位計の振れがある◆22．

◆22　電離した気体の電荷を集めるため．

議論を進める前に，前とはまったく異なる$\frac{m}{e}$とvの測定法を述べておきたい．それは陰極線の静電場における偏向に基づくものである．一様な電場のなかを陰極線があたえられた距離だけ進行したときの偏向と，一様な磁場のなかをあたえられた距離だけ進行した場合の偏向を測定するならば，$\frac{m}{e}$ と v は次のようにして求められる◆[23]．

◆[23] これはよく知られたトムソンの実験である．

一様な電場の強さ F のなかを陰極線が通り抜ける距離を l，時間を $\frac{l}{v}$ とするならば，F の方向の速度成分は

$$\frac{Fe}{m}\frac{l}{v}$$

となる．したがって陰極線が電場を離れ自由空間に入ったときの偏向角 θ は

$$\theta=\frac{Fe}{m}\frac{l}{v^2}$$

となる．電場の代わりに磁場が陰極線に対して直角に，距離 l の間だけ作用し続けると，はじめの陰極線の方向から直角の方向に速度

$$\frac{Hev}{m}\frac{l}{v}$$

をもつことになる．したがって磁場から出たときの偏向の角度 ϕ は

$$\phi=\frac{He}{m}\frac{l}{v}$$

であたえられる．これらの式から

$$v=\frac{\phi}{\theta}\frac{F}{H}$$

および

$$\frac{m}{e}=\frac{H^2\theta}{F\phi^2}$$

が得られる．実際には磁場を調整して，$\phi=\theta$ となるようにするので，この場合，式は

$$v=\frac{F}{H}$$

$$\frac{m}{e}=\frac{H^2}{F\theta}$$

となる．

この方法によって，v と $\frac{m}{e}$ を測定する装置は，図 2 に示したものと同じである．電場はアルミ電極を電池に接続してつくる．これにより測定管の終端にできる蛍光パッチが振れる．振れはそこに貼りつけたスケールで読みとる．蛍光パッチを見るため部屋を暗くしなければならないので，蛍光物質を塗布し，ネジでスケールの目盛り上を上下に移動できる針を用意する．部屋が暗いときにも針は見えるから，これをパッチの位置に一致させておいて，部屋を明るくしたときにその位置をスケール上で測定し，パッチの振れを求める．

磁場は，測定チューブの外に 2 つのコイルを平行においてつくる．その直径は電極の長さと同じにする◆24．コイルは電極がつくる空間をちょうど覆うように，コイルの半径と等しい距離だけ離して置く．長さ l にわたる磁場の強さの平均値は次のようにして決めた．長さ l，断面が 5 cm×2 cm の細いコイル C を弾道検流計につなぐ．C の巻き線のつくる面が 2 つのコイルの面に平行になるように置く．外側の 2 つのコイルに，ある決まった電流を流し，その方向を反転したときの検流計の振れを α とする．次にコイル C を 2 つのコイルの中心に，一様な磁場中にあるように置く．大きなコイルの電流を反転したときの検流計の振れを β とする．α と β を比べると，長さ l にわたる平均の磁場が得られる．それは

$$60 \times i$$

であることがわかる◆25．ここで i はコイルに流した電流の値である．

◆24 磁場と電場は同じ距離だけ（陰極線に）作用するように設定する．一対のヘルムホルツ・コイルが使われた．

◆25 多分これの単位は電磁単位 emu であろう．

静電場による偏向が電極間の静電場の強さに比例するかどうかを確かめるために，一連の実験を行った．その結果，これは事実であることがわかった．以下の実験ではコイルに流す電流は，磁場による偏向

表 16-2

気体	θ	H	F	l	m/e	v
空気	8/110	5.5	1.5×10^{10}	5	1.3×10^{-7}	2.8×10^{9}
空気	9.5/110	5.4	1.5×10^{10}	5	1.1×10^{-7}	2.8×10^{9}
空気	13/110	6.6	1.5×10^{10}	5	1.2×10^{-7}	2.3×10^{9}
水素	9/110	6.3	1.5×10^{10}	5	1.5×10^{-7}	2.5×10^{9}
二酸化炭素	11/110	6.9	1.5×10^{10}	5	1.5×10^{-7}	2.2×10^{9}
空気	6/110	5	1.8×10^{10}	5	1.3×10^{-7}	3.6×10^{9}
空気	7/110	3.6	1×10^{10}	5	1.1×10^{-7}	2.8×10^{9}

が静電的偏向に等しくなるように調整されている．表を見よ◆26．

◆26 この実験結果より，前に行った実験の結果のほうが，現在電子について知られている値［訳注：$\frac{m}{e}$ の値．◆21を見よ］に一致しているようにみえる．

はじめの5つの実験では，アルミニウム陰極，後の2つの実験では白金の陰極が使われている．最後の実験ではウィリアム・クルックス卿の用いた方法を採用している．すなわち粉末にした硫黄，ヨウ化硫黄，銅を入れたチューブをバルブと排気ポンプの間に挿入して水銀を取り除いている◆27．$\frac{m}{e}$ と v の計算を行う場合，電極板の外では，コイルのつくる磁場があってはならない．この領域では磁場の方向が電極板の間での方向と反転していて，陰極線を逆方向に偏向させてしまうからである．このため磁場 H の実効的な値が，式中で使っている値より小さくなってしまい，この結果正しく補正した値に比べて $\frac{m}{e}$ はより大きく，v はより小さく求められてしまう．ここで述べた $\frac{m}{e}$ と v の決定法は前に述べた方法より手間がかからず，またより正確な値をあたえるであろう．しかし広い圧力範囲で実験を行うことはできない．

◆27 あきらかにトムソンはSprengelまたはToeplerタイプの水銀排気ポンプを使っていた．水銀は表中に掲げた物質と反応し，より蒸気圧の低い物質をつくる．

これらの実験から決定された $\frac{m}{e}$ の値は使われた気体の種類にはよらないで，その値 10^{-7} は，これまで知られていた最小の値 10^{-4} よりはるかに小さい．前に知られていた最小の値とは，電気分解における水素原子に対する値である◆28．

◆28 水素イオン（陽子）の質量は電子の質量の約1830倍である．

したがって陰極線中で電荷を担っているものの $\frac{m}{e}$ は，電気分解のなかの電気の担体にくらべてはるかに小さい◆29．これが小さい原因は m が小さいか，e が大きいか，あるいはそれら両者がともにきいているかである．陰極線中の電荷の担体が普通の分子に比べて小さいことは，レーナルトが求めた結果，すなわち陰極線が明るい蛍光をつくりだす率が，それの進行する距離とともに減少するという事実に示されているように思える．もし蛍光が荷電粒子の衝突によるものとすれば，蛍光強度がはじめの値の，たとえば $1/e$（$e=2.71$）になるまでには，平均自由行程の何倍かの距離を通過していなければならないだろう．さてレーナルトはこの距離は媒質の密度だけに依存し，その化学的な性質や物理的状態には依存しないことを発見した◆30．大気圧の空気ではこの距離は1 cmの半分ほどである．そしてこの距離は，大気圧空

◆29 電気分解の場合は，電荷の担体はイオンである．

◆30 陰極線（電子）の吸収を決めるのは，媒質の気体の質量である．

気中での担体の平均自由行程と同じ程度である．しかし空気中の分子の平均自由行程はこれとは桁が違う◆[31]．したがって（陰極線中の）担体は普通の分子に比べて小さくなければならない．

◆[31] それははるかに小さい．

この担体に対して，重要な点が2つあるように思える．(1) これら担体は放電を起こす気体が何であっても同じものである．(2) その平均自由行程は，陰極線が通過する媒質の密度だけに依存する．

補遺文献

Cambridge Readings in the Literature of Science (New York: Cambridge University, 1924), pp. 132ff.

Dampier, W. C., *A History of Science* (New York: Cambridge University, 1946).

Magie, W. F., *A Source Book in Physics* (New York: McGraw-Hill, 1935), pp. 583ff.

Thomson, J. J., *Recollections and Reflections* (London: Macmillan, 1937).

17 光電効果

The Photoelectric Effect

アルベルト・アインシュタイン
Albert Einstein　1879-1955

20 世紀の初頭，科学界は，最も優れた知性の 1 つが成功を収めることを目撃する幸運に浴した．単に歴史的な観点からみても，アルベルト・アインシュタインの貢献は，科学的思考の革命において，ゆるぎない重要性をもつものである．彼の想像力の行きつくところ，概念を形成する力において，同時代の科学者たちに比肩するものはいない．同僚たちあるいは広く大衆の目からみても，彼の科学的な資質は驚嘆すべきものである．物理学の歴史において，彼ほど一人の科学者として大衆からの喝采を受けた例はほとんどない．実際にニュートン以来，これほど一般的関心を喚起した物理学者はいない．彼ら二人は物理学の発展に大きな貢献をしたという観点からよく比較される．しかし彼らの物理学的手法は大きな点で異なっている．ニュートンの場合，重力の法則は理論的思考の結果まとめられたものではあるが，彼は本来実験家である．一方アインシュタインはいかなる研究の過程でも実験をしたことがない．しかし二人はともに，大きな影響力をもつ偉大な知識を統合したことに対する功績を分かち合っている．

アインシュタインは彼が導いた相対性理論によって最もよく知られているだろう．しかし彼はいろいろな分野で仕事をしている．なかでも物質の力学的理論や光の量子力学的理論は顕著な仕事である．後者の関連した光電効果の説明で，彼は 1921 年にノーベル賞を受賞している[*1)]．光電効果はヘルツにより電磁波の研究の過程で，1887 年に実験的に発見された．彼は一次回路あるいは送信回路で起こるスパークからの光が，二次回路あるいは検出回路のスパークギャップに当たるかどうかに大きく影響されることを発見した．さらに詳しく調べることにより，

---

*1)　一般に光電現象には，3 つの現象がある．光起電力効果，光伝導効果，そして光放出効果である．この章で扱う第三の現象をふつう光電効果と呼んでいる．

ヘルツは，この現象は，光のうちの紫外線の部分が，ギャップの陰極に当たるかどうかに強く左右されると結論した．ヘルツは他のいくつかの問題に関わっていて，この現象をさらに詳しく解析することはせず，それを他人にゆだねてしまった．多くの研究者がこの課題に興味を示したが，もっとも重要な発見はハルヴァックス（Wilhelm Hallwachs，1859-1922）とレーナルトによってなされた．前者は負の電荷をもつものが放出されることを，後者は光電効果の担い手の e/m を測定し，それがトムソンが陰極線で発見したもの［訳注：電子］と同じであることを発見した．

20 世紀の初めまでに，2 つの実験的な法則が確立した．その第一は光電効果の電流，すなわち単位時間に放出される電子の数は入射光の強度に比例するということである．その第二は，放出される電子のエネルギーの最大値は，入射光の強度ではなく，その周波数に比例するということである．この時点，1905 年にアインシュタインはプランクの放射の新しい量子論が光電効果を説明するためにいかに利用されるかを示した．彼の解答はまったく簡潔であるが，観測された事実を完全に説明する．その同じ年に彼は相対性理論の分野で最初の発見をした．

アルベルト・アインシュタインは 1879 年 3 月 14 日に，ドイツ南部のヴュルテンベルク州，ウルムで生まれた．彼の父は，小さな事業をしていた．普仏戦争後の当時のドイツは，帝国成立から数年経っており，その経済は急速に発展していた．ビスマルクは帝国の建設を着実に進めており，それはもはや自国の領土内に収まらなくなっていた．工業の大規模な発展は，自己の民族および文明の優越性の観念と結びついて，新しいマーケットを求め，やがて 2 つの世界大戦に至ることになる．アインシュタインはこの 2 つの大戦に関わることになった．第一次世界大戦では，中立的なスイス人であるにもかかわらず，平和主義運動を支援した．第二次世界大戦では，彼自身は戦争は避けるべきものという考えをもっていたが，自身の平和主義を正当化できなくなり，合衆国政府に対して核兵器の開発を進めるように提言した．

彼の誕生後しばらくの間，彼の家族はミュンヘンに落ち着いていたので，少年時代はそこで過ごした．小学校，中学校，高等学校に相当する期間は，彼の学業について，特筆することはない．彼は一人で学ぶことを好み，数学や科学の本を読むことに大部分の時間を使った．彼が 15 歳のとき，家族はよりよい仕事を求めてミラノに移ったが，まだ若いアインシュタインは大学入学資格をとることなく，学校を離れなければならなかった．その後彼はスイス，アーラウの州立学校に通い，修了証書を得て，チューリッヒの工科大学に入学した．奇妙なことに，そのころの彼の主たる興味は実験物理学であった．彼は実験室で多くの時間を過ごしたが，ほとんど独学で物理学の最近の話題を理解するための読書は続けていた．

1900年にチューリッヒ大学を卒業し，しばらく家庭教師などをしていたが，1902年にスイスの市民権を獲得し，スイス特許局の調査官の職を得た．そこでは，彼の考えを展開する時間があり，彼自身には快適な期間であった．その2年間に，主として力学および熱力学の分野で5つの論文を出版している．これらは，彼の才能を十分発揮したものであるが，1905年には，光の量子論および相対論に関するまことに偉大な著作を発表した．同じ年にまた，彼は分子の大きさを決める新しい方法についての学位請求論文を完成する．その頃までにすでに彼の名はよく知られていて，特許局の職は維持したまま，ベルン大学で講義をしていた．1909年にチューリッヒ工科大学の准教授となり，2年後には，ドイツ・プラハ大学（カレル大学）の正教授に迎えられた．まもなく正教授としてチューリッヒに戻るが，1914年に，世界の第一級の研究機関であるベルリンのカイザー・ヴィルヘルム大学に招かれた．そこで1916年に一般相対性理論の論文を発表する．それが予測することは，2年後に天文学の観測によって実証された．

ナチスの思想がドイツに浸みわたっていくにしたがい，アインシュタインは，もはやそこに留まれないことが明らかになってきた．ドイツの文化がゆがんだ野望の犠牲となっていくばかりでなく，科学的真実さえも，民族的な理由で疑われる事態となった．アインシュタインは民族的にはユダヤ人であったので，ヒトラーのドイツでは，個人としても科学者としても安全な未来はなく，いやでもそこを離れるほかはないと決心した．1933年にアインシュタインは，その後の生涯を送ることになるプリンストンの高等研究所に移った．彼の存在は研究所のみならず世界の科学界全体を豊かにすることになる．彼は統一場の理論の完成のための研究を平穏に続けると同時に，また世界平和のためのさまざまな運動を支援し，無知や偏見を非難し続けた．1955年4月18日に，彼の最も重要な仕事である相対性理論の発見から50周年の行事を前にしてなくなった．

以下の文章は，*Annalen der Physik*, vol. 17, p. 144に掲載された光電効果の説明から抜粋したものである．

✣ ✣ ✣

アインシュタインの“実験”

光のエネルギーはそれが伝搬する空間に等しく一様に分布しているという一般的な考え方は，レーナルト氏*の独創的な仕事としてよく知られた光電効果を説明するにあたり大きな困難に遭遇する．

入射光はエネルギーが$\left(\frac{R}{N}\right)\beta\nu$◆1 である量子の集団であるという理論にしたがえば，陰極線の発生はつぎのように説明される．エネルギー量子の群れは物質表面から進入するが，それぞれのエネルギーは少なくともその一部は電子の運動エネルギーに変化するであろう．最も簡単な過程は1個の量子のエネルギー全部が1個の電子のエネルギーになる過程であろう．我々はこれが起こると仮定する．しかし電子が入射エネルギーの一部だけを吸収するという可能性を排除しない．固体のなかにあった電子が表面に近づいたとき，その運動エネルギーの一部を失う．それぞれの電子が固体を離れるとき，物質特有の大きさPの仕事をする．表面から垂直方向に飛び出した電子が最大の運動エネルギーをもつであろう．この電子の運動エネルギーは

$$\left(\frac{R}{N}\right)\beta\nu - P$$

と書ける◆2．

もし固体が正の電位πに帯電していて，周囲を電位0の導体に取り囲まれていると，すなわちもしこの電位が電子が表面から失われることをちょうど防いでいるとすると◆3

$$\pi\varepsilon = \left(\frac{R}{N}\right)\beta\nu - P$$

* P. Lenard, *Ann. d. Phys.*, 8 (1902), pp. 169–170.

◆1 $R/N=k$はボルツマン定数を表す．ここでRは分子気体定数，Nはアボガドロ定数である．したがってhをプランク定数とすると$\beta=h/k$であり，エネルギー量子の大きさは，$h\nu$となる．

◆2 電子は，物質が引きとめようとする引力に打ち勝たなければならない．Pはその物質のよく知られた光電効果仕事関数である．

◆3 この式は通常 $(1/2)mv^2=h\nu-W=eV$と書かれる．Vは最も速い電子を停止させるのに必要な追い返し電圧である．

あるいはグラム当量あたりの式になおして

$$\pi E = R\beta\nu = P'$$

と書ける．ここで ε は電子の電荷，E は1グラム当量の1価のイオンの電荷，P' は同じ量の負電荷がつくる固体に対するポテンシャルである◆4.

E を 9.6×10^3 とすると真空中で照射された固体のVで表した電位は $\pi\times10^{-8}$ となる．

実験結果と比較するため各量のオーダーを評価する．$P'=0$，$\nu=1.03\times10^{15}$（これは太陽光スペクトルの紫外極限に対応する），$\beta=4.866\times10^{-11}$ とおくと◆5，$\pi\times10^{-8}=4.3$ V が得られるが，これはレーナルト氏*が得た結果とオーダーがよく一致する．

もし先に導いた式が正しいとして，π を励起光の周波数の関数としてプロットすると，物質に関係なく同じ勾配の直線が得られるはずである◆6.

私がみるかぎりでは我々の考えはレーナルト氏の光電効果の観測と矛盾しないようである．もし個々の光量子が他とは関係なく独立に電子にエネルギーをあたえるとするならば，電子の速度分布すなわち陰極線の性質は，励起光の強さには依存しなくなる．しかし放出される電子の数は入射光の強さに正比例するであろう†.

前に行った理論では，入射光の量子群のうちのいくつかは，それぞれの電子にそのエネルギーすべてをあたえると仮定した．このもっともらしい仮定が成立しなければ，前の式の代わりにつぎの不等式を書かなければならないだろう．

$$\pi E + P' \leq R\beta\nu$$

この仮定の逆過程である陰極ルミネセンス◆7の場合には，同じ理由で，

$$\pi E + P' \geq R\beta\nu$$

となる．

レーナルト氏が調べた物質では，πE は常に $R\beta\nu$ よりはるかに大きかった．可視光を生じさせるためには，電子のエネルギーは数百，時には数千Vになった**．大量の光の量子を発生させるには，電子の運

◆4　E は電気分解で使われるファラデー定数で，グラム当量あたり 9650 emu または 96500 クーロンである［訳注：1価のイオンを 1 mol 析出するのに必要な電荷をファラデー定数といい，SI 単位系では $F=9.6485309\times10^4$ C/mol であり，これはアボガドロ定数と素電荷の積に等しい］.

◆5　さらに $R=8.31\times10^7$ erg/mole K［訳注：SI 単位系では $R=8.314472$ J/mol K］とおく．

◆6　これからプランク定数を求めることができる．アインシュタインの光電効果の式の実験的な検証とプランク定数の決定は 1916 年にミリカン（R. A. Millikan）によって行われた．

◆7　表面に電子が衝突したときに起こる光の放出．

* *Ibid.*, p. 165, p. 184.

† *Ibid.*, p. 150, pp. 166–168.

動エネルギーが関わっていると仮定せざるをえない.

紫外光による気体のイオン化の場合，それぞれ1つの光の量子のエネルギーは1つの気体分子のイオン化に使われていると仮定しなければならないであろう．したがって分子のイオン化に必要な仕事は吸収される光の量子のエネルギーより大きくはなりえないということになる．グラム当量あたりのイオン化エネルギーの理論値をJとするならば

$$R\beta\nu = J$$

である．レーナルト氏の測定では，空気に対して有効な最大波長◆8は，1.9×10^{-5} cm であった．したがって

$$R\beta\nu = 6.4\cdot10^{12}\ \mathrm{erg} \geq J$$

となる.

◆8 すなわち空気をイオン化できる光の最大波長.

イオン化ポテンシャルの上限値は希薄気体のイオン化電圧から求められる．シュタルク（J. Stark*）によれば，空気のイオン化電圧の最小値は（白金陽極の場合◆9）に約10 V であった．したがってJの上限値は9.6×10^{12}になるがこれはいま上で求めた値に非常に近い．私には重要と思われるもう1つの実験結果がある．すなわちもし吸収された光量子が，それぞれ分子をイオン化するならばグラム当量のイオンの数jと吸収された光のエネルギーLの間には，

◆9 原理的には電極の性質は気体のイオン化に無関係である.

$$j = \frac{L}{R\beta\nu}$$

の関係がある．もし我々の考えが正しいとするならば，この式は（今考えている周波数の光に対して）イオン化以外に光の吸収過程がないすべての気体について成立するはずである◆10.

◆10 イオン化電圧以下では気体は励起過程だけによって光を吸収できる.

** P. Lenard, *Ann. d. Phys.*, 12 (1903), p. 469.

* J. Stark, *Elektriztat in Gasen* (Leipzig, 1902), p. 57.

補遺文献

Crowther, J. G., *Six Great Scientists* (London: Hamilton, 1955), pp. 223ff.

Einstein, A., *Out of My Later Years* (New York: Philosophical Library, 1950).

Infeld, L., *Albert Einstein* (New York: Scribner, 1950).

Knedler, J. W. (ed.), *Masterworks of Science* (New York: Doubleday, 1949), pp. 599ff.

Zworykin, V. K., and Ramberg, E. G., *Photoelectricity* (New York: Wiley, 1949).

18 基本電荷

The Elementary Electric Charge

ロバート・A・ミリカン
Robert A. Millikan　1865-1953

J. J. トムソンが 1897 年に電子を発見して以来，その性質を正確に決めようとする多くの試みがなされてきたことは至極当然の成り行きである．トムソンはすでに，この素粒子の質量に対する電荷の比を測っていた．そしてその比は少なくともある固有の値を示すことを明らかにしていた．したがって次のステップは質量または電荷の値を独立に決定することである．しかし考えてみると，第一の量（質量）は，第二の量（電荷）と切り離して，独立には測れないように思える．慣性の性質（質量）を明らかにしようと設計したいかなる実験においても，電子が担う電荷が優先してしまうことを認めざるをえない．実際に電子を加速するのは電場または磁場であるからである．これに対して電荷の方は，もしそれが不変の値をもつならば，独立に測定することが可能である．基本電荷の値についてはトムソンに先立って，いくつかの評価が提案されている．ストーニー（G. J. Stoney）は 1881 年に 3×10^{-11} esu の値を提示したが，これは真の値よりおおよそ 1 桁小さい．ところでストーニーは 1891 年に，電荷の自然単位として“electron”を使うことを提案している．メイヤー（O. E. Meyer）は運動論をもとにして 3×10^{-10} esu というややよい値を提示している．トムソンの研究室で働いていたタウンゼント（J. S. E. Townsend）はメイヤーとほぼ同じ値を得たが，これは水蒸気の雲のでき方を観測しているので，正確な値とはいえない．1903 年トムソンとウィルソン（H. A. Wilson）も，機器を変えて同じような実験をしているが，精度の改善にはつながらなかった．そのおもな困難は，次々にできる水蒸気雲の再現性がよくなかったことにある．そして 1907 年にミリカンは，この重要な定数の実験値が大きな幅をもっていることに興味を感じ，水蒸気からできる単一の水滴が重力と電気力のなかで行う運動を観察する方法を発明した[*1]“油滴の実験”という名で知られるこの方法は，当時の実験のなかでは大きく改善されたもので，信頼性と再現性をもつ正確な電荷の値をあたえることができた．ミリカンが求めた電荷の値に不連続性がある［訳注：素量がある，すなわち素量の整数倍］という確証は，電荷や物質は連続量だとまだ考えられていた20世紀初頭の10年間に，物質の原子説が築かれていく段階で大きく役立った．

ミリカンは1868年3月22日にイリノイ州の小さな町モリソンで，牧師の子として誕生した．彼は物理学が革命的に発展した時期，すなわち現在我々がもつ物理的世界の諸概念が構築されていく時期に生き，そして働いたことになる．物質，放射，さらに時間・空間についての新しい概念は19世紀末から20世紀初頭に形成された．これらは科学の坦々とした通常の進歩のなかに生まれてきたものではなく，普通の考えからは大きく逸脱したものであったし，そしてその考えは科学の範疇に留まるものではなかった．ミリカンが彼の自叙伝[*2)] のなかでいっているように，「最近1世紀の間に，平均的な人々の哲学や信仰や世界観に関する基本的な考え方に対してあたえられた変化は，それに先立つ4000年の間にあたえられた変化全体よりも大きいように思える.」この期間になぜこれだけの変化が起こったかという問いに答えて，さらにミリカンは「19世紀半ば以来，人々の自然に対する知識やそれを制御する技術，すなわち科学を人間の生活に役立てようとする技術が著しく進歩したためである．これまで誰もが可能と思わなかったことが，私の時代に花開いたのである」と述べている．

5歳のとき家族が引っ越しをしたため，ミリカンはアイオワ州の公立学校に入学し，1885年にマコーキタ（maquoketa）高校を卒業した．短期間，法廷の速記者を経験するが，その後オーバリン・カレッジ（Oberlin College）に入り，ジュニアコースの時期に，教えることを依頼された際に，物理学への興味をいだくようになった．当時アメリカの大学では，まだ物理科学の伝統は希薄であった．ジョンズ・ホプキンス大学は，その頃に設立されたが，これはまさに科学の伝統がスタートしたときである．アメリカ物理学会はまだ設立されていなかった．彼はオーバリンで修士の学位をとった後，1893年にコロンビア大学に移ったが，物理学に関する最初のアメリカの学術誌 *Physical Review* は，彼がそこの大学院生のときに創刊されたのである．コロンビアでは，ミリカンがただ一人の物理学コー

---

*1) 水滴は観測中に蒸発してしまうので，代わりに油滴を使うようになるまで，ミリカンは高精度の結果を得られなかった．

*2) R. A. Millikan, "*Autobiography*"（自伝）(Englewood Cliffs, N. J. : Prentice-Hall, 1950), p. 7.

スの大学院生であったという事実からみて，過去50年の間で大きな変革をもたらしたアメリカ科学の歴史の尺度が想像されるであろう．

1895年に博士の学位を取得したミリカンは，ベルリンおよびゲッティンゲンの大学に1年間滞在した．そして新しく設立されたシカゴ大学のライアソン（Ryerson）研究所に職を得た．そこで彼は教育・研究の両面で認められるようになった．1907年に電子の電荷に関する研究を始め，数年でかなり正確な値を得た．1910年にシカゴ大学の正教授に任じられた．

油滴の実験結果から彼の評価は確実になったが，彼の研究テーマは移り，1916年には，アインシュタインの光電効果の式を確かめ，光子の概念が正しいことを証明し，プランク定数の正確な値を決定した．

第一次世界大戦の間は，もっぱらさまざまな政府関係の仕事に従事したが，1921年にシカゴを離れ，新しく設立されたパサデナのノーマン・ブリッジ物理学研究所の所長になった．同時にカリフォルニア工科大学の評議委員会の委員長を兼ねた．このポストは1945年に引退するまで続けた．電荷素量と光電効果の仕事に対して，1923年のノーベル物理学賞が彼にあたえられた．

引退する時期まで，彼は宇宙線の分野の研究を精力的に行い，多くの実験的データを得るのに貢献した．1953年にカリフォルニア州サンマリノで没した．彼はアメリカの物理学を科学の最前線に押しだすことに大きく貢献したのである．

次に掲げる抄文は，*Physical Review*，32（1911），p. 349から採られた油滴の実験に関わるものである．

✣ ✣ ✣

ミリカンの実験

1. 序　　論

前の論文*で基本電荷の測り方について述べた．それはそれまでの実験家が行ってきた方法とは本質的に異なるもので，電荷の個々の担体から電荷の大きさを見積もろうとするものである．この方法は，ジョセフ・トムソン卿†，H. A. ウィルソン‡，エーレンハフト§，ド・ブロイ¶が前に行った同じような方法，すなわち電場および重力場のなかの荷電体の集団から基本電荷を導こうとする決定法とは違い，誤差の生じる大きな原因を除去しているものである◆1．

さきの研究で行われた方法は，本質的には，C. T. R. ウィルソンのイオンを担った水またはアルコールの小滴の実験と同じで，集団のなかから小滴1個を適当な方法で孤立させ，縦方向の電場と重力場のなかで，そして次に重力場だけのなかで，速度を測るものである※．

この方法でもまだ残る誤差の原因は，(1) 小滴が運動する媒質の空気が完全にとまっていないこと，(2) 電場が完全に一様でないこと，(3) 小滴が蒸発するために，電場のなかで1分以上の観測，または重力場だけでの落下を5～6秒の間観測することが不可能であること，(4) ストークスの法則が完全に成立すると仮定していること◆2であった．実験方法のこのたびの改善は，上記の誤差の限界から解放されるばかりではなく，これがイオン化を研究するまったく新しい方法で，またいろいろな分野で重要な結果を導くことが可能なように思えることである．

すでに次のことが可能であることがわかっている．

1. 小さな油滴1個をとらえること，そして1個の空気のイオンまたは1～150個の間の任意の数の空気のイオンをいくらでも長い時間観測できること◆3．

2. 電場と重力場のなかで示す，いくつかのイオンを担った油滴の挙動の観測から，何年も前から正しいとされた見解，あるいはつくりだされる電荷は基本的な電荷の整数倍であるという多くの証拠を直接

◆1 前の実験と異なる点は，雲状の物質の表面ではなく，複数の電荷を担った孤立した個々の小滴について観測していることである．

◆2 ストークスの法則とは，媒質のなかで落下体が示す最終速度に関するものである．

◆3 これは窒素や酸素など空気中の気体分子がつくるイオンである．

* Millikan, *Phys. Rev.*, 1909年12月号および *Phil. Mag.*, 19, p. 209.

† Thomson, *Phil. Mag.*, 46, 1898, p. 528；48 (1899), p. 547；5 (1903), p. 346.

‡ H. A. Wilson, *Phil. Mag.*, 5, 1903, p. 429.

§ Ehrenhaft, *Phys. Zeit.*, 5月 1909.

¶ Broglie, *Le Radium*, 7月 1909.

※ 私の論文の発表後にエーレンハフト (*Phys. Zeit.*, 7月 1910) は，縦方向に配置された場を採用したので，個々の荷電体についての測定が可能であることを見出している．

的に，また正確に示すことができること．これは，電荷は帯電した表面上に一様に分布しているのではなく，粒粒の形状をもち，確定した数の点または原子のような形をした電荷が帯電体の表面にちりばめられているということである．

3. 理論上の仮定をおかずに，基礎電荷の値を正確に決定できること．その精度は空気の粘性率の測定の精度のみによって制限を受ける．

4. 分子の運動のエネルギーのおおよその値を直接観測できる．それによって物質の運動学的理論の正しさを直接検証できる．

5. 空気がイオン化した場合，全部ではないにしても，大部分のイオンは正負いずれかの基本電荷を担っている．

6. 粘性媒質内の小球の運動に対するストークスの法則は，粒径がその媒質内での平均自由行程に近づくと成立しなくなること，あるいはどのように不成立になっていくかの過程を示すことができる．

2. 実験方法

このたびの方法の本質的な改良点は，水またはアルコールの小滴を，油，水銀，あるいはその他の不揮発性の物質の小滴に置き換え，それを新しい方法で観測用の空間に導入するようにしたことである．

図1はこれからの実験に使う装置である．A は市販の噴霧器*で，これが清浄な空気とともに油滴の雲を清浄な容器 C の中に噴き出す．これら小滴のなかの1つまたはいくつかは，針穴 p を通って，水平に置かれた2枚の板 M，N の間の空間（空気コンデンサー）内に導入される．そこで針穴 p は電磁石（図には示していない）によって閉じられる．p を開いたままにしておくと空気の流れが入り込んで，擾乱をあたえる．板 M，N は，径が 22 cm の円形の真鍮の重い鋳物でできており，表面の凹凸はいたるところで 0.02 mm 以下になるような平面に研

* 媒質のなかでの挙動を調べるために，非常に小さく，正確な球形をした小滴を噴霧させる方法は，シカゴ大学ライアソン研究所の J. Y. リー氏によって 1908 年に開発された．そのとき，彼はブラウン運動を定量的に調べていた．小滴はウッズメタル，ワックス，そして常温では固体になる物質から噴き出してつくられた．それ以来この方法は，これに似たいろいろな課題を調べるために常に使われている．

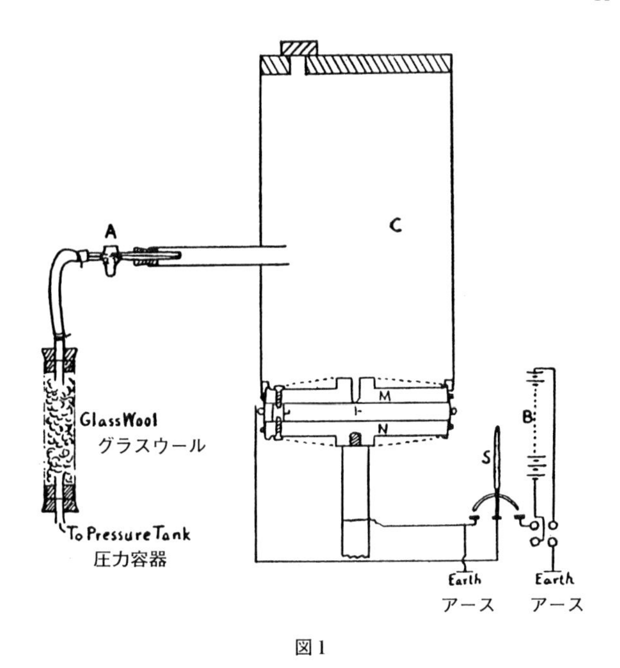

図 1

磨されている．2 枚の板はエボナイトでできたネジと 3 つの支柱で，間隔が正確に 16 mm になるように支持されている．

エボナイトの薄いシートの細片 C が金属板を完全に覆っていて，完全に閉じた空気の空間（コンデンサー）ができている．1.5 cm 四方の窓が 3 つ，このエボナイト・シートに，0°，165°，180° の方向にあけられている．アークランプからの細い平行光が第一の窓から入り，第三の窓から抜け出ている．残りの窓は観測用で，2 フィート離れた所に置かれた短焦点の望遠鏡が，プレート間に浮かんだ明るく照明された油滴を観察している．油滴は真っ暗な視野のなかの明るい星のように見える．この星はもちろん重力の影響で下のプレートに向かって落下する◆4．しかし星がプレートに達する前に 3000 V/cm から 8000 V/cm の電場が電池 B から供給される．油滴が帯電している電荷の正負が上手くあっていて，また噴霧器からの吹き出し速度が適当であれば，油滴は電場によって，重力に逆らって上のプレートに向かって上昇を始める．しかし上の板に当たる前に 2 つのプレート間の電圧はスイッチ S によりショートされ，望遠鏡の視野に見えるクロスヘアの間隔だ

◆4　小滴が小さいので，空気の抵抗のため落下速度は一定になる．

けの距離を，重力により落下する時間が精密に測定される．電場が印加されたときには，油滴がワイヤーの間を，電場により上昇する時間が測られる◆5．この操作は，油滴が空気中に存在するイオンをとらえるまで，何回も繰り返される．この電極プレート間に存在するイオンはX線かラジウムのようなものでつくられているのであろう．電場中での油滴の速度を観測していれば，イオンが捕獲される瞬間がわかる．重力場での一定の速度に対する，この速度変化の符号と大きさから，捕獲されたイオンの電荷の符号と大きさが正確にわかる◆6．1回の測定の誤差は1/3%を超えない．観測された速度の値から，上に述べたすべての結論が直接，簡単に導かれるのである．

◆5　空気抵抗のため上昇速度も一定になる．

◆6　油滴の質量に対してイオンの質量は無視できる．したがってイオンが捕獲されたときは電荷のみが変化する．

しばしば起こることであるが，この実験はつぎの場合にとくに印象深い．すなわち油滴が単一の基本電荷しかもっておらず，反対符号の電荷をもつイオンを捕獲して，中性化するときである．油滴の速度は電圧によって変化しなくなる．この場合，計算される電荷は，捕獲されたイオンの電荷そのものとなる．

クロスヘア間の距離は，望遠鏡から針穴pまでと同じ距離のところに置かれたスケールで，0.01 mmの精度で測られている．

3.　油滴が担う電荷の相対値の導出

油滴の見かけ上の質量 m，その電荷 e_n，重力場での速度 v_1，電場 F のもとでの速度 v_2 とすると，次の式が成立する．

$$\frac{v_1}{v_2}=\frac{mg}{Fe_n-mg} \quad \text{または} \quad e_n=\frac{mg}{F}\left(\frac{v_1+v_2}{v_1}\right) \tag{1}$$

この式は，小滴の速さは力に比例するという仮定の他には，いかなる仮定も置いていない．そしてこの仮定は後に実験によって正確に確かめられている．式（1）は油滴がイオンを捕獲して獲得する電荷の相対値を正しくあたえるのみならず，前に書いた結論のうち3，4，6を除いた他のすべてを確認するものである．しかし m の暫定的な値，したがって油滴が担う電荷の絶対値の暫定的な値を得るために，ストークスの法則は正しいものとしている．しかしいま論じている結論は，この仮定が有効であるかどうかには，少しもよらないことをはっきりと心に留め置くべきである．

この法則は次のように簡単に表現される．媒質の粘性率を μ，半径 a の球形の油滴に働く力を x，この力によって球滴が運動する速さを v とすれば，

$$x = 6\pi\mu a v \tag{2}$$

と表される[◆7]．

[◆7] この式からストークスの法則では，速さは力に比例することが読みとれる．

密度 ρ の媒質のなかで，密度 σ の球滴に重力が働いている場合をこの式に代入すれば，ストークスにしたがう通常の落下の式は

$$v_1 = \frac{2ga^2}{9\mu}(\sigma - \rho) \tag{3}$$

である．質量は $m = \frac{4}{3}\pi a^3(\sigma - \rho)$ と書け，また (3) を使って (1) から m を消去すれば，電荷 e_n はつぎの形に書ける[◆8]．

[◆8] ここで質量 m とは，実際の油滴の質量から，それが排除した空気の質量を差し引いたものである．

$$e_n = \frac{4}{3}\pi\left(\frac{9\mu}{2}\right)^{\frac{3}{2}}\left(\frac{1}{g(\sigma-\rho)}\right)^{\frac{3}{2}}\frac{(v_1+v_2)v_1^{\frac{1}{2}}}{F} \tag{4}$$

表 1 のグループ 1 からグループ 12 のなかで，e_n と記された欄の数値は，この式から計算された値である．

4. 油滴によるイオンの捕獲の予備的な観察

電場 F と重力場 G のもとで，油滴が望遠鏡の視野のクロスヘア間で，上下運動を交互に繰り返すようすを 4 時間半観測した結果を表 1 に示す．蒸発や渦の流れ，またはその他の空気中で起こるあらゆる擾乱に起因するすべての誤差が観測時間中消去されていることは，この観測時間中，重力場での油滴の速さが一定であることから確認できる．このような一定な値は，次章で述べるように，実験中に払う多くの注意や努力なしには得られない．照明による加熱の影響[◆9]を除去するためには，まず光を 2 m の水の層を通すことを行ったが，さらには，星が視野のなかにあって，クロスヘアを横切る瞬間だけシャッターを開けるということを行った．空気が完全に静止していることは，油滴が 1 時間以上の間，力の場に進入した位置から右にも左にも 2 ～ 3 mm 以上ドリフトしない事実で確かめられている．

[◆9] おそらく対流によりひき起こされる．

表 1 に記載されている実験は，時間測定にストップウォッチを使っているので，後の実験でクロノグラフを使ったものよりはるかに精度

表1　負に帯電した油滴の場合

クロスヘアの間の距離 = 1.010 cm
プレート間の距離 = 1.600 cm
温度 = 24.6℃
油の密度（25℃） = .8960
空気の粘性率（25.2℃） = .0001836

	G 秒	F 秒	n	$e_n \times 10^{10}$	$e_1 \times 10^{10}$
	22.8	29.0	7	34.47	4.923
	22.0	21.8	8	39.45	4.931
	22.3	17.2			
$G =$ 22.28	22.4	—	9	44.42	4.936
$V =$ 7950	22.0	17.3			
	22.0	17.3			
	22.0	14.2	10	49.41	4.941
	22.7	21.5	8	39.45	
	22.9	11.0	12	59.12	4.927
	22.4	17.4	9	44.42	
	22.8	14.3	10	49.41	
$V =$ 7920	22.8	12.2	11	53.92	4.902
$G =$ 22.80	22.8	12.3			
	23.0	—			
	22.8	14.2			
$F =$ 14.17	—	—	10	49.41	4.941
	22.8	14.0			
	22.8	17.0			
$F =$ 17.13	—	17.2	9	44.42	4.936
	22.9	17.2			
	22.8	10.9			
$F =$ 10.73	22.8	10.9	12	59.12	4.927
	22.8	10.6			
	22.8	12.2	11	53.92	4.902
$V =$ 7900	22.8	8.7	14	68.65	4.904
$G =$ 22.82	22.7	6.8	17	83.22	4.894
$F =$ 6.7	22.9	6.6			
	22.8	7.2			
	—	7.2			
	—	7.3			
$F =$ 7.25	—	7.2	16	78.34	4.897
	23.0	7.4			
	—	7.3			
	—	7.2			
$F =$ 8.65	22.8	8.6	14	68.65	4.904
	23.1	8.7			
	23.2	9.8	13	63.68	4.900
	—	9.8			

	G	F	n	nF	e
	23.5	10.7	12	59.12	4.927
F= 10.63	23.4	10.6			
	23.2	9.6			
	23.0	9.6			
	23.0	9.6			
	23.2	9.5			
V=7820	23.0	9.6	13	63.68	4.900
G= 23.14	—	9.4			
F= 9.57	22.9	9.6			
	—	9.6			
	22.9	9.6			
	—	10.6	12	59.12	4.927
	—	8.7	14	68.65	4.904
F= 8.65	23.4	8.6			
	23.0	12.3			
	23.3	12.2	11	53.92	4.902
F= 12.25	—	12.1			
	23.2	12.4			

ラジウムにより強制的にイオンをつくる.

	G	F	n	nF	e
	23.4	72.4			
	22.9	72.4			
F= 72.10	23.2	72.2	5	24.60	4.920
	23.5	71.8			
	23.0	71.7			
	23.0	39.2	6		
V=7800	23.2	39.2			
G= 23.22	—	27.4	7	34.47	
	—	20.7	8	39.38	4.922
	—	26.9	7	34.47	4.923
	—	27.2			
	23.3	39.5			
	23.3	39.2			
F= 39.20	23.4	39.0	6	29.62	4.937
	23.3	39.1			
	23.2	71.8	5	24.60	4.920
	23.4	382.5	4		
	23.2	374.0			
	23.4	71.0	5	24.60	4.920
	23.8	70.6			
V=7760	23.4	38.5	6		
G= 23.43	23.1	39.2			
	23.5	70.3			
	23.4	70.5			
	23.6	71.2	5	24.60	4.920
	23.4	71.4			
	23.6	71.0			

	23.4	71.4			
	23.5	380.6			
	23.4	384.6			
	23.2	380.0			
$F=$ 379.6	23.4	375.4	4	19.66	4.915
	23.6	380.4			
	23.3	374.0			
	23.4	383.6			
	—	39.2			
$F=$ 39.18	23.5	39.2	6	29.62	4.937
$V=$7730	23.5	39.0			
$G=$ 23.46	23.4	39.6			
	—	70.8			
$F=$ 70.65	—	70.4	5	24.60	4.920
	—	70.6			
	23.6	378.0	4	19.66	
	ここ 305 秒のところで負のイオン 2 つをとらえる				
	23.6	39.4	6	29.62	4.937
	23.6	70.8	5	24.60	4.920
				e_1 すべての平均値	=4.917

e_n の差

24.60 − 19.66 = 4.94
29.62 − 24.60 = 5.02
34.47 − 29.62 = 4.85
39.38 − 34.47 = 4.91

差の平均値 = 4.93

が落ちる．それにもかかわらずこの観測シリーズをここに示す理由は，これが非常に長い時間観測した結果であることと，その際に示されたさまざまな異常な現象とを記録するためである．

表 1 の G 欄は，油滴がクロスヘアの間を重力によって落下する時間（単位は秒）を継続して観測した結果である．これをみると 4 時間半の間に，この測定された時間間隔はわずかに増加しているようにみえる．油滴がゆっくり蒸発しているためであろう．さらに最初の 10 回の観測では，変動が激しい．これはこのときは照明のシャッターが開かれたままであったので，空気の擾乱がわずかに起こっていたものと考えられる．

F 欄に書かれた数値は，電場により油滴が，クロスヘアの間を上昇する時間である．

e_n と書かれた欄は油滴が運ぶ電荷の値を式（4）を使って計算したものである．この値を n 欄の数◆10で割ると最後の欄の値が得られる．e_n 欄の数値は，表中で n 欄の数値が同じであるすべての測定値の平均になっている．もし e_n の平均に加わらない測定があれば，最後の 2 つの欄は空白になっている．G 欄の値はゆっくり変化しているので，それらの測定値をグループ化して，その中で平均を求め，その値を G 欄の各グループの位置に対応する第 1 欄の位置に $G=$……として示してある．それぞれのグループで，その平均の時刻における電圧の値を V として第 1 欄の G の平均値のすぐ上または下に示してある．電圧は 1 万 V のブラウン電圧計◆11を使って読みとった．この電圧計は前もって校正したが，電圧の相対値に対して誤差は非常に小さいものの，絶対値には 1% ぐらいの誤差が見込まれる．PD［訳注：電位差 potential difference のことか？］は蓄電池から供給した．その読みは観測中にいくらか降下する．その降下率は実験のはじめに速い．

◆10 この値は常に整数であることに注意．

◆11 静電電位計型である．

5. 1つの油滴上の電荷の値が示すいろいろな関係

油滴が最初に負に帯電していた場合を考えよう．電場により速さが急に増加した，すなわち対応する F 欄の時間が急に短くなったということは，油滴が空気中の負のイオンを捕獲したことになる．逆に速さが急に減少することは，正のイオンを捕獲したことになる◆12．

◆12 または衝突によって負のイオンを失ったことを意味する．

表の後半で $G=23.43$ と書かれている場所に着目しよう．ここは観測が最も正確に行われたところである．電場の中の油滴の時間（F 欄）が 71 秒から 380 秒に急に変化し，そしてまた 71 秒にもどっている．それから 39 秒に下がりふたたび 71 秒に上がり，さらに 380 秒に上がっている．このような数値の変化は次のようにして起こったことは確実である．最初の変化の際に正のイオンが捕獲され，時間が 71 秒から 380 秒になり，また 380 秒から 71 秒への変化は同じ大きさの，しかし負のイオンを捕獲したことになる．さらに負のイオンを捕獲して 71 秒から 39 秒になり，同じ大きさの正のイオンを捕獲して 39 秒から 71 秒に変化した．

上記のそれぞれの場合で，捕獲された電荷の正確な値は，e_n の値の差から，式（1）を使い mg の関数として求めることができる．そして

mの値がストークスの法則を使って近似的にでも知ることができれば，式（4）を使って，e_nの値の差から，イオンのもつ電荷の正しい値を計算できる．表の下の欄外に書かれているように，すべての観測された電荷の差から求められる基本電荷の値は4.93×10^{-10}である◆13．

〈このあと実験の細かい点や膨大なデータの記述があるが，本質的なことは以上の抄録につくされているので，ここでは省略する.〉

◆13 これに空気の粘性による効果の補正を行わなくてはならない．現在知られている正しい値は4.8025×10^{-10} esuである．

補遺文献

Jones, G. O., Rotblat, J., and Whitrow, G. J., *Atoms and The Universe* (New York: Scribner, 1956), pp. 26ff.

Millikan, R. A., *The Electron*, 2nd ed., (Chicago: University of Chicago, 1924).

Millikan, R. A., *Autobiography* (Englewood Cliffs, N. J.: Prentice-Hall, 1950).

原子核変換の誘起

Induced Transmutation

アーネスト・ラザフォード
Ernest Rutherford　1871-1937

20 世紀前半は自然科学全般にわたりめざましい進展があった期間であるが，なかでも物質の構造について新しい考え方が現れた時代であった．それまでの大きなスケールの現象を対象とする巨視的物理学（macrophysics）とは区別される，微視的物理学（microphysics）の時代であった．それは事実上 1896 年のベクレルによる放射能の発見に始まる．もし原子が荷電粒子の放出により，あるものから他のものへと転化するものなら，原子は自然がつくった究極的に不可分な構造物ではありえないことは明らかである．しかしベクレルは原子構造に関係づけて放射能を説明することはしなかった．このことは卓越した実験技法と，まれな発想によって，この分野の物理学の発展に大きく貢献したアーネスト・ラザフォードまで待つことになる．ラザフォードはウランが放出する放射は，α 放射と β 放射の 2 種類からなることを見出し，後に α 粒子はヘリウムの原子核であると同定した．この業績により彼は 1908 年にノーベル賞を受賞した．

これだけが彼の業績の完全な記録ではない．ソディ（F. Soddy）とともに 1902 年に，彼は放射性物質の転換に関する規則を確立した．彼は放射活性（放射の放出）につき革命的な説を提案した．これは放射性原子が他の種類の原子に自然に転換する際に伴われる現象であるとした．彼はこの新しい理論に対して印象的な実験を行った．しかし物質の不変性の考えから大きく外れるこの提案が，同時代の人々に受け入れられるまでにはさらに数年が必要であった．

1911 年にラザフォードは，α 粒子の散乱の実験結果に基づいて，いわゆる核原子（nuclear atom）の原子モデルを提案した［訳注：今では原子の中心に核がある原子構造は当たり前であるが，当時はまだ原子内に質量が均一に分布するようなモデルが常識的であった］．後になってボーア（N. Bohr）はラザフォードの原子模型と光の量子論とを結びつけ，有名な水素原子の理論をつくりあげた．ボーアは彼の名高い論文[*1)]のなかで次のように述べている．

> 物質による α 粒子の散乱の実験結果を説明するために，ラザフォードは原子の構造についての理論をあたえている．この理論によると，原子はまさに帯電した核と，核からの引力を受けて，その周囲を取り囲んでいるいくつかの電子から構成される．電子の負の電荷の合計は，原子核の正電荷に等しい．原子核の質量は原子の質量の大部分を占めるが，その大きさは原子の大きさに比べて著しく小さい．電子の数は，原子重量（原子量，すなわち陽子または中性子質量の整数倍）の約半分である．この原子模型には，大きな関心が払われるべきである．なぜならラザフォードも示しているように，核が存在するということは，α 線が大きな角度で散乱されるという実験結果を説明するために必要だからである．

これがラザフォードのめざましい生涯の業績の頂点であるというわけではない．1919年に彼は原子核がさらに構造をもつことを発見した．α 粒子を窒素原子に衝突させ，人工的に最初の原子核変換を行った．こうして核物理学が誕生した．

アーネスト・ラザフォードは1871年8月30日，ニュージランドのネルソンの近く，ブライトウォーター（Brightwater）で，亜麻を栽培する農家の息子として生まれた．彼はフォックスヒル（Foxhill）およびハヴロック（Havelock）の州立学校で教育を受け，15歳になって奨学金を受けてネルソン・カレッジに入学した．カレッジでは，早熟というわけではないが，賢い若者として際立って，あらゆる重要な学術的賞や名誉を勝ちとった．1890年にクライストチャーチのカンタベリー・カレッジに転校するが，そこでも学費を獲得し，1892年には学士，そして次の年には数学および物理学で，第一級の名誉とともに修士の学位を得る．1894年に科学の学士をもって卒業し，ケンブリッジのトリニティ・カレッジに入学を許され，J. J. トムソンについて研究することになる．彼はこのケンブリッジ時代に幸運な時間をもつことになる．到着後まもなくレントゲンがX線の発見を報告した．引き続きベクレルが放射能を，そしてトムソンが電子の存在を発見した．

ケンブリッジにおける彼の初期の仕事は，電気の波すなわち無線の波の検出に関わるものであった．レントゲンやベクレルの報告に接してからは，時宜を得て，彼の関心は気体中の電気伝導の問題に移っていった．この分野で，たちまち彼の優れた能力が認められるようになった．

---

*1)　*Philosophical Magazine*，vol. 26（1913年7月），p. 1.

1898年に27歳でラザフォードは，モントリオールのマッギル大学のマクドナルド物理学研究所教授に指名された．そこで9年間を過ごすことになるが，同僚のソディとともに，放射能の原因を解明する優れた実験を完成させた．この功あって，ラザフォードは1903年に王立協会のフェローに選出され，次の年に同協会のランフォード・メダル（Rumford Medal）を受賞する．1907年にマッギル大学を離れ，マンチェスター大学のラングウォシー物理学教授の座につくことを受諾する．そこでα粒子の性質に関する研究を続けた．そのころに開発されたガイガー計数管を使い，α粒子の電荷を求めた．後にロイド（T. Royds）とともに，真空容器の壁を通過するα粒子の気体を集め，この気体を分光学的な方法で調べ，α粒子がヘリウムの原子核であることの最も信頼できる証明をあたえた．

1908年に彼は化学の分野でノーベル賞を受賞した．これは原子構造の分野では，2つの学問［訳注：物理学と化学］がいかに密接に関係しているかを示すものである．マンチェスターではα粒子の研究に続き，核原子の理論を発展させた．まさにここで，ボーアは，プランクの量子論をラザフォードの原子に適用し，水素原子の放つスペクトル線が予測できることを示した．第一次世界大戦の間，ラザフォードは政府のいろいろな仕事に従事したが，1917年，戦争の終期に，α粒子といろいろな気体原子との衝突の研究にもどった．この研究のなかで，彼は空気，結局は窒素にいきつくのだが，驚くべき効果を観測し，1919年に物質の人工的転換を発表する．同じ年にJ. J. トムソンの後を継ぎ，ケンブリッジ大学のキャヴェンディッシュ実験物理学教授となり，そしてトリニティ・カレッジのフェローに選出される．彼の主な発見の物語はここで終わる．それからは，研究活動を企画したり，学生の研究を指導したりすることに時間を割くようになる．彼の名声は測り知れない．1925年に彼は王立協会の会長になる．同じ年にメリット勲章（the Order of Merit）を受ける．そして6年後，彼が通学した町の名前にちなんでネルソンのラザフォード男爵の称号をあたえられた．1937年に没するまで，彼は物理学の最前線で，執筆し，研究者や学生を指導し，そして科学研究のための支援を求めて活動した．その時代の物理学へあたえた彼の影響は簡単には評価できないほどである．彼はまさに現代科学界の巨人である．彼は生存中に，核物理学の分野で数多くのブレークスルーが起こった1930年代初期の発展を眼の前にすることができたわけである．

以下の文章は彼の人工的な転換の発見を含む論文を *Philosophical Magagine*,

vol. 37 (1919), p. 537 から抜粋したものである.

✣ ✣ ✣

ラザフォードの実験

α粒子と軽い原子との衝突

1. 水　　素

原子構造の核理論では, α粒子が深く衝突した場合には, 軽い原子は速い運動をすることが予想される. 正面衝突の結果, 水素原子はα粒子がはじめにもっていた速さの1.6倍の速さ, 入射α粒子のエネルギーの0.64倍の (運動) エネルギーを獲得する◆1. そのような高速の水素原子はシンチレーションの方法で, 容易に検出できるはずである. これはマースデン (Marsden)*が調べたケースである. すなわち彼は, 水素中にα粒子を打ち込むと, その軌跡からの無数のシンチレーションが, α粒子の飛程 [訳注：止まるまでの行程の距離] よりはるかに遠くに置かれた硫化亜鉛のスクリーン上に生じるのを観測した◆2. ラジウムCから放出されるα粒子と衝突した水素原子の水素気体中の飛程の最大値は, 100 cm 以上, またはα粒子の水素気体中の飛程の約4倍であった. この飛程は, ダーウィン (Darwin)†がボーア**のα粒子の物質中の吸収の理論から計算した値とよく合っている.

マースデンは彼のほとんどの実験に, 強いα線源として, 純化したラジウムを入れた薄いガラス管を用いていた◆3. この管を閉じた容器に入れ, 硫化亜鉛のスクリーンから適当に離れた場所に置く. 間には

◆1 衝突前後の運動量および運動エネルギーを等しいとすれば, これらの数値が求まる. ただしα粒子の質量は水素原子の4倍とする.

◆2 高速の荷電粒子が硫化亜鉛またはそれに似た蛍光物質に衝突すると, その運動エネルギーの一部が光に変わり, かすかな光, すなわちシンチレーションを生じる. ラザフォードの時代はこれを眼で観測したが, 現代では光電検出器を用いる.

◆3 ラジウムの崩壊生成物は気体のラドンで, 当時ラジウム・エマナチオン (エマネーション, 放射物) と呼ばれていた.

* Marsden, *Phil. Mag.*, xxvii (1914), p. 814.

† Darwin, *Phil. Mag.*, xxvii (1914), p. 499.

** Bohr, *Phil. Mag.*, xxv (1913), p. 10.

加圧された水素がある．水素のシンチレーションは，間に吸収性のスクリーンを置くと，近似的に指数関数の減衰を示す◆4．金属膜による吸収は，ブラッグ（Bragg）がα粒子の実験で観測した，質量の平方根に比例するという法則によく合致した◆5．

マースデンは2番目の論文[††]で，α線管自身が，水素原子と同じようなシンチレーションを多く示すことを見出した．ガラスの代わりにクォーツの管を用いたα線管からも，またラジウムC（ビスマス214）を塗布したニッケル板からも，同じように観測された◆6．水素シンチレーションの数は，物質中に存在しているかもしれない水素原子によるものだとするには，多すぎる．マースデンは，放射性物質そのものから水素がつくりだされると結論した◆7．1915年マースデンは，ウェリントンのヴィクトリア・カレッジ（Victoria College）の物理学の教授としてニュージーランドに移ったので，それから先の実験は中断されてしまった．その地で得られるラジウムの量は，観測を続けるためには少なすぎたからである．そしてさらに実験を続けられる可能性は，マースデン教授が戦地での勤務（Active Service）のためヨーロッパに帰還した際に絶たれてしまった◆8．

上記のように我々は，マースデンが2番目の論文で，放射性物質そのものが高速の水素を放出すると示唆していることを知った◆9．もしこれが正しいとすると，重要な結果を招く．なぜなら前に放射線転換の際に，ヘリウムの他には軽い原子は何も観測されなかったからである．

この実験はさらに詳細に続けることが望ましい．過去4年の間，私はこの問題および研究中に起きたいろいろな興味ある課題について多くの実験を行った．実験の結果は不規則な間隔で，この論文および引き続く論文に記録されているが，それは日常的な，または戦争に関する仕事のために妨げられていたからである．時には長い間，実験がまったくできなかった．

◆4　これはおそらくエネルギーが異なる群や，いろいろな方向に飛ぶ群があるからであろう．

◆5　ブラッグは，大部分の元素で，阻止能は原子量の平方根に比例することを発見した．

◆6　これらの管のガラスは十分薄く，α粒子は通り抜ける．

◆7　α粒子との衝突により水素原子が放出されるという理論．

◆8　これは第一次世界大戦中のことである．

◆9　すなわち放射線崩壊の際に，陽子が放出されているだろうということ．

2.　放射性物質からのシンチレーションの原因

マースデンはラジウムCを塗布したニッケル板から多数の水素シン

†† Marsden, *Phil. Mag.*, xxx（1915），p. 240.

チレーションを観測したが，その数はそれに対応した α 線管からの放射（γ 線を使って観測）の量に比べてはるかに多かった．したがって水素原子はラジウムＣの崩壊から生じている可能性があると思われる．その時の生成物は"異常な仕方"で他の物質に転換することが知られていたからである◆10．この点を確かめるために，エマネーション［訳注：放射物］を入れた直後の α 線管からの水素シンチレーションの数の変化を観測した．その管のなかで，ラジウムＣの量は，はじめは非常にゆっくり増加することが知られている．たとえばエマネーションを入れた後の10分後のラジウムＣの量はわずか2%であるが，20分後には9%になる*,◆11．したがって充塡後10分以内にシンチレーションの数を計測すれば，シンチレーションがラジウムＣだけで起こり，他の α 崩壊生成物（エマネーションとラジウムA（ポロニウム218））からのものでないことを決定的に決めることができる．もし後者の場合ならば，10分後のシンチレーションの数は，3時間後にラジウムＣがエマネーションと過渡的な平衡に達したときの値の2%になるはずである．

◆10　ラジウムＣは２通りの崩壊をする．一部は α 粒子放出で，他は β 崩壊である．

◆11　ラドンは崩壊すると最終的にはラジウムＣになるが，これもまた崩壊する．したがって平衡に達するまでは，ラジウムＣは増加する．平衡状態とはラジウムＣの生成率と崩壊率が等しくなるときである．

多くの α 線管の製作とそれの充塡は，タンストール学士（N. Tunstall）の好意によるものである．充塡や除去の過程はできるかぎり迅速に行われ，通常シンチレーションの計測は充塡後4分以内に始められた．β 線が硫化亜鉛スクリーンに達して発光するのを避けるため，α 線管は強い電磁石の２つの極の間に置かれた◆12．放射能汚染を避けるためのあらゆる注意を払い，4～10分の間に観測されたシンチレーションの数は，ラジウムＣの転換に起因すると期待される数よりはるかに多かった．それらの最大数の実際の比は，α 線管の厚さによって変わるが，3時間後に観測される最大数の20～40%であった．

◆12　β 線は磁場により変向され，スクリーンに達しない．

この結果が決定的に示すことは，もしガラスの α 線管からの水素原子が，放射性崩壊の生成物だとすれば，それらはラジウムＣだけから放出されたものではなく，ラジウムＡまたはそのエマネーションまたはその両者からもきたものだということである．果たして水素が放射性転換の産物であるかどうかについて調べる多くの実験の結果は，後の論文で議論したい．しかしいろいろな要素がこれには関係してくる

---

*　Rutherford, "*Radioactive Substances and their Radiations*", p. 499.

ので，この重要な課題に決定的な答えをあたえることは容易ではない．後に明らかになるように，水素のシンチレーションの数は，簡単な理論から導かれるものよりはるかに多く，線源や吸収体の汚染からくる水素はまったくないとすることを確認するのは難しい．さらに窒素原子も酸素原子も α 粒子との衝突で速い速度を得て，α 粒子の飛程より遠方で，シンチレーションを出す原因になる．マースデン（前記引用文献）がラジウム C を塗布したニッケル板から観測した多数のシンチレーションは水素原子によるものではなく，線源とスクリーンの間にある空気からつくられた高速の窒素および酸素原子によるものである．

〈以下 α 粒子の線源の準備に関する記述があるが，省略する．〉

4.　シンチレーションの計測

水素シンチレーションを系統的に計測することは，たいへん難しい，しかし挑戦すべき課題であるので，最適なかつ実用的と思われる構成を述べることは価値あることに思われる．グルー（Glew）氏特製の高性能の硫化亜鉛スクリーンを使えば，高速水素原子によるシンチレーションは鮮やかな星の形あるいは光点として現れ，そのようすおよび強度は，飛程の終端から 3 mm の α 粒子がつくるものとよく類似している◆[13]．水素原子の飛程の終端付近では，シンチレーションは非常に弱くなるので，暗い視野のなかでのみ観測可能である．したがって水素原子の不均一な流れ◆[14]では，毎分あたりのシンチレーションの数は，ある程度は顕微鏡の視野の明るさに依存してしまう．実験を通してスクリーンの明るさを調整しそれを一定に保つことは重要である．電流が可変の金属管に取り付けた“ピアランプ”（豆の形をしている）を使うのが最も簡単な方法である．暗い視野のなかで，弱い光を数えていると，眼のピントを顕微鏡の像面に合わせ続けることは困難で，眼は急速に疲労し，計測ミスが多くなる．使った顕微鏡の拡大率は 40 倍で，視野の径は 2 mm であった．これが実際上適当な拡大率であった．後の実験では，特別な硫化亜鉛スクリーンが準備された．これは硫化亜鉛の小さな結晶を目の細かいガーゼでふるい，薄い糊の層で覆われたガラス板につけたものである．この細かい結晶は数層になってガラス板を完全に覆っている．このスクリーン上では水素シンチレーションはやや拡散し大きく現れる．光が結晶の厚い層を通る間に散乱

◆[13]　α 粒子が空気中で単位長さあたりつくるイオン数は，α 粒子の飛程の残りの長さに依存する．したがって α 粒子の機能を残りの飛程の長さを使って表す習慣がある．

◆[14]　異なるエネルギーをもった粒子の流れ．

されるからであろう．これでカウントがずっとしやすくなった．弱いシンチレーションも，普通のスクリーンを使った場合に比べて，より明るい視野でも計測できた．さらに結晶の層は均一なので，入射水素原子は必ずシンチレーションを起こした．

これらの実験では，研究者は2人必要である．1人は放射源を取り去ったり，装置の調整をし，1人は計数を行う◆15．計数する人は，計数を始める前の30分間，暗室で眼を休ませ，計数の間は弱い光の他に眼を光に曝してはならない（暗順応）．実験は大きな暗室のなかで行われるが，そこに小さな小部屋が備わっていて，実験の調整のため明かりをつける必要があるときは，計数者はこの小部屋のなかに入って待つ．1分計数して同じ時間休むのがよいようである．時間と数値は助手が記録する．1時間の計数で眼は疲労し，測定結果に誤差が増え信頼できなくなるのが普通であった．1日1時間以上，そして週に2，3回以上の計数は望ましくない．

◆15　シンチレーションの計数はたいへんな仕事であることに注意しよう．

よい条件で行えば，計数実験は日が変わっても信頼できる結果をあたえた．助手のケイ（W. Kay）君と私の結果は，条件がかなり違っていた場合も素晴らしい一致を見せた．通常シンチレーションの数は，1分あたり15～40の間になるように調整した◆16．

◆16　線源の強さを変えたり，距離を変えたりすることにより．

5．実験装置

水素および他の気体の実験でも，図1において活性な円板D［訳

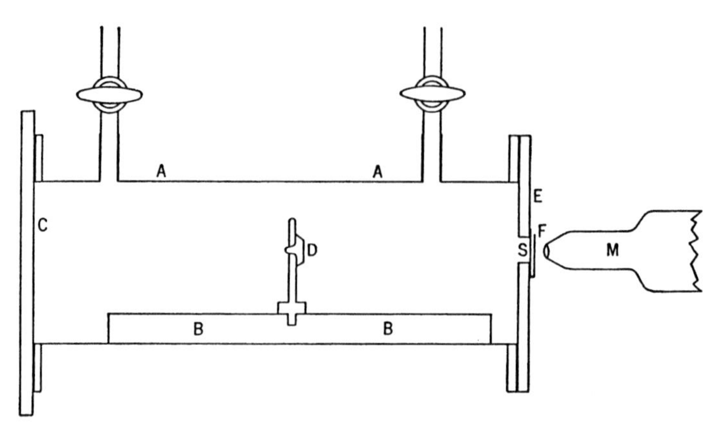

図1

注：放射線源］はスクリーンSと平行になるように適当な高さに，そして金属棒Bの上を滑るように取り付けられている．真鍮製の四角い箱は長さ18 cm，深さ6 cm，幅2 cmで，両端には金属フランジが取り付けられ，大きな電磁石の極の間に置かれている．一端は，すりガラスCで封じられ，他端には，その中央に長さ1 cm，幅3 mmのスリットが開けられた真鍮の板Eが，ワックスで取り付けられている．この開口は銀，アルミニウム，または鉄の薄い板で塞がれるが，それらのα粒子に対する阻止能は空気に換算して4～6 cmの間である◆17．硫化亜鉛のスクリーンFは，開口の金属カバーから1～2 mm外側についている．容器にはストップコックが2つついており，調べたい気体を入れたり，気体の置換を行うことができる◆18．硫化亜鉛のスクリーンが容器の外側にあることは，放射活性の物質で汚染されないし，またスクリーンの前に吸収体を挿入したりできて都合がよい．

実際には線源を真鍮容器に入れ，スクリーンから適当な距離に据えてから，容器を排気する．α粒子は終端の板を透過し，スクリーン上で発光し，その光は軸上に固定された顕微鏡に導かれる．顕微鏡の視野の径（2 mm）は開口の幅（3 mm）より小さい．

通常の条件では，水素原子が観測されるのは，α粒子10万個に対して1以下であるから，α粒子の飛んでいる方向に射影された（α粒子と同じ方向に飛ぶ）水素原子が観測されるのは，α粒子がスクリーン吸収体で止められたときのみである．強い線源をスクリーンから3 cm以内に近づけることは，不可能であった．それはγ線や高速のβ線が

◆17　金属の厚さが，空気中でα粒子を停止させるまでの空気層の長さ4～6 cmに相当するということである．

◆18　容器を排気して気体を入れたり，あるいは空気を除くために気体を流したりする．

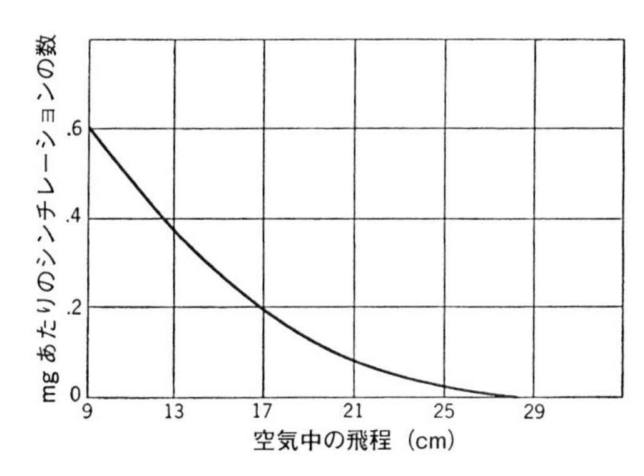

図2

スクリーン内で発光するため，弱いシンチレーションをカウントできないからである◆[19]．スクリーン上で強い発光をするβ線を変向［訳注：deflection，飛行する方向を変化させること］させるためには強い磁場が必要であった．この目的で，通常 6000 ガウスの磁場が加えられた．

◆[19] ラジウムCの崩壊生成物は，α粒子の他にβ線もγ線も放出する．

6. 線源および吸収スクリーンによるシンチレーション

容器を排気したときには，スクリーン上で観測されるシンチレーションの数は線源の強さに比例する．その数は空気の吸収のため飛程 7 ～ 12 cm のところで急激に減少する．それから減少は緩やかになり 28 cm の付近でもわずかに観測される．空気の吸収によるシンチレーションの数の変化を，空気中の飛程の長さの関数として図 2 に示す．これはスクリーンから 3.3 cm のところに加熱された真鍮の線源を置き，阻止能が空気に換算して 6 cm の加熱された銀の吸収板をスクリーンのすぐ前に置いた場合である◆[20]．

◆[20] 金属を加熱するのは，そのなかに閉じ込められている気体をできるだけ追い出すためである．

これらのシンチレーションは主として，一部は線源のなか，一部は吸収スクリーンのなかで励起された水素原子によるものである．例えば線源の近くに，薄いアルミニウムの箔を置くと，シンチレーションの数が増す．これはアルミニウムが排気された炉のなかで，融解点近くまで加熱され，吸蔵されていた水素原子が放出されたためである．同じような効果は銀でも観測されるが，金では観測されない．実際には，α粒子の行程上にあるすべてのスクリーンはできるだけ吸蔵されている気体を追い出すために加熱された．シンチレーションの数が少ない観測をする場合は加熱が必要である．α線の吸収には通常は銀が使われる．金は水素原子をあまり含まないことがわかったが，α粒子の飛程を超えた場所でも，スクリーン上で非常に明るく光るので，銀の代わりに使えなかった．この金の不思議な性質は，前からマースデンにより指摘されていたが，私も強い線源を使ったとき効果があまりに強いので驚かされた．より詳細な説明とこの発光の原因についての記述は，後の論文にまで延期する．同じようにマイカはγ線により強く発光する◆[21]．予想されるようにマイカは多くの水素原子や酸素原子を出す．この理由で，この実験にはマイカを吸収体として使うのは不適当である．

◆[21] マイカのような物質は，放射線の照射により蛍光を出すと予想される．

〈この後，α 粒子と軽い原子との衝突の詳しい理論が書かれているが省略する．〉

α 粒子と軽い原子との衝突

4.　窒素原子の異常効果

論文 1 で，ラジウム C を塗布した金属放射源は，α 粒子の飛程よりはるかに遠いところにある硫化亜鉛のスクリーン上に多くのシンチレーションを発生させることを示した．これらのシンチレーションを起こす高速の原子は正の電荷をもち，磁場で偏向を受ける．そしてこれらは，α 粒子を水素中に通したときにつくられる高速水素原子とほぼ等しいエネルギーと飛程とをもつ．これら"自然な"シンチレーションは，放射線源からの高速水素原子によるものだと信じられる．しかしそれらが放射線源自身から放出されたものであるか，あるいは α 粒子が，吸蔵されている水素に作用して引き出したものであるかを決めることは難しい．

"自然な"シンチレーションを調べるために使った装置は，論文 1 に記載したものと同じである．強いラジウム C の線源を一端から 3 cm 離して金属箱に入れる．箱の開口は，阻止能が空気 6 cm に相当する銀の板で覆う◆[22]．硫化亜鉛のスクリーンを，銀板から 1 mm の距離に

◆[22]　これの他に，実際の空気の層が 3 cm あるので，α 粒子を止めるには十分である．

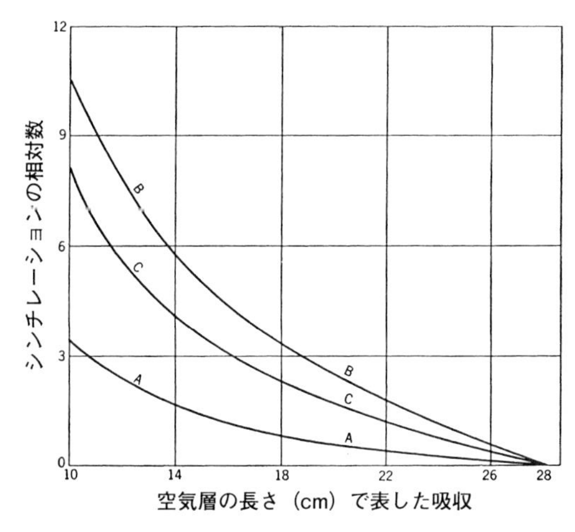

図 3

置き，その間に吸収のための箔が挿入できるようにする．β 線を偏向させるために，全装置を強い磁場中に置く．“自然”のシンチレーション数の変化を，空気層の長さに換算して表した吸収の関数として描いたものが，図3の曲線Aである．この場合容器内の空気は排出して，アルミニウム箔の吸収のみを使った．容器に乾燥した酸素または二酸化炭素を入れると，気体層の阻止能から期待される量だけシンチレーションの数は減少する．

乾いた空気を導入したとき，驚くべき効果が観測された．シンチレーション数は減らずにむしろ増加した．空気層19 cmに相当する吸収があるべきところで，シンチレーション数は真空にした場合の約2倍になった．この実験から明らかなことは，空気層を通過する α 粒子は，眼には水素シンチレーションと同じ明るさに見えるような，飛程の長いシンチレーションをつくりだすということである．窒素と酸素とを通過した α 粒子は，多くのシンチレーションを発し，空気に換算して約9 cmの長い飛程をもつことを観測した．これらのシンチレーションは，α 粒子と衝突してつくられた1価の電荷をもつ高速の窒素または酸素原子に期待されるのと同じ飛程をもつ．空気9 cmより大きな吸収をもつ場合のすべての実験では，これらの原子は硫化亜鉛のスクリーンに到達する前に完全に止められてしまった．

この長い飛程をもつシンチレーションは空気中にある水蒸気によるものではありえないことがわかった．なぜなら空気を完全に乾燥させてもシンチレーション数の減少は，わずかであった．空気によるシンチレーション数の増加は，6 cm圧の水素と酸素の混合物からつくられる水素原子の数と同じであった◆[23]．空気中の水蒸気圧は1 cm以下であるから，完全に空気を乾燥させたときシンチレーション数を1/6より大きく減少させないであろう．酸素と窒素を20℃で水蒸気を飽和させたものを乾燥空気と入れ替えたときにもシンチレーション数は，乾燥空気の場合よりはるかに少なかった．

◆[23]　すなわちもし水素との衝突でつくられたものならば．

大気のなかに含まれる水素あるいは水素を含む気体の量は，非常に少ないことが知られている◆[24]．取り入れる空気を，部屋から直接のもの，あるいは外気からのもの，あるいは水の上に数日間曝した空気にしても，観測されるものは変わらなかった．

◆[24]　1％よりずっと少ない．

空気があたえる効果が，空気中の塵として存在する核から出てきた水素原子によるものだとする可能性はあった．しかし乾燥空気を脱脂綿の長い栓を通して濾過しても，数日間水の上面に置いて塵を除去しても，違ったことは観測されなかった．

空気で観測された異常な効果は，酸素や二酸化炭素では観測されなかったので，原因は窒素または大気に含まれる他の気体によるものであろう．後者の可能性は空気による効果と，化学的につくられた窒素による効果とを比較して排除された．窒素はよく知られた方法，すなわち窒化ナトリウムに塩化アンモニウムを加え，水の上に蓄えることにより製造した．装置に導入する前に，十分よく乾燥させた．同じ条件で，長い飛程のシンチレーション数は，空気の場合より，純粋な窒素で大きかった．注意深い実験の結果，窒素で期待されるシンチレーション数の比は1.25であることがわかった◆25．

これまでの結果から空気中で得られた長い飛程のシンチレーションは，窒素原子に由来することが明らかになった．しかしそれらは気体中で，α 粒子が窒素原子と衝突して起こすものであることを証明することが必要である．第一に，シンチレーション数の空気圧に対する依存性は，気体の層全域にわたって α 粒子との衝突で生じると期待されるような変化をする◆26．さらに金またはアルミニウムの吸収膜を線源の近くに置いた場合，シンチレーションの飛程は，放出される原子の飛程が入射した α 粒子の飛程に比例するとしたときに期待される量だけ減衰することがわかった◆27．この結果は，シンチレーションの原因は，気体全体にわたっていて，放射線源の表面から生じる効果ではないことを示している．

図3の曲線Aは，自然シンチレーション数の吸収体の量に対する変化の実験結果である．α 粒子の行程上にある吸収体の量は空気層の長さで表現している．α 線の吸収が普通の空気と同じになるように計算された圧力で，二酸化炭素を封入した実験を行った．曲線Bは二酸化炭素の代わりに，標準状態◆28の空気を入れた場合である．差を表す曲線Cは，空気中の窒素によるシンチレーション数の変化を表すことになる．通常自然の効果に対する窒素の効果の比は，吸収が12 cmのところより19 cmのところでやや大きく観測された．

効果の大きさを評価するため，線源とスクリーンの間に低圧の二酸化炭素と，圧力を測った水素とを封入した．混合気体中の両者の圧力

◆25　窒素の量で表現するならば，純粋の窒素気体のなかには空気のなかより25％多い窒素原子が存在するということである．

◆26　つまり線源のごく近傍での衝突に限るということではなく．

◆27　したがって飛び出す原子のエネルギーは α 粒子のエネルギーに比例していた．

◆28　NTP（Normal Temperature and Pressure）．一般には温度0℃，圧力76 cm Hg.

はα粒子の吸収が空気による場合と等しくなるように調整した．その結果，水素原子の曲線は，図3の曲線Cよりやや急になった．結果として，空気の場合と同じだけのシンチレーションを発生させる水素の量は，二酸化炭素と混合した場合，吸収が大きいところでは大きくなることがわかった．たとえば，吸収が12 cm[◆29]のところでは，空気の効果は4 cmの水素に等しいが，吸収が19 cmのところでは，約8 cmの水素に等しかった．平均の吸収に対しては，効果は水素6 cmと同等である．この似たような条件下で水素原子の吸収の増加は，次のいずれかを示唆している．

◆29　12 cmの吸収をあたえるのに相当する圧力ということ．

(1)　空気[◆30]からの高速な原子は，水素原子よりやや大きな飛程をもっている．あるいは

(2)　空気からの原子はα粒子の行程上により多く放出される．

◆30　空気中の窒素によるもの．

ラジウムCをα粒子の線源としたときの，空気からのシンチレーションの飛程の最大値は，水素からの水素原子の飛程（28 cm）とほぼ同じであったが，シンチレーション数が少なくかつ弱いので，飛程の終端をはっきり決めることは難しかった[◆31]．空気の吸収28 cm以上で窒素によるシンチレーションが観測できるかどうかをテストするため，条件を都合よく設定した特別な実験を行った．強い線源（約60 mgのラジウム）を乾燥空気のなかで硫化亜鉛スクリーンの2.5 cm以内に置く．さらに距離を縮めるとスクリーンは弱いシンチレーションを検出できるぐらい明るくなる．しかし飛程28 cmの外では，シンチレーションは観測されなかった．とすると上記の2つの理由の内，(2)の説明の方がより確かであろう．

◆31　飛程の終端では，粒子は明るいシンチレーションを発生させる十分なエネルギーをもたない．

さきの論文で，α粒子との衝突によって，行程上の単位長さあたりにつくられる窒素または酸素の高速原子の数は，同じように水素中の水素原子の数にほぼ等しいことを示した．空気中での長い飛程のシンチレーション数は，圧力6 cm[◆32]の水素のコラム中でつくられるものと等価であるので，このことから最大飛程9 cmの高速窒素をつくる衝突12回あたりに1個の長い飛程の原子がつくられるということが結論できる．

◆32　6 cmは大気圧のほぼ1/12に相当する．

ある決まった条件下で，大気圧の窒素のなかでつくられる長い飛程のシンチレーション数を表すデータを示すことは興味があろう．3.3 cmの窒素のコラムに対して，また線源から19 cmの空気の吸収に対して，

窒素によるシンチレーション数は，線源 1 mg あたり，3.14 mm 平方の面積のスクリーン上で毎分 0.6 である．

シンチレーションの飛程と明るさに関していえば，窒素からの長い飛程の原子は，水素原子にたいへんよく似ているし，それらはおそらく水素原子であろう．しかしこの重要な点を確実にするためには，これらの原子の磁場中での偏向を確かめなければならない．予備的に，水素原子の速度を決めるときに用いた実験に似た方法を試みた．困難な点は，流れの偏向が十分に大きくなり，かつ毎分十分な数のカウントが得られるようにすることである．強い線源からの α 線は，間隔を 1.6 mm にして，水平に平行に置かれた長さ 3 cm の 2 枚の板の間の乾燥空気を通過する．板の終端近くに置かれたスクリーン上に現れるシンチレーション数を磁場の強さを変えながら観測する．この条件下で，全行程上の空気のコラムからシンチレーションが起こるとき，印加可能な最大の磁場でもシンチレーション数は 30%減少するだけであった．α 線に対する阻止能が同じになるようにして，空気を二酸化炭素と水素の混合気体に置き換えたときも，同じく 30%の減少がみられた．この実験に関するかぎりシンチレーションの原因は水素原子によるものと示唆している．しかしシンチレーション数やその磁場による減少量は，観測結果に信をおけるほどには大きくなかった．

〈以下，この問題は固体の窒素化合物を実験に使えば，解決されるだろうとするラザフォードの考えが記述されているが，ここでは省略する〉．

結果の検討

これまで得られた実験の結果からすれば，α 粒子と窒素の衝突によって生じる長い飛程をもつ原子は，窒素原子ではなく，おそらく水素原子であるか，あるいは質量数 2 の何か他の原子であろうとする結論を排除することは難しい．これが正しいとすると，窒素原子は高速の α 粒子との衝突の際の強い力により崩壊し◆[33]，窒素原子核の構成要素から水素が解放されたと結論しなければならない．他の論文で我々は，両者の間には 19%の違いがあると予想される◆[34]にもかかわらず，空気中の窒素原子の飛程は酸素原子の飛程とほぼ同じだという驚くべき観測結果を指摘した．高速の窒素を生じる衝突の際に，もし同時に水

◆33　核反応方程式で書くと
$_2He^4 + _7N^{14} \rightarrow _8O^{17} + _1H^1$.

◆34　ここで 19%の差は質量の違いに基づいている．

素が壊れ出ているなら，そのような差が説明できるだろう．何故ならエネルギーは2つの系で分け合われるからである[◆35]．

◆35　実際にはエネルギーは打ち出される水素（陽子）と生成される核（酸素）の間で分割される．

よく知られているように，ほとんどの軽い原子の質量数は，n を自然数として，$4n$ または $4n+3$ である．しかし窒素はただ1つ $4n+2$ である．放射線に関するデータから，窒素原子核は，3つの質量数4のヘリウムの原子核と2つの水素原子核または何か他の質量数2の原子核からできている[◆36]．仮に2つの水素原子核が，質量数12の主たる部分の外側を運動しているとしよう．この束縛された水素原子核に α 粒子が近接衝突をする回数は，水素原子核が自由でいる場合より少ないであろう．何故なら α 粒子は中心部分の核と水素原子核の両方がつくる場のなかを進まなければならないからである．そのような場合には，α 粒子は，水素原子に最大の速度をあたえるぐらい接近することは少ないと考えられる．しかし多くの場合には，水素原子と中心部分との結合を断ち切るには十分なエネルギーを（衝突の際に水素原子に）あたえるであろう．このことが自由な水素原子に衝突する場合の数に比べて，また高速の窒素原子の数に比べても，窒素原子から打ち出される高速の水素原子の数が少ないことを説明している．一般的に，解き放たれる水素原子は窒素原子核の中心部分から電子の径（7×10^{-13} cm）の2倍程度離れていることが示されている[◆37]．このような短い距離で働く力についての知識がなければ，自由な水素原子をつくるために必要なエネルギー[◆38]，あるいは飛び去る水素原子にどれだけのエネルギーがあたえられるかを計算することは難しい．窒素原子から飛び出す水素原子の速度あるいはその飛程が，自由な状態の水素と衝突する場合と等しいかどうかを先験的に判断することはできない．

◆36　これは中性子が発見される前の議論であることに注意しなければならない．現在では原子核はいくつかの他の原子核が集まってできているとは考えない．

◆37　電子の古典半径は $\dfrac{e^2}{2m_0c^2}=1.4\times10^{-13}$ cm

◆38　すなわち結合エネルギー．

ラジウムCから飛び出す α 粒子の大きな運動エネルギーを考慮すると，α 粒子と軽い原子との近接衝突は，後者の崩壊を進行させる最もよい手段に思える．なぜならそのような衝突で及ぼされる原子核への強い力は，現在可能な他のいかなる手段でつくられるものより大きいからである．そのときに働く驚くほど強い力を考えると，α 粒子は自身の構成要素への分解は免れて，窒素原子が崩壊してしまうことは，それほど驚くにはあたらない．これらの結果は全体として，α 粒子またはそれに似た入射体がさらに大きなエネルギーをもちうるならば，多くの軽い原子の核構造を壊す実験が可能であると示唆している[◆39]．

◆39　これは驚くべき予言で，当時ラザフォードや彼の研究協力者たちが考えていた理由以上に重要な事実になることが明らかになった．

シンチレーション計数の作業に価値ある協力をしてくれたウィリアム・ケイ君に感謝したいと思う.

補遺文献

Dampier, W. C., *A History of Science* (New York: Cambridge University, 1946), pp. 377ff.

Eve, A. S., *Rutherford* (New York: Macmillan, 1939).

Holton, G., and Roller, D. H. D., *Foundations of Modern Physical Science* (Cambridge, Mass.: Addison-Wesley, 1958), Ch. 34.

Jones, G. O., Rotblat, J., and Whitrow, G. J., *Atoms and The Universe* (New York: Scribner, 1956), pp. 33ff.

Rutherford, E., *Radioactive Substances and their Radiations* (Cambridge, Eng.: Cambridge University, 1913).

Rutherford, E., Chadwick, J., and Ellis, C. D., *Radiations from Radioactive Substances* (Cambridge, Eng.: Cambridge University, 1930).

20 中　性　子

The Neutron

ジェームズ・チャドウィック
James Chadwick　1891-1974

物理学のなかで，原子核を扱う研究は，1919年のラザフォードによる誘導原子核転換の古典的な記述に端を発したが，1930年代に大きく広がりをみせて発展した．この期間に本質的な進展と考えられる多くの発見がなされた．1932年にジェームズ・チャドウィックは中性子を発見し，それによって原子核の構造の問題をすべて明らかにした．しかし同時に素粒子の概念については，さらに複雑な問題を持ちこむことになった．中性子が発見されるまでは，陽子と電子だけが知られていて，これはスキームとしては簡単であるという利点をもっていた．中性子の発見は“思考の節約”に損失をもたらしたが，しかしそれ以上に，原子核のなかに電子が存在しなければならないとする必要性について，さらに難しい問題を提供することになった．

その年にアンダーソン（Carl D. Anderson）は陽電子すなわち正電荷をもった電子を発見，ユーリー（Harold C. Urey）は重水素すなわち質量数2の水素の同位体を発見した．2年後にイレーヌ（Irène Curie，1897-1956）とフレデリック・ジョリオ=キュリー（Frédéric Joliot-Curie，1900-1958）のグループは，人工的に多くの元素に放射性をもたせられることを発見した．1936年アンダーソンとネーデルマイヤー（Neddermeyer）は，最初に中間子（μ中間子［訳注：現在はミュー粒子とかミューオンと呼ばれる］）を発見，1939年にはオットー・ハーン（Otto Hahn）とフリッツ・シュトラスマン（Fritz Strassmann）が，エンリコ・フェルミ（Enrico Fermi，1901-1954）の仕事を受け継いで，ウラニウム核分裂を発見した．この時期は，原子核物理学で使われる装置の発達をみた時代である．加速器はこの新しい分野の発展に重要な役割を果たすことになる．ヴァンデグラーフ加速器とアーネスト・ローレンスのサイクロトロンは，1931年につくられた．その1年前にケンブリッジでは，高速の陽子を使った実験が，コッククロフト（J.

Cockcroft）とウォルトン（E. Walton）により倍電圧発生器を使って行われている．第二次世界大戦が始まる前までに，原子核物理学の実験手法はかなり進んでいた．しかし原子核が起こす現象の理解については，まだまだ期待されることが多かった．

チャドウィックの中性子の発見は，1930年にボーテ（Bothe）とベッカー（Becker）が，ボロン（ホウ素）とかベリリウムのような軽い元素にα粒子を打ち込むと，透過性の高いγ線，あるいは少なくとも電荷をもたない何らかの放射線が放出されることを観測したという事実から導かれたものである．ジョリオ=キュリー夫妻は，この放射線をγ線であると仮定して，いろいろな物質で，これの吸収を測定した．その結果，この放射線はパラフィンのように水素を含んだ物質から高速の陽子を放出させる能力があることを見出した．まさにこの時点でチャドウィックは有名な実験を行い，この放射線はγ線ではなく，陽子と同じ質量をもち，電荷はもたない粒子であることを結論した．彼はこの粒子を中性子と命名した．

ジェームズ・チャドウィックは1891年10月20日に英国のマンチェスターで生まれた．中等教育までをマンチェスターで終えた後，マンチェスター大学，ケンブリッジ大学，そしてベルリンのシャルロッテンブルク工科大学に入り，そしてそこでは，ハンス・ガイガー（Hans Geiger，1882-1945）のもとで学んだ．ガイガーはラザフォードやミュラー（W. Müller）とともにガイガー計数管を開発した人である．1921年に彼はケンブリッジのゴンヴィル・アンド・キーズ・カレッジ（Gonville and Caius College）のフェローになり，2年後にはキャヴェンディッシュ研究所の放射線研究部の部長助手に指名された．そこで彼はラザフォードとエリス（C. D. Ellis）と一緒に，原子核の分野で何年にもわたり権威ある書物とされることになる有名な本を書いた*1)．

チャドウィックは1932年に中性子を同定したと発表し，それにより1935年にノーベル賞を受賞した．1945年に，ナイトの称号を受け，1948年にゴンヴィル・アンド・キーズ・カレッジの学長になる．チャドウィックは1974年7月24日，英国ケンブリッジでなくなった．

---

*1) E. Rutherford, J. Chadwick, and C. D. Ellis, "*Radiations from Radioactive Substances*" (Cambridge, Eng. : Cambridge University, 1930).

チャドウィックの中性子発見についての記述がある次の抄録は *Proc. Roy. Soc. Lond.*, A, vol. 136（1932），p. 692 から採られたものである．これは R. T. Beyer による，“*Foundations of Nuclear Physics*”（New York: Dover, 1949）に再録されている．

✣ ✣ ✣

チャドウィックの実験

ボーテとベッカーは，ポロニウムからの α 粒子が，ある種の軽い元素に当たると，γ 線に似た性質をもつ放射線を発することを示した*．ベリリウム元素では特にこれが顕著で，後にボーテやキュリー＝ジョリオ夫人（Mme. Curie-Joliot，原文ママ）**,◆1 やウェブスター（Webster）† によって，ベリリウムのなかで励起されたこの放射線の透過能は放射性元素が発する γ 線より確実に大きいことが示された．ウェブスターの実験では，放射線の強度は，ガイガー・ミュラー計数管および高圧イオン化箱の両者を使って計測された．彼の実験条件ではベリリウムから発せられた放射線に対する鉛の吸収係数は $0.22\ \mathrm{cm}^{-1}$ であった◆2．実験の条件に対して必要な補正を加えたうえで，グレイ（Gray）とタラント（Tarrant）がこの種の放射線の吸収について得ていた散乱・光電的な吸収・原子核による吸収の比を使って，ウェブスターはこの放射の量子のエネルギーは 7×10^{6} eV であると算出した．同じようにして，ポロニウムからの α 粒子の衝撃をうけたボロンが発する放射線は，ベリリウムの場合よりさらに透過能が高く，その量子エネルギーは 10×10^{6} eV であると評価した◆3．これらの結果は，ベリリウムあるいはボロンの原子核が α 粒子を捕獲して，余剰のエネルギ

◆1　これは正しい順序では Mme. Jolio-Curie と書くべきである．

◆2　$I=I_0e^{-\alpha x}$ の式において，I_0 が入射強度，I が深さ x だけ進んだときの強度としたとき，α が吸収係数である．もちろん吸収が指数関数的に起こるものと仮定している．

◆3　これらの数値は反応前後の原子核の質量の差から計算する．たとえば α 粒子を吸収した $_4\mathrm{Be}^9$ 原子核と，生成された $_6\mathrm{C}^{13}$ 原子核との質量差は α 粒子の質量より 10.5×10^{6} eV だけ小さい．これはかなり幸運な一致であるが．

*　*Z. Physik*, vol. 66（1930），p. 289.

**　I. Curie, *C. R. Acad. Sci. Paris*, vol. 193（1931），p. 1412.

†　*Proc. Roy. Soc.*, A, vol. 136（1932），p. 428.

ーが放射線の量子として放出されるとする推論によく合致する．

しかしながらこの放射線は，ある特異な性質を示す．私の要請でベリリウムからの放射線をエクスパンション・チェンバー（expansion chamber）◆4 に導き，何枚かの写真を撮った．この場合，期待していなかった現象は何も起こらなかった．しかし後になって現在では，同じような実験で衝撃的な現象が観測できる．昔の実験が失敗した原因は，ポロニウム放射源が弱かったためでもあるし，また実験の設定が不適当であったためでもあるのだろう．

ごく最近にキュリー=ジョリオ夫人とジョリオ氏［訳注：ジョリオ=キュリー夫妻］は，ベリリウムまたはボロンからの放射線を，水素を含む物質に打ち込むと，大きな速度をもつ陽子が放出されるという衝撃的な現象を観測した***．彼らの実験では，ベリリウムからの放射線を，薄い窓を通して，常圧の空気を入れたイオン化を起こす容器に打ち込む．パラフィンワックスか，水素を含んだ何か他の物質を窓の前に置くと，容器のなかのイオン化は増加し，時には2倍にもなる．この効果は，陽子が放出されていることによるもので，さらに後の実験で，彼らは陽子は空気のなかで約 26 cm のレンジをもち，これは 3×10^9 cm/s◆5 の速度になることを示した．彼らは，電子のコンプトン効果◆6 と同じように，ベリリウム放射線から陽子へエネルギーが移乗されたものであること示唆し，ベリリウム放射線は約 50×10^6 eV の量子のエネルギーをもつと推定した．ボロン放射線により放出される陽子の空気中でのレンジは約 8 cm で，コンプトン過程にあたえられる実効的な量子のエネルギーは 35×10^6 eV と評価された††．

この現象の説明には深刻な困難が2つ存在する．その第一は，電子による高エネルギー量子の散乱の頻度はクライン-仁科の式でかなり正確に与えられており，そしてこの式は陽子による量子の散乱にも適合するということがわかっていた◆7．しかしながら陽子散乱の頻度は式から計算される値より数千倍も大きい．第二の困難は，ベリリウム原子核と運動エネルギーが 5×10^6 eV の α 粒子の相互作用から 50×10^6

◆4 クラウド・チェンバー（cloud chamber）のこと［訳注：閉じ込めた気体を断熱膨張させ過冷却状態にしたところに放射線が通ると，雲ができて，これを検出する］．

◆5 初速度の値である．

◆6 コンプトン効果は光子と電子の間の相互作用で，光子はそのエネルギーの一部と運動量の一部を電子に移乗する．これは光電効果とは異なる．後者の場合は光子のエネルギーは，電子の結合のエネルギーを超えた分だけ電子に移乗される．

◆7 陽子の電荷（の大きさ）は電子と同じなので，散乱の理論的な計算の結果，相互作用の大きさは，標的が電子でも陽子でも同じであるはずである．

*** Curie and Joliot, *C. R. Acad. Sci. Paris*, vol. 194 (1932), p. 273.

†† 2種類の放射に対してその後多く議論された．そこでは「ベリリウム放射」という言葉は，しばしばボロン放射のことも含んでいる．

eVの量子をつくりだすことは困難である．放射線に対して最大のエネルギーをあたえうる過程は，ベリリウム原子核Be^9によりα粒子が捕獲され合体し，炭素原子核C^{13}が形成されることである．原子核C^{13}の質量欠損[◆8]はB^{10}の人工的崩壊の測定データと炭素のバンド・スペクトルの観測から求められており，それは約10×10^6 eVである．Be^9の質量欠損は知られていないが[◆9]，仮にそれを0とすれば，反応$Be^9 + \alpha \rightarrow C^{13+}$（量子）が，起こりうるエネルギー変化の最大値をあたえる．この仮定にしたがえば，この反応で放出される量子のエネルギーは14×10^6 eVより大きくはなりえない．もちろんこの質量欠損からの議論は，原子核はなるべく多くのα粒子を含むという仮説に基づいている．すなわちBe^9は（$\alpha \times 2$＋陽子×1＋電子×1）[◆10]，またC^{13}は（$\alpha \times 3$＋陽子×1＋電子×1）の組成をもつとする．軽い原子核に関するかぎり，この仮定は人工崩壊の実験から支持されているが，一般的に証明されているわけではない．

◆8　原子核の質量と，それを構成する成分の質量の和，との差．

◆9　この値は58.0 MeVである．

◆10　Be^9原子核は，今日的な見方では，陽子4，中性子5であるが，これに似たような議論もできる．

というわけで私はベリリウムで励起される放射線の性質を調べるために，さらなる実験を行った．この放射線は水素だけからではなく，調べた他の軽い元素からも粒子を放出させることがわかった．実験結果はベリリウム放射線は量子放射（γ線）であるとする仮説で説明することは難しかった．そのことから，この放射線は陽子と質量がほぼ等しく，そして電荷をもたない粒子，すなわち中性子（neutron）[◆11]からなるものと考えられるかもしれないということが結論づけられる．

◆11　チャドウィックは，中性子という名称を用いた．さきにラザフォードが，電子と陽子の結合体として提案したものと考えたからである．

2.　反跳原子の観察

最初ベリリウム放射の性質の調査には，α粒子による人工放射崩壊

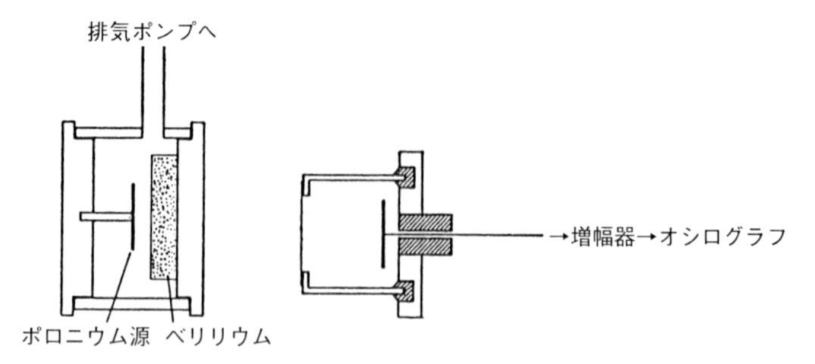

図1

の研究に使用したバルブ計数管◆[12]が使われた*．その詳細はその論文に詳しく記載されている．簡単にいうと，小さなイオン化箱と電子管増幅器をつないだものである．粒子の進入により突然起こるイオン化は，増幅器の出力につながったオシログラフで検出される．オシログラフの振れはブロマイド紙のフィルム上に感光されて記録される．

ポロニウム放射源は，ラジウム（D+E+F）†の溶液を銀の円板上に堆積させて整える．円板の直径は1 cmで，直径2 cmの純ベリリウム円板のすぐ近くに置く◆[13]．2つの円板は真空にできる小さな容器内に格納する（図1）．最初に使われたイオン化箱は，深さ15 mmで，4.5 cm厚の空気に等価なアルミニウム箔◆[14]で塞いだ13 mmの開口をもつ．この箱の自然放射能による振れ（カウント）は非常に低く，毎時わずか7振れの程度である◆[15]．

放射源容器をイオン化箱の前に置くと，振れ（オシログラフの振れ，カウント）の数がすぐに増加する．ベリリウムとカウンターの距離が3 cmのとき，振れは毎分約4であった．放射源とカウンターの間に厚さ2 cmの鉛の板◆[16]を入れても，カウンターの振れの数は事実上変わらなかったので，振れがベリリウム源から放出される透過性の高い放射線によるものであることは明らかである．後にこの振れは，ベリリウムからの放射線の衝撃を受け運動を起こされた窒素原子によるものであることが明らかにされる．

カウンターの直前，放射線の経路上に厚さ2 mmのパラフィンのシートを置くと，オシログラフに記録される振れの数は著しく増加する．この増加はパラフィンから放出される粒子がカウンターに飛び込んでくるからである．パラフィンとカウンターの間に複数のアルミの吸収シートを挿入すると，吸収曲線が求められる．この曲線から飛来粒子は空気40 cmの最大飛程をもつことがわかる．ただし1 cm^2あたり1.64 mgのアルミシートは空気1 cm厚に相当すると仮定する．この粒子がつくる振れの大きさ（イオン化箱のなかにつくられるイオンの数に比例◆[17]）と，それとほぼ同じ飛程をもつ陽子のつくる振れの大きさ

◆[12] バルブは電子管のこと．バルブ計数管は電子検出器で，イオン化箱が電子増幅器に接続されたもの．

◆[13] ラジウム・ベリリウム混合物は，後に中性子源として広く使われるようになった．

◆[14] 空気4.5 cm厚の阻止能と等価．

◆[15] 自然あるいはバックグランド効果は，箱の壁の放射能汚染および宇宙線が原因で起こる．

◆[16] 中性子は原子番号の大きな物質も透過する．衝突により移乗されるエネルギーは，2つの物体の質量がより近いときにより大きくなるからである［訳注：中性子と重い原子の組み合わせでは，質量差が大きすぎて，エネルギー移乗が効果的に起こらず，したがって透過度が上がる］．

◆[17] これは陽子エネルギーの関数である．

* Chadwick, Constable, and Pollard, *Proc. Roy. Soc.*, A, vol. 130 (1931), p. 463.

† ラジウムD（鉛210）は，ボルチモアのケリー病院のC. F. Burnam博士，F. West博士の好意により提供された古いラドン管から採った．

を比べると，飛来した粒子は陽子であることが明らかである．陽子の飛程–速度の関係を表す曲線から，ベリリウム放射による陽子の最大速度は，毎秒 3.3×10^9 cm であることが求められる．これはエネルギーに換算して，5.7×10^6 eV である．

そこでその他の元素に，ベリリウム放射を当てて，その効果を調べた．イオン化箱の窓は空気 0.5 mm 厚に相当する金箔にした．調べる元素はきれいな真鍮板にのせて，カウンターの窓のすぐ近くに置いた．この方法で，リチウム，ベリリウム，ボロン，炭素，そしてパラシアノゲンのかたちで窒素を調べた．どの元素がベリリウム放射で照射されたときも，カウンターの振れの数は増加した．これらの元素から放出される粒子のレンジは極めて短く，空気中で数 mm の程度であった．これらによる振れの大きさは元素によって異なるが，しかしその大部分は遅い陽子による振れに比べれば大きかった◆[18]．これらの粒子は強いイオン化能力をもっていて，それはおそらく各元素の反跳原子なのであろう．イオン化箱を数分間，いろいろな気体で洗った後，その気体を充填して実験をした．水素，ヘリウム，窒素，酸素，アルゴンについて調べた．どの場合もそれぞれの気体の反跳原子による振れが観測された．ベリリウム放射源をカウンターから適当な距離に固定しておくと，反跳原子の数はどの気体に対してもほぼ同じであった．このことは後に再度取りあげよう．ベリリウム放射は，それが通過する物質の原子に，エネルギーを移乗するが，エネルギー移乗のチャンスは物質にはあまりよらないということは明らかである．

パラフィンから陽子が放出されることはすでに示されている．そのときにもつエネルギーの上限値は 5.7×10^6 eV である．もしこの粒子放出が，放射量子（γ）からのコンプトン反跳であるとするならば，放射量子のエネルギーは 55×10^6 eV でなければならない．なぜなら放射量子 $h\nu$ から質量 m の粒子にあたえられるエネルギーの最大値は $\dfrac{2}{2+mc^2/h\nu}\cdot h\nu$ であたえられるからである◆[19, 20]．他の元素についても，この放射によってつくられる反跳原子のエネルギーは容易に計算できる．たとえば窒素の反跳原子のエネルギーは最大 450000 eV になるはずである．空気中でイオンペアをつくるに必要なエネルギーが 35 eV◆[21] であるので，反跳窒素原子は 13000 ペアのイオンをつくること

◆18　これら荷電粒子によるイオン化はそのエネルギーの逆数に比例し，電荷の2乗に比例する．

◆19　2つの保存法則を使って容易に導かれる．

◆20　c は光速．

◆21　この値は多くの気体についての平均値である．

になる．しかし窒素で観測された振れはこの値よりはるかに大きな数に相当する．反跳原子が 30000 ～ 40000 個もつくられたことに相当する．観測されたエネルギーと，放射量子 55×10^6 eV からの反跳によって運動を起こしたと仮定して計算した反跳原子のレンジとその値との食い違いは他の元素についてもみられた．反跳原子のエネルギーはカウンターのなかにつくられたイオンの数（オシログラフの振れの大きさ）から評価できる．レンジの大きさは，テストされる元素とカウンターの間の距離を変えること，あるいは薄い金のスクリーンを何枚か元素とカウンターの間に挿入するという操作で十分な精度で求められる．

反跳窒素原子については，フェザー博士（Dr. N. Feather）と一緒にエクスパンション・チェンバーを使って調べた．なるべく多くの放射がチェンバー内に入るように，放射源はシミズ型（Shimizu type）エクスパンション・チェンバーのすぐ上に置いた◆[22]．数時間の間に反跳原子の軌跡が数多く観測された．眼で見たそれらのレンジは 5 ～ 6 mm 程度で，減圧していることの補正を入れると通常の圧力でのレンジは約 3 mm になる．この換算の正しさは，フェザー博士が前に行った，軌跡の写真撮影ができる大型の自動エクスパンション・チェンバーを使った窒素についての一連の実験の結果から確かめられた．さて異なる速度の反跳窒素原子のレンジはブラケット（Blackett）とリー（Lees）によって測られている．彼らの結果を使うと，ベリリウム放射でつくられた窒素反跳原子の速度は毎秒 4×10^8 cm，エネルギーにして 1.2×10^6 eV になる．放射の量子（光子）とのエネルギーと運動量とを保存する衝突で，窒素原子核がそれだけのエネルギーを得るためには，光子エネルギーは約 90×10^6 eV でなければならない．水素との衝突を説明するためには，光子エネルギーは 55×10^6 eV で十分であることをさきに示した．一般的にこの実験結果は，反跳原子が光子との衝突で生じるとするならば，衝突される原子の質量が増すとともに，光子のエネルギーはそれにつれてさらに大きくならなければならないということを示している．

◆[22] このタイプのクラウド・チェンバーは内部の圧力を急に減じ，気体を冷却しておいて，イオンができると気体［訳注：過冷却状態の］が直ちに凝結する［訳注：雲ができる］ということで動作する．動作時にチェンバー内の圧力は大気圧より低いので，粒子のレンジはその分だけ長くなる．

3. 中性子仮説

さてここに至って我々は，衝突の際のエネルギーと運動量の保存則を放棄するか，あるいはこのたびの放射について別の仮説をたてるかのいずれをとるかの選択をせまられている◆23．もしこの放射線が光子ではなく，陽子とほぼ同じ質量をもつ粒子であると考えるならば，頻度や異なる質量をもつ物体へのエネルギー移乗などの衝突におけるさまざまな難問は解決できる．またこの放射線の透過度の高さから，この粒子は電荷をもたないということをさらに仮定する必要がある．それは陽子と電子とが固く結び着いたもの◆24，すなわち1920年にラザフォードがベイカー講義で議論した“中性子（neutron）”であろうと想像される*1．

◆23　このことはもちろん真剣に考えていわれたことなのであろうが，保存則は普遍的に適用できることがわかっているので，それを放棄することは，よほどの覚悟がなければできるはずがない．

◆24　現在ではこのような結合とは考えられない．これは完全に独立した粒子である．

このような中性子が物質を通過すると，原子核との密接した衝突が起こり，観測されたような反跳原子をつくりだす．中性子の質量は陽子の質量に等しいので，水素原子を含む物質に進入した場合は，中性子のもつ最大の速度と同じ速度を反跳原子にすべてあたえることになる◆25．実験によればパラフィンから放出される陽子の最大速度は約3.3×10^9 cm/sであった．したがってこの値はα粒子の衝撃を受けたベリリウムから放出される中性子のもつ最大速度である．これから中性子が他の原子と衝突した際に移乗する最大エネルギーを計算できる◆26．計算結果は実験で観測されたエネルギーとよく一致した．たとえば，質量数1，エネルギー3.3×10^9 cm/sの中性子と正面衝突した窒素原子は，速度4.4×10^8 cm/s，エネルギー1.4×10^6 eV，空気中のレンジ3.3 mmをもち40000個のイオンペアをつくる．同様にしてアルゴンはエネルギー0.54×10^6 eVを得て15000個のイオンペアをつくる．これらの数値は実験とよく一致する*2．

◆25　正面衝突の場合に最大の速度をあたえる．

◆26　ビリヤードにおける玉の衝突の計算である．

水素原子との衝突および窒素原子との衝突で起こる現象を結び合わせれば，中性子の質量が陽子の質量とほぼ同じであることを証明することができる．フェザーは次の論文で，エクスパンション・チェンバ

*1　Rutherford, *Proc. Roy. Soc. A*, vol. 97 (1920), p. 374．水素放電管の中で中性子の生成を検出しようという実験は，グラッソン（J. L. Glasson）によって行われた．*Phyl. Mag.*, vol. 42 (1921), p. 596およびJ. K. Roberts, *Proc. Roy. Soc.*, A, Vol. 102 (1922), p. 72．1920年以来この研究室では，このような方法で中性子をさがす実験が何回も行われた．

*2　反跳窒素原子は時に50000～60000個のイオンペアをつくる．これはおそらくフェザーが彼の論文で発見したといっている原子核崩壊によるものであろう．

ーを使って撮った，反跳窒素原子のおよそ100個の軌跡の写真を記録している．これから温度15℃，圧力760 mmの空気中での反跳原子の最大のレンジは3.5 mmであることが求められる．これはブラケットとリーにしたがえば速度4.7×10^8 cm/sに相当する．ここで中性子の質量と速度をそれぞれM，Vとすると水素原子にあたえられる最大速度は

$$\nu_p = \frac{2M}{M+1} \cdot V$$

と計算される◆[27]．同様に窒素原子にあたえられる最大速度は

$$\nu_p = \frac{2M}{M+14} \cdot V$$

となる．したがって

$$\frac{M+14}{M+1} = \frac{\nu_p}{\nu_n} = \frac{3.3 \times 10^9}{4.7 \times 10^8}$$

$$\therefore M = 1.15$$

である．反跳窒素原子の速度の評価には10％ほどの誤差が見込まれるので，上の結果から中性子の質量は陽子の質量に非常に近いと結論することは妥当に思える．

さてここでベリリウムにα粒子が打ち込まれたとき，いかにして中性子がつくられるかを考えよう．α粒子はBe^9の原子核に捕獲されて，中性子を放出してC^{12}がつくられると考えなければならない．これはよく知られた人工的崩壊と同様な過程◆[28]である．ただし陽子の代わりに中性子が放出されている．この過程のエネルギーの関係は正確には導けない．なぜならBe^9原子核と中性子の質量が正確には知られていないからである◆[29]．しかしこの過程が実験事実によく合致することを示すのは容易である．すなわち

$Be^9 + He^4 + \alpha$　粒子の運動エネルギー

$= C^{12} + n^1 + C^{12}$の運動エネルギー$+ n^1$の運動エネルギー

である．ベリリウムの原子核がα粒子2個と中性子からできているとすると，原子核の質量はこの3つの粒子の質量の和より大きくはなれない．なぜなら結合エネルギーは質量の欠損に対応するからである．エネルギー関係式は次のようになる（運動エネルギーを$K.E.$と書く）．

$(8.00212 + n^1) + 4.00106 + \alpha$の$K.E. > 12.003 + n^1 + C^{12}$の$K.E. + n^1$の$K.E.$

◆27　この関係は（運動量の）保存則からただちに導かれる．この場合，速度に対する相対論的効果は無視できる．

◆28　ラザフォードによって発見された過程．

◆29　現在では正確な値が求められている．

すなわち

$$n^1 \text{ の } K.E. < \alpha \text{ の } K.E. + 0.003 - \mathrm{C}^{12} \text{ の } K.E.$$

である．ポロニウムからの α 粒子の運動エネルギーは 5.25×10^6 eV であるから，中性子放出のエネルギーは 8×10^6 eV より大きくはなりえない．したがって中性子の速度は 3.9×10^9 cm/s より小さくなければならない．観測された中性子の最大速度は 3.3×10^9 cm/s であった．したがってここに提案する崩壊の式は実験と両立するものである．

〈この後ベリリウム標的から後方に放出される中性子についての簡単な記述があるが省略する．〉

4.　中性子の性質

α 粒子の衝撃を受けたベリリウムから出る放射線とその放射線が原子核と相互作用をする際の振る舞いの起源は，電荷をもたず陽子とほぼ同じ質量をもつ粒子であるとする簡単な説明がここで受け入れられた．この粒子の本性について最も簡単な仮説は，それは陽子と電子が固く結びついたもので，電荷は 0，質量は水素原子の質量よりわずかに小さいと考えることである◆30．この仮説は中性子質量について得られる事象を調べることで実証される．

◆30　ここで仮定された結合では陽子と電子との間で，より大きな結合エネルギーをもつからである．

すでに示したように中性子のおおよその質量は，水素および窒素との衝突の測定から求められたが，しかしこのような実験は，今必要とする議論に対しては十分な精度をもちえない．そこで１つの原子核から１つの中性子が放出される過程のエネルギー関係式を考えるようにしなければならない．過程に関与する複数の原子核の質量が正確に知られていれば，中性子の質量も正しく導くことができるであろう．しかしベリリウムの質量はまだ測定されておらず，これの崩壊については，前の３節で述べたような一般的な議論ができるだけである．幸いなことにボロンの場合がある．１節で述べたように，ポロニウムからの α 粒子の衝撃を受けたボロンも放射線を出し，それがさらに水素を含む物質に当たり陽子を放出させる．さらに調べるとこの放射線はベリリウムからの放射線とすべての点で同じように振る舞う．したがってこの放射線も中性子と仮定できるに違いない．B^{10} が陽子放出を伴って崩壊することが知られているので*，同位体 B^{11} から中性子が放出されると考えられる．すなわち

$$B^{11} + He^{4} \rightarrow N^{14} + n^{1}$$

である．B^{11} と N^{14} の質量はアストン（Aston）の測定◆31 で求められている．中性子の質量を求めるために必要なその他のデータは実験から求められる．

◆31 質量分析器を使った実験である．

図1に示した線源容器のなかのベリリウムはグラファイト板の上に載せられた粉末のボロン標的に置き換えられる．ボロンから放出された陽子のレンジはベリリウム放射の場合と同じ方法で測定される．この効果はベリリウムの場合に比べてはるかに弱いので，陽子のレンジを正確に決めるのは困難である．最大レンジは空気中で約 16 cm で，これは速度にして 2.5×10^{9} cm/s に相当する．衝突により運動量が保存されるとすると N^{14} 原子核の反跳速度は計算でき，したがってこの崩壊過程にかかわるすべての粒子の運動エネルギーを知ることができる．この過程のエネルギー関係式は

$$B^{11} \text{ の質量} + He^{4} \text{ の質量} + He^{4} \text{ の } K.E.$$
$$\rightarrow N^{14} \text{ の質量} + n^{1} \text{ の質量} + N^{14} \text{ の } K.E. + n^{1} \text{ の } K.E.$$

となる．質量はそれぞれ

$$B^{11} = 11.00825 \pm 0.0016,\quad He^{4} = 4.00106 \pm 0.0006,\quad N^{14} = 14.0042 \pm 0.0028$$

である◆32．運動エネルギーは質量の単位で表して

$$\alpha \text{ 粒子} = 0.00565,\quad \text{中性子} = 0.0035,\quad \text{窒素原子核} = 0.00061$$

である．したがって中性子の質量は 1.0067 となる．質量測定における誤差はアストンがあたえたものである．これらは測定において認められる最大誤差で，最大確率誤差はこれらの値の 1/4 程度であろう†．質量測定での誤差を考慮して中性子の質量を評価すると，1.003 より小さいことはありえず，おそらく 1.005 と 1.008 の間の値であろう◆33．

◆32 これらの質量値には約 0.05 % の誤差がある．

◆33 現在認められている値は 1.008982（±3）である

得られた中性子の質量はそれが陽子と電子とからなることを強く支持している．陽子と電子の質量の和は 1.0078 であるので，中性子の結合エネルギー（質量欠損）は 1 ～ 2×10^{6} eV になるが，これはもっともらしい値である．陽子と電子は小さな双極子をつくっているか，ま

* Chadwick, Constable, Pollard の前掲の論文を見よ．

† B^{10} に対する B^{11} の質量比は Jenkins と McKellar によって光学的方法で検証されている（*Phys. Rec.* vol. 39 (1932), p. 549）．その値はアストンの値と $1/10^{5}$ の精度で一致している．アストンの測定には大きな信頼が置けることを示唆している．

たはさらに魅力的な描像として陽子が電子のなかに埋め込まれていると想像できる◆34．どちらにしても中性子の半径は 10^{-13} cm の数倍のオーダーであろう◆35．

◆34 この描像には理論的な無理がある．

◆35 この値のオーダー（桁）は合っている．

〈この後の中性子と原子核との間の相互作用についての議論は省略する．〉

一般的な注釈

ベリリウムやボロンではない他の元素でも α 粒子の衝撃により中性子を放出するのかどうか調べてみることは興味がある．これまでの実験では，この２つの元素に匹敵するような結果は得られていない．フローリン（フッ素）とマグネシウムでは中性子が放出された事象が認められたが，同条件のベリリウムの場合の1％以下という弱いものであった．ある種の元素は自発的過程で中性子を放出する可能性がある．たとえばポタシウムは β 線の放出と同時に何か透過性の高い放射線を放出することが知られている．しかしそこに中性子が存在しているという確証はない．透過性が高いので，γ 線であるかもしれない◆36．

◆36 この場合この説は確かに正しい．

ただ２つの原子核転換の場合のみ中性子放出があるというのが確からしいとしても，中性子は原子核に共通の構成要素であることを考えなければならない◆37．原子核を α 粒子，中性子，陽子からつくり，結合していない電子は原子核内には存在しないとすることができるであろう．こうすることは都合がよい．よく知られているように核内の電子はそれが外でもつ性質，すなわちスピンや磁気モーメントを失っているからである◆38．もし α 粒子，中性子，陽子が核の構成要素であるとするならば，それらの質量の和と原子核の質量とを比較することによって，質量欠損あるいは結合エネルギーを計算することができる．しかし α 粒子と中性子が核構造のなかで複合粒子なので，こうして計算された質量欠損が原子核の結合エネルギーになるとはいえない◆39．したがってフェザー博士が論じた１種類の崩壊過程の例が，すべてではないことに注意しなければならないだろう．彼は場合によっては質量数２電荷１，すなわちユーリー，ブリックウェッド，マーフィが最近報告している同位体水素が放出される過程もあるかもしれないことを示唆している◆40．

◆37 現在では α 衝撃で中性子が発生する多くの（α-n）反応が知られている．

◆38 もし電子が原子核内にあるとすると，それのもつスピンや磁気モーメントを無視せざるをえない．なぜならそれが存在するという徴候は観測されていないからである．

◆39 α 粒子は原子核の構成要素であるとは考えない．核内では，α 粒子としての個性は失い，それは単に２つの陽子と２つの中性子である．

◆40 これは現在では単に陽子１個，中性子１個と考える．

これまで中性子は陽子と電子からなる複合粒子と仮定してきた．これは最も簡単な仮定であって，それの根拠は，中性子の質量 1.006 が両者の質量の和よりわずかに小さいという事実からである．中性子の構成は素粒子が集まって原子核を構成していく第一段階であるといえるであろう．中性子はより複雑な構成物をつくりあげていく過程を知る手助けになるであろう．このような思考は無駄どころか，実りあるものであろうが，さらに議論を進めていくべきではないだろう．中性子は素粒子の 1 つとも考えられる◆41．しかしこのような考えは，N^{14} などの状態を説明する可能性を除けば，現在では勧められない．

◆41 現在ではこの考えが正しい．中性子は複合粒子ではなく，陽子や電子と同じように素粒子である．

ベリリウム原子核 B^9 に α 粒子が捕獲されたときに起こる原子核転換の議論がまだ残っていた．おもな転換過程は中性子を放出して C^{12} が形成される過程である．キュリー=ジョリオとジョリオ*，またオージェ†およびディーの実験によれば，ベリリウムからは，なにか放射線が放出されていて，それは物質中で高速の電子をつくりだすということは確かである．私はガイガー・カウンターを用いてこの放射を調べる実験をしたが，その結果は電子が γ 線によってつくられていることを示唆していた◆42．そのような放射を生じる異なる 2 つの過程がある．その第一は，Be^9 が C^{12} に転換した際に，C^{12} 原子核の励起状態ができ，それが基底状態に落ちるときに γ 線を放出する．これはたとえば Be，F，Al など，陽子の放出を伴う崩壊の際に起こると考えられている転換に類似している．転換の大部分では，励起状態の原子核をつくる約 1/4 の場合は，一気に残留原子核の最終状態に到達する．したがって中性子には，異なるエネルギーをもった 2 つのグループが存在し，そのエネルギー差が γ 線の量子エネルギーとなる．この量子エネルギーは放出される中性子の最大エネルギー，約 5.7×10^6 eV より小さくなければならない．第二の場合として，たまたまベリリウム原子核が C^{15} の原子核に変化し，その際の余剰エネルギーが放射として放出されることが考えられる．そのときの放射の量子エネルギーは約 10×10^6 eV である．

◆42 コンプトン効果または内部転換の過程によって．

ウェブスターは，ベリリウムがポロニウムの α 粒子の衝撃により 5×10^5 eV のソフトな放射を出すことを観測していることに注意しよう．

---

* *C. R. Acad. Sci. Paris*, vol. 194 (1932), p. 708, 876.

† *C. R. Acad. Sci. Paris*, vol. 194 (1932), p. 877.

この放射は，さきに議論した2つの過程のうちの第一の過程としてよく説明でき，その強度も正しい大きさである．一方でキュリー=ジョリオとジョリオが観測した電子は $2 \sim 10 \times 10^6$ eV のエネルギーをもち，またオージェは 6.5×10^6 eV の電子を1例観測している．これらの電子は第二種の転換でつくられた硬い（エネルギーが高い）γ 線によるものであろう*．

上記の値より大きなエネルギーの電子は観測されていない．このことは我々の研究室でオッチアリーニ博士（Dr. Occhialini）が実験で確かめている†．ロッシ（Rossi）が発明した方法◆43，すなわち平面上に2つのチューブ・カウンターを置きコインシデンス（同時信号）の数を計測する．ベリリウム放射源を，その放射が2つのカウンターを通り抜けられるように面上に置く．しかしコインシデンスの数は増加しなかった．これは2つのカウンターの窓を合わせて4 mm 厚の真鍮板を通り抜けられるエネルギー，6×10^6 eV 以上をもった β 線はあったとしても非常に少ないことを意味している．また通常の実験条件では中性子はチューブカウンターにコインシデンスを起こすことはまれであることも示している．

◆43　ロッシのコインシデンス法は，1つの粒子が2つの検出器をほぼ同時に通過したことを決定づける電気的検出法である．

この論文の結論として，調べられた放射線の効果は，放射量子（γ）ではなく中性の粒子によるものと推定できることを再度述べたい．第一に原子核衝突を説明できるほどの量子エネルギーをもった放射の存在を電子衝突から示す証拠がないこと，第二に量子仮説◆44はエネルギーおよび運動量の保存則を破らなければ成立しないことがいえる．他方，中性子仮説は実験事実を容易にかつ簡単に説明できる．それは自己矛盾がなく，原子核の構造の問題に新しい光を投射している．

◆44　放射量子（γ）が放出されるという仮説．

ま　と　め

ベリリウムおよびボロンがポロニウムの α 線に照射されて放出する透過性の高い放射線の性質が調べられた．結論はこの放射線はこれま

*　確かに速い電子の存在はこのようにして説明されるが，それだからといって中性子からの二次過程から生じるという可能性を忘れてはならない．

†　Rasetti, *Naturwiss.*, vol. 20 (1932), p. 252 も参照せよ．

で考えられていたような量子（電磁放射）ではなく，質量数1，電荷0の中性子であるということである．実験事実は，中性子の質量は1.005 ～ 1.008の間にあることを示している．このことは，中性子は陽子と電子が強く結合したもので，その結合エネルギーは2×10^6 eVと推定される．中性子の物質内の飛程の実験から，原子核や電子との衝突の頻度が論じられている．

実験を手伝ってもらったナット（H. Nutt）氏に感謝する．

補 遺 文 献

Dampier, W. C., *A History of Science* (New York: Macmillan, 1946), pp. 419ff.

Holton, G., and Roller, D. H. D., *Foundations of Modern Physical Science* (Cambridge, Mass.: Addison-Wesley, 1958), Ch. 38.

Jones, G. O., Rotblat, J., and Whitrow, G. J., *Atoms and the Universe* (New York: Scribner's, 1956), Chs. 1–3.

Rutherford, E., Chadwick, J., and Ellis, C. D., *Radiations from Radioactive Substances* (Cambridge, Eng.: Cambridge University, 1930).

補編 1

ジェームズ・クラーク・マクスウェル

James Clerk Maxwell　1831-1879

電　磁　場

The Electromagnetic Field

物理学分野における数々の貢献のなかでも，その体系を構築するのにとくに役立った2つの業績を取りあげることができる．17世紀の末にニュートンはプリンキピア（第4章参照）を出版したが，そこではそれまでに知られていた力学的事象のすべてを，いくつかの簡単な数式で統一的に表現した．サブアトミックな世界での高速の運動では，相対論的扱いが必要とされることを除けば，ニュートンの運動の諸法則は，今でも力学の基本となっている．ニュートンの時代には，光の性質については，まだほとんど知られていなかった．フランクリン，ギルバートその他の人たちによって，静電気的現象，静磁気的現象はいくつか知られていたが，電気と磁気の間の関係，あるいはこれらと光との関係については，後世になってはっきりした事実には思いも及ばなかった．ほぼ2世紀も経ってから，マクスウェルは，ニュートンが力学でした仕事と同じことを電磁現象に対して行ったといえる．光・電気・磁気にかかわる事象（すべてではないが）を集め，これを現在マクスウェル方程式として知られる数式に表した．そこでは「エーテル」についての統一的な見解が強調されており，電磁気学全般にわたる基礎が構築されている．彼は空間を伝搬する電磁的な波があることを予言したが，これは後にヘルツによって実証された（第13章参照）．マクスウェルは物理学のなかの他の分野，たとえば気体の運動論の分野でも同じ程度に成功を収めている．

ジェームズ・クラーク・マクスウェルは1831年6月13日にスコットランド，エディンバラの裕福な家庭に生まれた．それはまさにファラデーが電気学で最も重要な発明を続けているときであり，レンツが電気誘導の原理にたどりつく数年前の時期であった．また彼が育った時代は物理学の分野では，電気学，熱力学，運動学などが進展し，そしてヘルムホルツ（Hermann von Helmholtz，1821-1894）がエネルギー保存の原理を明快に定式化するなど顕著な業績をあげていた．

マクスウェル少年は学問好きではあったが，決して天才肌というわけではなかった．10歳でエディンバラ・アカデミーに入学するまでは，個人的に教育を受けた．出だしは遅かったが，やがて素晴らしい才能を示すようになった．数学に秀でていたが，英文の詩をかくのも得意で，これは生涯を通して友人たちを楽しませた．アカデミーで6年，エディンバラ大学で3年を過ごした後，マクスウェルはケンブリッジに赴き，トリニティ・カレッジで特待生となり，1854年には名誉ある学位を受けることになる．

彼はその後もトリニティに残り，ファラデーの仕事について学び，また数学，幾何光学，色彩論に関する彼自身の研究を続けた．1856年にアバディーンにあるマーシャル・カレッジの自然哲学の教授に選ばれる．そこで数理物理学分野での素晴らしい貢献の第一歩を完成させることになる．それは土星の環の安定性についての研究で，アダムス賞（Adams Prize*1)）を受ける．これは同世代の仲間たちのなかで，彼を最前線に位置づけることになった．またここで彼は気体運動論に興味をもち，マクスウェル分布として知られる気体中の分子の速度分布の問題を解決する．この重要な法則の理論的な証明は，その後批判を受けなかったわけではなかったが，最終的にこれが正しいことは疑いない．

1860年，マクスウェルはロンドンのキングス・カレッジの自然哲学の教授に採用された．その後の5年間は彼にとって最も創造的な時期であった．色彩論を完成させ，電磁理論を進展させ，気体の運動論に対してさらに新しいものを付け加え，空気の粘性の温度・圧力への依存性を実験的に調べた．この最後のテーマは，マクスウェルが1866年の初めに王立協会で行ったベイカー講義の課題である．

その年に論文「気体の運動力学」(Dynamical Theory of Gases）を出版するが，そのなかで，さきにクラウジウス（Rudolph Clausius, 1822-1888）によって指摘されていた誤りを訂正している．スチュワート（B. Stewart）とジェンキン（F. Jenkin）とともに，オーム（ohm）の絶対値を決める実験を積極的に行ったのもこの時期である．

1865年度の学期末にマクスウェルは教授職を退き，科学の研究と，そして彼がとくに興味をもつイギリス文学の研究に没頭するようになる．その後数年の間に，

*1) 1848年に創設された，審査員が定期的に出題する科学的に重要な課題に対する最高の回答に対してあたえられる賞．

電磁気学の古典的な扱いの主要部分を完成するが，それは1873年までは出版されなかった[*2]．退職したといっても，彼はケンブリッジ大学に物理学研究所を設立し，実験物理学の講座をつくることに意見を述べ，積極的に支持していた．1871年，大学はこれを認証し，実験物理学の教授と新しく設立したキャヴェンディッシュ研究所の所長にマクスウェルを指名した．この研究所はケンブリッジに所属した最も優れた実験家，ヘンリー・キャヴェンディッシュにちなんで名づけられたものである（第6章を参照）．

つづく数年間，マクスウェルは新しい研究所の建築と内容の充実に時間を使った．研究所が正式に開所したのは，1874年であるが，すぐに世界の優れた研究所の1つに数えられるようになった．この時期の彼の興味は，もっぱら講義とキャヴェンディッシュの論文集を編纂することにあった[*3]．キャヴェンディッシュの未出版の電気に関する理論的，実験的研究は，その独創性と，後に余人によって発見される事実に対する先見性とで，マクスウェルに強い印象をあたえた．マクスウェルの最高の成功は，もちろん電磁場の理論であるが，そこに書かれた数々の事項のなかでも，光が電磁気的現象であることを示したことである．電気と磁気は対等に扱われ，電気的な波がエーテルのなかを伝搬するようすを示した．残念なことに彼はこの予測が実験的に証明されるのを，目にすることができなかった．彼は人生の最盛期，1879年11月に没するが，それはヘルツが電磁波の存在を証明する8年前のことであった．マクスウェルの天才的な才能が世に認識され，その名声が長く続くことになったのは，その時である．

マクスウェルの物理学に対する貢献は，彼がある特定の問題を解決したということをはるかに超えるものである．彼の誕生を記念する式典で，アインシュタインはこう指摘している．

> マクスウェル以前には，自然界で起こることを表現する“物理学的真実”とは，物質粒子が偏微分方程式で表される運動によって変化することだと考えられてきたといってよいだろう．マクスウェル以降は，“物理学的真実”は偏微分方程式に支配される連続場で表されると考えられるようになった．そこには力学的な説明は適用

---

*2)　J. C. Maxwell, “*A Treatise on Electricity and Magnetism*”, (1st ed. 1873; 2nd ed. 1881; 3rd ed. 1891; 3rd ed. reprinted by Dover: New York, 1954).

*3)　J. C. Maxwell, “*The Electrical Researches of the Hon. Henry Cavendish*”, (Cambridge, Eng.: Cambridge University, 1879).

されない．“真実”の概念のこの変更は，ニュートン以降に物理学が経験した最も重要なそして実り豊かなものである．……

マクスウェルは，ファラデーの電気現象の概念に数学的な表現をあたえた．それは，それまでに知られていた電気的および磁気的現象のすべてを含んだ一連の方程式である．すなわちこの方程式は，電場および磁場，電荷，電流，および電磁場をつくりだす時間的に変化する電流などの間の定量的な関係をあたえる．電荷の間の力についてのクーロンの法則，それに対応する磁極の間の力の法則（本書の第5章），エルステッドの電流がつくる磁気効果（第9章），電磁力についてのアンペールの仕事，電位差がある導体中の電流に関するオームの法則，ファラデーの電磁誘導の法則（第10章）そしてもちろんレンツの法則（第11章）などのすべてをこの方程式は含んでいる．さらにそれ以上に，マクスウェルの電磁波についての仮説，すなわち振動する電流からは，自由空間を光の速度で伝わる電気的な波が発生するということまで含んでいる．マクスウェルの方程式は，ある時刻に空間の1点で，電気，磁気の力があたえられれば，将来の時点の電磁場をすべて計算することができる．ファラデーは，電場磁場に特徴的な（そして重力場にも同じく適用できる）遠く離れた点に働く作用を，電荷あるいは磁極の周囲をとりまく力学的なつながり，すなわち力線で考えると便利であることを発見した．かくして媒質とは，電場および磁場が占める席であることになり，その効果は真空の空間にも伝わるであろうから，媒質は普通の意味での物質でなくともよいことは明らかである．電場や磁場が伝わる弾性波の場エーテルは，何か物質がないと媒質というものを考えにくいため，流体の物理学から類推されたものである．実際マクスウェルの方程式と流体力学の方程式の間には，その構成や適用範囲に類似点がある．マクスウェルにより前提とされたエーテルは，相対論により明らかにされた矛盾のため，もはやよい物理的な概念ではないけれど，観測に基づいた電磁場のアイディアは，重要な概念として残り続けている．

マクスウェルの理論が導く純粋に電磁気的な結論の域を超えて，いくつかの際立った考えが存在する．彼は閉ざされた回路内の全電流の連続性を仮定した．またエネルギーは導体のなかにあるのではなく電磁場のなかにあると考えた．彼は光のエーテル（luminiferous ether，光が伝播する媒体）と電磁波の媒体とが同じものであることを示し，したがって光は電磁現象であると結論した．そして電荷が媒質内を流れる際の，電荷の運動に加えて，自由空間内の変位電流

(displacement current) の概念を導入した．彼の説明によれば，この電流は電磁媒体の“変位”で，弾性媒質の応力や歪に相当し，これが電気的磁気的力を生じさせるとした．

後に掲げる抄文はマクスウェルがキングス・カレッジの時代に書いた初期の論文，「電磁場の動力学的理論」(A Dynamical Theory of the Electromagnetic Fields), *Phylosophical Transactions*, vol. 155 (1865), p. 459 からの抜粋である．

✣ ✣ ✣

マクスウェルの“実験”

I. 序　　文

(1)　電気磁気の実験で最も目立つのは，互いにかなり離れて静止している２つの物体の間に相互作用が働き，動き出すことである◆1．この現象を科学的な形式で表現するためには，まず第一段階では，２つの物体に働く力の大きさと方向とを明らかにすることである．そしてこの力が，２つの物体の相対的な位置と，電気的磁気的状態にどのように依存するか明らかになったとき，電気的あるいは磁気的状態を構築し，しかも離れた距離で数学的法則にしたがい作用し合うことが可能になる“なにものか”の存在を仮定して説明するのが，自然に思われる．

◆1　いわゆる遠隔作用による現象である．

このようにして静電気の，磁気の，電流が流れる２つの導体の間の力学的作用の，そして電流の誘導についての数学的な理論が構築される．これらの理論では２つの物体の間に働く力は，物体の状態とその相対的位置にのみ関連し，取り巻く周囲の媒質は考慮されない◆2．

◆2　したがってこれは場の理論ではない．

これらの理論は多かれ少なかれ表立った物質の存在を仮定している．そしてその粒子は離れた距離で，引力または斥力の相互作用をする性質をもっている．この種の理論のなかで，最も完全に展開された理論はウェーバー[1,◆3]が展開したものであろう．彼の理論には静電気現象と電磁現象の両方が含まれている．

しかしながら彼はこれらの２粒子間の力は，その間の距離のみでなく，相対的な速度にも依存すると仮定する必要があることを見出した．

ウェーバーとノイマン（C. Neumann）[2]によって展開されたこの理論はたいへん優れており，かつ驚くほど普遍的で，静電現象，電磁的引力，誘導電流，反磁性現象[◆4]などに適応できる．そして電気科学の実用面すなわち，つじつまの合った電気単位系の構築，電気量の精度高い測定などに携わる人たちの権威ある指導原理となることに役立った．

(2)　しかしながら，粒子間の力が離れた距離で働き，しかも粒子の速度に依存するという仮定をもつこの理論には，構成上の困難がある．この理論は，さまざまな現象を整理するのに役立ってきたし，まだこれからも有用であることは認めるが，これが最終的な理論であると考えるには躊躇せざるをえない．

そこで私は現象の説明を，他の方向に求めたいと思う[◆5]．目に見えるほど離れた[◆6]２体が直接力を及ぼし合うという考えを捨てて，他体からの作用は，自体を取り囲む媒体から受けるものと考えたいと思う．

(3)　私が提案しようという理論は，電磁場の理論といってよいだろう．なぜなら電気または磁気を帯びた物体の周りの空間を扱うからである．またダイナミックな理論［訳注：理論に時間的概念が，露わに入っているということか］とでもいうべきかもしれない．電磁現象が観測される空間には，変動する［訳注：原文では in motion であるが，空間的な位置を変える運動にかぎらない］“何か”があるからである．

(4)　電磁場とは，電気的あるいは磁気的状態に置かれた物体を内蔵し，取り囲んでいる空間の部分である．この空間は何らかの物質で満たされていてもよいし，あるいはまたガイスラー管[◆7]のなかや，いわゆる真空のなかのような，物質を何も含まない空間とあえて設定することもできる．

---

[1] Electrodynamische Maassbestimmungen, *Leipzic trans.* (1849), vol. i, and Taylor's *Scientific Memoirs*, vol. 5, art. xiv.

[2] “*Explicare tentatur quomodo fiat ut lucis planum plarizationisper vires electricas vel magneticas declenetur.*” Halis Saxonum, 1858.

◆3　ウィルヘルム・ウェーバー（Wilhelm Weber, 1804-1891）は，当時知られていた電気現象に関する知識を広範囲に取りまとめることを試みた最初の人である．その仕事のなかで，彼は光の速度は電気量の単位に関係しているのではないかということを見出した．この考えは後にマクスウェルにより満足がいくように発展させられる．

◆4　反磁性物質とは透磁率が１より小さい物質で，常磁性物質とは逆に，磁場の強い場所から弱い場所に向かって動く．鉄のように，常磁性が強い物質は強磁性といわれる．

◆5　マクスウェル（そしてファラデーも）は，離れた２物体間に力が働くためには，その間に力を中継する物質がなければ難しいと考えていた．

◆6　原文にある sensible を appreciable と考える．

◆7　ハインリヒ・ガイスラー（Heinrich Geissler, 1814-1879）は，チュービンゲンの名の知れたガラス工で，放電実験のために気体をわずかしか含まないガラス管を製作した．

しかし空間には，光や熱の波動を受け取り，送り出すに十分な何かが常にあるのではないか．なぜならこの透明な物質の密度が，いわゆる真空に近い密度となっても，放射の伝搬にはさして変化がないからである．すなわち我々は，波動とは非常に希薄な何かの波動であって，しっかりしたものの波動ではないのだということを認めざるをえない．そのものはあっても単にエーテルの運動をわずかに変化させるだけにすぎない◆8．

したがって光や熱の起こす現象から，我々はつぎのことを信ずるべき理由があると思われる．すなわち，この空間は何か希薄なもので満たされているが，これは物体に対しては透明である．それは運動を起こすことができて，その運動をある場所から別の場所へと移送し，その運動を伝えることで，具体的な物質を熱したり，さまざまな方法で影響をあたえたりすることが可能である．

(5)　さて物体を熱するなどの手段で，伝えられるエネルギーは，この運動する媒質のなかに確かに存在する．なぜなら熱源に存在していた波動はしばらくのちに物体に伝達された．この間にエネルギーは，半分は媒質の運動のなかに，半分は弾性的な復元力のなかに蓄えられていたことにならなければならない◆9．このことからトムソン教授(W. Thomson)◆10は，この媒質はふつうの物質と同じ程度の，あるいは少なくともその下限程度の密度をもつと考えた[3]．

(6)　我々が扱うのとは別な科学の1分野からもたらされた1つのデータとして，空間に充満したこの媒質の存在を我々は受け入れる．この媒質は小さいけど確実に密度をもっており，運動を起こし，これを1か所から他の箇所へ，無限ではないが，しかしかなり大きな速度で伝達することができる◆11．

この媒体の各部分は，1部分の運動が残りの部分の運動に依存するというかたちで結びついている．さらに運動の伝達が瞬時ではなく，有限の時間を要するということから，結びつきが，ある種の弾性体の性質と同じであるといえる．

◆8　マクスウェルは，光の速さは物質のなかで遅くなる（たとえばガラス中では空気中の速さの2/3になる）という事実があるにもかかわらず，その変化はガラス自体の分子が運動を起こすに足るほど大きくないと考えた．

◆9　もしこの媒質がスプリングのような弾性体の性質をもっているとすると，弾性的復元力とは圧縮されたり伸ばされたりしたときに蓄えられるポテンシャルエネルギーである．

◆10　ウィリアム・トムソン，ケルヴィン卿(1824-1907)は，主として熱力学の発見者として知られているが，電気学の分野でも多くの仕事を残している．

◆11　この結論が電気学からもたらされたのではなく，光や熱の伝搬の考察からもたらされたという事実は，より広い分野で，有効な考え方であることを示す．

[3] "On the Possible Density of the Luminiferous Medium, and on the Mechanical Value of a Cubic Mile of Sunlight", *Transactions of the Royal Society of Edinburgh* (1854), p. 57.

したがってこの媒体は，2種類のエネルギー，すなわち運動に依存する“実際の”◆12のエネルギー［訳注：運動エネルギーのことであろう］と，弾性によって，変形から回復するときの仕事からなるポテンシャル・エネルギー，を受けとったり，蓄えたりできる．

波動の伝搬は，このエネルギーがある形態から，他の形態に交互に，連続的に移り変わることである．そしてどの瞬間でも媒体全体では，エネルギーは運動エネルギーと弾性的エネルギーに等しく半々に振り分けられている◆13．

(7)　このような機能をもつ媒体は，おそらく光や熱現象を引き起こすものとは違った運動や変位を引き起こす能力があるだろう．これら媒体は，それが引き起こす現象によってはじめて我々に認知される類のものである．

(8)　さて我々は，光学的に活性の媒体は磁気によって何らかの作用を起こすことを知っている．ファラデー[4]は偏光した光が，透明な反磁性体中を，磁化または電流によってつくられた磁力線の方向に進行すると偏光面が回転することを発見した◆14．

この回転の方向は，正電荷が反磁性体のなかを円を描いて流れたとき，実在する磁化をつくる方向である．

ヴェルデ（E. Verdet）[5,]◆15は，反磁性体の代わりに，鉄の酸化物の溶液のような常磁性体の場合には，回転方向は逆になることを見出している．

さてトムソン教授[6]は，この媒体は光との相互作用のための振動のほかには，各部分間に働く力は存在しないとしても，現象◆16を十分説明できるが，磁化に関係する何らかの運動の存在は認めてもよかろうと指摘している．

たしかに偏光面内の磁気による回転は密度の高い物質内で起こっている．しかし磁場の性質は，媒質が変わっても，あるいは真空でもそんなには変わらないであろう．密度の高い媒質はエーテルの運動を単に若干変えるぐらいなものと，考えてもよかろう◆17．したがって磁気

◆12　“actual”はkineticをさす［訳注：すなわちここでは運動のエネルギーを意味する］．

◆13　どんな振動系でも運動エネルギーとポテンシャルエネルギーは常に交換し合っている．たとえば音の伝搬の場合にも同じことが起こっていて，音が伝わる媒質内では，いつでもエネルギーの半分は運動エネルギー，半分はポテンシャルエネルギーである．マクスウェルはこれのアナロジーを電磁場の媒体の性質に取り入れた．

◆14　ファラデー効果と呼ばれている．

◆15　Emile Verdet (1824-1866)．ヴェルデ定数は，光が単位の強さの磁場の中を，単位の距離進んだときの回転角を表す．

◆16　ファラデー効果のこと．

◆17　実際には，ファラデー効果は媒質の性質に強く依存する．これは原子の構造と関係して説明される．磁場中で電子の軌道が，光の偏光方向を変えるほど歪められるのである（偏光した光では，その振動は1つの面（偏光面）内に限られている）．

4　*Experimental Researches*, Series 19.

5　*Comptes Rendus*, (1856年後半), p. 529; (1857年前半), p. 209.

6　*Proceedings of the Royal Society*, 1856年6月, 1861年6月.

効果が観測される場合にはいつでも，エーテル媒質の運動が引き起こされているのかどうかを問うべき根拠があるのである．そしてこの運動は磁気力を軸とする回転の１つだと考える理由があるのである．

(9)　さてここで電磁場で観測されるまったく別の現象を考えよう．物体が磁力線を横切って運動すると起電力◆[18]と呼ばれるものが生じる．物体の両端は逆に帯電して，物体中に電流が流れようとする．この起電力が十分に大きく，それが何らかの複合体に働くと，これを分解し，その１つの片は物体の一方の端へ，他の片は物体の他方の端へと追いやられる◆[19]．

ここに我々は，抵抗に逆らって電流を生じさせる効果を見出した．物体の両端は逆の符号に帯電する．この状態は起電力がある間持続する．それがなくなるとただちに大きさが等しく方向が逆の電流が物体を流れ，物体を初めの状態に戻す．この力が十分強いときには，化学化合物を引き裂き破片を逆方向に追いやる．化合物は結合状態にあるのが自然で，そしてこの結合力は逆向きの電気的な力を発生しうるのであるが．

これが，物体の運動に伴い，あるいは電磁場自身が変化したことにより物体に作用する力である◆[20]．そしてこの力は電流を生じさせ，物体を加熱するか，物体を解体するか，そのどちらもできないときは物体を分極状態にする．分極とは一種の強制状態で，両端が逆符号に帯電する．力が取り除かれればただちにもとの状態に回復する．

(10)　これから私が提案しようとする理論によれば，この“起電力”は媒体のなかで運動が１か所から他の箇所に伝達されるときに働く力である．つまり１か所の運動が他の箇所の運動を引き起こすのはこの力による．起電力が回路のなかで働けば，電流が生じる．そして電気抵抗があれば，持続的に電気的エネルギーを熱に換える．この熱は，いかなる過程によっても，もとの電気的エネルギーにもどることはできない．

(11)　この起電力が誘電体のなかで働くと，ちょうど鉄が磁石の作用で分極するのと同じような分極状態をつくりだす．この状態は，磁気分極の場合と同じように，それぞれの粒子が反対の場所で反対の極をもった状態であるということができる[7]．

誘電体のなかで，起電力が働くと，それぞれの分子は一端が正に，

◆[18]　誘導起電力．

◆[19]　電解効果．ファラデーが発見した．

◆[20]　この逆向き電流は，レンツの法則が予言する．誘導起電力を生じさせるには，場と物体が相対的に運動する必要は必ずしもなく，場が変化するだけでもよい．

他端が負に帯電するように変位するといえよう．しかし電荷はその分子のなかにとどまっていて他の分子に移ることはない◆[21]．誘電体に働くこの作用の効果は全体としてみれば，ある方向に電荷の変位をつくることである．しかしこの変位は一定の電流をつくらない．変位がある値に達すると，そのままの値にとどまる．しかしはじめの間は変位が増加するか減少するかにしたがって，正か負の方向に電流が流れる．誘電体の内部では，帯電しているようすはない．なぜならそれぞれの分子の表面の帯電は，隣の分子の表面の逆方向の帯電と打ち消し合うからである．しかし誘電体の境界面では，打ち消し合う電荷がないから，正または負に帯電していることになる．

◆[21]　電荷の変位は分子自身の運動を伴うことはない．分子のなかの電子の軌道がわずかに変化するだけである．全体としてみれば，対象を誘導によって荷電することに似ている．

起電力とそれがつくりだす電気変位の関係は誘電体の性質に依存する．同じ起電力でも，一般にガラスや硫黄など固体の誘電体には，空気などより，大きな電気変位をつくりだす◆[22]．

◆[22]　固体の誘電率は空気の誘電率より大きいというのと同じである．

(12)　さてここで，起電力のその他の効果について，認識しよう．電気変位は我々の理論によれば，力の作用に対する弾性体の応答のようなものであるが，組織の完全な剛性が欠如しているために構造や機構のなかに起こる現象に似た側面もある．

(13)　誘電体の誘導容量◆[23]については，2つの妨げになる現象によって，実際の考察が難しくなる．その1つは誘電体の伝導率で，それは非常に小さい値とはいえ，まったく感じられないわけではない◆[24]．第2の現象は電気吸収と呼ばれるものである[8]．誘電体に起電力が働く際に，この効果のために電気変位がゆっくり増加し，起電力がとりのぞかれても誘電体はただちにはもとの状態にもどらない．帯電した電荷の一部が放電されるだけで，内部の分極は解消されても，表面には電荷が残される◆[25]．ほとんどの固体誘電体にこの現象が起こり，ライデン瓶の残留電荷とか，ジェンキン氏が報告している[9]電気ケーブルでみられるいくつかの現象がそれである．

◆[23]　比誘電容量は誘電率として知られている．

◆[24]　もし誘電体が自由電荷をもっていると，場の作用でこれが動き出すが，このため仮想的な誘電率が生じる．

◆[25]　分子摩擦の大きい固体では誘電体内の分極の解消が妨げられる．ある種のワックスでは，束縛された電荷は永久磁石の場合のように，持続的である．これらはエレクトレットと呼ばれる．

(14)　ここで完全な誘電体が示す現象の他の2つの現象について，

---

[7] Faraday, *Exp. Res.*, Series XI; Mossotti, *Mem. della Soc. Italiana* (*Madena*), vol. xxiv, part 2, p. 49.

[8] Faraday, *Exp. Res.*, pp. 1233-1250.

[9] *Reports of British Association*, 1859, p. 248: and *Report of Committee of Board of Trade on Submarine Cables*, pp. 136 and 464.

完全弾性体の場合と比較しながら述べよう．伝導率による現象は粘性流体（流体は大きな内部摩擦をもっている◆26）の現象あるいは柔らかい固体で，わずかな力でも働いている間は変形し，もとにもどらなくなる現象と対比される．電気吸収と呼ばれる現象は，空洞に液体を含んだ隙間の多い弾性体に対比される．圧力が加わると液体が浸み出ながらしだいに圧縮されるが，圧力が取り去られても，すぐにはもとの形にはもどらない．完全な平衡を回復するまでには，固体の弾性率が徐々に液体の抵抗にうちかっていかなければならないからである◆27．

何種類かの固体では，いま考えてきたような構造はもたないにしても，同じような力学的性質[10]をもつものがある．そしてこれらは，もし誘電体なら，力学的性質に似た電気的性質をもつであろうし，もし磁性体なら磁気分極ができ，維持され，また消滅する際に，同じような経過をたどるであろう◆28．

(15)　したがって電気，磁気におけるいくつかの現象から，光学の場合と同じ結論が得られる．すなわち何か非常に希薄な媒体がすべての物体のなかに浸透していて，しかしそれがあることによる影響はほとんどない．この媒体の運動は電流または磁石で引き起こされる．そしてこの運動は1か所から別の箇所に，それぞれが結ばれていることからくる力により伝達される◆29．これらの力の作用のもとでは，組織の弾性率に依存するような結果が現れる．そしてエネルギーは2つのかたち，すなわち部分が運動するエネルギーと，弾性によるポテンシャルエネルギーのかたちで，媒体のなかに蓄えられる．

(16)　かくして我々は，多種類の運動を起こすことが可能な複雑なメカニズムの概念に到達する．ある箇所で起こる運動は，決まった関係式を通して他の箇所の運動に依存している．弾性があるので1か所に起こる変位から生じる力によって，他の箇所に信号が伝達される◆30．このようなメカニズムは，ダイナミクス（Dynamics，時間に依存する力学）の一般的な法則にしたがわなければならない．そして我々は，各部分の運動の間の関係式を知ることができれば，運動についてのすべての結論を導き出すことができる．

◆26　粘性率が大きいこと．

◆27　マクスウェルが使った力学的なアナロジーはそれなりに役に立つが，今ではこれらの現象は，分子間力や熱による配向の乱れによって説明される．

◆28　ある種の物質で，このようないわば力学的“記憶”が観測されることはあるけれど，これらと電気的性質，磁気的性質との間に明らかな相関があるわけではない．

◆29　あたかも弾性流体のように．

◆30　遠く離れていて作用が伝わるという不思議な考えは，1点から1点へと力学的につながっているという，より合理的な考えに置きかえられたことになる．しかしそのためにはこの媒体がなんらかの性質を付与されていることが要求される．

[10] たとえば糊や糖蜜などでできた小さな固形物を変形したとき，ゆっくりともとの形にもどるようなもの．

(17)　導体回路のなかに電流が流れると，周囲の場にある磁気的性質が現れることが知られている◆31．場に回路が2つあると，それぞれが場につくる磁気的効果は結合する．したがって場の各点はそれぞれ2つの電流に結合しており，そして2つの電流は，場の磁気的効果の結合を通して互いに結合していることになる．このような結合から得られる第一の結論として，1つの電流に他の電流が引き起こす誘導効果，あるいはまたこのような場のなかで導体が運動することによる誘導効果を調べよう．

◆31　エルステッド(Ørsted)により発見された．

同じく導かれる第二の結論は，電流を流している2つの導体の間に働く力学的作用である．ヘルムホルツ[11]◆32とトムソン[12]は電流の誘導現象をこの力学的相互作用から導いた．私は逆に誘導の法則から力学的作用を導く．そこでこれらの現象にかかわる係数L，M，Nを決める実験的方法について記述する◆33．

◆32　ヘルムホルツは，エネルギーの保存原理につき最初にかなり確実な表現をあたえた．これは“電磁現象に等価な力”という概念を持ち込むことに基づいている．

◆33　L，M，Nは誘導現象の係数で，導体の幾何学的位置関係に依存する．

(18)　そこで電流が示す誘導や引力の現象を適用して，電磁場の問題を吟味し，また磁場の性質を具現するところの磁力線の構成の基礎を明らかにしよう◆34．磁石がつくるのと同じ場を調べることで，磁力線を直角に横切る等磁位面の分布のようすを示そう．

◆34　力線の考えはファラデーにより最初に導入された．その方向は磁場の向きで，場の強さは単位面積を通る，力線の数で表される．

記号による計算の範囲でこれらの結論を導くために，これらを**電磁場の一般的な方程式**の形で表現しよう．これらの方程式は次のことを表現している．

(A)　電気変位，伝導電流，そして両者を合わせた全電流．

(B)　磁力線と回路の誘導係数との関係，これはすでに誘導の法則から導かれたものである．

(C)　電磁場の計測法にしたがった，電流の強さと磁気効果の間の関係．

(D)　場のなかを物体が動くことにより，また場自身の変化，および電位の場所場所での変動による物体のなかに生じる起電力の大きさ．

(E)　電気変位とそれをつくりだす起電力との関係．

11　“Conservation of Force”, *Physical Society of Berlin,* 1847; and *Taylor's Scientific Memories,* 1853, p. 114.

12　*Reports of the British Association,* 1848; *Phylosophical Magazine,* 1851年12月.

(F) 電流とそれをつくりだす起電力との関係.

(G) 任意の点における自由電荷の量とその近辺の電気変位との関係.

(H) 自由電荷の増加・減少と周囲の電流との関係.

これらの式は全部で20あり，したがって同数の変数がある◆[35].

(19) これらの量を使って電磁場固有のエネルギーを任意の点の電場・磁場に依存する形に表現しよう.

これを使って，第一に電流を流しうる可動な物体に，第二に磁極に，第三に帯電した物体に働く力学的な力を決定しよう.

この最後の帯電した物体に働く力学的力は静電気学的に電気的測定の方法で独立に求められるものである．これらの2つの方法で使われる単位の間の関係は，私が媒体の電気的弾性と呼んだものに依存する．それはウェーバーとコールラウシュ（Kohlrausch）が実験的に決定した"速度"でありうる◆[36].

ここで私は，コンデンサーの電気容量と誘電体の誘電容量の計算の仕方を述べよう.

異なる電気抵抗，誘電容量をもつ物質の層でできたコンデンサーの場合をつぎに検討する．そこでは電気的吸収と呼んだ現象，すなわちコンデンサーが急に放電した場合に，しばらくの間，残留電荷が残る現象がみられるだろう◆[37].

(20) つぎに非伝導性の場を伝わる磁気的擾乱について一般式を適用する．擾乱は進行方向に速度 v をもって伝搬する．これはウェーバーが実験により求めたが，1つの電磁単位のなかに含まれる静電単位の数を意味している◆[38]［訳注：電荷の静電単位と電磁単位の換算のための比が光速の数値になっている］.

この速度の値が光の速度に非常に近い値になるので，光そのもの（熱の放射あるいは何でも放射であれば）が，電磁気学の法則にしたがって，波の形で電磁場中を伝搬する電磁的擾乱であると結論する有力な根拠となる．もしこれが正しいとすれば，媒体の弾性について，光を発する速い振動から計算されるものと，もっと遅い電気的実験過程◆[39]でみられるものとがよく一致することから，空気より密度の高いいかなる物質にも妨げられないときには，媒体の弾性的な性質は，ほぼ完全でかつ秩序だっているものといわなければならない．もし同

◆[35] マクスウェルの基礎方程式は偏微分を含む4つの連立した微分方程式で書かれる．成分（ベクトルの）で書くと数はもっと多くなるが，短縮した書き方でも簡単な式ではない.

◆[36] 光の速度ということがわかる．電磁気量の比が光の速度になるという事実は，光がマクスウェルのいう電磁気的な性格のものであるという有力な証拠である.

◆[37] 不均一な誘電体で起こるこの現象は，後にワグナー（Wagner）により発見され，いまではマクスウェル-ワグナーのメカニズムと呼ばれる.

◆[38] ウェーバーは電気抵抗を質量・長さ・時間の単位の組み立てで表すことを導き，それがちょうど速度の単位になっていることを発見した.

◆[39] 光の周波数は電気的波動に比べれば，はるかに高い，すなわち波長ははるかに短い.

じような弾性的性質を，高密度の透明な物体がもっているとすると，屈折率の2乗が比誘電容量と磁気容量◆40の積に等しくなる．導電性の媒質は放射を急速に吸収する．したがって一般には不透明である．

◆40 磁気透磁率のこと．マクスウェルは後にこの量を磁気誘導係数と呼んだ．

磁気的擾乱が，法線方向ではなく，横波として伝搬することは，ファラデー教授が「光線の振動についての考察」[13]のなかで言及している．彼の提示にしたがうと，光の電磁的理論は，1846年当時は，伝搬速度を計算できるようなデータは一切なかったという点をのぞけば，私がこの論文で展開する理論とまったく同じ課題である．

(21) 2つの円形電流の間の相互誘導の係数とコイルのなかの自己誘導の係数の計算に一般的な理論を適用しよう．電流の流れ始めで，電線の各部分での電流の一様性がないことを考察し，はじめは私はそう信じていたのであるが，その結果として自己誘導係数を修正することに気付いた◆41．

◆41 マクスウェルはこれらのことを彼の方程式を提示する際に付け加えた．電流の流れ始めでの過渡的な効果の研究は後に電磁気学の大きな課題に成長した．

電気抵抗の標準に関する英国協会の委員会（Committee of the British Association on Standards of Electric Resistance）が行った実験で使われたコイルの自己誘導係数について，私の計算が適用され，実験値と計算値との比較が行われた．

II. 電磁誘導

電流の電磁モーメンタム（運動量）◆42

◆42 ファラデーはこの量をエレクトロトニック状態（electrotonic state）と呼んだ．

(22) 電流の付近にできる場の考察から始めよう．よく知られているように，場のなかで磁気力が励起される．その方向と大きさは，電流が流れている導体に関するよく知られた法則により決まる．電流が増すとそれに比例してすべての磁気的効果が増す．さてもし磁気的状態が，媒体の運動に依存するならば，この運動を増加させたり減少させたりする何らかの力が働くはずである．そして運動が励起されると，運動は電流とその周囲の電磁場の結合を通して，ある種のモーメンタムを電流にあたえ続けるようになる．これはある種の器械においてフライホイール（はずみ車）とその動作点が結合していることと同じである．この結合は動作点に新しい運動量をあたえ続ける．これをフラ

[13] *Philosophical Magazine*, 1846年5月, or *Experimental Researches*, iii, p. 447.

イホイールの運動量が動作点に移ったという．動作点に働く不均衡の力は運動量を増加させるので，力は運動量の増加率から評価できる．

電流の場合には，電気抵抗の急な増加や減少が運動量と同じ効果をつくりだす．しかし運動量◆43の大きさは，導体の形やその部分の位置関係に依存する．

◆43　電気的な"慣性"(inertia)．レンツの法則にしたがい，導体の幾何学的構造の関数であるインダクタンスに依存する．

2つの電流の相互作用

(23)　場のなかに電流が2本あるとき，場のなかの任意の点の磁気力は，それぞれの電流が，独立につくる力の合成である◆44．そして電流はそれぞれ場の任意の点と結ばれているから，電流も互いに結ばれていることになり，一方の電流の増加や減少は他の電流に力をおよぼすことになる．

◆44　それぞれの電流のつくる磁場はベクトル量であるので，場はベクトル的に合成される．

〈この後に書かれている電磁モーメンタムや誘導現象の多くの説明を省略する．〉

電磁場の吟味

(47)　変化のない一次回路Aと，形や位置を変える二次回路Bを考え，電磁場のようすを調べよう．

はじめに，回路Bは短いまっすぐな導体で，その両端は2本の平行な導体レールの上に乗っており滑り動くとする．線路は可動導体よりやや離れたところで，ショートされているとする．

可動導体がM◆45が増すような方向に動くと，動いている間は，回路Bに負の起電力が生じ，負の電流が流れる．

◆45　Mは2つの導体の間の誘導の係数（相互インダクタンス）である．

逆に回路Bに電流が流れていると，可動導体はMを増加させる方向に動く．場のなかのどの点にでも，導体の両端を回転させれば，導体が動いても起電力が生じない方向が存在する．導体に電流が流れても，それを動かす力が働かない方向がある．

この方向が，その点を通る磁力線の方向である◆46．

◆46　あるいは磁場の方向である．磁場中で電流が流れる導体に働く力は常に磁場に垂直である．

磁力線を横切る方向に導体が動くと，磁力線と運動の方向の両者に直角の方向に起電力が発生する．

(48)　次にBは，どこにも置け，どちらの方向にも向けられる小さな平面回路としよう．磁力線にこの平面が直角なとき，Mの値が最大になる◆47．もし電流が流れていると，回路Bはこの位置をとろうとす

◆47　回路を貫く磁束が最大になる．

る．平面回路は磁石と同じように磁力線の方向をさし示すのである．

磁力線について

(49)　磁力線を切るような任意の面を考え，この面の上に小さな間隔で互いに交わらないような線群を引く．つぎにこの線群のすべてを切るような線を引く．つぎにその近くにもう１本線を引くのだが，これら２本の線と，はじめの線群とがつくる面積のなかで，M の値が単位１になるようにする．

このようにして第二の線群がつくられるが，２つの線群でつくられる小面積◆[48]のなかの M の値はすべて１である．

最後にこの小面積のすべての交点に，磁力線の方向に一致するように１本の線を引く．

(50)　こうして場全体が正しい間隔で引かれた磁力線を表す線で満たされる．電磁場の性質はすべてこれらの線群で完全に表記できる．

第一に，場のなかに閉曲線を描くと，これに対する M の値は，この曲線を貫く力線の数で表される◆[49]．

第二に，この曲線が伝導性の回路であるとすると，これが場のなかを動くと，閉曲線を貫く線の減少の割合で，起電力が生じる◆[50]．

第三に，もし電流が回路に流れ続けると，回路を貫く力線の数が増加するように回路を動かす力が働き，その力によってなされる仕事の量は増加した力線の数に電流の大きさを乗じた量に等しくなる◆[51]．

第四に，小さな自由に回転する平面回路を場に置くと，その面は力線に垂直になる．小さな磁石はその軸を力線の方向に向けるのと同じである．

第五に，一様に磁化された長い棒を場のなかに置くと，それぞれの極は，力線の方向に向くように力を受ける．単位面積を貫く力線の数は，単位極の値に媒質の性質により決まる係数（磁気誘導係数と呼ばれる）を乗じた値になる◆[52]．

流体や等方的な固体のなかでは，力線の方向にかかわらず，係数 μ の値は同じである．しかし結晶化したり，張力をうけていたり，何らかの組織がある固体では，結晶軸，張力方向，成長方向に対する力線の方向によって，μ の値が異なる．

すべての物体で，μ の値は温度の影響をうける．また鉄では磁化が

◆[48]　reticulation，すなわち回路のこと．

◆[49]　閉曲線で囲まれた面を通過する，ということ．

◆[50]　誘導される起電力は，磁束の変化率に比例する．

◆[51]　いま起電力を E とするなら，電磁単位系で $E=\dfrac{\Delta\phi}{\Delta\tau}$ と書ける．ここで $\Delta\phi$ は磁束の変化（増加した磁力線の数），$\Delta\tau$ はこの変化にかかる時間である．また I を電流とするなら，$EI=I\dfrac{\Delta\phi}{\Delta\tau}$ あるいは $EI\Delta\tau=I\Delta\phi$ となる．これは磁気力が導体を動かすためにした仕事である．

◆[52]　全磁気誘導 B は，透磁率と磁場の強さの積 $B=\mu H$ になる．本文中に書かれた係数はマクスウェルが他のところで，媒質のなかの磁気誘導と空気のなかの磁気誘導の比と定義したものであろう．すなわち透磁率である．

大きくなるにつれて，μの値は小さくなりゼロになる◆[53]．

◆[53]　鉄の場合，飽和に近づくと，磁場の強さの一定の変化に対する磁気誘導の変化が減少する．

磁気的等ポテンシャル面について

(51)　一様に磁化された長い棒がある場を考えよう．長いので1つの極の周りの磁場は十分弱いとすると，もうひとつの極にはそれを動かそうとする磁気力が働く．

この極をある位置から別の位置に動かすときにする仕事の大きさは，2点間の経路には寄らないであろう．ただしこの経路の間に電流は流れていないものとする◆[54]．

◆[54]　この仕事は2点間の磁気ポテンシャルの差だけの関数である．

場に電流がなく磁石だけがある場合に，何層もの曲面を描く．ただし隣り合う曲面の間でなされる仕事は経路によらず一定だとする．このような曲面群を**等ポテンシャル面**という．通常はこの曲面は磁力線に直交している．

この曲面群が，隣り合う2つの面を単位磁極が移動したとき，単位の仕事がなされるように書かれていれば，磁極がどのような移動をしようと，そのときの仕事は，磁極の強さと正の方向に通過した曲面の数の積となる．

(52)　もし電流が流れている回路が複数個場のなかにあると，導体らの外側にはやはり等ポテンシャル面ができるであろう．しかし単磁極になされる仕事は，これがどの電流の周りを何回まわったかに依存するだろう．したがってそれぞれの曲面は数列で表されるような一連の値をもつことになる．1つの電流の周りを完全に回る際の仕事とは異なっている◆[55]．

◆[55]　電流が流れている導体の周りには，同心円状の磁力線ができている．したがって磁極が電流の周りを回ると仕事がなされる．単位磁極が1回まわったときの仕事は$4\pi\gamma$である．ここでγは電流値．

等ポテンシャル面は閉じた曲面とはかぎらない．しかし回路と共通の端または境界線をもつ有限な面の場合もある．曲面の数は単位磁極が電流を回るときになされる仕事に等しく，これは普通の測定ではγを電流値として$4\pi\gamma$である．

これらの曲面は電流に付着しているが，それはちょうどプラトー（Plateau）の実験で輪に付着した石鹸膜のようであろう◆[56]．それぞれの電流γには$4\pi\gamma$個の面が付着している．これらの面の端は共通の電流に等しい角度で接している．曲面の他の部分の形は，自己の電流の形や，他の電流の存在に依存して決まる．

◆[56]　針金の輪（電流）に付着した石鹸膜が等ポテンシャル面を表す．石鹸膜は，たとえば電場・磁場のポテンシャル問題を表すのによく使われる．

〈以下に電磁場の一般式の導出や，そのさまざまな応用の記述があるが

省略する.〉

補 遺 文 献

Cajorie, F., *A History of Physics* (New York: Macmillan, 1899), pp. 251-257.

Dampier, W. C., *A History of Science* (Cambridge, Eng.: Cambridge University, 1949).

Glazebrook, R. T., *James Clerk Maxwell and Modern Physics* (London: Cassell, 1901).

Holton, G., and D. H. D. Roller, *Foundations of Modern Physical Science* (Reading, Mass.: Addison-Wesley, 1958), Ch. 29.

Lenard, P., *Great Men of Science* (New York: Macmillan, 1933), pp. 339ff.

Magie, W. F., *A Source Book in Physics* (New York: McGraw-Hill, 1935), pp. 528ff.

James Clerk Maxwell, A Commemoration Volume 1831-1931 (New York: Macmillan, 1931).

Newman, J. R., "James Clerk Maxwell" in *Lives in Science* by the Editors of Scientific American (New York: Simon and Schuster, 1957), pp. 155ff.

Niven, W. D., ed., *James Clerk Maxwell, Scientific Papers* (New York: Dover, 1952).

補編 2

マックス・プランク
Max Planck　1858-1947

量子仮説

The Quantum Hypothesis

それまで大部分の物理現象をうまく説明すると考えられていた古典的概念が，たとえば光の放出や吸収などいくつかの現象を説明するには不適当であることが，20 世紀の初頭までに明らかになってきた．まさに世紀の変わり目である 1900 年 12 月にマックス・プランクは，これらの問題に対して，挑戦的かつ革命的な解答を提案した．これにより物理学はまったく新しい，そして実り豊かな道を進むことになった．マクスウェルにより展開され，ヘルツにより実証された，光の電磁理論はしっかりと確立されたものと思われていた．すなわち光は振動する電荷から放出されるもので，その周波数は電荷の振動数に等しいというものである．この考えはラジオ波のみならず，光にも適応できるということは 19 世紀末に，ピーター・ゼーマン（Pieter Zeeman，1865-1943）およびヘンドリック・ローレンツ（Hendrick A. Lorentz，1853-1928）によって示されていた．前者は，光源が磁場のなかに置かれると，そのスペクトルが分裂することを観測し，後者はその効果を振動する電荷によって説明している．ローレンツはゼーマン効果を，バネの先について振動する質量と同じように，線形の復元力のなかの電荷の振動という簡単なイメージでとらえ，磁場がこの振動にあたえる影響を調べたのである．これは原子からの放射と電磁場とを結びつけた最初の実験である．ゼーマンの実験は，離散的なスペクトル線が観測される発光気体でなされた．黒体が発する連続スペクトルを説明することは難しかった．実際のところ，ゼーマン効果でさえ，古典的な概念で完全に説明することはできず，そして完全な説明には新しい量子論的概念を導入することが必要だったのである．

黒体とは入射してくるすべての放射を吸収する物体であるが，同時にまたそれぞれの温度で，固有の連続したスペクトルの放射を行うことが知られていた（編著注：連続スペクトルはある最大値まで，すべての周波数を含む）．このスペクトルの周波数分布は，物体の組成にはよらず，その温度だけで決まる．しかし実際にはこのような理想的な黒体は存在しない．壁に小さな孔のあいた空洞が，これに非常に近い性質を示す．この孔に入った放射は，ふたたび外に出るチャンスはほとんどなく，何回も空洞の内面で反射されているうちに，だんだん吸収されていく．一方で空洞が熱せられてくると，開口から放射が放出される．これが“空洞放射”といわれるもので，真の黒体の放射と実効的には同じものとなる．

1879 年にヨーゼフ・シュテファン（Josef Stefan，1835-1893）は，ジョン・ティンダル（John Tyndall，1820-1893）が行った高温のワイヤーからの熱の損失率の実験について言及し，放射によって失われる損失は，絶対温度の 4 乗に比例することを示唆した．その数年後にルードヴィッヒ・ボルツマン（Ludwig Boltzmann，1844-1906）は，今日シュテファン-ボルツマンの法則として知られる上記の関係式を，マクスウェルの理論に熱力学的考えを適用することで導いた．これらに関係して，もう 1 つの注目すべき成功例をあげることができる．ウィルヘルム・ウィーン（Wilhelm Wien，1864-1928）は 1893 年に，同じような理論によって，黒体から放出されるエネルギーが最大になる波長は絶対温度に逆比例すると結論した．これはウィーンの変位則といわれるもので，19 世紀に入る数年前に実験的に証明された．これは 1911 年にウィーンがノーベル賞を受賞する一助となった．

しかし古典的な方法が成功したのはここまでである．黒体放射のエネルギーの波長分布を説明するのには，ニュートン力学も，マクスウェルの電磁理論も，熱力学もいずれも不十分であることが，明らかになってきた．すなわち黒体放射のスペクトルの形を正確に導くことはできなかった．古典論では以下のような段取りで考える．放射の放出は黒体のなかの振動する電荷による．これらはいろいろな周波数で振動するが，それぞれの周波数の放射の相対的な強度が黒体のスペクトルを決める．したがって非常に多くの振動子を考え，いまの温度で互いに平衡になるという条件を課す．すなわちこの要請を満足するような，振動子強度の分布を決定する．ウィーンは波長が短いところで実験に一致する 1 つの提案をした．レイリー卿（J. W. Strutt，1842-1919）は，空洞内の電磁場の振動のモードに基礎をおいた別の提案をした．これは後にジェームズ・ジーンズ（Jemes Jeans，1877-1946）によって，今日レイリー-ジーンズの公式として知られる形に発展させられた．この式は波長の長い領域では，観測されるスペクトルに合致する．しかしどちらの式も全領域でスペクトルを完全に説明することはできなかった.

プランクが挑戦的な示唆を提出したのは，レイリー-ジーンズの理論が発表される前の1900年のことであった．彼は最初，全スペクトルに合致する実験的な関係式を見つけた．つぎにこのような式を導く物理的な機構を探し始めた．彼は，電気振動子による電磁エネルギーの放出や吸収を支配する法則によって，黒体放射が説明できるという古典的な観点にまだとらわれていた．彼は考えを進めて，非常に多くの振動子が存在するので，すべての周波数が放出された放射のなかに存在するものと仮定した．伝統的な考えを打ち破ったのはこの点である．もしすべての周波数が可能ならば，個々の振動子は離散的なエネルギーしかもてないのではないかと結論した．古典物理学では，振動子のエネルギーは周波数と振幅に依存するが，両者の間に制約はない．しかしプランクは個々の振動子のエネルギーは，$h\nu$ という量の整数倍の値しかとれないと仮定した．ここで ν は振動子の周波数，h は作用量子として知られる普遍定数（プランク定数）である．プランクによれば放射の放出や吸収は，振動子に許されたエネルギーの"準位"（レベル）の間の飛び移りに相当するものということになる．

放出や吸収の際に，そのエネルギーは $h\nu$ という量子にまとまって起こる，という一見単純な示唆が，その後の物理学の進むコースを変えてしまった．その時代の人々，そしておそらくプランク自身にとっても，自然に起こる過程に不連続性があるということは，疑いなしに受け入れることは困難であった．この量子仮説が，哲学的には深刻な問題がまだ残るとしても，物理学を構成する基礎の一部として受け入れられるまでには，さまざまな物理現象を成功裡に説明できることが証明されなければならなかった．黒体放射，光電効果，原子スペクトル，コンプトン効果，波動力学などは，プランクの仮説の産物の一部にすぎない．この指導原理を欠いていたら，20世紀前半の物理学は一体どうなっていたか，想像することもできない．

マックス・カール・エルンスト・ルードヴィッヒ・プランク（Max Karl Ernst Ludwig Plank）は，1858年4月23日に，ドイツのキール（Kiel）で生まれた．父は大学の憲法学の教授であった．マクスウェルが光の電磁理論を展開したときは，彼はまだ少年であった．マクスウェルの波動の存在を実証したハインリヒ・ヘルツ（第13章参照）とは同年代である．この2つの仕事は，プランク自身の仕事に，測り知れない影響をあたえたものと思われる．プランクはドイツの歴史のなかで，数章にわたって生きたといえる．マックス・フォン・ラウエ（Max von Laue）が，1947年にプランクの死にあたっての追悼文のなかで指摘しているように，「彼の生涯の間に，ドイツ帝国の誕生とその華々しい発展，そして衰退と大きな災害が起こった」が，彼の自叙伝によれば，彼の若い時代は平穏無事であった（編著注：M. Planck, "*Scientific Autobiography*", F. Gaynor（訳），New York: Philosophical Library（1949），p. 7）．彼はミュンヘンにあるマクシミリアン中学校に通い，物理学への興味を培った．17歳でミュンヘン大学に入学し，3年間物理学の勉強に集中した．つぎに1年間ベルリン大学に進んだが，そこでは2人の著名な物理学者，ヘルマン・フォン・ヘルムホルツ（Herman von Hermholtz, 1821-1894）とグスタフ・キルヒホッフ（Gustav Kirchhoff, 1824-1887）の指導を受けた．ベルリン滞在中にプランクは熱力学に興味をもつようになり，1879年に熱力学の第二法則についての学位請求論文をミュンヘン大学に提出した．これはこの法則を系のエントロピーを使って説明しようという試みである．

彼は*summa cum laude*［訳注：最優秀の成績］で学位を取得し，1885年までミュンヘン大学で講師（Privatdozent）を務め，そしてキール大学の理論物理学の准教授（professor extraordinarius）に採用された．4年後ベルリン大学のキルヒホッフの死によって，プランクはその後継にと招かれた．当時ベルリン大学は物理学の一大拠点であったので，彼は喜んでこの招待をうけ，それから50年間の付き合いが始まったのである．1892年には正教授（professor ordinarius）になる．この間，熱力学の研究を続けたが，1897年には，このテーマの古典物理学的な扱いを出版している．1900年までの熱力学と放射の電磁気学の研究は，プランクをして黒体放射のエネルギースペクトルの問題に直面させた．そしてこの問題は，革命的な量子仮説の導入によって解決されたのである．これが彼の研究のクライマックスであり，同時に物理学の歴史の転換点でもあった．彼はさらに何年もの間，教育と著作を続けたが，この間に，彼の発見に対して初めの頃にあった反対意見が次第に消えていき，やがて慎重に受け入れられ，最終的には広く認められるようになった過程を楽しく眺めることになったのである．1905年にアインシュタインは，量子仮説を光電効果の説明に用い，2年後には固体の比熱の温度変化の説明に用いた．時を経ずボーアはこの考えを使って，原子スペクトルについての見事な理論を展開した．プランクは1918年ノーベル物理学賞を受賞，1926年に名誉教授となり，同時に王立協会の外国人メンバーに選出されている．彼は専門分野に関係した多くの役職についている．1912 年にはプロイセン科学アカデミーの終身秘書官となり，1930 年にはカイザー・ヴィルヘルム科学振興研究所（Kaiser Wilhelm Institute for the Advancement of Science）の所長に選出され，1937 年まで，この職にとどまった．

プランクにとって，晩年は幸せだとはいえなかった．個人的にもいくつかの不幸があった．そのなかには彼の子息が，第二次世界大戦の終期にナチスの体制を覆そうという企みに連座したとして，処刑されたことも含まれている．また彼の同僚も何名か参加しているのだが，ナチスが“ドイツ物理学”という体系をつくろうとしていることを目撃したのもその 1 つである．これはアインシュタインをはじめ，ユダヤ人科学者の発明を軽視しようとするものである．彼は 1947 年 10 月 4 日に死を迎えたが，科学におけるドイツ独裁の試みが，第三帝国がドイツの物理学の偉大な伝統を破壊してしまうという，狂気がゆえに失敗に終わったということを，もし知りえたならば，少しは安らぎを感じたであろう．

ニールス・ボーア教授は，彼の原子スペクトルの理論にプランクの仮説を有効に取り入れたが，この指導原理につき次のように述べている（N. Bohr, *Die Naturwissenshaften*, vol. 26（1938），p. 483）．

> 科学の歴史のなかで，作用には基本的な量子があるというプランクによる発見ほど，短い期間の間に驚くべき結果をもたらしたものは，他に見当たらない．（中略）それは古典的な科学においても，日常行う思考法においても，基礎的な観念を粉々に打ち砕くものであった．それは過去の世代に，自然現象の理解を素晴らしく発展させた伝統的な考え方からの解放である．……

以下に記述するものは，プランクの歴史的な論文「正常スペクトルにおけるエネルギー分布法則について」（On the Law of Distribution of Energy in the Normal Spectrum）からの抜粋である．これは 1900 年 10 月 19 日と 12 月 14 日にドイツ物理学会で報告された．この内容は後に，*Annalen der Physik*, vol. 4（1901），p. 553 に出版された．

✣ ✣ ✣

プランクの“実験”

序　　　文

最初にウィーン（W. Wien）が分子の運動力学的考察から，次いで私が電磁放射の理論から導いた正常スペクトル［訳注：この論文の表題にある語で，黒体放射のスペクトルと考えられる］のエネルギー分布に関する法則は，一般的には成立しないことは，初めはベックマン（H. Beckmann）[1]，そしてルンマー（O. Lummer）とプリングスハイム（E. Pringsheim）[2]，さらにはっきりとルーベンス（H. Rubens）とカールバウム（F. Kurlbaum）[3]らによって行われたスペクトルの観測実験によって確かめられた◆1.

いずれにしても理論は修正されなければならない．私はこれを私が発展させた電磁放射の理論に基づいて行おうと思う．そのためには，まずウィーンのエネルギー分布則を導くいくつかの条件のうち，どれが変更可能かを調べておかなければならない．そうすればこの条件を削除し，代わりの適当な条件を入れればよいということになる．

私の一番最近の論文[4]で述べたように，自然放射◆2についての仮説をも含めて，電磁放射理論の物理的基盤は，これまで厳しい批判にも耐えてきたし，また私のみるかぎりでは計算にも間違いは見出せないので，この原理は正常スペクトルのエネルギー分布の法則を完全に導くであろう．照射を受けている単一周波数で振動する共鳴子[1]のエン

◆1　ウィーンは，エネルギー分布の法則を1899年に発見したが，この実験的な検証はすぐに行われた．ルンマーとプリングスハイムおよびルーベンスとカールバウムの2つのグループは，短波長領域では，理論と実験が一致するが，長波長の領域では，大きなずれがあることを発見した．

◆2　自由に振動している系からの特徴ある放射．プランクは，共鳴子から放射される放射は吸収される放射とは異なるとよく仮定しているが，これは誤りである．

［1］　訳注：本章の解説ではoscillatorという語が使われていて，これを振動子と訳したが，プランクの論文では，resonatorが使われている．ここでresonatorは幾何学的構造をもつ共鳴器とは異なるので「共鳴子」という訳語を用いる．これは放射場とエネルギーをやり取りして振動する要素であるが，共鳴器のなかで電磁場が振動を持続できるモード（形態・姿態）とでもいうべき自由度のことである．

1　H. Beckmann, “*Inaugural dissertation*”, Tübingen 1898.　なおH. Rubens, *Wied. Ann.* 69 (1899), p. 582を参照.

2　O. Lummer and E. Pringsheim, *Transaction of the German Physical Society*, 2 (1900), p. 163.

3　H. Rubens and F. Kurlbaum, *Proceedings of the Imperial Academy of Science*, Berlin, 10月25日, 1900, p. 929.

4　M. Planck, *Ann. d. Phys.* 1 (1900), p. 719.

トロピー◆3 Sを，振動のエネルギーUの関数として計算できればよいことになる．関係式$dS/dU=1/\Theta$から，エネルギーUの温度Θへの依存性がわかり，またエネルギーはある周波数の放射密度と簡単な関係で結ばれるから[5]，放射密度◆4と温度との関係がわかる．正常エネルギー分布とは，すべての周波数の放射密度が同じ温度をもつという状態である．

したがってすべての問題は，SをUの関数として書くということに帰着した．これが以下の解析の最も肝要な部分である．私は，この問題の最初の解では，新しい考えを導入することなく，エントロピーの定義にしたがい，これをUの簡単な関数として記述し，これが熱力学の法則が要請するすべての課題に適応できるものと考えた◆5．その時点では私はこの式はウィーンの法則を導く，唯一の一般性のある式と信じていた．後になってよく調べてみると[6]，同じ結果を導く別の式があるに違いないと考えるようになり，いずれにしてもエントロピーSをただ1通りに正しく計算できる他の条件が必要だと考えた．当時，私には完全に正しいとみえた原理のなかに，この条件を発見したと信じていた．その原理とは，N個の等質の共鳴子が同じ定常的な放射に曝されているとき，熱平衡の近くで，無限小の不可逆な変化を系にあたえたとき，全エントロピー$S_N=NS$の増加は，全エネルギー$U_N=NU$とその変化にのみ依存し，個々の共鳴子のエネルギーUには依存しないというものである◆6．この原理はやはりウィーンのエネルギー分布則を導く．しかしこの分布則は実験で証明されていないので，この原理さえも，一般的なものとはなりえず，理論から削除されなければならない[7]．

さてここでエントロピーの計算を可能にする新しい条件を導入しなければならない．そしてエントロピーという概念のもつ意味をより深く考察する必要がある．上記の仮説が持ちこたえられなかった理由をよく考察してみれば，議論が示す方向へ我々の考えを導いてくれるか

◆3　エントロピーの概念は，最初クラウジウス（Rudolph Clausius, 1822-1888）によって導入された．その理論は，熱力学の第二法則をエントロピーで記述することから始められた．「宇宙のエントロピーは最大になろうとする傾向をもつ」．ボルツマンはエントロピーを物理学的確率の大きさとして記述し，したがって熱力学第二法則は，最もありえそうな条件を表すとした．$dS/dU=1/\Theta$はエントロピーを熱力学的に定義する関係式である．

◆4　放射密度とは単位体積に含まれる放射のエネルギーである．

◆5　この最初の定義は，熱力学の要請にはこたえるものの，黒体放射とは矛盾する．

◆6　つまりプランクは共鳴子の系のエントロピーの変化は，それが各共鳴子の間にどのように分配されるかにかかわらず，系全体のエネルギーの変化にのみ依存すると考えたのである．共鳴子の群は1つの個体としてではなく，それぞれ個々の集まりとして扱うべきものだと言っているようにみえる．

5　後出の式（8）と比較せよ．

6　M. Planck, *loc. cit.*, pp. 730ff.

7　この原理に対してウィーンが前に出した批判と比較してみるとよい（W. Wien, *Report of the Paris Congress 2*, 1900, p. 40 および O. Lummer, *loc. cit.*, 2, 1900, p. 92）．

もしれない．以下の記述では，エントロピーの新しい簡潔な表式をあたえ，これまでのどのような観測事実とも抵触しない新しい放射の式を導く方法を提示する．

I. 共鳴子のエントロピーを そのエネルギーの関数として計算する

§1. エントロピーは，その系の不規則性に依存する．そしてこの不規則性とは，単一周波数の共鳴子の集まりに対する放射の電磁理論によれば，定常的な放射の場に曝されている共鳴子◆7の振幅や位相が，振動周期よりは長く，測定時間に比べれば短い時間のあいだに不規則に変動する度合いに依存する◆8．もし振幅と位相が完全に一定であれば，すなわち完全に均一な共鳴子集団に対しては，エントロピーは存在しない．そして振動のエネルギーは完全に自由で，そのすべてを仕事に変換できる．1つの共鳴子の振動エネルギーは時間平均されて一定値 U となり，定常的な放射場のなかにある N 個の等価な共鳴子は互いに独立で干渉し合わず，時刻時刻に時間平均される◆9．単一振動子の平均エネルギーを U としたのはこのような状況下である．系の全エネルギー

(1) $$U_N = NU$$

に対して，対応する系の全エントロピーは，単一共鳴子のエントロピーを S とすれば，

(2) $$S_N = NS$$

と書けよう．ここで S_N は，系の全エネルギー U_N を各共鳴子に配分する際の不規則性に依存する．

§2. ここで系のエントロピー S_N は，その状態が現れる確率 W◆10の対数に比例するとしよう．任意の定数が加わることを許し，N 個の振動子がエネルギー E_N をもつとき

(3) $$S_N = k \log W + \text{constant}$$

とする．私の意見では，この式はむしろ確率の定義式とすべきである．なぜなら電磁理論が設定する基礎的な仮定のなかには，そのような確率の概念はないからである．この式が適切かどうかは，その簡単さと，また気体運動論の定理とどう結びつくかによる[8,]◆11．

§3. さてつぎの問題は，N 個の共鳴子が，振動エネルギー U_N をも

◆7 プランクは反射壁で囲まれた空間のなかに閉じ込められた多くの振動子（oscillator）の集団を考えた．これらの振動子は，空洞のなかの放射場が定常的になる（平衡になる）まで，電磁波を放出したり，吸収したりして，互いにエネルギーを交換する．

◆8 もし時間間隔が，振動の周期より短いと，不規則性が定義できず，統計学的意味をもたせることができない．また長すぎると，すべて平均化されて，不規則性が現れない．

◆9 1つの共鳴子を1周期にわたり平均することは，ある時刻に，多くの共鳴子の平均をとることと同等である．

◆10 W は共鳴子の集団が，全エネルギー U_N をもつ確率．この関係式は，プランクが量子仮説を展開していく重要なステップである．

◆11 気体の運動論で，ボルツマンは分子集団にあたえられた分布が実現する確率の対数にエントロピーは比例するとした．

つ確率 W を見出すことである．さらに必要なことは，U_N がいくらでも小さく分割できる連続量ではなく，ある有限な量の整数倍という不連続量であることを説明しなければならない．そのようなエネルギーの素量を ε としよう．そのとき

$$U_N = P\varepsilon \tag{4}$$

でなければならない◆[12]．ここで P は大きな整数であるが，ε の大きさはまだわからない．さて，N 個の共鳴子に P 個のエネルギー素子をどのように割り振るにせよ，P は有限で整数で確定した数になることは明らかである．そのような分布を，ボルツマンが同じような問題に対して用いた表現にちなんで，"コンプレックス"と呼ぼう◆[13]．共鳴子を 1, 2, 3, …N と番号づけし，順に書き，番号の下にそれがもつエネルギー素量の数を書くと，たとえばある分布に対して，つぎのようなパターンが書ける．

◆12　量子仮説．

◆13　または"アレンジメント"（配列）と呼ぶ．

1	2	3	4	5	6	7	8	9	10
7	38	11	0	9	2	20	4	4	5

ここでは $N=10$，$P=100$ とした．可能なコンプレックスの数 R の大きさは，あたえられた N と P とに対して，上の表の下段のような数字の組が何通り得られるかに等しい．同じ数字の組をもつコンプレックスでも，数字の順序が異なる場合は，違うものと考えよう．

「組み合わせの理論」◆[14] から，実現可能なコンプレックスの数は

$$R = \frac{N(N+1)(N+2)\cdots(N+P-1)!}{1\cdot2\cdot3\cdots P} = \frac{(N+P+1)!}{(N-1)!P!}$$

と書ける．スターリングの公式によれば，第一近似で上記の式は◆[15]

$$N! = N^N$$

したがって

$$R = \frac{(N+P)^{N+P}}{N^N P^P}$$

と近似できる◆[16]．

◆14　P 個を N 個の箱に分配する組み合わせの数．

◆15　スターリングの公式は，大きな N に対して成立し，$N! \approx \left(\frac{N}{e}\right)^N$ であるが，第一近似で $N! = N^N$ である．また $N!$ は階乗と呼び $N! = 1\cdot2\cdot3\cdot\cdots\cdot N$ である．

◆16　ここで N，P は，1 に比べて大きな数とする．

§4．計算をさらに進めるために，ここで設定したい仮説は以下の通りである．N 個の共鳴子の系が，全体として振動エネルギー U_N を

---

[8] L. Boltzmann, *Proceedings of the Imperial Academy of Science*, Vienna, (II) 76, (1877), p. 428.

もつ確率 W は，U_N を N 個の共鳴子に割り振るときの可能なコンプレックスの数 R に比例する．すなわちどのコンプレックスも他と同様に出現可能である◆17.

◆17　分布はランダムであると仮定することは，合理的である．今ではよく知られているように，このような分布は完全にランダムであるという．

このような分布が実際に自然界に実現するかどうかは，実験によってのみ証明される．しかし最終的には実験が決定するべきものであるとしても，クリース（J. v. Kries）[9] が行った説明に記述されている"初めの振幅は，大きさはほぼ等しいが，それぞれに独立である"という，共鳴子系がもつこの特別な性質についての仮説が有効として，さらに議論を進めていくことは可能である．現在の状況では，この線でさらに進むことは時期尚早かもしれないが．

§5.　式（3）に関連して導入した仮説にしたがえば，いま考えている共鳴子系のエントロピーは，定数を適当に決めれば

$$(5)\qquad S_N = k \log R = k\{(N+P)\log(N+P) - N\log N - P\log P\}$$

と書ける．さらに式（4）と（1）を考慮すれば

$$S^N = kN\left\{\left(1+\frac{U}{\varepsilon}\right)\log\left(1+\frac{U}{\varepsilon}\right) - \frac{U}{\varepsilon}\log\frac{U}{\varepsilon}\right\}$$

と書ける．したがって式（2）によれば，1共鳴子のエントロピーは，そのエネルギー U の関数として

$$(6)\qquad S = k\left\{\left(1+\frac{U}{\varepsilon}\right)\log\left(1+\frac{U}{\varepsilon}\right) - \frac{U}{\varepsilon}\log\frac{U}{\varepsilon}\right\}$$

となる．

II.　ウィーンの変位則の導出

§6.　放射されるパワーと吸収されるパワーが比例するというキルヒホッフの定理につぎ，ウィーンにより発見され，彼にちなんで名づけられたいわゆる変位則[10] は熱放射理論の基礎を築くうえで最も重要な貢献をした．この定理はその特別な場合として，全放射量の温度依

[9] Joh. v. Kries, "*The Principles of Probability Calculations*" (Freiburg, 1886), p. 36.

[10] W. Wien, "*Proceedings of the Imperial Academy of Science*", Berlin, 2月9日, 1893, p. 55.

存性をあたえるシュテファン-ボルツマンの法則◆18を内包している.

◆18　全放射エネルギーは絶対温度の4乗に比例する.

ティーセン（M. Thiesen）[11]は変位則をつぎの形で表した.

$$E\cdot d\lambda=\theta^5\psi(\lambda\theta)\cdot d\lambda$$

ここでλは波長，$E\cdot d\lambda$はλと$\lambda+d\lambda$のスペクトル幅のなかの黒体放射[12]の体積密度◆19，θは温度を表す．$\psi(x)$ はxのみを変数とする関数である◆20.

◆19　体積密度とは単位体積中に含まれるエネルギー，$d\lambda$は無限に狭い波長幅.

◆20　$\psi(\lambda\theta)$はλとθのそれぞれの関数ではなく，積$\lambda\theta$の関数である.

§7.　さてここで，ウィーンの変位則では，任意の非熱的媒体◆21のなかにあり，エネルギーUと固有の振動数をもつ共鳴子のエントロピーSがどう表現されるかをみてみよう．そのために任意の非熱的媒体のなかで，速度cをもつ放射に対するティーセンの表現を一般化しよう．我々は全熱放射を考える必要はなく，単色の放射◆22を考えればよい．非熱的媒体が異なる場合をも扱うために，波長λの代わりに，振動数νを導入する[2].

◆21　diathermic medium. 熱放射に対して透明な媒質［訳注：非熱的媒体と訳した］.

◆22　単色とは単一波長のことである.

[2] 訳注：振動数は媒体が変わっても変わらないが，波長（したがって伝搬速度）は媒体によって変化する.

スペクトル幅νと$\nu+d\nu$の間にある放射のエネルギーの体積密度を$ud\nu$と書くことにする．すなわち$Ed\lambda$の代わりに$ud\nu$，λの代わりにc/ν，$d\lambda$の代わりに$cd\nu/\nu^2$を用いる◆23．したがってつぎの式が得られる.

◆23　$c=\nu\lambda$したがって$\lambda=c/\nu$，この式を辺々微分すると$d\lambda=-cd\nu/\nu^2$となる.

$$u=\theta^5\frac{c}{\nu^2}\cdot\psi\left(\frac{c\theta}{\nu}\right)$$

さてよく知られたキルヒホッフ-クラウジウスの法則によれば，非熱的媒体中にある温度θの黒体表面から単位時間あたりに放射される振動数νのエネルギーは，伝搬速度cの2乗に反比例する．したがってエネルギー体積密度uはc^3に反比例する．すなわち

$$u=\frac{\theta^5}{\nu^2c^3}\cdot f\left(\frac{\theta}{\nu}\right)$$

ここで関数fのなかの定数はcには依存しない.

この式に代わり，変数が1つである新しい関数fを導入して

$$u=\frac{\nu^3}{c^3}\cdot f\left(\frac{\theta}{\nu}\right) \tag{7}$$

[11] M. Thiesen, *Transactions of the German Physical Society 2* (1900), p. 66.

[12] 我々がすでに一般に全白色光として理解していることから，ここは白色放射と呼ぶのが適当かもしれない（編著注：光学では連続的なスペクトルのことを白色スペクトルと呼ぶ）.

と書ければ◆24，よく知られているように，あたえられた温度および振動数の放射エネルギー $u\lambda^3$ は，すべての非熱的媒体のなかで，同じ式で表される◆25.

◆24 温度は関数 f のなかにのみ現れる.

◆25 $\nu/c=1/\lambda$ であるから $u\lambda^3=f\left(\frac{\theta}{\nu}\right)$. 右辺は速度 c に依存しない. したがって媒体に依存しない.

§8. エネルギー密度 u から，放射場のなかで一定周波数 ν で振動する共鳴子のもつエネルギー U との関係を求めるために，私が前に不可逆放射過程について書いた論文[13]の式（34）

$$K=\frac{\nu^2}{c^2}U$$

を使う．ここで K は直線偏光した単色の光線の強さである．これに合わせて，よく知られた関係式◆26

◆26 エネルギー密度と放射強度との関係.

$$u=\frac{8\pi K}{c}$$

を使うと，

$$u=\frac{8\pi\nu^2}{c^3}U \tag{8}$$

が得られる．式（7）と（8）から

$$U=\nu\cdot f\left(\frac{\theta}{\nu}\right)$$

が得られる．この式には c は現れない．この式の代わりに

$$\theta=\nu\cdot f\left(\frac{U}{\nu}\right)$$

と書くこともできる◆27.

◆27 これらの式で記号 f は単に関数関係を表しているだけで，θ と U を交換した場合の関数形は等しくはない.

§9. 最後に共鳴子のエントロピーを

$$\frac{1}{\theta}=\frac{dS}{dU} \tag{9}$$

の式を使って導入しよう◆28.

◆28 これはエントロピーの定義式である.

$$\frac{dS}{dU}=\frac{1}{\nu}\cdot f\left(\frac{U}{\nu}\right)$$

を積分して

$$S=f\left(\frac{U}{\nu}\right) \tag{10}$$

---

13 M. Planck, *Ann. d. Phys. 1* (1900), p. 99.

が得られる◆29．これは任意の非熱的媒体のなかで，振動する共鳴子のエントロピーで，普遍定数の他には，変数 U/ν にのみ依存する．これは私が知るかぎりでは，ウィーンの変位則の最も簡単な表現である．

◆29 これは微分方程式を解いたことになる．dU を乗じ，すべてのエネルギー領域に対して加え合わせた，つまり積分したものである．

§10. エントロピーの式（10）と（6）を比較してみると，エネルギー素子 ε は周波数 ν に比例しなければならないことがわかる．したがって

$$\varepsilon = h\nu$$

であり◆30，エントロピーの式は

◆30 光量子1つのエネルギーを表す，よく知られた式である．

$$S = k\left\{\left(1+\frac{U}{h\nu}\right)\log\left(1+\frac{U}{h\nu}\right)-\frac{U}{h\nu}\log\frac{U}{h\nu}\right\}$$

となる．ここで h と k は普遍定数である．

これを式（9）に代入して演算すると

$$\frac{1}{\theta} = \frac{k}{h\nu}\log\left(1+\frac{h\nu}{U}\right)$$

$$U = \frac{h\nu}{e^{h\nu/k\theta}-1} \tag{11}$$

となる．ここで式（8）を使うと，探していたエネルギー分布の法則

$$u = \frac{8\pi h\nu^3}{c^3}\frac{1}{e^{h\nu/k\theta}-1} \tag{12}$$

が得られる◆31．あるいは §7 のように，周波数の代わりに波長を用いると

$$E = \frac{8\pi ch}{\lambda^5}\cdot\frac{1}{e^{ch/k\lambda\theta}-1} \tag{13}$$

とも書ける．

◆31 これはプランクの分布法則と呼ばれる．プランクの仮説は，正しい放射法則を導くが，彼の導出の仕方は必ずしも満足できるものではない．彼は古典的な放出と吸収の式を使い，周波数 ν の振動子は $h\nu$ のエネルギーだけでなくその整数倍のエネルギーももてることになっている．これは光子は $nh\nu$ のエネルギーをもつことになり，アインシュタインの光量子仮説に反する．正しい導出は後に，ボーズとアインシュタインによって行われた．たとえば M. Bose, "*Atomic Physics*"（New York: Stechert（1936）），p. 201 を見よ．

私は任意の媒体のなかを進む放射の強度とエントロピーを記述する式，また非定常的な放射過程での全エントロピーの増加についての法則を導くことを計画している．

III. 定数の数値の計算

§11. 普遍定数◆32 h と k の値は，実験結果も使って，比較的正確に計算できる．カールバウム[14]は，温度 t℃，面積 1 cm^2 の黒体から毎秒空気中に放出される放射の全エネルギーを S_t とすると

◆32 h はプランク定数と呼ばれる．k はボルツマンが導いたものではないがボルツマン定数と呼ばれる．

$$S_{100}-S_0=0.0731\ \mathrm{watt/cm^2}=7.31\cdot10^5\ \mathrm{erg/cm^2\cdot sec}$$

であることを示した．これから絶対温度1にある空気のなかの全放射エネルギー［訳注：周波数全域にわたるエネルギー］の体積密度は

$$\frac{4\cdot7.31\cdot10^5}{3\cdot10^{10}(373^4-273^4)}=7.061\cdot10^{-15}\ \mathrm{erg/cm^3\cdot deg^4}$$

となる[3]．

［3］訳注：シュテファン-ボルツマンの式 $S=\sigma T^4$ とエネルギー密度 u と放射束（放射照度）の関係 $S=\frac{c}{4u}$ を使う．

一方で式（12）を使えば，$\theta=1$ に対する全放射エネルギー◆33の体積密度は

$$u^*=\int_0^\infty ud\nu=\frac{8\pi h}{c^3}\int_0^\infty\frac{\nu^3d\nu}{e^{h\nu/k}-1}$$

$$=\frac{8\pi h}{c^3}\int_0^\infty\nu^3(e^{-h\nu/k}+e^{-2h\nu/k}+e^{-3h\nu/k}+\cdots)d\nu$$

◆33　$ud\nu$ を $\nu=0$ から $\nu=\infty$ まで積分する．

となる．各項ごとに積分を実行すると◆34

$$u^*=\frac{8\pi h}{c^3}\cdot6\left(\frac{k}{h}\right)^4\left(1+\frac{1}{24}+\frac{1}{34}+\frac{1}{44}+\cdots\right)$$

$$=\frac{48\pi k^4}{c^3h^3}\cdot1.0823$$

◆34　上記の式で項ごとに和をとる．

となる．これを $7.061\cdot10^{-15}$ に等しいとおくと，$c=3\cdot10^{10}$ cm/sec であるから

$$\frac{k^4}{h^3}=1.1682\cdot10^{15} \tag{14}$$

が得られる．

§12.　ルンマーとプリングスハイム[15]は，積 $\lambda_m\theta$ の値を 2940 micron degree と決定した◆35．ここで λ_m は温度 θ の空気中で，エネルギーが最大になる波長である．

◆35　1 μm（ミクロン）＝10^{-6} m

すなわち

$$\lambda_m\theta=0.294\ \mathrm{cm\cdot deg}$$

一方，式（13）で，E を θ で微分して0とおき◆36，$\lambda=\lambda_m$ を求めると

◆36　$dE/d\theta=0$ とおくことにより，E を最大にする波長 λ_m が求められる．

14　F. Kurlbaum, *Wied. Ann. 65* (1898), p. 759.

15　O. Lummer and E. Pringsheim, *Transactions of the German Physical Society 2* (1900), p. 176.

$$\left(1-\frac{ch}{5k\lambda_m\theta}\right)\cdot e^{ch/k\lambda_m\theta}=1$$

の超越方程式[◆37]が得られ，
これから

$$\lambda_m\theta=\frac{ch}{4.9651\,k}$$

したがって

$$\frac{h}{k}=\frac{4.9651\cdot 0.294}{3\cdot 10^{10}}=4.866\cdot 10^{-11}$$

が得られる．この式と式（14）とを組み合わせれば，普遍定数の数値は

（15）　$$h=6.55\cdot 10^{-27}\ \mathrm{erg\cdot sec}$$

（16）　$$k=1.346\cdot 10^{-16}\ \mathrm{erg/deg}$$

と求められる．これらは私が前の論文に示した値に等しい[◆38]．

◆37　三角関数あるいはここに示した指数関数を含んだ代数方程式以外の式．

◆38　これらの現在の値は $h=6.6237\cdot 10^{-27}$ erg・sec，$k=1.3803\cdot 10^{-16}$ erg/deg である．

補遺文献

Holton, G., and D. H. D. Roller, *Foundations of Modern Physical Science* (Reading, Mass: Addison-Wesley, 1958), Ch. 31.

Lindsay, R. B., and H. Margenau, *Foundations of Physics* (New York: Dover, 1957), Ch. IX.

Planck, M., *A Survey of Physics*, trans. by R. Jones and D. H. Williams (New York: Dutton,1925), pp. 159ff.

Planck, M., *Scientific Autobiography*, trans. by F. Gaynor (NewYork: Philosophical Liabrary, 1949).

Planck, M., *Where is Science going?*, trans. by J. Murphy (London: Allen and Unwin, 1933).

Richtmyer, F. K., R. H. Kennard, and T. Lauritsen, *Introduction to Modern Physics*, 5th ed. (New York: McGraw-Hill, 1955), Ch. 4.

Wilson, W., *A Hundred Years of Physics* (London: Duckworth, 1950), Ch. 13.

Zimmer, E., *The Revolution in Physics* (NewYork: Harcourt, Brace, 1936), Ch. 3.

補編 3

アルベルト・アインシュタイン[*1)]
Albert Einstein 1879-1955

相対性理論

The Theory of Relativity

古典物理学から20世紀物理学への移り変わりは，2つの独立な発見によって引き起こされた．その第一は1900年にプランクが放射エネルギーの放出と吸収について提案した革命的な量子仮説であり，第二はそれから5年後の，アインシュタインによる空間と時間の概念についての発見である．これはニュートン力学が基盤とする日常経験によく合う時空は，一般的なものではなく，その特殊な場合に過ぎないとするものである．相対論を物理学の主だったいくつかの分野の内のいずれかに属するものと分類することは難しい．空間と時間の概念は，基礎的なもので，どの分野にも多かれ少なかれ影響をあたえる物理学のまさに基盤的構造である．相対論は，これまで物理学の歴史がたどってきた成り立ちとは異なり，第一義的には実験結果からもたらされたものではない．また異なった見解の間を調和させるために編み出されたものでもない．むしろすでに広くよく知られた物理学の原理を厳しく考察することから生み出されたものである．

歴史的にみると，近代において最初に展開された運動の研究には，必然的に時間と空間の概念を入れなければならなかった．運動とは相対的なものでなければならないという考え方，すなわち何か他の基準となる系に対して対象が位置を変えていくという考え方は，かなり昔にさかのぼる．たとえばもし誰かが，列車は停止しているというならば，それは線路の脇にいる観測者からみて，列車が動いていないということを意味している．しかし乗客にとっては，彼が歩き回らない限り列車はいつでも静止している．ところが，列車，乗客，そして外部の観測者が互いに，あるいは地球の表面に対して相対的な運動をしていなくても，地球自身が速度をもっているので，月の上にいる観測者からみれば運動していることに

*1)　アインシュタインの伝記については，第17章を見よ．

なる．この単純な考えを究極までもっていくと，すべての運動が，それの基準とすることができる系が，はたして存在するのだろうかという疑問が生じる．過去の考え方がいろいろ変遷してきたのは，まさにこのことに関連したことだったのである．

『プリンキピア』のなかでニュートンは**絶対運動**を定義し，これは物体が“ある絶対位置から他の絶対位置に移動する[*2)]”ことだとした．しかし絶対位置が何であるかについては定義せず，ただそれは直感的な理解にゆだねた．同じような概念として絶対時間を定義し，それは“絶対的に正しい，数学的な時間で，そして外部から影響を受けず，その本来の性質として，一様に流れていくものである[*3)]”としている．時間は空間とは独立なものと考えられ，過去，現在，未来という語の意味は完全に明確であり，現在とは過去と未来に挟まれた，無限小の瞬間であるとした．原理的には，過去に起こった出来事については，我々は何らかの知識をもっていて，一方将来の出来事には，やはり原理的には，何らかの影響を見出せるとする[*4)]．ところが古典力学のすべてが，その基礎におき，普通の経験によく一致するようにみえるこの時間についてのこの素朴な考えは，一般的には成立しない．アインシュタインが示したように，過去と未来の間には，有限な長さをもつ時間が存在し，その長さは，事象と観測者の間の空間的な距離に依存する．

絶対的な空間と時間とによって，絶対運動を定義しようと努力したにもかかわらず，ニュートンは彼の力学原理を運用する場合に，この概念を使おうとはしなかった．実際それは観測にかかることはなかった．このことは**特殊相対性理論**のなかで，絶対運動は何の意味ももたないものとして要約されている．すべての力学的な実験は，物体の位置を，時間の関数として決定しようとする．もしガリレオの落体の法則を検証しようとすれば，物体を落下させた後，いくつかの時間点で，その位置を測定するであろう．しかし位置は，何らかの座標系あるいは基準となる枠組みのなかで決めなくてはならない．位置は実験室に固定された物差しで測ることになるから，この場合には地球が基準枠となる．ガリレオもニュートンも同じくこの枠組みを使った．古典力学の法則は，地球にしっかり固定された

---

*2)　本書第 4 章，p. 56.

*3)　本書第 4 章，p. 54.

*4)　W. Heisenberg, “*The Physicists Conception of Nature*”（自然についての物理学者たちの考え）(London: Hutchinson, 1958), p. 47.

すべての座標系で，再現性よく成立しなければならないと結論したことは，ごく自然なことであったであろう．しかしこのことは厳密には正しくない．地球の回転による別な加速を生む力は，力学法則を詳細に確かめることを阻むであろう[*5)]．しかしその効果は非常に小さいので，実際的には，地球は力学法則のよい基準枠としてよいであろう[*6)]．ここで問うべき重要なことは，力学法則が同じになる他の座標系が存在するか，すなわち法則を表す式が同じ形になる座標系があるか，ということである．カーブを曲がっている車のなか，あるいは上にのぼり始めたエレベーターのなかなどにいて，地球に対して加速されている観測者にとっては，研究室で成立する運動法則と同じものが成立するとは思えないであろう．一方，直線上を一定速度で動く車，あるいはもはや加速されていないエレベーターのなかでの測定では，地球に固定された研究室のなかと同じ結果が得られることを我々は経験から知っている．このことからつぎのように結論できる．1つの系で成立する運動の方程式は，その系に対して一様な速度で運動している他のいかなる系でも成立する．力学の法則が同じ形になるこのような座標系のすべては，ニュートンの第一法則（慣性の法則）にちなんで**慣性系**と呼ばれている．力学法則はすべての慣性系で成立するという原理を**ガリレオの相対性原理**[*7)]と呼ぶことがある．これは運動の法則のみならず，すべての物理法則に一般化されるアインシュタインの相対性理論の出発点となっている．

ニュートンが絶対運動について考察してから2世紀ほどを経て，電気力学に関連してこの問題はふたたび取りあげられるようになった．マクスウェルの電磁気学では，光（電磁波）の速度は，どの媒質においても［訳注：座標系が運動しているかいないかにかかわらず］常に一定で，真空中でその値は $c=3\times10^{10}$ cm/sec である．絶対速度という概念には意味がないので，この場合，光の伝搬の基準となる系は，静止した“エーテル”だと結論することになるのだろうか．しかしマイケルソン（A. A. Michelson，1852-1931）とモーリー（E. W. Morley，1838-1923）が1881年に行った決定的な実験によって，この考えは否定された[*8)]．そし

*5) それは，力学の法則からのわずかのずれが地球上では観測されるという事実からではないことは明らかであろう．地球が回転しているという証拠は間接的で，天文学的観測からの推論による．

*6) さらによい基準系は遠方にある星に固定された系であろう．

*7) 放射体に関する仕事に関連してガリレオは，あたえられた慣性系から他の慣性系への変換の問題を最初に解決した．

てエーテルという概念そのものが疑問視されることになる．もしエーテルが存在し，地球がそのエーテルのなかを運動しているとなると，光が地球の動きに平行な方向に伝搬するか，直角な方向に伝搬するかで，光の速度は異なってくるはずである．光の速さは，太陽に対する地球の軌道上の速さの1万倍［下記の訳注を見よ］程度であるから，方向による速度の差は，あっても非常に小さいであろう．それでもそれは測定可能のはずであるがマイケルソン-モーリーの実験結果はこれを完全に否定した．

［訳注：地球の公転軌道の長さ：$2\pi\times1.58\times10^{13}$ cm $=9.42\times10^{8}$ cm，軌道上の点はこの距離を1年 $=365\times24\times60\times60$ s $=3.5\times10^{7}$ s で進むのだから，その速度：2.99×10^{6} cm/s と光速との比をとると $\nu/c=10^{-4}$．あるいはその効果がその2乗で効くとしても $(\nu/c)^{2}=10^{-8}$ となる．ちなみに今では，原子時計自体の精度は 10^{-15}，標準電波の受信精度でも 10^{-9} をクリアーすることは難しくない.］

“エーテルの流れ[*9)]” は存在しないことを説明しようとする多くの試みがなされたが，それらは1905年にアインシュタインが“**特殊あるいは限定された相対性理論**[*10)]” を発表するまでは，いずれも不十分なものであった．アインシュタインが示唆するところによれば，エーテルのなかを進む運動という概念には意味がなく，物理的に意味のある運動とは，物質でできている物体に対して相対的なものである．彼の理論はつぎの2つの単純な仮定を基礎としている．

1. 物理法則および原理はすべての慣性系で同じかたちをもつ．
2. 光の速度はいかなる慣性系においてもその系の速度には依存しない．すなわち光の速度はその光源の運動に依存しない．

この2番目の仮説は，本質的にはマイケルソン-モーリーの実験結果を説明している．1番目の仮説は，我々の経験をかなり広く一般化している．この2つの前提からアインシュタインは，驚くべき結論「物体の質量は速度に依存する」とい

---

*8) *Philosophical Magazine*, vol. 24（1887年12月), p. 449. この重要な実験に関する最初の考察は，W. F. Magie, “*A Source Book in Physics*”（New York: McGraw-Hill, 1935), p. 369 を参照のこと．

*9) この効果についてはローレンツ（H. A. Lorentz，1853-1928）とフィッツジェラルド（G. F. Fitzgerald，1851-1901）が独立に説明している．それは，エーテル中を運動する測定ロッドは運動方向に短縮し，このためエーテルドリフトが観測できなくなるとする．ローレンツ-フィッツジェラルド短縮の仮説は，後にかたちを変えて，特殊相対性理論のなかに取り込まれる．

*10) 彼が10年後に展開した一般相対性理論と区別するためにこう呼ばれる．そこでは加速度が扱われるが，絶対的な加速は意味をもたないことが力説されている．

うこと，そしてさらに驚くべき結論「物体のエネルギーはその質量に比例する」ということを導きだしている．

相対性理論はアインシュタインの最も重要な発見で，それによって彼は一般の人々にもよく知られるようになった．その概念は物理学の歴史のなかでも最も大胆な発想で，他の者ではとてもできそうもない想像の世界を呼び起こした．以下に記載する抜粋文は，アインシュタインの古典的な論文“運動する物体の電気力学について”（*Annalen der Physik 17*（1905），p. 891）から引用した．これはSahaとBoseによる翻訳版である[*11]．

✣ ✣ ✣

アインシュタインの“実験”

序　　論

マクスウェルの電気力学を，現在表現されているかたちで，運動している物体に適用しようとすると，そこには観測に一致しない非対称性が現れることはよく知られている[◆1]．いま磁石と導体との間の相互作用を考えよう．観測される現象は，導体と磁石の間の相対的な運動だけで決まるはずであるが，通常の考察では導体と磁石のどちらが運動しているのかによって区別が生じてしまう．たとえば磁石が動いていて，導体は静止しているとすると，磁石の周りにはしかるべき大きさのエネルギーをもった電場が生じ，導体が存在する場に電流を励起する[◆2]．しかしもし磁石が静止していて，導体が動いていると，磁石

◆1　運動している場合の電気現象．

◆2　磁石に対して静止している観測者には磁場だけが観測される．磁石とともに動いている観測者には電場も観測される．地球を基準としたすべての運動に対して非対称性が現れるが，相対的な運動のみを考慮するなら，その非対称性は現れない．

*11)　A. Einstein, “*The Principle of Relativity*”, Saha and Bose（訳），（Calcutta, India: University Press, 1920）または“*The Principle of Relativity*”, W. Perrett and G. B. Jeffrey（訳），（New York: Dover, 1958）．

の周りには電場はできない．しかしそれ自身はエネルギーをもたない起電力（起電圧）が導体のなかに生じ，これが電場の向きと同じ方向に同じ大きさの電流を引き起こす．もちろん2つの場合，相対的にみた運動は等しいとしている．

2. “光が伝搬する媒質◆3” に対する地球の相対的な運動を実証しようとする試みが成功しなかった例をみると，力学のみならず，電気力学においても，絶対的な静止状態に対応する観測事実はないように思える．むしろ力学的な方程式が成立するすべての座標系に対して，同じ形の電気力学の方程式や光学の方程式が成立する．このことは第一次の近似ではすでに示されている◆4．以下の議論では，これを第一の仮定として，（これを “相対性の原理” と呼ぶ），さらにもう1つの仮定を置く．それはみたところ第一の仮定と矛盾するようだが，「光は真空中を速度 c で伝搬するが，その大きさは光を出す物体の運動状態には無関係である」ということである．この2つの仮定があれば，静止した物体に対するマクスウェルの理論をもとにして，運動する物体に対して，簡単でつじつまが合う電気力学を構築するのに十分である．これから展開しようとする考えによれば，“光のエーテル◆5” の概念を導入することは不必要なことが証明されるであろう．我々は何か特別な性質を付与されたような絶対静止の空間を導入しない．また速度ベクトルを，電磁現象が起こる特定な場所に関連づけることはしない◆6．

3. 電気力学の他のそれぞれの理論と同じように，この理論は剛体の力学◆7 をベースにする．各理論では剛体（座標系）と，時計と，電磁的過程の間の関係を論じる．このようなやや不十分な条件をおくのは，現在では運動する物体の電気力学を一般に議論するのは困難であるという理由からである．

◆3 いわゆる “エーテル” のこと．ここではマイケルソン-モーリーの実験をいっているのであろう．

◆4 フレネルも，また後にローレンツもエーテルに対して速度をもつ観測機器で光学現象は第一次近似では変わらないということを示している．しかしおそらく第二次の効果，つまり光速に対する器機の速度の比の2乗に比例する効果はあるかもしれないといっている．

◆5 Lightäther, luminiferous ether.

◆6 すなわち電気力学でも，絶対運動という概念は，力学において以上の意味をもたない．

◆7 剛体の運動を扱う科学．

I. 力学的な章

§1. 同時性の定義

ニュートンの方程式が成立する1つの座標系を考えよう．後で導入する別の座標系と区別するために，この系を “静止系” (the stationary system)◆8 と呼ぶことにする．

この系に静止している物質の点（material point，質点）の位置は，

◆8 この系は慣性系である．地球はかなりよい近似で慣性系となっている．

定規を使って，ユークリッド幾何学の方法で，あるいは直交座標系によって表される．

質点の運動を記述したいときは，座標の値を時間の関数として表す◆9．数学的な“時間”の定義は，時間が何を意味するか，はっきり理解したときのみ物理的な意味をもつことを心に留めておかなければならない．時間がその役割を演じる際には，時間の概念はいつでも同時性の概念であることを考慮すべきである．たとえば列車が7時に到着するということの意味は，私の時計の短針が7をさすのと，列車が到着するのとが，同時の事象であるということである．

◆9　相対性理論を展開していくにあたって，時間の概念がいかに重要であるかが示されるであろう．時間の役割は理論の基盤となっている．

時間の定義についてのいろいろな難しさは，時間を私の時計の短針の位置と置き換えることにより，すべて解決されるように思われる．時計が存在する場所にかかわらずに，時間を定義する必要があるときは，さきの定義で十分である．しかし，異なる場所で起こる事象を時間を使って結びつける必要があるとき，あるいは時計が存在する場所から遠くはなれた場所で起こる事象を時間を使って判断する場合には，さきの定義では不十分である．

さて事象を時間を使って判断するという試みに関しては，つぎのような方法で，満足できるだろう．座標系の原点◆10にいる，時計を持った観測者が，空間を伝わってやってくる光線と，時間を決めるべき事象とを，時計の針の位置で関連づけようとしている．しかしこの関連づけは，時計を持った観測者がどこにいるかに依存するという欠点をもつことを，我々は経験で知っている．つぎのように扱えば，もっと実際的な解決が得られる．

◆10　ここでは座標の原点とはただ便宜的にいっている．ここでいう座標系は観測者に対して固定されたものである．

A点に時計を持った観測者がいて，A点のすぐそばで事象の起こった時間を，同時刻の時計の針の位置を見ながら判断する．もし同じ特性の時計を持った観測者がB点にいれば，B点で起こった事象の時間を判断する．しかし他に何か前提条件を置かなければ，A点の事象とB点の事象の時間を比較することは不可能である．我々はAの時間，Bの時間ということはできるであろう．しかしAとBに共通な時間は存在しない．光が，AからBに飛行するのにかかる時間と，BからAに飛行するのにかかる時間とが等しいという定義◆11が成立したとき，この共通の時間というものを定義できるであろう．たとえば光はAの時間 t_A にBに向かって出発し，Bの時間 t_B にBに到着したとする．

◆11　この一見あたりまえな命題はこの理論の展開に重要なものである．たとえば，光がエーテルのなかを，AからBへはエーテルの運動の向きに，BからAには逆らって伝搬するとするとその速さは異なることになるであろう．

そして折り返しAの時間 t'_A に，Aにもどったとする．もし

$$t_B - t_A = t'_A - t_B$$

であれば，定義により2つの時計がシンクロ（同期）しているといえる．この同時性の定義は座標点がいくつあっても，矛盾なく仮定することができる．したがってつぎのことが成立する．

1. もしBにある時計がAにある時計に同期していれば，Aにある時計は，Bにある時計に同期している．

2. もしAにある時計とBにある時計が，ともにCにある時計に同期していれば，Aにある時計とBにある時計は互いに同期している．

このようにして，物理学的な体験の助けも借りて，別の場所に静止していて，互いに同期している時計について理解ができた．したがって時間と同期の定義に到達した．

経験に基づいて，次の量

$$\frac{2\overline{AB}}{t'_A - t_A} = c$$

は，普遍的な定数である◆12．

◆12 $\overline{AB}$ は2点A，B間の平均距離，c は光の速度．

我々は時間を静止系に静止している時計を用いて定義した．静止系に適用するために，この時間を“静止系の時間”と呼ぶことにする．

§2. 長さと時間の相対性について

つぎの考察は，相対性の原理と光速度一定の原理とを基礎にしている．我々はつぎのように定義する．

1. 物理系の性質がそれにしたがって変化するという法則は，これらの変化が，互いに並進運動をしている2つの座標系をいかに基準とするかには無関係である◆13．

◆13 回転運動は加速度が生じるので，除外される．

2. 静止座標系で運動するすべての光線は，それを放出する物体が静止しているか運動しているかにかかわらず同じ速度 c をもつ．したがって

$$\text{速度(velocity)} = \frac{\text{光の経路(path of light)}}{\text{時間間隔(interval)}}$$

ここで時間間隔とは §1で定義された平均時間のことである．

静止した剛体棒を考える．これは静止したものさしで測って l の長さをもつとする．剛体棒の軸は静止座標系のX軸の方向に向いている．

ここでX軸の方向に一様な速度 v をあたえる．さて運動する剛体棒の長さはいくらであろうか．その値はつぎの2つの操作から得られる．

(a)　観測者は測定を受ける剛体棒と一緒に運動するものさしを使って，両者を重ねて長さを測定する．これは観測者，ものさし，剛体棒がすべて静止している場合と同じ状況である◆14.

◆14　すなわちこれらの間に相対的な運動はない．

(b)　観測者は静止系におかれた2つの時計（これらは §1で述べた意味で同期している）を使って，剛体棒の両端の座標点を同じ時刻 t に観測する．この2点間の距離は，前に静止しているものさしで測られた長さである．これを“剛体棒の長さ”と呼ぼう．

相対性の原理にしたがえば，(a) の操作で測られた長さ（運動系で測られた剛体棒の長さと呼ぶ）は，静止系で測られた長さ l に等しい．

第二の方法で測られた長さは，**静止系から測られた運動している剛体棒の長さ**◆15 といえる．これを我々の原理に基づき評価すると，長さ l とは異なる値となる．

◆15　この区別は重要である．第一の操作では，我々が通常経験するように，観測者は棒に対して静止している．

これまで一般的に認められてきた力学にしたがえば，声を出していわないまでも，上の2つの操作から得られた長さは等しいものと仮定してきた．つまり時刻 t の瞬間では，運動している棒の幾何学的構造は，静止しているものに置き換えうるという仮定がそこにある．

時間の相対性

静止系に置かれた時計に，ともに同期している2つの時計を，棒の両端A，Bの座標点にもってくるとしよう．これらの示す時刻は，運動の到着点における静止系の時間を示す．これらの時計は静止系において同期していることになる．

次にそれぞれ時計をもった2人の観測者が運動していて，2つの時計の同期をしようとする場合を考えよう．時刻 t_A に光がAを発し，時刻 t_B にBで反射され時刻 t'_A にAに帰ったとする．光速の不変性の原理により

$$t_B - t_A = \frac{l_{AB}}{c-v}$$

$$t'_A - t_B = \frac{l_{AB}}{c+v}$$

が得られる．ここで l_{AB} は静止系で測られた運動している棒の長さで

ある◆16．したがって時計を持った2人の観測者から見て，2つの時計は同期しているようには見えない．しかし静止系に立つ観測者は2つの時計は同期しているというであろう．つまり我々は同期という概念に絶対的な重要性を付与することはできないのである．1つの座標系で同期しているとみえる2つの事象［訳注：この場合，時計がある時刻を示すという出来事］も，その座標系に対して相対的に運動している別の座標系から見ると同時とは見えないのである．

◆16　v は静止系に対して棒がもつ速度である．

§3.　静止系から，それに対して一様な速度で運動している系への座標と時間の変換の理論

静止系の上に2つの座標系を考える．これらはそれぞれ1点から延びる互いに直交する3本の直線からなる．2つの座標系のX軸は一致し，Y軸とZ軸はそれぞれに平行である．2つの座標系それぞれに，等しい剛体のものさしと時計とを置く．

1つの座標系（k）の上の座標点は，静止系KのX軸の方向に一様な速度をもつとする．この運動は座標系（k）のものさしや時計に伝えることができる◆17．静止系Kの任意の時間は，運動系の軸上の決まった位置に対応する．運動系の軸はそれぞれ，静止系の軸に常に平行である．これからは，t は常に静止系の時間を表すとする．

◆17　（k）という座標系全体が，Kに対して相対的に運動している．Kに対して使われている静止という語はそれが慣性系であるということである．

空間を，静止系の静止したものさしと，運動系の運動しているものさしで計測する．その結果，静止系に対しては，(x, y, z)，運動系に対しては (ξ, η, ζ) が得られる．静止系の各点の時間 t は，静止系におかれた時計群で，§1で述べた光信号の助けを借りて決定する．運動系の各点の時間 τ は，運動系に対して静止している時計群で，§1で述べた光信号の方法で決定する◆18．

◆18　t と τ は便宜的にいえば，2つのそれぞれの系で静止している時計で測られる局所的時間である．

任意の (x, y, z, t) の値は，起こった事象の静止系での場所と時間をあたえ，これは運動系の場所と時間 (ξ, η, ζ, τ) に対応する．さて問題はこれらの量の間の関係を表す式を求めることである．

まず第一に明らかなことは，我々が記述する時間および空間が均一であるという性質のため，これらの関係式が線形であるということである◆19．

◆19　空間の性質は，少なくとも光の伝搬に関しては，どの場所でもどの方向でも同じであるということである．

ここで $x' = x - vt$ とおけば，座標系Kに静止した点では，時間に依存しない値 (x', y, z) の系ができる．さて τ を (x, y, z, t) の関数とし

て求めよう．そのために，我々は式のなかで，τ は系（k）に静止した，§1で述べた方法で同期している時計で測られた時間であることを表現しなければならない．

光線が運動している座標系 k の原点から時刻 τ_0 に X 軸に沿って x′ に向かって発射され，そこで時刻 τ_1 に反射され，時刻 τ_2 に原点にもどったとすると，つぎの関係式が得られる［訳注：$\tau_1-\tau_0=\tau_2-\tau_1$ より］．

$$\frac{1}{2}(\tau_0+\tau_2)=\tau_1$$

ここで τ は座標の関数で，静止系での光速一定の原理を使うと

$$\frac{1}{2}\left[\tau(0,0,0,t)+\tau\left(0,0,0,\left\{t+\frac{x'}{c-v}+\frac{x'}{c+v}\right\}\right)\right]=\tau\left(x',0,0,t+\frac{x'}{c-v}\right)$$

が得られる◆[20]．

光線が現れる点として原点でなくても，任意の点をとることができる．したがって上記の式は，(x',y,z,t) のすべての値で成立することに注意しよう．

同じ考えを y 軸，z 軸に適用する．光は静止系から見ると，その軸上を $\sqrt{c^2-v^2}$ の速度で進むことを考慮すればよい◆[21]．

次の方程式が得られる◆[22]．

$$\frac{\delta\tau}{\delta y}=0 \qquad \frac{\delta\tau}{\delta z}=0$$

これらから τ は x と t だけの一次関数であることがいえる．そこで前に書いた式より

$$\tau=a\left(t-\frac{vx'}{c^2-v^2}\right)$$

が求められる．ここで a は v の未定の関数である．

これらの式を使って (ξ,η,ζ) の大きさを求めることは容易である．光速一定の原理と相対性の原理により，光は運動系で測っても，いつでも一定の速度 c で伝搬することを式で表せばよい．$\tau=0$ に光が ξ 方向に発射されたとすると

$$\xi=c\tau \quad すなわち \quad \xi=ac\left(t-\frac{vx'}{c^2-v^2}\right)$$

である．さて光は系 k の原点に対して，静止系からみて $c-v$ で動いているから

◆[20]　このように τ は観測者のいる座標に依存する．$\tau(0,0,0,t)$ は静止系の原点を時刻 t に運動系の時計が通過した瞬間の，運動系での時刻を表す．

◆[21]　c は一辺が v，他の辺を y 軸または z 軸上の速度とする直角三角形の斜辺である．

◆[22]　この偏微分方程式は，τ が y や z によらないことを表している．したがって τ は x と t だけの関数である．

$$\frac{x'}{c-v}=t$$

である．この t を ξ の式に代入すると

$$\xi=a\frac{c^2}{c^2-v^2}x'$$

となる．同じように y 軸方向に進む光を考えると

$$\eta=c\tau=ac\left(t-\frac{vx'}{c^2-v^2}\right)$$

となる．さて $x'=0$，$\dfrac{y}{\sqrt{c^2-v^2}}=t$ であるから◆23［訳注：原文ではこの式は $\dfrac{v}{\sqrt{c^2-v^2}}=t$ となっているが間違いであろう］

◆23　y 軸方向の速度は $\sqrt{c^2-v^2}$ であるから．

$$\eta=a\frac{c}{\sqrt{c^2-v^2}}y$$

また z 軸方向については

$$\zeta=a\frac{c}{\sqrt{c^2-v^2}}z$$

が得られる．

ここで $x'=x-tv$ を代入すると，

$$\tau=\phi(v)\cdot\beta\left(t-\frac{vx}{c^2}\right),$$

$$\xi=\phi(v)\cdot\beta(x-vt),$$

$$\eta=\phi(v)y,$$

$$\zeta=\phi(v)z$$

が得られる◆24．ここで $\beta=\dfrac{1}{\sqrt{1-\dfrac{v^2}{c^2}}}$

◆24　これが座標間の変換式である．

また $\phi(v)$ は v の関数で

$$\phi(v)=\frac{ac}{\sqrt{c^2-v^2}}=\frac{a}{\beta}$$

である．

もし運動系の出発点および時間のゼロ点につき何も仮定を置かないなら，上記変換式の右辺に適宜に定数を付け加えればよい．

ここで運動系で測られた運動系を伝搬する光の速度が静止系で測られた光の速度 c と同じであることを示そう．これは相対性の原理と光速不変の原理とが調和しているということの証明になる．

時刻 $\tau=t=0$ に，2つの系の原点が一致して，そのときに球面波が静止系に対して速度 c で発射される◆[25]．時刻 t に球面波が到達する座標を (x, y, z) とすると

$$x^2+y^2+z^2=c^2t^2$$

となる◆[26]．変換式を使って運動系の式に変換すると，簡単な計算で

$$\xi^2+\eta^2+\zeta^2=c^2\tau^2$$

が得られる．したがって運動系で伝搬する光の速度はやはり c で，その形は球面波である．すなわち2つの原理は互いに調和していることを示す．

つぎに未定の関数 $\phi(v)$ を決定しよう．このために第三の座標系 k′ を導入する．これは k 座標系の ξ 軸に平行に◆[27]，$(-v)$ の速度で運動している．$t=0$ にすべての座標原点は一致している．$t=x=y=z=0$ であるから k′ 系の時間も $t'=0$ である．k′ 系で測られた座標を (x', y', z', t') とする．ここで変換式を2度使うと

$$t'=\phi(-v)\beta(-v)\left\{\tau+\frac{v}{c^2}\xi\right\}=\phi(v)\phi(-v)t,$$

$$x'=\phi(v)\beta(v)(\xi+v\tau)=\phi(v)\phi(-v)x,$$

$$etc.$$

この式で (x', y', z', t') と (x, y, z, t) の間の関係をみると，時間変数を陽に含まない．すなわち座標系 K と k′ とは互いに静止している◆[28]．

座標系 K と k′ は同等であるから

$$\therefore \phi(v)\phi(-v)=1$$

ここで2点 $(\xi=0, \eta=0, \zeta=0)$，$(\xi=0, \eta=l, \zeta=0)$ の間の y 軸の一部分（長さ l）を考えよう．これにものさしをあてる．これらは静止系に対して相対速度 v で運動している◆[29]．ものさしの両端の座標について

$$x_1=vt,\quad y_1=\frac{l}{\phi(v)},\quad z_1=0$$

$$x_2=vt,\quad y_2=0,\qquad z_2=0$$

◆[25] 点光源から発射される．

◆[26] これは半径 ct の球面の方程式．

◆[27] したがって静止系の x 軸に平行．

◆[28] これは日常の経験にあっている．k′ は k に対して $(-v)$ の速度をもち，一方 k は K に対して $(+v)$ の速度をもつ．

◆[29] ものさしは y 軸に平行で，y 軸に直角な方向に運動している．

これは座標系 K で測った長さが $\dfrac{l}{\phi(v)}$ であることを表している．K 系に対して逆方向に（$-v$）で運動している系についても対称性からまったく同じことがいえる[30]．したがって

$$\frac{l}{\phi(v)}=\frac{l}{\phi(-v)}$$
$$\therefore \phi(v)=\phi(-v)$$

[30] K 系に対して右向きに運動しても，左向きに運動しても違いは起こらない．

この式とさきに求めた $\phi(v)\phi(-v)=1$ を使うと

$$\phi(v)=1$$

が得られる．

§4.　運動する剛体と運動する時計について得られる方程式の物理学的な意味

系 K に静止する半径 R の剛体球を考える（静止系で球体の形をしている）．球の中心が，K の原点に一致しているとする．K に対して v で運動している球面の座標の間には

$$\xi^2+\eta^2+\zeta^2=R^2$$

の関係がある．

時刻 $t=0$ にはこの式は

$$\frac{x^2}{\left(\sqrt{1-\dfrac{v^2}{c^2}}\right)^2}+y^2+z^2=R^2$$

と表せる[31]．運動系で剛体の球も，静止系からみると 3 つの半軸の長さが

$$R\sqrt{1-\frac{v^2}{c^2}},\ R,\ R$$

である回転楕円体になる[32]．

[31] 変換式をつかうと
$\phi(v)=1$
$\xi=\beta x$（at $t=0$）
$\eta=y$
$\zeta=z$
であるから，これらを上の式に代入すればよい．

[32] 楕円をその短い軸の周りに回転させる．

したがって y および z 方向の球（あるいはどのような形であっても）の長さは，運動によって変化をうけないが，x 方向には

$$1:\sqrt{1-\frac{v^2}{c^2}}$$

の比で短縮する．速度 v が大きくなると，この短縮の度合いは大きくなる．$v=c$ では静止系からみると，すべての物体は平面になる．光の

速さより大きい速度の運動に対しては我々の提言は意味をもたない．我々の理論では，光の速さは無限大の大きさの役割を演じている．

静止系に静止した物体を，一様に運動している系から見た場合にもまったく同じことがいえる◆33.

◆33　考えなければいけないことは，これは相対運動ということである．

静止系に静止した時計が時間 t を，運動系に静止した時計が時間 τ をあたえる場合を考える．もし運動系 k の原点にある時計が時間 τ を示したとき，それは静止系 K から見た場合どれだけ時間を得するだろうか？

$$\tau=\frac{1}{\sqrt{1-\frac{v^2}{c^2}}}\left(t-\frac{v}{c^2}x\right)$$

$$x=vt$$

$$\therefore\ \tau-t=\left[1-\sqrt{1-\frac{v^2}{c^2}}\right]t$$

したがって二次までの近似で，時計は運動の 1 秒毎に，その $\frac{1}{2}\frac{v^2}{c^2}$ 倍だけを失うことになる◆34.

◆34　根号を二次まで展開すると

$\left(1-\frac{v^2}{c^2}\right)^{\frac{1}{2}}\approx 1-\frac{1}{2}\frac{v^2}{c^2}.$

これは $\frac{v}{c}$ が小さいときはよい近似である．

これからやや奇妙な結論が得られる．静止系に 2 点 A，B がありそこにそれぞれ時計がおいてある．これらの時計は §3 で説明したような意味で同期しているとする．さて A にあった時計が直線上を運動して B に到達したとき，2 つの時計はもはや同期していない．A からきた時計は B に留まっていた時計に比べて，$\frac{1}{2}t\frac{v^2}{c^2}$ だけ遅れているからである◆35．ここで t は，この運動の行程にかかった時間である．

◆35　運動する時計はその 1 秒毎に，それの $\frac{1}{2}\frac{v^2}{c^2}$ 倍だけ失うため．

時計が A から B へ多角形の辺の上を移動してもこの結論が成立することはただちにわかる◆36.

◆36　運動が直線的でなくても，連続した曲線を一辺が十分短い多角形に分けて考えればよい．

多角形に対しての結論が，曲線についても成り立つとすると，つぎの法則が得られる．A に同期した 2 つの時計を置き，その 1 つを A から一定の速度で閉曲線の上を動かし，t 秒かけて，ふたたび A にもどったとする．動かした時計は静止していた時計に対して $\frac{1}{2}t\frac{v^2}{c^2}$ だけ遅れている．このことからつぎのように結論できる．他の条件がまったく同一なら，赤道上の時計は，極にある時計よりわずかながらゆっくり進むことになる◆37.

〈以下ここでは省略するが，相対論的な速度の合成，運動する物体の質量の式の導出，電磁力学への応用などについて記述されている.〉

◆37 相対速度は小さく，1000 mph（時速1000マイル）程度であるが，現在入手できる正確な時計を使えば，この遅れは検知できる.

補遺文献

Barnett, L., *The Universe and Dr. Einstein* (New York: William Sloane, 1948).

Born, M., *Einstein's Theory of Relativity*, trans. by H. L. Brose (London: Methuen, 1924).

Einstein, A., *The Meaning of Relativity*, 6th ed. (London: Methuen, 1956).

Einstein, A., and L. Infeld, *The Evolution of Physics* (New York: Simon and Schuster, 1938), pp. 129ff.

Frank, P., *Relativity and Its Astronomical Implications* (Cambridge, Mass.: Sky Publishing, 1943).

Sherwin, C. W., *Basic Concepts of Physics* (New York: Dryden, 1957), Ch. 11.

Wilson, W., *A Hundred Years of Physics*, (London: Duckworth, 1950).

補編 4

ニールス・ボーア
Niels Bohr　1885-1962

水　素　原　子

The Hydrogen Atom

黒体放射を説明するプランクの量子仮説は，新しい種類の物理学，すなわち20世紀の量子物理学のドアを開いた．この説は1900年に紹介されたが，すぐにいくつかの重要な発展の基礎となった．1905年にはアインシュタインが光電効果を説明するための新しい考えにこれを使ったし，その2年後には固体比熱が温度により変化することの説明にも応用した．この2つはプランクの理論を非常に強固なものにしたが，しかしそれよりさらに顕著な応用は，1913年にニールス・ボーアにより提案された原子構造と光スペクトル線の起源についての理論であろう．

分光学の実験は19世紀後半に最も発展した物理学の分野である．それは1859年に，ブンゼン（R. W. Bunsen，1811-1899）とキルヒホッフ（G. R. Kirchhoff，1824-1887）がプリズム分光器を発明し，波長の精密測定が可能になったからである．物質が炎や電気放電で適切に励起を受けると，それぞれ固有の光を放つことは，もちろんかなり前から知られていた．これを最初に観測したのは，スコットランドの物理学者トーマス・メルヴィル（Thomas Melvill，1726-1753）であった．彼はいろいろな塩を燃える酒と混ぜ，プリズムを使ってそれが出す光を観測した．熱い気体（蒸発した塩）が出す光のスペクトルは，固体または液体として発光している光とは，非常に異なっていることに気づいた．後者は連続スペクトルであるのに，前者は光線を導くための器機の開口の形をした，異なる色のついた不連続的な斑点になった．メルヴィルの実験ではプリズムの前に置かれた開口が円形であったので，円形の斑点であったが，後に狭い矩形のスリットが使用できるようになってからは，この特徴的なパターンはスペクトル線といわれるようになった．

ブンゼンとキルヒホッフの仕事とそれの実験分光学にあたえたインパクトによって，関心は線スペクトルのもつ規則性を探すことに向けられた．光が放出される原因は，何らかの振動のためであろうと考えられたので，力学的振動に存在する高調波に類似した，何か調和的な関係式が，あたえられたスペクトルの多くの線の間に存在しないかと探された．単純な調和関係は見つからなかったが，1885年バルマー（Johann Balmer，1825-1898）により，波長の間の最も重要な関係式が発見された．水素原子のすべてのスペクトル線の波長は，単純な式

$$\lambda_n = b\left(\frac{n^2}{n^2-2^2}\right)$$

で表すことができる．ここで b はバルマーによって実験的に決められた定数，また n はそれぞれのスペクトル線に対して $n=3, 4, 5, \cdots$ の値をとる．バルマーは9本のスペクトル線を発見したが，そのすべての波長が，1/1000の精度でこの式に見事に合致した．可視域にある4本のスペクトル線は，オングストローム（A. J. Ångström，1814-1874）により精密に測定され，紫外域の5本はハギンス卿（Sir William Huggins，1824-1910）により測定された．しばらくしてリュードベリ（J. R. Rydberg，1854-1919）はスペクトルの間の規則性を発見し，ほとんどすべてのスペクトル線のシリーズについて成立する一般式を得た．リッツ（W. Ritz，1878-1909）は，どのスペクトル線の周波数も光放出する原子に特徴的な2つの項の差で表されることを示唆した．この式は本質的にはリュードベリの式の一般化であるが，**リッツの結合則**として知られている．よく使われる周波数または波数（$\bar{\nu}=1/\lambda$）を用いると，バルマーの式は，さらに一般的なリュードベリの式

$$\bar{\nu} = \frac{1}{\lambda} = R_H\left(\frac{1}{2^2}-\frac{1}{n^2}\right) \qquad n=3, 4, 5, \cdots$$

の特別な例となる．ここで R_H は水素原子のリュードベリ定数と呼ばれる普遍定数である．括弧のなかの第一項を $1/n_f$ に置き換え，n が（n_f+1），（n_f+2），（n_f+3），…の値をとるものとすると，水素原子で知られているすべての系列（シリーズ）について成り立つ式が得られる．すなわち $n_f=1$ がライマン系列，$n_f=2$ がバルマー系列，$n_f=3$ がパッシェン系列，$n_f=4$ がブラケット系列，$n_f=5$ がフント系列である．水素原子に対するリッツ原理に現れる項は，単純な形 R/n^2 で表される．ここで n は（正の）整数である．

これらの実験式は，新しいスペクトル線を予測するなどの目的には有用であったが，原子スペクトルが現れる基本的なメカニズムについては何の手がかりもあたえなかった．これを導くアイデアは別のところからやってきた．それはラザフ

ォード（本書第19章を参照せよ）が1911年にα粒子の散乱の実験から，原子の核モデルを発表したときである．しかし正に帯電した原子核の周囲にいくつかの電子が付随するというラザフォードの描像には致命的な欠点があった．もし電荷が互いに静止していると，そこには安定な配置は存在しない．もし運動しているとすると電子が核の周りを回転していると考えられるが，この場合，電子は求心加速度を受けており，エネルギーを放射し続け，最終的には原子核に落ち込んでしまうだろう．またその場合電子の軌道半径が小さくなるほど，放射されるエネルギーの周波数は連続的に高くなるので，観測されるようなとびとびのスペクトル線にはならないはずである．

ボーアがラザフォードのアイデアとプランクの量子仮説を結びつけ，原子構造の理論を発展させたのは，まさにこの時点であった．この理論は観測されている水素原子および水素様原子（1価のHeイオン，2価のLiイオンなど）の観測されたスペクトル線をよく説明する．彼は古典的な電気力学は，原子系には精密には適用できないとすることで，原子構造が不安定になることを避けた．その代わりとして電子は原子核の周りの固定された（円形または楕円形の）軌道上のみで回転運動できると仮定した．この構造は完全に安定で，**定常状態**と呼ばれる．これらの軌道は，それぞれ確定したエネルギーをもっていて，高いエネルギーW_1状態から，低いエネルギー状態の1つW_2に原子が遷移すると，これらの間のエネルギーの差が周波数νの光子（photon）として放出される．周波数νは

$$h\nu = W_1 - W_2$$

から計算される．ここでhはプランク定数という定数で，このことは，プランクの仮説とも合致する．彼はさらに進んで，この“許された軌道”を計算する手段をあたえた．それは許された軌道上の電子が核に対してもつ角運動量は，$h/2\pi$の整数倍でなければならないとすることである．電子と核の間の静電引力と電子の円運動のための求心力が等しいとして，電子軌道を計算した．こうしてボーアは，一方では伝統的な概念を捨てながら，他方では各状態のエネルギーを，電子の回転運動のエネルギーと，電子を原子核に静電的に結合させるポテンシャル・エネルギーとの和であるという古典的な方法で計算した．こうして彼は水素原子に対する一般的なリュードベリの式を導いたのである．

ボーアが前提としたことには，任意性があるし，古典物理学と量子物理学とを取り混ぜて式を導いている感じはあるが，この理論は非常に広い範囲で，経験さ

れる事実を説明することに成功した．さらに最終的にはボーアの理論に置き換わる新しい量子力学でもあたえない原子過程の描像をもあたえている．新しい理論はまったく抽象的な定式であらわされるので，日常のあるいはメンタルな意味をもつイメージの言葉で内容をよく説明できない．その点で電子軌道とか，エネルギー・レベルとか1つの軌道から他の軌道への瞬間的なジャンプとかの（ボーアの使った）概念は我々の古典的な考えに慣れた頭を満足させるのに有用である．このため“ボーア原子”は量子物理学の分野でも，最も広く用いられるモデルとして，これからも残っていくことは疑いない．

ニールス・ヘンリク・ダヴィド・ボーア（Niels Henrik David Bohr）は1885年10月7日，デンマーク・コペンハーゲンで生まれた．父はコペンハーゲン大学の生理学の教授であった．ボーアはコペンハーゲンのパブリック・スクールを卒業後，大学に進み，そこでは22歳のとき，「デンマーク王立科学アカデミー金賞」を受賞するほど際立った存在であった．1911年コペンハーゲンで学位を取得した後，トムソン（J. J. Thomson）の指導を受けるためケンブリッジのキャヴェンディッシュ研究所に赴いた．次の年ボーアはマンチェスターにいたが，そこではラザフォードが原子の核モデルを提唱していた．1913年コペンハーゲンに帰ったボーアはプランクの量子仮説をラザフォード原子に適用し，原子スペクトルの見事な説明を展開した．そのとき彼は28歳だった．1916年にコペンハーゲン大学の理論物理学の教授に任じられた．そしてさらに4年後には，新しく設立された理論物理学研究所の所長になる．彼はこの研究所の設立に貢献したが，これはまもなくヨーロッパでも一番の理論研究センターとなった．人類が原子構造を理解することにおいて偉大な貢献をしたということで，ボーアは1922年にノーベル賞を受賞した．1939年，彼がプリンストンを訪問していたときに，ウランの核分裂の報告がドイツから届いた．マイトナー（Lise Meitner）とフリッシュ（Otto Frish）は，ウランの核分裂に関連して，重く不安定な原子核の分裂と水滴の分裂の間には，粗い類似があるだろうと示唆した．これに基づいてボーアとホイーラー（John Wheeler）は原子核の液体モデルの基礎づけを行った．

1940年のナチスの侵攻の際，ボーアはデンマークにいて，1943年まで留まったが，そこからスウェーデンを経て英国に逃れた．その後アメリカに渡り，それから戦争の期間中ロスアラモスで核兵器の開発に彼の優れた知能をささげた．

戦争が終わって彼はデンマークの彼の愛した研究所に戻った．1947年，フレデリック王からナイトの称号を受けた．それから多くの栄誉を受けるが，1957年に最初の“平和のための原子力”賞を受賞した．彼は1962年11月18日，コペンハーゲンで没した．

以下に取りあげる文章は，ボーアの論文「原子および分子の構造について」(On the Constitution of Atoms and Molecules, *Philosophical Magazine*, Series 6, vol. 26, 1913年7月, p. 1-25) からの引用である．

✣ ✣ ✣

ボーアの“実験”

はじめに

ラザフォード教授が行った物質によるα粒子の散乱の実験結果[1]を説明するために，原子の構造に関する理論が提出された◆1．この理論によれば，正に帯電した原子核の周りに，いくつかの電子からなる系が核からの引力を受けて存在している．電子の負の電荷の総計は核の電荷数に等しい．核は原子の重さの大部分を占める．しかし大きさは原子全体の大きさよりはるかに小さい．電子の数は，原子量（質量数）◆2の半分にほぼ等しい．このモデルには，大きな関心が払われるべきである．なぜならラザフォードもいっているように，原子核が存在するという仮定は，α線が，大きな角度で散乱されるという実験結果を説明するために是非とも必要と思われるからである[2,◆3]．

しかしこの原子モデルを使って，物質の性質のいくつかを説明しようとすると，電子系のもつ明らかな不安定性のため深刻な困難が発生する◆4．原子モデルの困難を避ける目的で，たとえばトムソン卿の考

◆1 原子の核モデル．

◆2 X線の散乱から求められた．水素原子を除けば，すべての同位体のZ/Aの値は，1/2から1/3の間にある．ここでZは原子番号，Aは質量数である．

◆3 このような散乱に大きなクーロン力が働いているということは，正の電荷が非常に狭い空間（すなわち原子核）に集中しているとすれば理解できる．

◆4 おもな困難は古典的には加速度を受けている電子はエネルギーを放射しなければならないということである．したがって擾乱を受けないかぎり，電子は静止していなければならない．しかしそれでも困難がある．アーンショーの定理により，静止した正および負の電荷の間には安定した配置はない．

---

[1] E. Rutherford, *Phil. Mag.*, xxi, p. 659 (1911).

[2] Geiger and Marsden, *Phil. Mag.*, 1913年4月号を見よ．

えが提案されている[3]．これによれば，一様に正に帯電している球のなかで，電子は円軌道を描き運動している◆5.

◆5 トムソンのモデルでは通常，電子は何らかの平衡な位置を占めていると仮定される．

トムソンとラザフォードが提案した2つの原子模型の間の主な違いは，つぎのような事情による．トムソンのモデルでは電子に働く力は，複数の電子の運動が安定な平衡系をつくることができるが，第二のモデル（ラザフォード）では，そのような配置は許されない．第一のモデルの原子を特徴づける諸量のうちたとえば正に帯電した球の半径は原子の大きさと同じ程度になるといえるが，第二のモデルでは，原子の大きさは，原子を特徴づける諸量，（電子や核の電荷や質量など）には現れないし，またこれらの量を使っても原子の大きさを決定することはできない◆6.

◆6 ラザフォードの理論は，原子核の電荷の数値はあたえるけれど，電子の質量の分布に関連する事項は何もあたえない．

この種の問題を考察する方法は，最近ではエネルギー放射の理論◆7の発展をみならって，大きく変化してきている．比熱，光電効果，レントゲン線等々かなり違った現象についての実験をもとに築かれた理論では，新しい仮定が直接的に容認されている．これらの問題についての議論の結果，原子程度の大きさの系を記述するのには，古典的電気力学では不適当であることがかなり一般に認められるようになった[4]．電子の運動の法則に変更があるとすれば，古典電気力学には現れなかった量，つまりプランクの定数あるいは作用の素量と呼ばれる量を理論に取り入れることのようにみえる．この量を取り入れることにより，原子のなかで電子の安定な配置の問題は本質的に変化する．この定数は，電子の質量や電荷と一緒になって，要求されている長さ◆8すなわち原子の大きさの桁数を決めることができるような次元と大きさをもっている．

◆7 プランクの仮説のことである．

◆8 原子の直径の値．

この論文の目的は，上記のアイディアをラザフォードの原子模型に適用し，原子構造理論の基礎を導くことである．この理論はさらに進んで，分子の構造の理論も導くことになるであろう．

この論文の最初の部分は，プランクの理論と関連づけて，正に帯電した原子核に電子がいかに結合されるかそのメカニズムを議論する．

---

3 J. J. Thomson, *Phil. Mag.*, vii, p. 237 (1904).

4 たとえば“Theorie du ravonnement et les quanta”, *Repports de la reunion a Bruxelles*, 1911年11月, Paris, 1912, を見よ．

この考えから水素原子のスペクトル線についての法則◆9が簡単に導かれることが示される．さらに後の章の議論が基礎におく主たる仮説に対する理由が提示される．

◆9　たとえばリュードベリの式．

私はこの仕事に興味をもち激励してくれたラザフォード教授に感謝したい．

§1.　一般的な考察

正に帯電した非常に小さな原子核の周りの閉じた軌道上にある電子からなる系を考えると，ラザフォードらの原子模型から原子の諸性質を説明するためには，古典電気力学は不適当であることが明らかになった．簡単のために電子の質量は原子核の質量に比べて無視できるほど小さく，また電子の速度は光の速度に比べて小さいものとする◆10．

最初にエネルギー放射はないと仮定する．この場合電子は安定な楕円軌道を描く◆11．周回の周波数 ω と楕円の主軸の長さ $2a$ はエネルギー W に依存する．W は電子を原子核から無限の彼方へ持ち去る際に系にあたえられるエネルギーである．電子の電荷を $-e$，原子核の電荷を E，電子の質量を m とすると

$$\omega=\frac{\sqrt{2}}{\pi}\frac{W^{3/2}}{eE\sqrt{m}},\qquad 2a=\frac{eE}{W}\cdots\cdots\cdots\cdots\ (1)$$

が得られる◆12．さらに電子の周回の運動エネルギーの平均値は W に等しいことが容易に示される◆13．W があたえられなければ，課題の系に特徴的な ω の値も a の値も求まらない．

さてここで電子の加速度によるエネルギー放射の効果を普通の方法で計算してみよう．この場合は，電子は安定な軌道◆14にはもはや留まらない．電子の軌道は次第に小さくなり原子核に近づき，W は連続的に大きくなり，周波数 ω は次第に大きくなる．電子の平均運動エネルギーは増すと同時に，系全体のエネルギーは減少する．この仮定は電子軌道の大きさが電子または核の大きさと同程度になるまで続く．簡単な計算では，この仮定で放出されるエネルギーは，通常の分子過程◆15で放出されるエネルギーに比べて異常に大きくなる．

以上のような過程は，原子系で自然に起こる過程とは大きく異なっている．第一に実際の原子は安定な状態にあれば，大きさも周波数も

◆10　第一の仮定は，系の重心は原子核の位置にあること，第二の仮定は電子質量に対して相対論的補正を必要としないことのため設定される．

◆11　中心力の場で最も一般的な軌道である．

◆12　W は電子の結合エネルギーである．この式はケプラーの法則から直接導かれる．

◆13　円軌道においてはポテンシャル・エネルギーと運動エネルギーは等しい．楕円軌道では運動エネルギーの平均値とポテンシャル・エネルギーが等しくなる．

◆14　電子からのエネルギー放射が起こらない軌道．

◆15　分子過程のエネルギーは 1 eV の数分の 1 から数 eV の程度である．

変化しない◆16．さらにどのような分子過程を考えても，系に特徴的なある量のエネルギーを放出した後には，系はふたたび安定な平衡状態に落ち着き，各粒子間の距離も放射前と同じ程度に留まる．

◆16 スペクトル線の観測からいえる．

さてプランクの放射理論の本質的な点は，原子系からの放射は通常の電気力学がいうように連続的には起こらず，むしろ逆に，周波数 ν の原子振動子からは，エネルギー $\tau h\nu$ の1回の放射が個別的に起こるのである．ここで τ は完全数で，h は普遍定数である[5,◆17]．

◆17 τ は整数，h はプランク定数である．

1個の電子と1個の原子核からなる簡単な系にもどろう．原子核と相互作用する電子は最初は十分遠い位置にあり，また核に対して目立つほどの相対速度をもっていないとしよう．相互作用が起こると電子は核の周りの安定な軌道に落ち込むとする．後に述べる理由により，軌道は円形と仮定する．この仮定による計算は，単一電子の系であればいかなる軌道であっても変更する必要がない．

さてつぎのことを仮定しよう．電子は結合している間に，電子の終状態の周回周波数の半分である周波数 ν の均一な［訳注：homogeneous の訳．今の言葉でいえば単色な，あるいは単一波長の，という意味であろう］放射を放出する．プランクの理論によりこの過程で放出されるエネルギーは $\tau h\nu$ である．ここで τ は整数，h はプランク定数である．放出される放射が均一であるとすると，周波数に関する第二の仮定はおのずと示唆される．なぜなら放出の最初における電子の周回の周波数は0であるからである◆18．しかし2つの仮定が厳密に有効かどうか，またプランクの理論の適用については §3で詳しく議論する．

◆18 すなわち周回の平均周波数は放出される放射の周波数に等しいととる．［訳注：通常の前期量子論にある扱いと違い，ここでは W を正の量と考えている．したがって，$\tau=1$ がエネルギー最大の状態である．したがって放射の際の遷移の終状態の周回周波数がゼロで，この注は $\frac{0+\omega}{2}=\nu$ のことをいっていると思われる．］

さて

$$W=\tau h\frac{\omega}{2}, \cdots\cdots\cdots\cdots \quad (2)$$

とおくと◆19，式（1）から

$$W=\frac{2\pi^2 me^2E^2}{\tau^2h^2},\quad \omega\frac{4\pi^2 me^2E^2}{\tau^3h^3},\quad 2a\frac{\tau^2h^2}{2\pi^2 meE}\cdots\cdots\cdots\cdots \quad (3)$$

が得られる．

◆19 ここで ω は周回の周波数である．

5　たとえば M. Planck, *Ann. d. Phys.*, xxxi, p. 758 (1910), xxxvii, p. 642 (1912)；*Verh. deutch. Phys. Ges.*, 1911, p. 138. を見よ．

これらの式でτに異なる値をあたえると，W, τ, αのそれぞれの値のシリーズが得られ，それらがこの系の配位のシリーズに対応する．上の考察にしたがえば，これらの配位は，エネルギーを放出していない系のそれぞれの状態に対応するものと仮定することになる．この状態は系が外部から擾乱を受けない限り，安定であろう．Wの値はτが最小値1をとるときに，最大となる［◆18の訳注を参照］．これは系が最も安定な状態に対応するであろう◆[20]．すなわち，この状態で結合している電子を引き離すためには，最大のエネルギーが必要になるであろう．

上の式に$\tau=1, E=e$および実験から得られるつぎの値

$$e=4.7\cdot10^{-10},\quad \frac{e}{m}=5.31\cdot10^{17},\quad h=6.5\cdot10^{-27}$$

を代入すると

$$2\alpha=1.1\cdot10^{-8}\,\mathrm{cm},\quad \omega=6.2\cdot10^{15}\frac{1}{\mathrm{sec}},\quad \frac{W}{e}=13\,\mathrm{volts}$$

が得られる．

これらの値は，原子の径，放出される光の周波数，イオン化ポテンシャルと同じ程度の値である◆[21]．

原子系の振る舞いを議論するためには，プランクの理論が一般的に重要であるということは，アインシュタインが最初に指摘した[6, ◆22]．アインシュタインの考えは後に主としてシュタルク，ネルンスト，ゾンマーフェルトらにより展開され，多くの現象に適用された◆[23]．観測された原子放射の周波数や大きさが，上に述べたのと同様な考察により計算された値とオーダーとして一致することは，多くの議論の課題となってきた．トムソンの原子モデルに基づいて水素原子の大きさや周波数から，プランク定数の意味を説明しようとする試みは，ハース(Haas)[7]によって最初に指摘された．

粒子間の力が距離の2乗に反比例するという，この論文で考えられている系については，ニコルソン（J. W. Nicholson）[8, ◆24]によって，プランクの理論を基礎にして論じられている．彼は一連の論文で，星

◆[20]　最もしっかりと結合している状態である．

◆[21]　原子の直径は10^{-8} cmのオーダー，水素のイオン化ポテンシャル（電子を無限遠にまで引き離すために必要なエネルギー）は13.5 eV．

◆[22]　彼の光電効果および比熱の理論のことである．

◆[23]　ヨハネス・シュタルク（Johannes Stark, 1874-1957）は光を放出している原子を強い電場に置くと，スペクトル線が分裂することを発見した．ネルンスト（W. H. Nernst, 1864-1941）は固体の比熱は，温度とともに減少することを実験的に確かめた．ゾンマーフェルト（A. Sommerfeld, 1868-1951）は，後にボーアの理論を楕円軌道に拡張した．量子物理学分野の先駆者の一人である．

◆[24]　ロンドンのキングス・カレッジの数学の教授．ボーアとおなじように彼もまたラザフォードの仕事に大きく触発された．古典的方法で，振動周波数の比を計算することに成功した．ボーアの先を越して原子の角運動量は$h/2\pi$の整数倍であることを発見している．

---

[6]　A. Einstein, *Ann. d. Phys.*, xvii, p. 132 (1905)；xx, p. 199 (1906)；xxii, p. 180 (1907).

雲からのスペクトルや太陽コロナのスペクトルのなかの，これまでその起源が知られていなかったスペクトル線を，これらの天体のなかの組成として，はっきり示されている元素の存在によって説明できるかもしれないといっている．これら元素を形づくる原子は，無視できるほど小さな核の周囲の数個の電子のリングの構造をもつと想像できる．問題としているスペクトル線に対応する周波数の比が，電子リングの異なる振動モードの周波数の比と比較された．ニコルソンは，系のエネルギーとリングの回転の周波数との比がプランク定数の整数倍であると仮定すれば，コロナのスペクトル線の異なるセットの波長の比が，高い精度で説明できることを示し，彼の理論をプランクの理論と関係づけた．ここでニコルソンがエネルギーとした量は，さきに我々が W で表した量の2倍である◆25．引用した最近の論文でニコルソンは，理論をもう少し複雑なかたちであたえることが必要だとしながらも，エネルギーと周波数の比は簡単な関数関係で表されるものであるとした．

◆25　つまりニコルソンは系の全エネルギーを使ったためである．

実験で得られた，問題としている波長の比の値が，計算と見事に一致することから，ニコルソンの計算の基礎が有効であるという強い意見があるようにみえる．しかしながらこの理論には深刻な問題が存在する．この反対論は放出される放射の均一性［訳注：後述］に関連した問題である．ニコルソンの計算によれば，スペクトル線の周波数は明確に表された平衡状態にある力学系の振動の周波数であるとされる◆26．プランクの理論の関係式からすると放射は量子として送り出されるものと期待される．しかしエネルギーが周波数の関数となっている，今考えられている系では，有限な量の均一な［訳注：周波数が時間的に変化しない］放射を放出できない．なぜなら放射が始まるとすぐに系のエネルギーすなわち周波数は変化してしまう．さらにニコルソンの計算にしたがえば，系のいくつかの振動モードが不安定になる．

◆26　ニコルソンは以前にマクスウェルが，土星の環を説明するのに使ったのと同じ数学的方法を使った．

---

[7] A. E. Haas, *Jahrb. d. Rad. u. El.*, vii, p. 261 (1910)．さらに次を見よ．
A. E. Shidlof, *Ann. d. Phys.*, xxxv, p. 90 (1911)；E. Wertheimer, *Phys. Zeitschr.*, xii, p. 409 (1911)，*Verh. deutch. Phys. Ges.*, 1912, p. 431；F A. Lindemann, *Verh. deutch. Phys. Ges.*, 1911, pp. 482, 1107；F. Haber, *Verh. deutsch. Phys. Ges.*, 1911, p. 1117.

[8] J. W. Nicholson, *Month. Not. Roy. Astr. Soc.* lxxii, pp. 49, 139, 677, 693, 729 (1912).

これらの難点は形式的なものとして考えないことにしたとしても，この理論では，よく知られたバルマーあるいはリュードベリが求めた，一般元素のスペクトル線の周波数の公式を説明できないものと思われる◆27.

◆27　この理論は周波数の比の値を正確にあたえるが，バルマーやリュードベリが実験的に求めた式を導くことができない.

さてここで，私の論文の観点からこれらの問題を考えれば，前にあげた困難は消え去ることを示そう．先に進む前に，前に示した計算を特徴づける考えを簡単にまとめておこう．主な仮定は

(1)　系の安定状態の力学的平衡は，普通の力学の助けを借りて議論できるが，異なる安定状態の間の移行は古典力学では扱えない◆28［訳注：移行は passing の訳．状態間の移行の語は，今では遷移（transition）が使われる］.

◆28　系が安定な状態の間を，どのように移り変わるかを描くことができない.

(2)　この過程は**均一**な放射［訳注：放射の間，周波数が変化しない］を伴うものである．そして周波数と放出されるエネルギーとの関係はプランクの理論にしたがう.

ここで第一の仮定は自然のように思える．なぜなら通常の力学［訳注：古典力学］は完全なかたちでは，（原子の問題に）適応できないことが知られているからである．それは電子の運動の何らかの平均値を計算するのには有効である．一方，粒子の位置の相対的な変化のない安定状態の動力学的平衡の計算では，実際の運動と平均的な値とを区別していない．第二の仮定は通常の電気力学（古典電気力学）の考え方とは明らかに異なる．しかし実験的な事実を説明するためには必要である◆29.

◆29　通常の電気力学にしたがえば，放出される放射の周波数は（電気的）振動の周波数に等しい.

前に述べた計算では，我々はさらに特別な仮定を用いた．すなわち異なる安定状態は異なる数のプランク量子の放出に対応しているということである．そして系がまだ放出していない安定状態から，他の安定状態の１つに移る過程で放出する放射の周波数は，後の状態の電子の周回周波数の半分に等しいということである◆30．そして我々は違ったかたちで表現されたいくつかの仮定を使って式（3）にたどりつく．これらの仮定についての議論は先延ばしにして，まずはじめに上記の主な仮定と，安定状態を表す式（3）とから，水素原子スペクトル線を説明できることを示そう.

◆30　式（2）を見よ.

§2.　線スペクトルの放出

水素原子のスペクトル：　一般的な見方では，水素原子は正の電荷 e をもった原子核の周りを回転している1つの電子から構成されている[9]．たとえば真空管のなかの放電などにより，電子が核から遠方に引き離されている状態から，水素原子の再構成（再結合）に至る過程は，電子が正の電荷の核に結合することに対応している．式（3）において $E=e$ とおけば◆31，安定状態の1つが形成される際に放出されるエネルギーは

◆31　原子核の電荷の大きさは電子の電荷の大きさに等しい．

$$W_r = \frac{2\pi^2 me^4}{h^2\tau^2}$$

となる．系が $\tau=\tau_1$ に対応する状態から，$\tau=\tau_2$ に対応する状態に移行するときに放出するエネルギーの値は

$$W_{\tau_2} - W_{\tau_1} = \frac{2\pi^2 me^4}{h^2}\left(\frac{1}{\tau_2^2} - \frac{1}{\tau_1^2}\right)$$

となる．

さて，いま問題としている放射は均一（単色）であるとしよう．放出されるエネルギーは $h\nu$ である◆32．ここで ν は放射の周波数である．したがって

◆32　プランクの仮説により．

$$W_{\tau_2} - W_{\tau_1} = h\nu$$

より

$$\nu = \frac{2\pi^2 me^4}{h^3}\left(\frac{1}{\tau_2^2} - \frac{1}{\tau_1^2}\right) \cdots\cdots\cdots\cdots \quad (4)$$

が得られる．

この式は水素原子のスペクトル線の法則を説明する．$\tau_2=2$ とおき τ_1 を変化させると◆33，よく知られたバルマー系列が得られる．$\tau_2=3$ とするとリッツにより予測され，パッシェン[10]により観測された遠赤外

◆33　τ_1 の値を 3, 4, 5, … とする．

9　たとえば N. Bohr, *Phil. Mag.*, xxv. p. 24 (1913) を見よ．そこに書かれている結論は次の実験でしっかり支持されている．すなわちトムソン卿の陽極線の実験では，水素原子は電荷を1つ以上失うことはない，ただ1種類の原子である（すなわち水素には2価以上のイオンは存在しない．たとえばヘリウムでは2価のイオンが存在する）．*Phil. Mag.*, xxiv, p. 672 (1912) と比較せよ．

領域の系列が得られる．$\tau_2=1$ および $\tau_2=4, 5, \cdots$ とすると，それぞれ遠紫外域および極短遠赤外の系列が得られる．これらはまだ観測されていないが，その存在は十分期待される◆[34]．

これらは定性的にも定量的にも一致している．

$$e=4.7\cdot 10^{-10},\quad \frac{e}{m}=5.31\cdot 10^{17},\quad h=6.5\cdot 10^{-27}$$

とおくと

$$\frac{2\pi^2 me^4}{h^3}=3.1\cdot 10^{15}$$

となるが，式 (4) の括弧の前の項の観測値は

$$3.290\cdot 10^{15}$$

である．

理論値と観測値の一致の程度は，理論式に入る定数がもつ，測定値の実験誤差による不確定さの範囲内である◆[35]．§3でこの一致の重要性についての考察にもどることにする．

真空管を使った実験ではバルマー系列のスペクトル線は12本しか観測されていないが，天体のスペクトル線では33本が観測されていて，これはまさに上記理論から予測されるものである．式 (3) によればそれぞれの安定状態にある電子の軌道の直径は τ^2 に比例する．$\tau=12$ のときの直径は 1.6×10^{-6} cm で，これは圧力が水銀柱7 mmの気体中の分子の間の平均距離に相当する．$\tau=33$ のときの直径は 1.2×10^{-5} cm で，これは圧力が水銀柱0.02 mmの気体中の分子の間の平均距離に相当する◆[36]．したがって理論から多くのスペクトル線が観測されるための必要条件は，気体の密度が十分低いことである．同時に観測にかかる十分な強度を得るためには，気体の容器は十分大きくなければならない◆[37]．もし理論が正しいのなら，バルマー系列の大きい数の放出スペクトル線は，真空容器の実験では観測できないであろう．しかし吸収スペクトル線では観測できるかもしれない（§4を見よ）．

上のような方法では，一般に水素に帰属する他のシリーズのスペクトル線は得られない．たとえばピカリング(Pickering)[11]が最初に ζ Puppis

◆34　これらのうち2系列はのちに発見される．$\tau_2=1$ はライマン系列，$\tau_2=4$ はブラケット系列で前者は紫外域，後者は赤外域に現れる．

◆35　定数 m, e, h のさらに正確な値を使うと，この定数の理論値は 3.26×10^{15} となり，実験値にさらに近くなる．

◆36　したがってもし原子が平均距離よりも大きな電子軌道に相当するエネルギーを吸収したとすると，それを再放出するより，隣の原子にあたえてしまうであろう．

◆37　放出する原子の数が観測可能な値より小さすぎる．実験室では条件を満たすことは難しいが，天体では可能である．

[10] F. Paschen, *Ann. d. Phys.*, xxvii, p. 565 (1908).

[11] E. G. Pickering, *Astrophys. J.*, iv, p. 369 (1896); v, p. 92 (1897).

星のスペクトルで観測した系列，またファウラー[12,◆38]が水素とヘリウムの混合気体の容器で最近見つけた系列は，ヘリウムに帰属するとすれば無理なく説明が可能である．

ラザフォードの理論にしたがえば，後者の原子は $2e$ の正電荷をもつ核と2個の電子から構成される．さて，1個の電子がヘリウムの核に結合している場合を考えると，式（3）で $E=2e$ とおいて[◆39]，あとは上とまったく同じ方法で議論を進めると，

$$\nu=\frac{8\pi^2 me^4}{h^3}\left(\frac{1}{\tau_2^2}-\frac{1}{\tau_1^2}\right)=\frac{2\pi^2 me^4}{h^3}\left(\frac{1}{\left(\frac{\tau_2}{2}\right)^2}-\frac{1}{\left(\frac{\tau_1}{2}\right)^2}\right)$$

が得られる．この式 $\tau_2=1$ でまたは $\tau_2=2$ とおくと，極端紫外領域のスペクトル線のシリーズが得られる．$\tau_2=3$ として，τ_1 を変化させると，ファウラーにより観測され，水素の第一，第二主系列と名づけられた2つを含む系列が得られる．$\tau_2=4$ とするとピカリングが ζ Puppis 星のスペクトルで観測した系列が得られる．これらは水素のバルマー系列の線と同等である[◆40]．問題の星に水素が存在すると，水素のスペクトル線は他の線にくらべて非常に強い．この系列はファウラーの実験でも観測されており，彼の論文には水素スペクトルのシャープな系列と記されている．上の式で $\tau_2=5, 6, \cdots$ とすると，赤外領域に強い線の系列が期待される．

通常のヘリウム管では上のスペクトル線がなぜ観測されないか．その原因はヘリウムの電離が不十分であるからであろう．今考えられている星のなか，あるいは水素・ヘリウム混合気体で強い放電が起こっているファウラーの実験のなかでは，電離が十分に起こっている[◆41]．スペクトルが現れる条件は，上の理論にしたがうと，ヘリウム原子が電子を2つ失った状態にあるということである．ヘリウムから2番目の電子を取り去るエネルギーは1番目の電子を取り去るエネルギーよりはるかに大きいと仮定しなければならない[◆42]．さらに陽極線の実験から，水素原子は負の電荷をもらうことが知られている．したがってファウラーの実験で水素原子の存在は，ヘリウムだけの場合よりより多くの電子をヘリウム原子から奪う効果があるのであろう[◆43]．

[12] A. Fowler, *Month. Not. Roy. Astr. Soc.*, lxxiii, 1912年12月.

◆38　ファウラー（A. Fowler, 1868-1940）は後にリュードベリ定数の値は元素が違うとわずかに異なることを指摘した．このことはボーアの理論をいっそう確かなものとすることに役立った．この差は原子［訳注：というより束縛された電子］の換算質量が違う結果である．

◆39　すなわち1荷のヘリウムイオンである．

◆40　換算質量の違いによるわずかなずれを除けば．しかしこの量は1/1000程度であるので，当時は気づかれなかった．

◆41　気体中で強い放電が起きているか，あるいは十分な熱が供給されていないと，イオン化状態にある原子数はわずかである．

◆42　第一イオン化ポテンシャルは24.46 eV，第二イオン化ポテンシャルは54.14 eV．

◆43　イオン化ポテンシャルの値が大きく異なるので，水素イオンはヘリウム原子から電子を奪えない．

ほかの物質のスペクトル：　さらに多くの電子をもつ系の場合は，（実験結果もそうであるが）線スペクトルの法則はこれまで考えてきたものよりはるかに複雑だと思わなければならない．私は上に述べた観点から，観測された規則を多少でも理解することを試みたいと思う．

リュードベリの理論およびリッツにより一般化された理論[13,◆44]では，元素のスペクトル線に対応する周波数は

$$\nu = F_r(\tau_1) - F_s(\tau_2)$$

と書ける．ここで τ_1，τ_2 は整数，$F_1, F_2, F_3, \cdots$ は τ の関数であるが，近似的には $\dfrac{K}{(\tau+\alpha_1)^2}, \dfrac{K}{(\tau+\alpha_2)^2}, \cdots$ の形をしている．K は普遍的な定数であるが，水素のスペクトルの場合は式（4）の括弧の外にある項である[◆45]．τ_1 または τ_2 のうち，いずれかを固定し，他を変化させれば，いろいろなシリーズが得られる．

2つの整数に対応する2つの関数の差から周波数があたえられるという事情は，この場合もスペクトル線の起源は水素原子で仮定したことと同じであることを示唆している．すなわちスペクトル線は2つの異なる安定状態の間での移行に伴って放出される放射に対応する．2つ以上の電子をもつ系についての詳しい議論は多分非常に複雑であろう．そこでは安定状態となる電子の配位として取り入れなければならないものがいくつも存在するであろう．これは物質が放出するスペクトル線のシリーズがいくつもあることである．私はここでは，リュードベリの式に現れる定数 K がすべての物質で同じになることを示すことに留めようと思う．

問題にしているスペクトルは，1つの電子が系に結合する過程で放出されると仮定する．さらにこの電子を含む全系は電気的に中性であるとする[◆46]．原子核およびすでに結合している電子群から遠くに離れた電子に働く力は，水素原子核が1つの電子を結合させる際に働く力に非常に類似しているであろう．したがって整数 τ が大きい場合の定常状態は式（3）と，ほとんど同じに書かれるであろう．したがって大きな τ に対してはリュードベリの理論と相似な形

◆44　リッツの結合則のこと．

◆45　$K = cR$，ここで R はリュードベリ定数，c は光速度．水素の場合は α_1, α_2 はゼロ．

◆46　結合前の系の正味の電荷は +1 ということである．

[13] W. Ritz, *Phys. Zeitschr.*, ix, p. 521 (1908).

$$\lim\left(\tau^2\cdot F_1(\tau)\right)=\lim\left(\tau^2\cdot F_2(\tau)\right)=\cdots\frac{2\pi^2 me^4}{h^3}$$

を得る◆47.

§3.　一般的な考察，続き

電子が核の周りを周回している系の定常状態を表す式（3）を導く際に用いた特別な仮定についての議論にもどろう．

異なる定常状態は異なる数のエネルギー量子を放出すると仮定した．しかしながら周波数がエネルギーの関数である系を考えると，この仮定はもっともらしくない．1つの量子を放出するやいなや，周波数は変わってしまうからである．この仮定から離れて，しかも式（2）を保ちつつ，したがってプランクの理論との形式的な類似を保てることを示そう．

最後に，定常状態を表す式（3）によってスペクトルの法則を説明するためには，いずれの場合でも，放射は1つ以上のエネルギー量子 $h\nu$ によって送りだされると仮定することが必要でなかったことが明らかになるであろう．放射の周波数についてのさらなる情報は，上の仮定に基づいたゆっくりとした振動の領域のエネルギーの計算値と通常の力学から計算されたエネルギーとを比較すれば得られるであろう．後者の計算は指定された領域［訳注：大きな軌道あるいは量子数の大きい軌道のことか］のエネルギー放射の実験とよく一致することが知られている◆48.

放出される全エネルギーと，異なる定常状態に対する電子の周回周波数の間の比は式（2）の代わりに，$W=f(\tau)\cdot h\omega$◆49 と書けるものと仮定しよう．同じように話を進めると式（3）の代わりに

$$W=\frac{\pi^2 me^2E^2}{2h^2f^2(\tau)},\ \omega=\frac{\pi^2 me^2E^2}{2h^3f^3(\tau)}$$

が得られる．定常状態 $\tau=\tau_1$ から $\tau=\tau_2$ へ系が移るときに放出するエネルギーが，$h\nu$ であると仮定すると，式（4）の代わりに

$$\nu=\frac{\pi^2 me^2E^2}{2h^3}\left(\frac{1}{f^2(\tau_2)}-\frac{1}{f^2(\tau_1)}\right)$$

が得られる．バルマー系列と同じ式を得るためには $f(\tau)=c\tau$ とすれば

◆47　lim は極限をとること．$F_1\sim\dfrac{K}{(\tau+\alpha_1)^2}$ であるから，τ が大きくなればこの式の右辺は $\dfrac{K}{\tau^2}$ に近づく．ただし $K=\dfrac{2\pi^2 me^4}{h^3}$.

◆48　これはボーアの対応原理として知られている．量子数が大きい（軌道が大きい）ときには，古典力学と量子力学は同じ結論を導く．この場合には放射される光の周波数は，電子が隣り合う（大きな）軌道の間を動く周回周波数に等しくなる．

◆49　これはより一般的な関数関係であることがわかる．

よいことがわかる◆50.

定数 c を決定するために連続する2つの定常状態 $\tau=N$ と $\tau=N-1$ の間を系が移る場合を考えよう．$f(\tau)=c\tau$ の関係から，放射の周波数は

$$\nu=\frac{\pi^2 me^2 E^2}{2c^2 h^3}\cdot\frac{2N-1}{N^2(N-1)^2}$$

となる◆51.

放出の前後で電子の周回周波数は

$$\omega_N=\frac{\pi^2 me^2 E^2}{2c^3 h^3 N^3}\quad \text{および}\quad \omega_{N-1}=\frac{\pi^2 me^2 E^2}{2c^3 h^3 (N-1)^3}$$

となる．

N が非常に大きいときは，放出の前後の周波数の比は1に近い◆52．ところで通常の電気力学にしたがえば，放射の周波数と周回の周波数との比は1に近いものと期待できる．この条件は $c=\dfrac{1}{2}$ としたときのみ満足される．$f(\tau)=\dfrac{\tau}{2}$ とおくと，再び式 (2)，したがって定常状態の式 (3) が得られることになる◆53.

n は N に比べて小さいとして，2つの状態 $\tau=N$ と $\tau=N-n$ の間を移るとすると，やはり $f(\tau)=\dfrac{\tau}{2}$ とおいて，上と同じ近似で，

$$\nu=n\omega$$

が得られる．このような周波数をもった放射が放出される可能性は，通常の電気力学からの類推で説明されるであろう．すなわち核の周りの楕円軌道を周回する電子が放射を放出する場合に，それはフーリエの定理にしたがって，周回周波数 ω の整数倍 $n\omega$ の成分に分解される◆54.

以上のことから我々はつぎの仮説に到達する．式 (2) の説明は，異なる定常状態は，異なる数のエネルギー量子を放出するということではなく，放出を行っていない状態から，どれか他の定常状態の1つに移行する際に放出するエネルギーの周波数は，その状態の周回周波数を ω としたとき，$\omega/2$ の倍数になるということである．この仮定により我々は，定常状態に対して，前と同じ表式を得る．そしてこれらから，前にあたえた主仮説の助けを借りて水素原子スペクトルの法則が

◆50　この式で c は定数を表す．光速と混同しないように．

◆51　$\tau_2=N$，$\tau_1=N-1$ とおく．

◆52　$N\gg 1$ に対しては $(N-1)\to N$ であるから．

◆53　$\nu\approx\dfrac{\pi^2 me^2 E^2}{c^2 h^3 N^3}$ および $\omega\approx\dfrac{\pi^2 me^2 E^2}{2c^3 h^3 N^3}$ であるから．

◆54　フーリエの定理によればいかなる調和関数も，基本周波数の整数倍 $n\omega$ ($n=1, 2, 3, \cdots$) の周波数をもつ関数のシリーズの和で表される．

導かれる．したがって我々の予備的な考えは，理論の導く結果の１つの簡単な表現だとみることができよう◆55.

◆55　ボーアは本質的には対応原理を使って問題解決に迫ったことを注意しておこう．

この問題から離れる前に，水素原子スペクトルのバルマー系列の式（4）に現れる定数の実験値と計算値とが一致することが重要であるという問題に立ち戻ろう．上の議論から次のことが導かれる．水素原子スペクトル線の法則の形を出発点として，異なるスペクトル線はそれぞれ異なる定常状態の間の移行によって放出される均一周波数の放射に対応すると仮定すれば，式（4）に現れる定数とまったく同じものに行きつく．ただし２つの仮定：(1) 放射はエネルギー量子 $h\nu$ として放出されること，(2) 隣り合う状態間の移行で放出される放射の周波数は，ゆっくりとした振動の領域◆56 での電子の周回運動の周波数と一致することを前提とする．

◆56　すなわち大きな軌道．

理論を表現する後半になされたすべての仮定は，いわば定性的なものといえるから，もし全体の思考過程が堅固な１つの過程であるとするならば，我々は定数の実験値と計算値との間の完全な一致（単に近似的なものではなく）によって正当づけられなくてはならない．すなわち式（4）の係数は，普遍定数 e，m，そして h の実験で決定された値に基づいて計算された値に一致するものでなければならない．

この論文でなされた計算の力学的な基礎づけについて疑問はありえないとしても，式（3）を導いた計算結果を，通常の力学の記号を使って簡単に説明することは可能である◆57．核に対して電子がもつ角運動量を M とすると，円形軌道では $\pi M = \dfrac{T}{\omega}$ である．ここで ω は周回の周波数，T は電子の運動エネルギーである◆58．円形軌道では $T = W$，さらに式（2）を使って

◆57　ここでボーアがいっていることは，この過程の古典的なピクチャーはあたえられないということである．

◆58　ω は一般の使用例の角速度ではなく，ここでは周波数である．

$$M = \tau M_0$$

ただし

$$M_0 = \frac{h}{2\pi} = 1.04 \times 10^{-27}$$

となる◆59.

◆59　さらに正確には $\dfrac{h}{2\pi} = 1.055 \times 10-27$.

ここで定常的な電子の軌道が円形であるとすると，計算結果は単純な条件すなわち定常的な状態では，核の周りの電子の運動量は核の電荷には無関係な普遍的な値の整数倍に等しいということになる．プラ

ンクの理論との関係で，原子系の議論では角運動量が重要な量になる可能性があることはニコルソン[14]によって指摘されている◆60.

放射の吸収や放出の観測を除けば，定常状態が無数にあることは，直接観測されてはいない．他の大部分の物理現象がそうであるように，原子はある際立った状態，すなわち低温の状態でしか観測されない．これまでにしてきた考察から，原子の永久的な状態◆61とは，原子の生成過程でその大部分のエネルギーを放出してしまった状態であると仮定できるであろう．式（3）でいえばこの状態は，$\tau=1$ の状態に相当する．

§4.　放射の吸収

キルヒホッフの法則◆62を説明するためには，我々がこれまでに考えてきた放射の放出についてのメカニズムに相当する吸収のメカニズムに，いくつかの仮定を導入する必要がある．核の周りを周回する電子の系は，ある条件のもとで，系が異なる定常状態間の移行の際に放出する均一な周波数に等しい周波数の放射を吸収することを仮定しなければならない．τ が τ_1，τ_2（$\tau_1>\tau_2$）である2つの定常状態 A_1, A_2 の間の移行の際に放出される放射を考えよう．放射の放出についての必要条件が，系が A_1 の状態にあることであるというのと同じように，吸収の必要条件は，系が A_2 状態にあることであると仮定しなければならない◆63.

この考えは気体における吸収の実験によく適合しているようにみえる．たとえば普通の条件では水素の気体は，自身のスペクトル線の周波数をもつ放射を吸収しない．吸収は水素気体が発光状態（励起状態）にあるときのみ観測される◆64．これは我々が期待したことである．

つまり前に仮定したように，問題となっている放射は $\tau\geq2$ である定常状態の間の移行に伴って放出されるものだからである◆65．通常の条件で $\tau=1$ の定常状態にある原子は結合して分子を形成していて，そのなかの電子は原子の場合とは異なる周波数をもっている◆66．しかし例えばナトリウム蒸気のような物質では，発光状態（励起状態）では

[14] J. W. Nicholson, *loc. cit.*, p. 679.

◆60　前にも述べたとおり，この提言についてはボーアよりニコルソンが先んじている．しかし後者は明らかにその重要性についての完全な認識はもっていなかった．

◆61　言い換えれば基底状態．

◆62　黒体放射の法則．

◆63　原子系による“力学的”エネルギー（この場合電子の運動エネルギーのことか）の吸収は，1914年にフランク（J. Franck）とヘルツ（G. Hertz）によって見事に実証された．彼らは気体中で原子と相互作用している電子のエネルギーを観測することにより，励起ポテンシャル（エネルギー準位）を決定した．

◆64　普通の条件では，ほとんどの原子は基底状態にあるからである［訳注：基底状態からも放射の吸収はあるはずだが（たとえばライマン系列），水素の場合，これは遠紫外線になるので当時は観測が難しかったものと思われる．本文では基底状態では分子を形成していると説明している］．

◆65　バルマー系列の式（4）を見よ．

◆66　原子スペクトル線に加えて，分子の振動や回転に関係した多くのスペクトル線が存在する．

なくてもその物質のスペクトル線に相当する放射を吸収する．このスペクトル線はそのうちの１つが永久状態（基底状態）である２つの定常状態の間を移行する際に放出されるものであろう◆67．

〈この後，論文には，吸収の現象についての応用と水素原子よりも複雑な系についての考察が記述されるが，ここでは省略する．〉

◆67　たとえばナトリウムの場合，明るいスペクトル線が２つあるが，それは基底状態への遷移に対応している．

補遺文献

Born, M., *The Restless Universe* (New York: Dover, 1957), Ch. IV.

Cajori, F., *A History of Physics* (New York: The Macmillan Co., 1899). 初期の分光学の研究については p. 153-177 を見よ．

Holton, G., and Roller, D. H. D., *Foundations of Modern Physical Science* (Reading, Mass.: Addison-Wesley, 1958), Chs. 33, 34, 35.

Pauli, W. (ed.), *Niels Bohr and the Development of Physics* (New York: McGraw-Hill, 1955).

Peierls, R. E., *The Laws of Nature* (New York: Scribner, 1956), Chs. 7, 8.

Richtmyer, F. K., Kennard, E. H., and Lauritsen, T., *Introduction to Modern Physics* (New York: McGraw-Hill, 1955), Ch. 5.

Wilson, W. A., *A Hundred Years of Physics* (London: Duckworth, 1950), Ch. 16.

Zimmer, E., *The Revolution in Physics* (New York: Harcourt, Brace, 1936), Ch. IV.

補編 5

アーサー・コンプトン
Arthur Compton　1892-1962

コンプトン効果

The Compton Effect

光の量子的性質を確信させる2つの重要な実験は，アインシュタインがプランクの量子仮説（第17章）に基づいて説明した光電効果と，同様の原理で説明された光子の電子による散乱すなわちコンプトン効果である．後者はその説明に，物体の古典論的な特性である運動量を光子に付与したという点でとくに重要である．これによって光の波-粒子の二重性のジレンマはさらに深まることになった．

古典的な考え方からすれば，光または電磁波が電子によって散乱される現象は各々の電気的な性質によるものと期待するであろう．もし電子が自由ではなく原子に束縛されていれば，電磁波は，原子核に弾性的に結びついている電子に力を及ぼしこれの振動を励起するであろう．この振動する電子はその加速度によって，あらゆる方向に電磁波を放射し，これが散乱光となる．入射波の周波数が高くなければ，電子によって吸収されるエネルギーは小さくそれが散乱波となる．トムソン（J. J. Thomson）は，古典電磁気学を使ってX線の散乱の式を求め，実験結果を定性的に説明した．容易に想像されるように，この計算の主な欠点は，散乱波の周波数は入射波の周波数に等しくなることである．なぜならば電子振動は入射波の振動数で励振され，同じ周波数の放射をするからである．

1895年にX線（第14章）が発見されて以降，これにまつわる現象の研究は20世紀初頭の物理学において最も盛んな研究テーマであった．散乱波は入射波にくらべて吸収されやすい，より“柔らかい”（波長が長い）ものであることがすぐに発見された．このことは散乱波は蛍光の成分を含むからであると説明された．すなわち原子は一度高い周波数の放射で励起されて，それから原子固有の特性X線を放射するとした．しかし詳しくみるとこれは正しくないことが明らかになった．この問題の解決は1923年のコンプトンの量子仮説に基づく大胆な提案まで待たなければならなかった．

コンプトンは，散乱は電子と光子の間のビリヤードの玉のような衝突と考えうると仮定した．そこでは力学的なエネルギーと運動量の保存則が適用できる．光子はプランク仮説によりエネルギー $h\nu$ をもち，アインシュタインの質量とエネルギーの関係式 $E=mc^2$ からの類推で $h\nu/c$ の運動量をもつとし，光子から電子へ移行するエネルギーを計算すると，散乱波の波長が求められることを，コンプトンは見出した．彼は自ら結晶分光計を使って散乱 X 線の波長を求め，予測が正しいことを確認した．すぐ後にウィルソン（C. T. R. Wilson）とボーテ（W. Bothe）は霧箱の実験で反跳を受けた電子を予測どおりに捕らえた．

コンプトン効果は，放射が“小球体”の性質をもつことをはっきりさせたようにみえる．こうして現れた光子像は電荷をもたない粒子であり，それにもかかわらず電子に対して（あたかも電場を伴っているように）作用を及ぼし，また質量のような性質ももっている．数年の後にド・ブロイ（L. de Broglie）は電子，原子などの粒子も波の性質をもつことを示唆した．これが実験的に実証されて，波動–粒子二重性の考え方は完全なものになったといえる．波や粒子の概念は，1 つの同じ現象をみるときの相補的な 2 つの考え方である．

アーサー・ホリー・コンプトン（Arthur Holly Compton）は，1892 年 9 月 10 日，オハイオ州ウースターに生まれた．父親はウースター・カレッジの哲学の教授をしていた．彼の家族の教育程度はとくに高く，彼も，彼の兄弟のカール（Karl T.）とウィルソン（Wilson M.）もついには皆，カレッジの学長になった．コンプトンは 1913 年にウースター・カレッジを卒業し，プリンストン大学の大学院課程に進学し，1916 年に学位を取得した．ミネソタ大学の物理学の講師を 1 年間務めたのち，ウェスティングハウス光学会社に物理研究者として入社した．1919 年にケンブリッジ大学で 1 年間研究した後，セントルイスのワシントン大学の物理学科主任教授となる．1923 年にはワシントン大学を離任し，シカゴ大学に移り，そこで米国でも屈指の物理学科を構築する．コンプトンはシカゴ大学との関係を 1946 年まで持続するが，その後ワシントン大学へ学長となって帰還する．シカゴに移る直前に X 線散乱についての有名な論文を出版するが，これによって 1927 年に C. T. R. ウィルソンとともにノーベル賞を受賞する．彼は 1962 年 3 月 15 日カリフォルニア州バークレーで没した．

つぎに掲げる論文は，数か月の間に発表された 2 つの論文「軽い原子による X 線の散乱についての量子論」（A Quantum Theory of the Scattering of X-rays by Light Elements, *Physical Review*, vol. 21, May (1923), p. 483）および「散乱されたX線のスペクトル」(The Spectrum of Scatter X-rays, *Physical Review*, vol. 22, November (1923), p. 409）から抜粋したものである．後者には，コンプトンが行った実験，すなわちグラファイトによる散乱の結果が記述されている．

✣ ✣ ✣

コンプトンの実験

〈*Phys. Rev.*, 21, 1923年5月, p. 483.〉

J. J. トムソンのX線散乱についての古典的な理論は，バークラら◆1による初期の実験によって支持されてきたが，最近の多くの実験結果を説明するには不適当であることが明らかになってきた．この理論は古典電磁気学を基礎にしていて，入射X線の波長が何であれ，電子により散乱される単位強度のX線のエネルギーは等しいという結果を導く．さらに薄い物質の層をX線が通過するとき，層の表裏で散乱X線の強度は等しくならなければならない．軽い元素による散乱の実験によると，X線の硬さが適度であれば［訳注：それほど波長が短くないX線］この予測は正しい．しかし非常に硬いX線またはγ線が使われた場合には，散乱X線の強度はトムソンの予測値より明らかに小さく，また散乱X線は散乱板の出射面の方向に強く偏っている◆2．

数年前に筆者は，このような波長が短いX線の散乱は，電子のいろいろな部分からの散乱光の干渉の結果であろうと示唆した．実際電子の大きさを適当に仮定するといかなる波長のX線の散乱も定量的に説明できた．しかし最近の実験結果からすると，電子の大きさが使用するX線の波長とともに増加しなければならないという結果を導いた[1,]◆3．電子の大きさが入射X線の波長にしたがって変わるというような概念はどうにも擁護できない．

◆1　C. G. Barkla (1877-1944) はロンドン・キングス・カレッジの物理学の教授でのちにエディンバラに移り特性線（または蛍光線）を発見した．彼はトムソンの式を軽い原子がもつ電子の数を推定することに用い，その結果電子数は原子量の半分であると結論した．しかしこれは幸運がもたらしたもので，彼がもし異なる波長を実験に使っていたら，トムソンの式は正しい結果をあたえなかった．

◆2　トムソンの理論では散乱は等方的，すなわち入射ビームの方向の周りに一様に分布する．

◆3　波長が大きくなると散乱強度が増すことがわかったため．

1　A. H. Compton, *Bull. Nat. Reseach Council*, No. 20, p. 10 (1922年10月).

最近になってX線散乱の古典理論には，さらに深刻な困難があることがわかってきた．γ線の散乱では，入射線より散乱線の方が柔らかくなる［訳注：波長が長くなる］ことは，かなり前から知られていたが，最近の実験ではこのことがX線についても言えることがわかってきた．実際に私は分光実験から，グラファイト◆4からの二次X線（散乱線）については，入射線と同じ波長であるものは，たとえあったとしてもごくわずかであることを示すことができた*．二次X線のエネルギーはトムソンの古典論から計算される値に非常に近いので，これが真の散乱線以外のものであるとは考えにくい[2]．したがってトムソンが予測する強度と同程度の散乱があるとすれば，その波長は一次入射光の波長より長いということができる．

◆4　グラファイトの結晶はブラッグ分光計として使う．

このような波長の変化はトムソンの散乱理論とは合わない．この理論では，散乱の主体である電子は入射X線によって励振され入射光と全く同じ周波数のX線を放射するからである．たとえば大きな電子というような仮説を置いて理論を修正しても問題の解決にはならない．この失敗から古典的な電気力学ではX線の散乱を説明することが不可能であることがわかった．

散乱の量子仮説

古典的理論によれば，X線は通過している物質内のすべての電子に影響を及ぼし，これらすべての電子から効果を集めて散乱が観測される．量子論の考えでは，X線のなかのある特別な量子が，どれか特定の電子に対してその全エネルギーを作用させると考える◆5．この電子は今度は入射線に対してある角度をもって，ある決まった方向に，X線を散乱する．X線量子の進路が変化するということはその運動量が

◆5　多重散乱も起こり得るが，散乱体が十分に薄ければ2重散乱のチャンスは無視できるほどであろう．

---

*　前の論文1（*Phil. Mag.*, 41, 749, 1921; *Phys. Rev.*, 18, 96, 1921）で私は，二次X線が柔らかくなるのは，蛍光放射が非常に多く混在しているためであると主張した．グレイ（*Phil. Mag.*, 26, 611, 1913; *Frank. Inst. Journ.*, 1920年11月, p. 643）とフロランス（*Phil. Mag.*, 27, 225, 1914）は，現象はまさに散乱からくるものであり，散乱過程そのものに伴って柔らかくなるものだと考えた．今回のこの論文の考察では，後者の考えが正しいことを示す．

2　A. H. Compton, *loc. cit.*, p. 16.

変化を受けるということである．その結果電子はX線の運動量変化に等しい運動量をもって反跳を受ける．散乱X線のエネルギーは入射X線のエネルギーから電子の運動エネルギーを差し引いたものになるであろう．散乱X線も量子でなければならないから，その周波数もエネルギーの減少と同じ比で減少するはずである．こうして量子論は，入射X線の波長より，散乱X線の波長が長くなることを予測する．

X線量子がもつ運動量の効果で，散乱体電子の反跳運動の方向は入射方向から90°以内にある◆6．運動する物体からのエネルギー放射は，運動の方向で大きいことはよく知られている．したがって散乱X線の強度は，後方よりも入射X線の方向で強いことが期待される．

◆6　全系は前方方向の運動量を保存しなければならないから，電子の運動量は前方方向の成分をもたなければならない．

散乱に伴う波長の変化

図1Aに示すように，周波数ν_0のX線量子が質量mの電子によって散乱される場合を考えよう．入射X線の量子の運動量は$h\nu_0/c$◆7，入射方向からθの角度で散乱されたX線の量子の運動量は$h\nu_\theta/c$である．ここでcは光速，hはプランク定数である．運動量保存の原理にしたがって，反跳を受けた電子の運動量は，図1Bに示すように入射X線と散乱X線の運動量のベクトル差になる．したがって電子の運動量$m\beta c/\sqrt{1-\beta^2}$は◆8

◆7　$E=mc^2$であるから運動量は$mc=\dfrac{E}{c}$となる．これは光子に対しては$\dfrac{h\nu}{c}$となる．

◆8　相対論的な運動量は$mv/\sqrt{1-\beta^2}$ ただしmは静止質量，また$v=\beta c$．

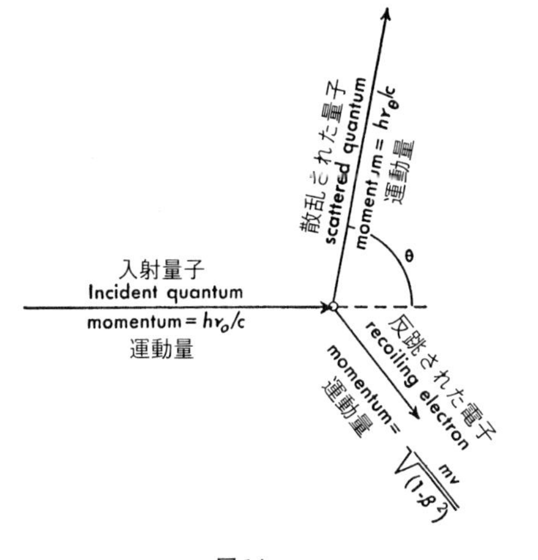

図1A

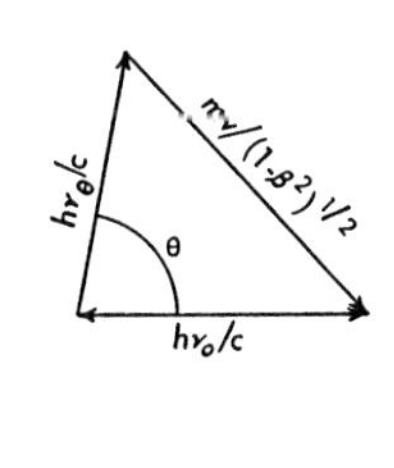

図1B

$$\left(\frac{m\beta c}{\sqrt{1-\beta^2}}\right)^2=\left(\frac{h\nu_0}{c}\right)^2+\left(\frac{h\nu_\theta}{c}\right)^2+\frac{2h\nu_0}{c}\cdot\frac{h\nu_\theta}{c}\cos\theta \tag{1}$$

という関係式で書ける◆9［訳注：図1Bにおいて余弦定理を使う］．ここでβは反跳電子の速度と光速の比である（すなわち$\beta=v/c$）．散乱された量子のエネルギー$h\nu_\theta$は入射量子のエネルギーから，散乱体電子が受けた反跳の運動エネルギーを差し引いたものであるから，

$$h\nu_\theta=h\nu_0-mc^2\left(\frac{1}{\sqrt{1-\beta^2}}-1\right) \tag{2}$$

と書ける◆10．

さて我々はここで，2つの未知量βとν_θに対して，2つの独立な式(1)，(2)を得た．これを解くと

$$\nu_\theta=\nu_0\Big/\left(1+2\alpha\sin^2\frac{1}{2}\theta\right) \tag{3}$$

が得られる．ただし

$$\alpha=h\nu_0/mc^2=h/mc\lambda_0 \tag{4}$$

である．式(3)を周波数の代わりに波長で書くと

$$\lambda_\theta=\lambda_0+(2h/mc)\sin^2\frac{1}{2}\theta \tag{5}$$

になる．式(2)は$1/(1-\beta^2)=\{1+\alpha[1-(\nu_\theta/\nu_0)]\}^2$とかけるから，これから$\beta$を解くと

$$\beta=2\alpha\sin\frac{1}{2}\theta\frac{\sqrt{1+(2\alpha+\alpha^2)\sin^2\frac{1}{2}\theta}}{1+2(\alpha+\alpha^2)\sin^2\frac{1}{2}\theta} \tag{6}$$

が得られる．

式(5)は散乱された放射の波長が大きくなることを示しているが，この大きさは通常のX線散乱では数%，γ線の後方散乱の場合には200%程度になる◆11．同時に式(6)より計算される散乱電子の反跳速度は，X線の前方散乱の場合の0からγ線の大角散乱の場合の光速の80%程度の値になる．

面白いことに，ここでドップラー効果◆12による周波数のずれを古典論的に計算すると，X線が進行方向に$\beta' c$で運動している電子によりθ方向に散乱された場合，

◆9　式(1)は運動量の保存を表す．

◆10　式(2)はエネルギーの保存を表す．

◆11　$\lambda_\theta-\lambda_0$はθが一定なら一定であるから，λ_0が小さくなると相対的な波長変化の割合は大きくなる．

◆12　線源と観測者の間の相対的な運動により線源の周波数が見かけ上変わること．

$$\nu_\theta=\nu_0\bigg/\left(1+\frac{2\beta}{1-\beta'}\sin^2\frac{1}{2}\theta\right) \tag{7}$$

となる．これは散乱電子が反跳を受けるという仮説から計算した式(3) とまったく同じ形をしている．実際 $\alpha=\beta'/(1-\beta')$ あるいは $\beta'=\alpha/(1+\alpha)$ とするならば，2つの式はまったく等しくなる．したがって波長の変化ということに関するかぎりでは，反跳電子の代わりに，入射の方向に

$$\bar{\beta}=\alpha/(1+\alpha) \tag{8}$$

の速度で運動している電子に置き換えることができる．この速度 $\bar{\beta}c$ を散乱電子の"実効速度"と呼ぶことにする．

〈以下に，散乱波の空間分布に関する計算や最初の実験についての記載があるが，省略する．さらに詳しい記述がつぎに示す第二の論文に掲載されている．〉

〈*Phys. Rev.*, 22, 1923年11月, p. 409.〉

最近著者はX線の散乱について，X線量子は個々の電子によって散乱されるという仮説に基づいた理論を提案した[1,2]．散乱により反跳された電子は，X線量子の方向を変え，運動量を変化させる際にそのエネルギーにしたがって放射量子の周波数も変化させる◆13．それに対応する散乱によるX線の波長の増加は

$$\lambda-\lambda_0=\delta(1-\cos\theta) \tag{1}$$

となる．ここで入射X線の波長が λ_0，それと θ の方向に散乱されたX線の波長が λ である．また

$$\delta=h/mc=0.0242\ \text{Å}$$

で◆14，h はプランク定数，m は電子質量，c は光速である．この論文の目的は，X線が散乱されたときの波長の変化につき前の論文よりさらに精度の高い実験結果を示すことである．

◆13　エネルギーは $h\nu$ であるから．

◆14　長さの単位オングストローム．1 Å $=10^{-8}$ cm.

1　A. H. Compton, *Bull. Nat. Res. Coun.*, No. 20, p. 18 (1922年10月)；*Phys. Rev.*, 21, 207 (abstract) (1923年2月)；*Phys. Rev.*, 21, 483 (1923年5月).

2　Cf. also P. Debye, *Phys. Zeitschr.*, 24, 161 (1923年4月15日).

装置および方法

波長変化を定量的に測定するためには，分光学的方法を用いることが望ましい◆15．散乱されるX線がかなり弱いことを考慮して，波長測定されるビーム強度が最大になるように装置はデザインされた．装置の配列を図1に示す．X線管のモリブデン・ターゲットTから発射されたX線は，スリット1，2と同一線上に置かれたグラファイトの散乱体Rに入射する．適宜に配列された鉛のダイアフラム群（細孔をもった隔壁）はX線管を収める鉛の箱から漏れるX線を遮蔽する．スリット1とダイアフラム群は，絶縁台の上に取り付けられているので，X線管は放電の心配をすることなくこれらに近づけることができる◆16．スリット群を通過したX線はブラッグ分光器で通常の方法で測定される．

◆15 精度はそのような方法で得られるから．

◆16 X線管の破壊の危険なしに，という意味．もしスリットがアース電位にあれば，X線管との間に大きな電位差ができてしまう．

X線管は，特別に設計されている．図2に示すように，水冷されて

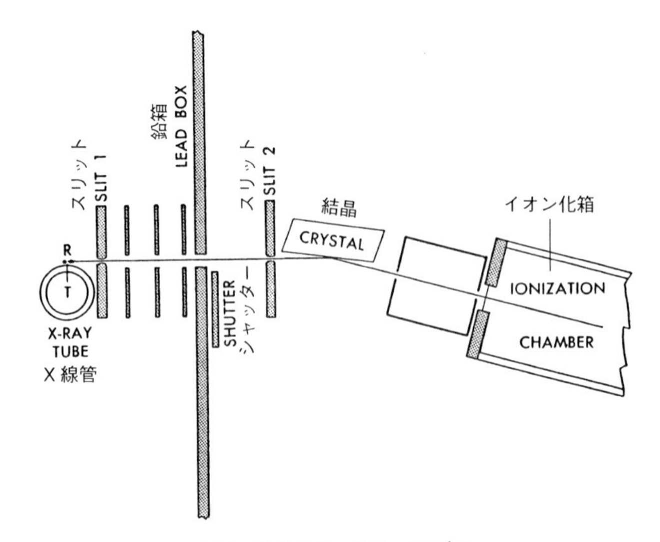

図1 散乱X線の波長の測定◆17

◆17 結晶はブラッグ分光器の主要部分である．

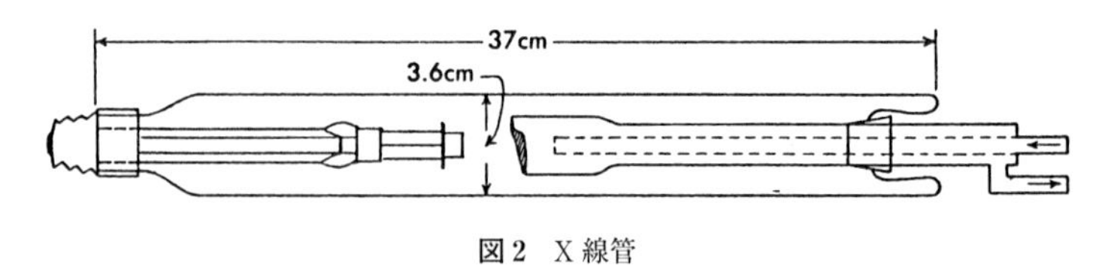

図2 X線管

いるターゲット電極はターゲットTと散乱体Rの間の距離をできるだけ小さくするように細いガラス管のなかに設置されている◆18．この実験での距離は約2 cmであった．X線管の消費電力が1.5 kWの場合，散乱体Rに達するX線強度は，標準的なモリブデン電極クーリッジ管を使う場合の125倍であった．この電極はジェネラル・エレクトリック社の好意で提供された．

◆18　X線の強度はターゲットからの距離に反比例して落ちるから．

最終の実験の場合，2つのスリット間の距離は約18 cm，スリットは長さ約2 cm，幅0.01 cmであった．カルサイト（方解石）結晶は，その一次回折光に対しても，高い分解能をもっていた◆19．

◆19　高次のスペクトル光は大きな角度の広がりをもつので，それだけ分解能は高くなるが，強度は一次光に比べて落ちる．

散乱モリブデン線のスペクトル

スリットの幅が異なる2つの場合についての実験結果を図3，4に示す．曲線Aは入射K_α線◆20，B，C，Dは入射方向からみて散乱角が45°，90°，135°の場合の散乱X線のスペクトル強度である［訳注：散乱X線強度の波長依存性．図の横軸はカルサイト結晶に対する検出器――イオン化チェンバーの方向を表す角度，すなわち散乱光の方向で，散乱X線の波長に対応する］．図4の場合は測定点の誤差がやや大きいが，これは入射線の強度が1/25000であるため◆21，わずかな変動も相対的に大きな変化となって現れるためである．

◆20　K_α線は元素の特性（蛍光）X線のなかで主要な線である．

◆21　スリット幅が狭いため．

この結果から明らかなことは，単色のX線がグラファイトにより散乱されると，入射線と同じ波長のところと，波長が大きくなったところに強度の明瞭なピークが現れることである．前者を波長無変化（unmodified）の線，後者を波長が変化した（modified）線と呼ぶことにしよう．各曲線のなかに引かれた縦線Pは一次入射線の強度が最大になる角（波長），縦線Tはそれぞれの散乱角で，式（1）で計算された波長の位置である［訳注：散乱角45°，90°，135°で式（1）の（$1-\cos\theta$）の値は，それぞれ0.29，1.00，1.71になる］．図4の実験では，誤差が角度1分すなわち波長幅が0.001 Å以下で無変化の線は縦線Pに，変化する線は縦線Tに合致するように慎重に行われた．この結果，散乱角に依存する波長変化は量子力学にしたがい，無変化の線は古典論にしたがうことが明らかになった．

無変化の場合と変化する場合とでは，スペクトル線の波長幅に明らかな違いがある．変化を受ける線の幅の原因の一つは，グラファイト

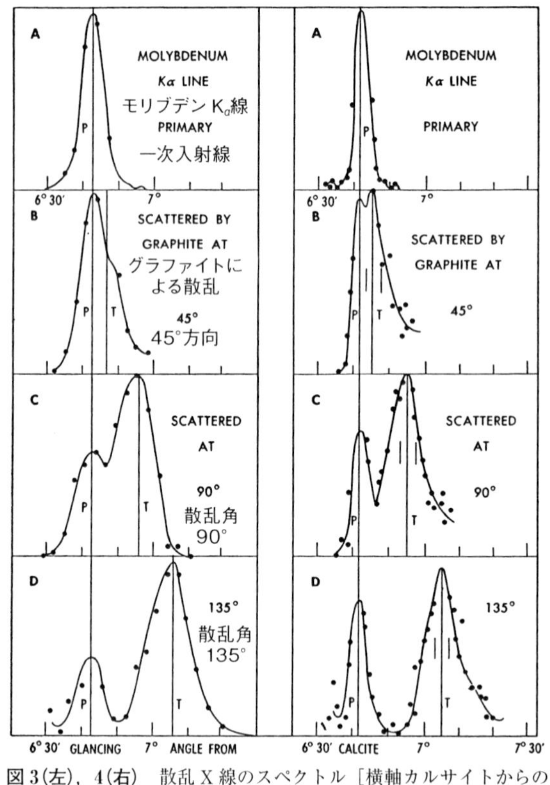

図 3(左)，4(右)　散乱 X 線のスペクトル［横軸カルサイトからの反射角については p. 383 の訳注を参照.］

散乱体がターゲットからみて有限な大きさを持っているため，散乱された後，分光器の結晶に，かなりの幅をもった角度で入射するためである．この原因による波長幅は計算することができて，図 4 の文字 T の上に短い 2 本の線で示してある．しかしこの幾何学的理由により生じる幅だけでは，実測値を説明するのには十分ではない．とくに 135° の散乱の場合に，この食い違いが顕著である．決まった角度で散乱されても，その波長は単色ではないと考えるのがもっともらしい◆22.

◆22　この波長広がりの原因は原子内の電子の運動である．もし電子が入射 X 線光子の進行方向に速度成分をもっていると，散乱 X 線の波長変化はずれてくる．実際の広がりの大きさは，波動力学によって計算できるであろう．

波長不変の線は散乱角が小さいときに顕著で，波長シフトする線は散乱角が大きくなるほど顕著になる．波長不変の X 線はグラファイトのなかにある小さな結晶で正反射されていることは疑いないが，しかしもしこの原因だけだとすると，散乱角が大きくなるにつれてその強度はもっと急激に弱くなるはずである◆23．この2つのX線の強度の比を決める条件は，X線の散乱が，単純に量子法則にしたがうか，あるいはまだ何か他の法則にしたがうかによるものであろう．私はこの強度の分布を別の実験方法で調べた．その結果は他の論文で報告するが，この強度分布の原因にはまだいろいろ疑問が残っている．

◆23　波長変化のない線は，原子内の束縛電子による散乱で，電子が外に飛び出さない場合であろう．原子全体による散乱で，この際原子の質量は大きいので，散乱光子の周波数は変化しない．コンプトンの式は自由電子に対するもので，この効果を含んでいない．

さらに短い波長のX線を使った実験

これまでの実験は単一の波長0.711 ÅのX線で行ってきた．散乱X線の波長変化が式（1）に厳密にしたがって散乱角によって増加することがみられた．これらの実験はすでに決定的であるように思われるが，同じような実験をさらに異なる波長のX線を使って行えば，より完全なものになると思われる．波長が約0.2 ÅのタングステンのK線を使った実験が試験的に行われた．そしてモリブデンの K_α 線の場合と同じオーダーの波長変化が得られた．さらに前に書いた論文[3]にあるように，吸収測定では，非常に広い波長範囲で，これらの結果の大きさのオーダーは合っていることが確かめられている．実験と理論の間の満足すべき一致は，散乱による波長シフトに対して，量子力学的な式（1）が確かであることを確信させる◆24．測定された波長範囲では，この式を波長変化に適用することに何らの食い違いも見出されない．

◆24　コンプトン散乱の断面積の式は1929年クラインと仁科により最初にあたえられた．クライン-仁科の式として知られるこの式は，散乱される量子のエネルギーと散乱角への依存性をあたえている．

[3]　たとえばA. H. Compton, *Phys. Rev.*, 21, pp. 494–6（1923）を参照せよ．

補遺文献

Compton, A. H., *Atomic Quest* (New York: Oxford University Press, 1956).

Holton, G., and Roller, D. H. D., *Foundations of Modern Physical Science* (Reading, Mass.: Addison-Wesley, 1958), Ch. 32.

Peierls, R. E., *The Laws of Nature* (New York: Scribner, 1956), Ch. 7.

Richtmyer, F. K., Kennard, E. H., and Lauritsen, T., *Introduction to Modern Physics* (New York: McGraw-Hill, 1955), Ch. 8.

Wilson, W., *A Hundred Years of Physics* (London: Duckworth, 1950), Ch. 15.

Zimmer, E., *The Revolution in Physics* (New York: Harcourt, Brace, 1936), Ch. III.

索　　引

欧　文

ア　行

カ　行

サ　行

タ　行

ナ　行

ハ　行

マ　行

ヤ　行

ラ　行

ワ　行

監訳者略歴

清水忠雄（しみずただお）（理学博士）

1934年　東京都に生まれる
1961年　東京大学大学院数物系研究科博士課程修了
　　　　理化学研究所　研究員
1971年　東京大学理学部助教授
1983年　東京大学理学部教授
1994年　東京理科大学理学部教授
1996年　山口東京理科大学基礎工学部教授
現　在　東京大学名誉教授

訳者略歴

大苗　敦（おおなえあつし）（理学博士）

1958年　東京都に生まれる
1988年　東京大学大学院理学系研究科
　　　　物理学専攻博士課程修了
　　　　通商産業省工業技術院
　　　　計量研究所　研究員
2013年　産業技術総合研究所物理計測
　　　　標準研究部門
　　　　上級主任研究員
2017年　逝去

清水祐公子（しみずゆきこ）（学術博士）

2001年　東京大学大学院総合文化研究科
　　　　広域科学専攻博士課程修了
　　　　産業技術総合研究所計測標準
　　　　研究部門　研究員
現　在　産業技術総合研究所物理計測
　　　　標準研究部門
　　　　主任研究員

物理学をつくった重要な実験はいかに報告されたか
—ガリレオからアインシュタインまで—　　定価はカバーに表示

2018年10月20日　初版第1刷
2020年 7 月25日　　　第2刷

監訳者　清　水　忠　雄
訳　者　大　苗　　　敦
　　　　清　水　祐　公　子
発行者　朝　倉　誠　造
発行所　株式会社　朝　倉　書　店

東京都新宿区新小川町 6-29
郵便番号　162-8707
電　話　03(3260)0141
FAX　03(3260)0180
http://www.asakura.co.jp

〈検印省略〉

新日本印刷・渡辺製本

ISBN 978-4-254-10280-2　C 3040　　Printed in Japan